THE FUTURE
of
the SELF

An Interdisciplinary
Approach to Personhood and
Identity in the Digital Age

———

自我、科技与未来

数字时代
人格和身份演变的
多棱镜

［美］杰伊·弗里登伯格 ————— 著
（Jay Friedenberg）

孙强 ————— 译

CTS K 湖南科学技术出版社·长沙

图书在版编目（ＣＩＰ）数据

自我、科技与未来 ： 数字时代人格和身份演变的多棱镜 ／（美）
杰伊·弗里登伯格著 ； 孙强译. — 长沙 ：湖南科学技术出版社，2023.10
书名原文：THE FUTURE OF THE SELF
ISBN 978-7-5710-2357-7

Ⅰ．①自… Ⅱ．①杰… ②孙… Ⅲ．①人工智能－影响－人格－研究
②人工智能－影响－身份－研究 Ⅳ.①B825②C912.1

中国国家版本馆 CIP 数据核字(2023)第 139550 号

Published by arrangement with University of California Press
著作权登记号 18-2023-221

ZIWO KEJI YU WEILAI:SHUZI SHIDAI RENGE HE SHENFEN YANBIAN DE DUOLENGJING
自我、科技与未来：数字时代人格和身份演变的多棱镜
著 者：[美]杰伊·弗里登伯格
译 者：孙 强
出 版 人：潘晓山
责任编辑：邹 莉
出版发行：湖南科学技术出版社
社 址：长沙市芙蓉中路一段 416 号泊富国际金融中心
网 址：http://www.hnstp.com
湖南科学技术出版社天猫旗舰店网址：
 http://hnkjcbs.tmall.com
邮购联系：0731-84375808
印 刷：长沙市雅高彩印有限公司
 （印装质量问题请直接与本厂联系）
厂 址：长沙市开福区中青路 1255 号
邮 编：410153
版 次：2023 年 10 月第 1 版
印 次：2023 年 10 月第 1 次印刷
开 本：710mm×1000mm 1/16
印 张：30.5
字 数：410 千字
书 号：ISBN 978-7-5710-2357-7
定 价：128.00 元

推荐序（一）

自从人类发明赛博空间以来，信息高速公路、人工智能、虚拟现实、社交网络、数字货币、元宇宙等一系列与数字技术相关的新概念、新模式陆续开始涌现，并与现实的物理空间交汇和融合，这些都是人类走进数字时代的鲜明标志和里程碑。

生活在数字时代，我们的自我意识与身份不再仅仅建立在我们对自身的认识上，还建立于我们与各种电子信息产品和服务的软硬件接口上。电子人、网络社交、网络虚拟角色、虚拟现实和增强现实拓宽了我们对人类存在意义的理解与觉悟。本书以"数字时代的自我"为中心，以交叉学科的视角将神经科学、认知科学延伸到智能科技与社会心理，阐述了"自我认知"的发展。进一步来说，本书融合了哲学、心理学、神经科学、数字媒介、机器人学和人工智能，全面而深入地探究了数字人格与身份的核心概念，揭示了脑、身体与高技术之间的连接如何产生人类身份的新形式。

2021年6月，国务院发布《全民科学素质行动规划纲要（2021—2035

年）》，再次强调了习近平总书记关于新时代全民科学素质工作高质量发展的重要指示精神，将科学普及与科技创新放在同样重要的地位上。于是，在中国科普事业进入具有更高历史使命的新发展时代之际，急需大量与时俱进且喜闻乐见的科学人文作品以飨大众。本书充分阐明了数字时代科技飞速发展时期大众心理的演变规律与形态特征，内容丰富、语言通俗，将前沿科学与大众人文有机结合，"阳春白雪"与"下里巴人"兼具。2021年11月，中央网络安全和信息化委员会发布了《提升全民数字素养与技能行动纲要》，其后，国务院又发布了《"十四五"数字经济发展规划》，这些方针政策将提升全民数字素养和技能以及加快推动数字产业化提到了国家战略高度。数字经济时代走上历史舞台，此书的问世恰逢其时！

　　孙强是国内人工智能领域的活跃学者，又是中国科普作家协会会员和其他国内重要科普组织的主要成员，既懂科技又晓人文，善于科普写作、翻译和讲座等工作。他曾以精品微课形式为中国电子学会电子信息人才能力提升工程做了多场关于智能科技的科普讲座，反响很好。湖南科学技术出版社是国内高端科普图书出版名社，在科普界家喻户晓。我相信该作品一定不负众望，为智能科技、科技哲学、心理学、认知科学甚至教育学等各界人士带来启迪和妙悟。

　　是为序！

中国工程院院士

2023年5月18日

推荐序（二）

由孙强老师翻译的《自我、科技与未来：数字时代人格和身份演变的多棱镜》（后简称《自我、科技与未来》）一书将由湖南科学技术出版社出版。我十分有幸，提前收到样稿，先睹为快。仔细通读该译著之后，即刻留下如此的印象：原著内容丰富、跨界多元，主线清晰、一以贯之；译文准确流畅、专业无缝，语言通俗、科普高级。我坚信这是一本很重要的译著，它的出版将对我国相关领域的研究方向产生广泛而重要的影响，心理学也必将受益匪浅。

我的职业生涯全部用于学习、教授和研究心理学，应该说对传统心理学还是有着较全面的了解；近两年又率先在中国科学院大学为研究生开设了"心理学哲学"专业研讨课程，其主旨就是要让学生们超越心理学各个分支专业的具体内容，而从底层的哲学角度了解人类理性、特别是科学理性对心理现象的理解和解释。课程中的一讲谈及"实在论"与"非实在论"之争；数字和数学常被认为是实在世界的符号表征和符号逻辑的表征，自然属于"非实在"的一方。科学理性便是要通过建构数字表征"非实在"系统去理解人类的心理现象。但是，《自我、科技与未来》一书的作者杰伊·弗里登伯格（Jay Friedenberg）通篇告诉我们的却是：在即将来到的数字时代，数字和数学计算将实实在在地与我们人类共存，并将实实在在地影响人类的生存与发展。生物、社会、文化和数字的"人"终将融合为一种存在——既物质也精神，既实在也虚在，这或许就是宇宙和人类自然演化的"终极"命运。

学心理学的人都知道，专业分化已将"人"分割成切面和片段：知、情、意成了不同的研究领域；即便在"知"的领域中，也有着感觉与知觉、注意与意识、记忆、思维与语言、学习与行动等的领域之分。探索这些分领域的研究，各自遵循着不同的实验操作范式，乃至出现"隔行如隔山"的情景。但只有关于"自我"和"人格"的心理学却是将"人"作为一个整体来研究的。没有了内在的"自我"和外显的"人格"概念的支撑，心理学关于"人"的理论架构恐怕就要散架了。因此，在现代心理学中"自我"与"人格"是十分重要的整体性概念。《自我、科技与未来》定义了数字自我（人格）及其特征和运作规则，它们似乎全然映射着心理学所描述的人类自我和人格。因此，数字孪生的"人"将为心理学开启一个全新的研究对象的镜像世界，当下绝大数的心理学家们对此当然都还没有做好"实实在在"的准备。可以设想一下，当碳基的心理学家面对硅基基础上的数字心理学家自我时，他们会不会就真的陷入一个"自我"无限递归的德罗斯特效应之中，不知哪一个为"真我"、哪一个为"虚我"，从而彻底丧失"自我"的感觉、"自我"的意识、"自我"的认知和"自我"的身份呢？当下的心理学大厦会不会因此而真的"坍塌"下来？

我不再复述《自我、科技与未来》一书的内容，该书作者从跨学科（而不仅仅是心理学）角度对数字自我和人格等相关问题给予了全面和详尽的回答，并对数字时代发展的未来做出了某种预期：因为有了数字和数学，人类是否就能够最终摆脱向物理学的质量和能量方向进行还原的进程呢？若想对此类问题有一个具有启发性的回复，那就请与译者孙强一起来读《自我、科技与未来》一书吧。我相信，你一定会不虚此读、一定会有所收获的。

　　我是一定还要再读的！

　　　　　　　　　　　　　　　　亚洲社会心理学前主席、中国心理学会前副理事长、

　　　　　　　　　　　　　　　　国际心理联合会执行委员

　　　　　　　　　　　　　　　　中国科学院心理研究所研究员

　　　　　　　　　　　　　　　　2023年3月27日　于北京天坛西门

专家推荐

　　如何认识"自我"这个小宇宙，恐怕是当今所有知识探究和生命实践中最复杂和微妙的问题。《自我、科技与未来：数字时代人格和身份演变的多棱镜》一书堪称"自我"的百科全书，为我们打开了一张数智时代自我演进的全景图：未来主义者津津乐道的思维上传，可追溯至苏格拉底的灵魂学说；人类智商测试分数逐年递增的弗林效应表明，使用智能导航并未让人类变得更加愚蠢；在数字约会中学会积极的印象管理，有更多机会拥有浪漫伴侣；而作为思维克隆体和数字基因的人工自我，将有别样的风花雪月和数字眼泪……

　　从自我的哲学、心理学、脑科学之旅，到网络空间、科幻大片、电子游戏、人工生命和犹抱琵琶半遮面的元宇宙中的多重自我，这本书宛如一座骑着金色扫帚飞行的魔法学校，定会让喜欢遐想和尝试的你手不释卷：你可以同时是惠能和一休哥，也可以心里住着貂蝉和志玲姐，一边品数字冰咖，一边为自我杜撰一个放飞于 X 空间的奇幻未来……

　　尽情享受这本元宇宙时代的自我变身指南吧！

中国社会科学院哲学所科技哲学研究室主任、研究员

中国社科院科学技术和社会研究中心主任，中国社科院大学教授　段伟文

　　在通向人机共生的未来道路上，人机环境的融合与交互机制是当前人类共同面临的重大课题。其中，人类将如何重新看待自我并在与机器和环境的交互过程中呈现怎样的人格与身份新形态和新特征，这些都是当今亟

待探索的新问题。本书以全棱镜的视角从哲学、心理学、脑科学以及智能科技等多个学科维度探讨了这些问题。更重要的是，原著作者第一次对数字自我的背景、概念、特性及应用做了全面深入的剖析与讨论，这为未来的智能体如何向人类施以内在的"互"反馈指明了一条独特的思路，也为未来和谐繁荣的人机共生之路点亮了一盏明灯。

—— 北京邮电大学人工智能学院研究员、

《人机融合：超越人工智能》作者　刘伟

人类进入 21 世纪以来，深度前沿科技正在形成一个前所未有的巨大数智系统。数智时代的自我将如何演变，人类的人格和身份又将如何处理与这个巨大系统的关系，这本书充满了非凡的前瞻性和深度系统化的思考，将带领我们预见人类的一种新未来。

—— 中科数字大脑研究院院长、《崛起的超级智能》作者　刘锋

美国学者弗里登伯格的最新作品《自我、科技与未来：数字时代人格和身份演变的多棱镜》是一部令人着迷的著作。全书涵盖了神经科学、人机融合、阿凡达、元宇宙技术等新锐话题，向我们全面展现了在数智新技术背景下人类灵魂与肉身的结合是如何得到全面升级的宏伟图景的。本书首先从关于自我的哲学观点开始说起，然后引入关于自我的心理学知识，再跨越到神经科学领域，最后拓展到深度智能科技的多个分支，延续了"从文到理"的阐述思路，让来自不同学科背景的读者都能顺着作者的逻辑脉络饶有兴致地读下去。该书最大的优点是，内容循序渐进，能够将大量的知识要点娓娓道来，让读者能跟得上作者的思路；行文晓畅明快，读起来让人感到惬意十足。译者孙强的文笔清爽，科学术语翻译到位，为读者了解原著内容与旨意搭建了稳妥的文化桥梁。郑重向哲学、心理学、医学、认知科学和人工智能等诸行业的读者热情推荐此书。

—— 复旦大学哲学学院教授、《心智、语言和机器》作者　徐英瑾

致中国读者

得知《自我、科技与未来》要出中文版，我非常开心。如今，我们人类已经生活在一个数字时代。在这个时代，自我意识早已超出了身体的界限，拓展到了互动科技。全世界各地的人们将更多的时间投入到虚拟空间中，不仅为了社交，还想表达自我。像虚拟化身这样的网络形象可以作为我们是谁以及想成为谁的替身。从许多意义上讲，社交媒体、游戏及虚拟环境正变得和"真实"世界一样真实。这项技术正以我们刚好开始理解的方式塑造着人类身份。《自我、科技与未来》一书就是在探讨这些变化。本书聚焦于一个最根本的问题：在我们的身体和思想与软硬件不断融合的时代，作为人类究竟意味着什么。

人格、自我及身份这些概念复杂难懂，仅从单一视角无法将其充分理解。因此，本书首先从西方及非西方观念对这些概念进行了定义。从苏格拉底的思想到后现代主义思想，都涉及了关于自我的历史概念。本书总结了有关自我的哲学文献，解决了持久性、能动性、自由意志和延展心灵命题等长期存在的问题。对关于自我心理学的经典工作和新近工作做了回顾，包括网络空间相关的心理障碍。同时，本书也探讨了神经科学视角的相关工作，既有理论上关于自我的神经模型，也有实证意义上对自我概念的神经科学研究。

本书采用向外拓展的方式展开讨论。首先，聚焦于脑，其次讨论了自我是如何随着各种软硬件的增加而变化的，最后概述了与人体无关的主题——包括人工生命、人工智能、机器人学、数字权利和数字永生——的研究成果。在本书中，有两大章全都在探讨化身心理学以及它们在虚拟世界的应用情况。此外，本书还总结了赛博心理学领域的最新工作，涉及有关增强现实与虚拟现实的使用情况、电子游戏以及互联网成瘾障碍的现代研究。

全书贯穿了众多跨学科的主题，包括自我是否必须受到身体的限制，自我是否由记忆或体验来定义，以及自我是一个单一的还是分布的实体，等等。其他一些跨学科的想法例子有：个体自我与社会自我，真实自我与理想自我，以及主观意识问题。另外，本书也涉及以技术为基础的精神病理学新形式，以及一些可能会革新我们理解自我的方式的问题。本书还探讨了诸多重要话题：我们有可能创造人工生命吗？我们能够把自己的思维上传至电脑并获得某种永生吗？我们能创造一个真正有知觉的合成人吗？

由于此书涉及学科众多，且涵盖主题广泛，因此对于诸多研究领域的中国学者和研究人员来说，都有可能感兴趣。这包括前面提到的哲学、心理学与赛博心理学、神经科学、计算机科学、人工智能和机器人学等若干领域。技术、工程和其他STEM领域的学者也将会从此书中发现有趣的内容，因为其中调研了虚拟现实显示技术、肢体和神经修复以及人工感觉器官的进展。本书既讨论规范行为也阐述了障碍行为，其中有几个章节涉及游戏与互联网困扰的话题。因此，本书对于那些有临床及治疗倾向的人士也有吸引力。

最后，感谢中文版译者孙强先生，以及湖南科学技术出版社的工作人员，他们为本书的顺利出版付出了大量辛勤而有意义的劳动。

杰伊·弗里登伯格（Jay Friedenberg）

2022年3月3日　于美国纽约州里弗代尔

目 录
CONTENTS

第一章

走进自我的世界

作为智能体，人工自我感知世界的方式与生物自我并无二致，并且从行为学的角度来看，它与"真实"的人难以区分。

本书涉及诸多内容。在当前以及未来人类与技术交互的视域下，探讨我们是谁以及我们可能是谁，人是什么以及人可能会变成什么，以及有关自我的描述——对自我或身份的称呼。目前已从不同学科的角度对这些复杂话题做了探讨。在本书中，我们将从哲学、心理学、神经科学、人工智能和机器人学的角度对其展开论述。

本章主要阐明方向和起点，首先要定义一些基本术语，特别要指出的是，我们将从哲学、历史学、进化论和社会发展的角度来阐释成为人究竟意味着什么。然后，我们将论述人工自我的概念，并将其与其他类似概念进行区分。作为智能体，人工自我感知世界的方式与生物自我并无二致，并且从行为学的角度来看，它与"真实"的人难以区分。

人工自我以不同的典型出现在神话、文学和电影中，一直以来都是热门话题。因此，我们以简史形式介绍了人工自我在这些媒介中的情况，描述了人工自我构建的早期尝试。最后，我们假设人工自我在复杂系统中要么会被构建，要么会自发涌现。弗里登伯格曾更全面地探讨了人工自我的存在。

1 主题词：人格、自我与身份

　　贯穿于整本书，我们将使用几个关键词：人、人类、**自我**和**身份**。这四个关键词相互关联，有时难以区分，研究人员甚至也会将其互换使用。在本书，我们尝试将其区分开来。成为人类就意味着成为**智人**物种的一员，这是生物学和遗传学意义上的标准。也就是说，成为人类使你与动物有了区别。从术语上讲，**人类**和**人**几乎等同，几乎所有的人都是人类。然而，胚胎虽然也算人类，但却不是人，因此无法享有生命权，人们对此有所争论。这是法条主义上的标准。据此概念，人类一旦经过充分的发展变化，就会成为一个人。毫无疑问，人类究竟何时才算恰好迈过边界成为人一直是个争论不休的话题。

　　有些作家将**人类**与**人**等同于**自我**与**身份**。但是，现在人们普遍意识到一个人可以有多个自我或身份。因此，从属性上讲，"**人类**"和"**人**"比较宽泛，而"**自我**"和"**身份**"则较为具体。尽管文献记载这些概念存在一些差异，但在本书中，我们会把人类和人等同为一回事，同时也会把自我和身份等同为一回事。一个不错的启发性思维就是认为人类或人的概念使我们从集体上有别于动物，而身份或自我的概念则可以让某一个体有别于其他个体。

　　身份与自我为"我是谁？"这个问题提供了答案，因为它们是对个体本质的描述。可以用一系列属性、价值观及动机来描述身份与自我。恒常性与变化性是身份研究领域的不变主题。随着时间的流逝，一个人是会坚持不变还是会改变？若改变，那么有时就会用到**动态身份**这个概念。身份也可以看作是某一个体在家人、朋友以及社会中树立的形象。另外，我们这里要注意与社会学中的角色及角色扮演的相似性。在塑造身份的过程中，我们内心会经常挣扎，但别人的看法又极其重要，因此，我们有了个人身份和社会身份——前者是自己眼中的自己，后者是别人眼中的自己。

2　人格心理学

在理解自我和身份之前，我们需要对人格有更全面的了解。涉及的主要问题是"成为人意味着什么？"或"我们如何定义人？"。这些问题不容易回答，需要从多个角度来阐明。在下面的章节中，我们将从历史学、进化论和社会发展的角度简述一些答案。

尽管长久以来心理学一直公开表示人是其研究对象，但却很少提及人这一概念，着实让人意外。估计是因为心理学传统上一直坚持还原论的思路，关注的是塑造一个人的思维、情感和行为，而不是作为一个整体的人。近年来，这种情况发生了改变，许多跨学科研究人员正从一个整体的、更具综合性的角度来研究人。

人类现在被视为社会群体中的社会人。众所周知，人是具有生物学特征的个体，但这些特征是在根植于社会文化的世界中呈现的。有些特性对人类至关重要，包括自我意识和自我理解、推理能力、语言使用能力、接受和整合不同观点的能力、道德关注、具备意向性和具有采取行动或克制行为的能力以及创造文化的能力。

也可以用五个主要概念来描述人。首先是人格，即气质与性情的独特结合。我们将在第三章深入探讨人格这一概念。第二个是身份，主要侧重于身体特征、社会地位和环境。第三个是自传式回忆，即对过去的回忆和反思。第四个是性格，主要根据行为和环境来判断。最后，人被认为是需要肩负道德责任的，这意味着他们需要为自己的行为负责。

3 人格面面观

从历史学角度看人格 ●●●●

关于人格的研究历史很长，至少可以追溯到古希腊和古罗马时期。古罗马人把人看作是法人实体。早在公元 160 年，学者盖乌斯（Gaius）就认为法律与人、事物或行为有关。以盗窃案为例：小偷和受害人是人，事物是被盗物品，行为则是盗窃本身。在古罗马社会，幼儿和妇女被视为在其丈夫或父亲监护下的弱势群体，而奴隶根本不算是人。只有到了一定的成熟年龄，男性才能拥有人格。这个时候，男性要为自己的行为负责。

不久的将来，人们会重新审视"人"的法律内涵。如果我们认为机器人是人，那么它们应对自己的行为负责。这就意味着，如果它们偷窃，则可以对其进行"惩罚"或者以法律方式平等对待。反之，若不把它们看作是人，那么它们就是物体，是人拥有和控制的财产，即奴隶。决定人格的关键一点是道德责任。如果机器人知道盗窃是坏事，但无论如何还是那样去做，那么就能容易地确定其罪责。然而，若机器人或软件必须学习一段时间才能获得完整的认知能力，那么从法律上讲，它们应被视为"未成年人"，因此，它们的监护者应对其行为负责。

西塞罗（Cicero, 公元前 106—公元前 43 年）属于最早一批注意到人就像演员的学者，他指出人在社会中戴着各种面具扮演不同的角色，这些角色分别赋予人不同的义务或社会责任。例如，父亲有义务照顾家人。西塞罗提到了四种责任：第一，人应是理性的，而不应像动物那样冲动行事；第二，人要忠于自己独特的气质；第三，自身的社会地位——来自富裕或贫困家庭，是否担任公职——让人承担着社会责任；第四，人要意识到自己的人生选择所带来的结果，比如选择某一特定职业。西塞罗认为，每个人都应尽可能地表现自己，始终要努力提高或完善自己。这一观点的有趣之处在于，除了在社会中扮演的角色和承担的义务之外，并没有真正的有关个人的概念。

这种将人作为社会建构要素的概念将再次在关于自我的哲学章节（第二章）中出现。人工自我或数字自我，如机器人或软件程序，将会最有可能需要与人互动。因此，需要有能力"戴上不同的面具"在社会中扮演不同的角色。为了有效交互，还需要能够解读面部表情和语音声调等社交暗示。此类程序已被开发出来，甚至可以识别假笑，这一点可不是每个人都能做到的。用于特殊目的且仅能执行一项功能的人工自我可能无需扮演不同的角色，而用于特定领域的人工智能只会玩游戏或选股，并不具备通用智能，因此看起来不太像人。也许，扮演不同的社会角色并适应周围复杂多变环境的需求，才是推动人类智能和人格进化的动力。

后来，随着天主教会的兴起，只有理性的人才被认为是人。人的一个基本特征就是他（她）的不朽灵魂。我们假定上帝给每个人都赐予了灵魂，但是只有受过洗礼才算合格。从某种意义上来说，受洗礼的过程可以赋予那些来自宗教信仰之外的人完整的人格和宗教内的接纳。中世纪神学也强调完美主义。人都是不完美的，但有变完美的可能。这一点在忏悔经文中特别明显：个人将自己与比他们更完美的存在（例如圣人）进行比较。不完美的人可以根据其社会地位和道德行为获取不同程度的价值。

直到 17 世纪，人们第一次开始强调个体。勒内·笛卡尔（René Descartes, 1596—1650 年）在其名言"我思故我在"中，将思考作为人格标准。托马斯·霍布斯（Thomas Hobbes, 1588—1679 年）认为人天生孤独，但不得不彼此交流。他曾表示人们需要别人拥有的东西，而且为了得到自己需要的东西，他们签订"盟约"或合同，从而限制了权力并迫使一些人向他人提供服务。正是这些合同使人们能够彼此生活在一起，因为人类从天性上就有反社会倾向。尽管存在这种社交方式，霍布斯还是认为人作为个体应该为自己的行为负责。

约翰·洛克（John Locke, 1632—1704 年）和让·雅克·卢梭（Jean-Jacques Rousseau, 1712—1778 年）都谈到了个体复杂的内心世界。正是这种充满感知、思想和感情的"内心世界"，在 20 世纪一直主宰着一个人的观点。洛克认为"意识"是个体的固有特征。在他看来，一个人之所以变成现在的样子，是因为他不断地意识到自己的现在与过去是同一个实体，强调时间的连续性。洛克把意识和宗教灵魂区别开来，称意识是现实的一个特征，所以可以进行内省和科学研究。洛克影响了托马斯·杰斐逊（Thomas Jefferson, 1743—1826 年）和美国的开国元勋们，使他们认为人拥有个人权利，例如言论自由和携带武器的权利。他们认为政府的主要职能是捍卫这些权利。同时，他们认为，社会应是自由的，允许人们追求自己的目标，包括对幸福的追求。

从进化论角度看人格 ●●●

我们通常认为自己是芸芸众生中普通的个体，但又与众不同，这一点从我们对"**自我**"和"**他人**"这两个词汇的使用上就能反映出来。可以说，我是我的"自我"，是你的"他人"，而你是你的"自我"和我的"他人"。这里体现了一个隐含的共识，即人们都属于同一个类别或分类，但我们彼此仍然可以不同。这种将自己与他人区分开来的能力，尤其是知道他人与我们在精神层面一样，是人格发展过程中的关键。心理学的目标之一就是解释我们如何获得这种信念。

哲学家彼得·斯特劳森（Peter Strawson, 1919—2006 年）认为人具有适用于所有物体的物质属性和专门适用于人的心理属性。因此，他认为人类是在推理和语言能力上与其他生物存在差别的自然生物。按照斯特劳森的观点，在诸如散步之类的简单动作中，身体动作和心理特征是混合在一起的，一个人的意图（他或她的目标导向行为）可以直接从其动作中看出来。我们会将这种行为与我们自己的行为进行比较，并意识到其他人会有与我们相同的目标（走到某个地方）。但是，在其他更复杂的群体行为中，其他人的行为和目标可能会有差别。那么，在这些情况下，我们会如何理解他人的目标呢？

互惠利他主义很重要。简而言之，如果你善待某人，那么该人通常会投桃报李而善待你。人们正是需要与相同的伙伴长久协作、互相帮助，才体现了人这一概念的必要性，而其中的自我与他人是平等对待的。据此观点，早期人类历史中原始人之间的互惠利他行为则为自我和人格概念的形成奠定了基础，使我们能够区分自我和他人，并确定他人可以拥有与自己相似的目标或精神状态。这种别人拥有像我们一样的心智和意图的概念称之为心智理论。此观点认为，具备心智理论能力是成为一个人的必要因素。

对比与人类基因最为相似的动物黑猩猩的能力有助于揭示人格的发展。黑猩猩主要活在当下，尽管它们与无血缘关系的黑猩猩成群生活在一起，但它们往往只和家庭成员一起合作，而对非家庭成员要么无视，要么与它们一较高下。黑猩猩不会对遥远的过去或未来采取行动。相对来说，人类会与非家庭成员合作，还会思考过去和未来。我们可以进行"精神上的时间旅行"，从我们自己和其他人的不同观点出发想象过去和未来的事件。

此外，黑猩猩可以为将来会实现的目标而立即行动，但是它们不能延迟满足当前任何愿望而为未来做打算。相比之下，作为人类，一个四岁的孩子可以为将来更大的愿望实现而抑制即时愿望。在经典的"棉花糖"测试中，孩子们被告知他们现在会吃到少量糖果，若愿意等待的话，后面就可以吃到更多的糖果。尽管实验对象存在着个体差异，但几乎所有 4 岁以上的孩子都能够等待以便将来能获得更大的奖励。这是目前已知的动物都无法做到的，就像理性是人类的一个重要特征一样。

让我们用一个例子来说明：两个无亲缘关系的穴居人"Og"和"Ug"外出狩猎。Og 看到附近有一群瞪羚，如果他立即投掷自己的长矛，将能够杀死其中一只并获得肉。但是他与 Ug 就一个计划事先约定好了：同意将瞪羚群驱赶到 Ug 所在的方向。Ug 有几支长矛，当这些瞪羚惊慌失措时能够杀死其中的三只。与他们二人单独行动相比，这种做法能带回更多的肉。

因此，Og 延迟满足自己的即时愿望而遵循他们制订的计划。

这个例子阐明了我们上面提及的所有技能。尽管 Og 和 Ug 没有亲缘关系，但他们的行为呈现合作态势。他们能压制各自的即时愿望，并能想象到未来的情形，这种想象将自身和对方的观点都考虑在内。Ug 必须能想象到在他付诸实际行动之前 Og 会把一群瞪羚吓得惊慌失措，而 Og 必须能想象到在瞪羚跑过去的时候 Ug 会用长矛刺杀猎物。他们还必须明白，这种行为将杀死更多的猎物，并且会给他们俩以及所属的部落带来更多的肉。从事此类行为的人需要知道其他人应拥有与自己类似的心智和意图，即心智理论。Og 必须知道自己在思考的时候 Ug 也在思考，自己感到饥饿的时候 Ug 也会有同感，等等。换句话说，Og 知道 Ug 就像他一样是人类，彼此都拥有人格地位和自我。

人类互惠利他主义的独特之处是以人为本的理念，该理念可适用于自己和他人，认为每个人都具有从不同视角计算成本和利益的能力，并且随时间演变而拓展。具备这些能力之后，甚至可能建立长期的互惠利他关系。这就产生了一种正义感，有了它，相互承认彼此是个人的大群体可以合作行动。正义感还可以使我们善待陌生人。此外，语言的使用使得未来计划的实现变得更加容易。语言当然是以人格和心智理论为前提的，因为它是不同心智之间交流思想的一种方式。目前还不清楚这些技能中哪一个是先出现的：规划和对未来的感知、心智理论，还是语言能力。它们可能共同进化，随着时间的推移相互加强。

想象一个与其他同类存在于一个世界中的智能体。该智能体重视自身的生存，但需要从其环境中获取资源才能做到这一点。获取这种资源就需要工作。智能体有几个选择。第一，它可以独立做事，无需与他人打交道。这有一些优点，即智能体可以做自己喜欢的事情，而不用考虑其他因素。然而，这种情况可能会消失，因为大多数情况下在团队中做事的好处要大得多。所以，第二种选择是群体互动。在这种情况下，互动有两种主要形式：竞争和合作。

竞争意味着从别人那里获取自己想要的东西而不用顾及后果，其主要动力是侵略和支配。这种方法的特点有好有坏。恃强凌弱者和独裁者常常以这种方式得到他们想要的东西，但他们很少单独行动。他们必须招募其他人来拥护他们并分享战利品，同时让其他人（例如，奴隶）为他们工作。这种方法的缺点是会树敌，而这往往会导致恃强凌弱者被废黜和杀害。第二个群体选择就是合作，指的是与他人携手共进，求得生存。在这里，主要的动力可以认为是爱、同情心和其他使群体团结的品质。合作型社会也有弊端，例如整齐划一和抑制个体差异。互惠利他主义在两种社会形式中都会有体现。如上所述，身份和自我的形成最有可能发生在智能体为生存必须互动的群体中。

在自然生态系统中，我们会看到个人和群体层面的竞争与合作，所有这些可能性似乎都存在于自然界中。这些策略可能有一些最优组合来促进生存，但总是以选择力量的形式依赖于当前的环境需求。另一个尚未提及的因素是繁殖。如果一个智能体需要将其基因或编码指令与其他智能体混合，那么它就被迫与其他智能体交往并且必须生活在一个群体环境中（有性繁殖）。这并不是一个严格的要求，而且独来独往的生物有可能通过一些变异自行繁殖，比如鞭尾蜥蜴和竹节虫（无性繁殖）。

尽管我们主要从生物进化的角度来考虑群体和进化，但事实并非如此。机器人和软件智能体可以有人工起源，它们可以存在于真实或虚拟的环境之中，并像活的生物体一样受到进化压力的影响。所有这三种可能性也适用于此类智能体。它们可以自主生活，也可以在竞争或合作中群居。实际上，有关人工智能体的进化模拟研究已有很长一段时间了，结果发现它们的组织和行为方式与自然界中看到的非常相似。有关这个主题的更多信息，请参见第五章有关进化和机器人的讨论以及第九章有关人工生命的部分。

在这种情况下，我们可以问的一个问题是，一个人工智能体是否能够在没有预先编程的情况下，发展出一种自我和身份感。想象一下这类智能体的计算机模拟，如果它们是在群体中而不是在个人主义环境中进化，会更有可能获得自我吗？我们可以改变各种参数来观察其效果。例如，我们可以预测，随着成员之间交流和相互依赖程度的增加，身份发展的可能性应该也会增加。

我们使用社交媒体时也会出现许多诸如此类的问题。我们大多数人通过推特（Twitter）、脸书（Facebook）和领英（LinkedIn）这样的平台来认识其他人，巩固自身的群体纽带，促进自己的成功，进而提高自己的社会地位。与他人见面可能是出于生育或非生育原因。更强的社会联系意味着将来某人更有可能帮助你。社会地位的提高会让其他人优先考虑你。例如，可以增加自己获得面试或被录用的机会。同时，这也能给你带来更好的在未来生存下去及繁荣发展的前景。数字会议场所虽然满足了许多需求，但有趣却也令人沮丧的是，上网时我们大多数人退化到了小组互动这些最基本的交流形式。

从社会发展角度看人格 ●●●○

社会心理学研究的是我们与他人的互动如何影响我们的思想、感受和行为。因此，上述互惠利他主义理论既是一种社会理论也是一种进化理论。发展心理学着眼于个体在一生中的变化，而进化心理学则与此相反，主要研究的是物种在时间跨度内的变化。在本节中，我们将研究一种称之为角色交换论（PET）的社会理论，并阐述它是如何解释人一生中人格的发展的。PET 不仅是一种社会理论或者发展理论，同样适用于我们刚刚探讨的进化案例。

许多社会活动都由性质不同但互补的角色共同参与。例如，谈话既涉及讲者又涉及听众；谈判涉及提议和考虑；养育涉及照顾和被照顾。每种行为都涉及一个特定的社会角色以及针对每个人在其职位上的所作所为建立的一系列期望。购买食物涉及两个社会角色，即买家和卖家。每个角色都与另一角色休戚相关，因为如果没有卖家，一个人就不可能变成买家。为了成功履行自己的职责，双方都必须欣赏彼此的观点。例如，成为买家才可以使我们成为更好的卖家，因为通过前者我们可以领略到省钱的动机。PET 理论认为，交换社会角色促使人们转换视角，进而推动了人格的发展。

我们在成长的初期就开始交换角色，包括在面部表情的交流中引导与跟随，在藏猫猫、捉迷藏或接扔球游戏中模仿。这也许可以解释游戏对儿童的重要性。在后期的发展中，语言的使用也需要角色交换。一个人在说话的时候，必须想象采用对话搭档的视角是什么感觉。孩子在掌握一门语言后，能够使用各种媒介（如书籍、电影和互联网），从而可以在更大范围内进行角色转换。在阅读小说时，我们会使用英雄和其他各种人物的角色；在玩电子游戏时，我们会使用各种化身的角色。PET 迫使我们去了解成为某个人（或者成为诸如化身之类的东西）是什么感觉，从而帮助我们创造心智理论，并让我们知道，自己和周围的人一样都是人类。

4 非西方的自我观

本书中许多关于自我的观点都来自西方和科学传统。然而，我们有必要至少简要地探究一下其他文化对这个概念的理解方式。西方的自我概念以内部的"人"或侏儒[1]为中心，而正是这类人物完成了思考、行动以及对自我的感知。这种人物以多种形式出现：可以是弗洛伊德（Freud）的本我、自我、超我的组合，也可以是阿德勒（Adler）的创造性自我或者罗杰斯（Rogers）的理想自我和真实自我。这些观点都假定一个内化的中心人物，作为经验和行动的源泉。在有神论的观念中，这种小矮人大致相当于灵魂。

在佛教传统中，没有自我这回事——个人自我被看作是一种虚构的错误信念，因为现实中不存在其对应物。人们认为，这种错误的自我观会产生对"我"和"我的"都有害的想法，会产生自私的欲望和依恋，以及诸如傲慢、仇恨、自负等消极的想法，这些都是全世界问题的根源。佛教的许多修行旨在消除个人自我观，从而在个人和社会层面上获得幸福。

自我，就像宇宙中的其他一切事物一样，与其说是一个对象，不如说是代表一种复合关系或结构。就像所有"事物"一样，人也是由各个部分组成的。这些组成部分之间的关系决定了某些具体事物，而这些关系就像心理学中的格式塔[2]。根据格式塔临近定律，我们可以认为三个点形成一个整体，只是因为它们在一起很近。在这种情况下，整体"不仅仅是各部分的总和"，它还包括将各部分连接在一起的空间属性。这种观点类似于模式

---

1 侏儒，是炼金术师创造出来的真正的生命，相传它们有神奇的能力，可以预言未来。——译者注

2 格式塔系德文"Gestalt"的音译，主要指具有不同部分分离特性的有机整体。它不是孤立不变的现象，而是指通体相关的完整的现象。——译者注

主义和功能主义，将自我定义为它们所能执行的模式和功能，而不是物质部分。

在佛教心理学中，一个"人"是由五种称之为"蕴"的元素组成的复合体，它们是色蕴（形式）、受蕴（感觉）、想蕴（感知）、行蕴（冲动）和识蕴（意识）。这五蕴在一起作用时就构成了一个完整的人。如果将它们删除，则该人和相应的自我感就会消失。五蕴本身也存在着关联性，即其中的任何一蕴都要存乎于其他四蕴的基础之上。我们所能想到的就是，事物之所以存在是因为其周围的事物，当后者不存在时，该"事物"也会消失得不见踪影。这种无常观是佛教信仰的核心！产生虚幻自我的五蕴所形成的临时格式塔称为无我，意识到这一点并不会削弱自我，反而应该会为个人赋能，因为一个人现在知道自己是一个更大的相互联系的世界的一部分了。一个人的自我真正不复存在而变成宇宙，实现这一步可称之为开悟。因为每个人的自我之间并没有区别，所以应该对他人抱有更大的同情心。

5　关于自我的几个进一步观点

关于自我的一个非常重要的问题与物质和物理世界有关。我们很容易认为自我就是我们的脑或者我们的脑与身体。然而，构成我们身体的化学物质和分子一直在变化和更新。即使在神经元寿命相当长的脑中，组成神经元的成分也在得到补给。探究此问题的一种方法就是站在模式主义的立场上：该观点认为，我们的自我就是脑中出现的神经激活模式。正是这种模式——大概每个人都是独一无二的——抓住了自我的本质，而不是组成它的物质。一些超人类主义者的观点甚至更加超前，他们认为可以复制这种模式并将其放置在计算机等其他介质中，那么自我就能够在死亡后继续存在。

另外，还有其他一些关于自我的定义。一种是我们的记忆决定了我们自身，我们经历的历史决定了我们现在的样子。这种观点有一定的道理。毫无疑问，我们的过去影响了我们现在的样子，但许多力量塑造了我们的身份，包括现在。一个反对的论点是，过去是我们**曾经**的样子，而不一定是我们**现在**的样子。或许更准确的说法是，自我是我们在任何特定时刻做出反应的特有方式。这是人格理论家的观点，他们用性格特征来衡量自我。性格特征是简单的单一名词描述，比如"外向的"或"有恒心的"，描述一个人在特定情境下的行为方式。

另一种更具社会性的自我概念可以通过我们对世界产生的影响来体现。每个人在一生当中都会以某种方式影响着其周围的环境。我们结婚、生子、创业等所有的一切都给世界带来了一系列变化。我们会影响其他人的思维方式以及我们孩子的行为方式。我们作诗、著书、绘画、谱曲或者帮助建造摩天大楼而得来的成就中许多都是不可多得的遗产，是由我们个人或与他人合作的独特创造力产生的结晶。根据这个定义，自我是我们遗留下来的遗产。有些人可能会选择将自己创造的东西保存在时间胶囊之中，或者将自己的成就制作成电子版并与他人分享。

　　本书后续章节还有更多关于自我的内容论述。第二章将介绍关于该主题的哲学内容，纵览有关人格、自我和身份的历史理论。第三章则从心理学的角度阐述这些方面的内容。接下来，我们将介绍一种关于自我的更具现代性的观点，即是否存在关于自我的技术版本或人工版本。

6　人工自我

人工自我的多样化　● ● ●

在继续往下讨论之前，我们需要定义几个在本书中反复出现的重要术语。在下面列出的定义中，我们从最普遍和最远离可能被认为是人类的概念开始，然后慢慢地朝着人造人或人工自我的概念前进。图1给出了几个人造物的示例。

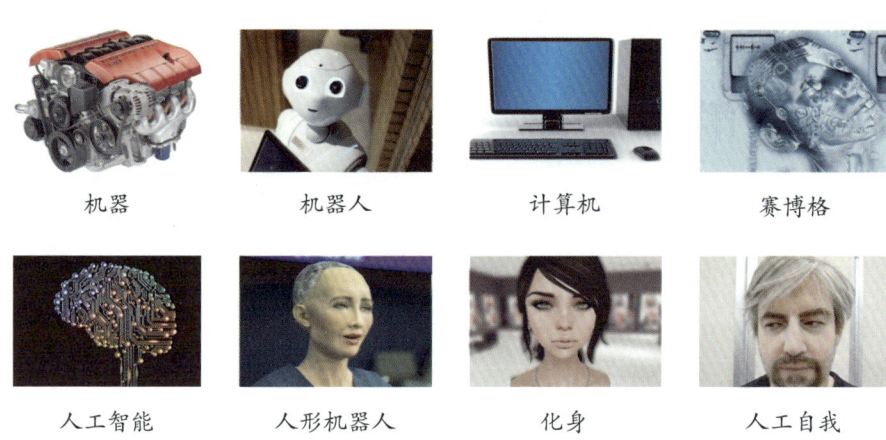

机器　　　　机器人　　　　计算机　　　　赛博格

人工智能　　人形机器人　　　化身　　　　人工自我

图1　各种人造物，包括机器、计算机、人工智能、化身、机器人、赛博格、人形机器人和人工自我。这些公众领域图像由 pixneo.com 提供

机器是指任何通过传递或改变能量来执行或协助执行各种任务的机械或有机装置。机器通常需要输入一些能量来完成某种工作。纵观人类近代史，大部分时间里人们会通过设计与使用工作原理和机器来提升工作绩效。需要注意的是，这种意义的工作可以是物理意义上的，就像电梯可以举起负载一样，也可以是纯粹计算意义上的，就像对一系列数字做累加运算的

计算器一样。还需要注意的是，根据这个定义，机器可以是机械性的，由齿轮或电路等部件组装或合成而构成，也可以是生物性的，由有机分子组成。

从最一般的意义上来说，计算机是一种用来表示和计算信息的装置，其突出的特点是它无法与现实世界进行交互。一台计算机可以通过网络跨越空间与其他计算机来回传递信息，但除非与某种致动器（如假肢）相连，否则它无法作用于现实世界中的目标。因此，计算机可以操纵信息，但不能操纵物质实体。

化身是存在于软件程序（如电脑游戏）中的实体（人或其他事物）代表。化身可以由玩家通过操纵杆、游戏控制器或虚拟现实手套来控制，也可以利用人工智能来控制。一个人的思想有可能被上传或转移到化身上，在这种情况下，可以认为该人已变成化身了。

另一方面，机器人是一种能够移动且（或）能与物理世界互动的结构体，具有一定的自主性。有些机器人处于固定位置（如装配线上的机器人），但它们可以使用手臂或其他操作装置移动物体，另一些机器人则能凭借自己的能量四处移动，我们称之为移动机器人。同样地，人类可以操作控制某些机器人，而有些机器人则可以自主控制自己的动作。机器人可以长得像人，但这并不是必需的。

赛博格（控制论有机体）是一种由有机体和机械部件组成的生物。根据该术语更严格的定义，赛博格是指某些基本生理功能被嵌入的机器部件替代的人。因此，装了心脏起搏器的人有资格被称为赛博格，但佩戴隐形眼镜或使用手机的人则没有资格被这样称呼。赛博格带来了许多有趣的问题。试着想象一个名叫约翰（John）的神经控制人，他不断地被科技所增强。在某个时刻，约翰不再是一个人了吗？如果约翰的一多半是机械的，你会说他不再是人类了吗？如果约翰的全部身体中除了大脑之外都是机械的呢？如果我们逐渐用功能等效的计算机部件替换约翰脑中越来越多的部分，那么他会在某个时刻不再是人类吗？

人形机器人是一种类人的人造物。在文学作品和其他媒介中，人形机器人有着宽泛的定义，可以是完全机械的，也可以是完全有机的，甚至是二者的某种结合。因此，一个看起来像人的机器人或赛博格可以被认为是人形机器人。就像在文学作品中被习惯对待的那样，人形机器人尽管看起来很像人，但并不一定非要行为上表现得像人或完全像人。

人工自我是一种人工创造的或新兴的存在物，其本质和行为与人类没有区别，但不一定要看起来完全像一个人。在功能上，人工自我与真人并无二致，在任何情况或测试中，其行为都无法与真人进行可靠区分。尽管人工自我在内部或外部看起来可能与人有所不同，但从行为的角度来看，它在每个方面都与人相同。像人形机器人一样，人工自我可能是机械的、有机的或二者的某种结合。人工自我能够拥有主观的意识体验。

当讨论这些不同的自我化身时，一个关键的概念是智能体。罗素（Rusell）和诺维格（Norvig）将智能体定义为任何能通过传感器感知环境，并利用执行器或效应器对环境产生作用以实现有目的的行动的实体。人、人工智能程序和自主机器人都属于智能体。人通过眼睛和耳朵之类的感官接收信息，然后以这些信息为基础利用腿、胳膊和手来行动。人工智能程序以文件内容和网络数据的形式接收输入信息，并通过传递信息或操作远程设备来执行任务。机器人通过摄像机和麦克风之类的电子感应器进行感知，并使用机械臂和机械手进行操作。

神话、文学和艺术中的人工自我 ●●●

从历史上来看，到处都是有关人类试图构建人工自我的故事，其中最早的一个来自古希腊。赫菲斯托斯（Hephaestus）是宙斯（Zeus）的妻子赫拉（Hera）女神的儿子。他成了众神的机械助手，用锻造法创造了诸神所需的各种奇妙装置，其中包括阿喀琉斯（Achilles）的盾牌和阿波罗（Apollo）的战车。他最复杂的作品是守护克里特岛（Crete）的青铜机器人塔罗斯（Talos）。塔罗斯在岛上巡游，并能向过往的船只投掷大石头，是人类历史上最早提到的类似机器人的东西。

在中世纪，炼金术士巴拉塞尔苏斯（Paracelsus）在其著作中第一次使用了**侏儒**（homunculus）一词，这个词从拉丁语直译过来就是"小矮人"的意思。作者提到了用骨头、精子、皮肤和动物毛发制作一个一英尺高的侏儒，然后把它埋在地下，周围用马粪包裹，四十天后形成了一个胚胎。另一个神话同样荒唐可笑：在一只黑母鸡产下的蛋的外壳上戳一个洞，装入人类的精子并用羊皮纸密封开口。在地下埋藏三十天后，就会出现一个小矮人，会为他（她）的造物主服务，换来的是薰衣草种子和蚯蚓！这些侏儒更可能是想象中的生物。对于是否曾为创造它们而开展过系统的实验，目前尚不清楚。

后来，我们在欧洲发现了傀儡（golem），这是一种由无生命的材料制作而成的生物（图2）。傀儡的故事起源于犹太民间传说。根据这些传说，傀儡是用泥土制成的，是非智能的。它们通常不会说话，主要从事体力劳动，完成一些简单重复性的任务。只有像拉比这样的圣人才能创造傀儡，因为拉比接近上帝，获得了上帝的一些力量，能够创造出这样功能有限的人。其中一个比较出名的傀儡故事是关于拉比·犹大·洛·本·比撒列（Rabbi Judah Low ben Bezalel）的，他在16世纪制造了一个傀儡，以保护布拉格犹太人区免受反犹太者的攻击。

图2　对傀儡的描绘，一种来自犹太民间传说的神话人物

《科学怪人》（*Frankenstein*）是玛丽·沃斯通克拉夫特·雪莱（Mary Wollstonecraft Shelley）的小说，于 1818 年首次出版。在本书中，她讲述了一位原始科学家维克多·弗兰肯斯坦（Victor Frankenstein）用尸体创造了一个类人生物的故事。看到这种生物的恐怖外表，他惊恐万分，仓惶而逃，该生物也消失不见了。故事的后来，这个生物找到弗兰肯斯坦并要求他给它造一个女性伴侣。在弗兰肯斯坦厌恶地摧毁了已经部分完成的女性后，这个生物来复仇，杀死了弗兰肯斯坦的妻子。弗兰肯斯坦本人一直在追捕这个生物，甚至穿过北极荒地追赶它，最终却无疾而终。这部经典小说的鲜明主题就是这个生物的孤独感和孤立感，想要从人类以及自己同类的生物身上获得陪伴。

"机器人"一词首次使用于捷克作家卡尔·恰佩克（Karel Čapek）的剧作《罗森姆的通用机器人》（*Rossum's Universal Robots*）之中，该戏剧于 1921 年首次演出。恰佩克讲述了一个仅仅为了工作而被创造出的生物的故事。这些生物是由大型工厂使用有机材料制成的。它们的外表和行为都像人，但没有感情。工厂老板娘同情它们，要求厂主给他们灌输感情，使它们更快乐，并能更好地与人类同事友好相处。厂主同意了，但是机器人意识到了自身的优越性，反抗并屠杀了几乎所有人。这场戏最终以机器人与人类之间的休战以及对更美好未来的憧憬而剧终。

当然，现代科幻小说为我们提供了许多人造人的例子，并给出了警告我们各种后果的道德故事。在亚瑟·克拉克（Arthur C. Clarke）的科幻小说《2001: 太空漫游》（*2001:Space Odyssey*）中，计算机程序系统哈尔（HAL）因无法解决相冲突的任务指令而崩溃，并谋杀了一艘宇宙飞船上的船员。在《终结者》（*Terminator*）电影中，为国防而设计的智能机器因为过度履行职责而决定消灭人类。电影《黑客帝国》（*The Matrix*）也呼应了类似的主题——计算机通过将人类囚禁在人工虚拟现实里而在与人类的战争中获胜。

这些故事所描绘的末日景象反映了我们的恐惧，即我们在构建一个人造人的同时，也会带来自己的灭亡。换句话说，我们的机械复制品不仅拥有使我们伟大的东西，而且还包含我们的缺点。还有一种潜在的焦虑是，它们可能会变得比我们更聪明、更出色，可能会决定无视或彻底消灭我们。因此，开展人造人的探索既有光明的一面，也有黑暗的一面。通过创造一个人造的人，我们能够了解自我，从而超越自我，但这样做我们将面临被淘汰的风险，并变得无足轻重。

神学与人工自我 ●●●

　　安妮·福斯特（Anne Foerst）在她 2004 年出版的著作《机器中的上帝》（*God in the Machine*）中讨论了构建人工自我的神学意义。她提出的第一个问题是我们为什么要做这种努力。大多数人对类人机器人有着复杂的情感。许多人害怕它们并将其视作威胁。它们会让我们中的一些人产生不安全感，因为它们可能会拥有与我们同样或者超过我们的能力。因此，人造人危及到我们的独特性，即人类在某些方面是独特的且具有一定的特权。

　　然而，我们也很喜欢与自己相似的生物交流。似乎人类天生的孤独感使我们渴望与他人以及与我们相似的生物分享经验并进行交流。这一点在与黑猩猩、海豚等其他动物的交流以及寻找外星智慧的探索中表现得很明显。另外，对我们天性的好奇似乎是另一个潜在因素。这个过程将教会我们更多关于我们是谁以及我们如何工作的知识。

　　渴望重建自我的另一个原因可能是想要突破自我局限,变得像神一样。大多数宗教都有一个创造人类的神的形象。这些创造行为以故事的形式关联在一起，描述神灵们或一个神如何创造人类。如果我们能完成这项壮举，这可能意味着我们也获得了神一般的地位。有些人可能会将此想法解释为异端邪说，因为我们若是获得了神的某些能力，我们便篡夺了神的地位。

　　福斯特提供了一种相反的神学解释，其中提到：重塑我们自己的形象并不是悖逆上帝，而是赞颂上帝。她认为，建造傀儡这样的人造人是一种祈祷行为。通过制造傀儡，我们可以更多地了解神造人的过程和我们的特殊能力。因为上帝按照他的形象创造了我们，所以参与这个特殊版本的上帝创造活动可以让我们敬拜上帝，并能更好地欣赏他创造的奇迹。按照这种观点，创造力变成了一种祈祷的行为。创造性行为越复杂，祈祷意识就越强烈，而我们对上帝的颂扬就越多。由于人类是我们所知道的最复杂的事物，因此造人是最终极的创造性行为，继而是表达崇敬的最高形式。

据此说法，制造傀儡并没有让我们变得傲慢，而是让我们变得谦卑。通过理解构造人类的不可思议的复杂性，让我们对自己和上帝的能力有了新的认识。这种结果带给我们的不是一种优越感，而是谦逊和谦卑。许多科学家也表达了同样的观点。天文学家卡尔·萨根（Carl Sagan）描述了他和其他人在欣赏宇宙惊人的运行方式时所表现出来的敬畏之心。物理学家阿尔伯特·爱因斯坦（Albert Einstein）在乘船横渡大西洋时，意识到与周围广阔的海洋相比，他和他的船是多么的渺小。他认为这种感觉既是谦卑，也是敬畏。

构建人工自我的早期尝试 ●●●●

在 18 世纪之前，尽管有许多制造人工物的尝试，但都略显粗糙。随着法国工程师和发明家雅克·德·沃坎森（Jacques de Vaucanson，1709—1782年）发明的自动机的出现，大大提高了人工物的复杂程度。自动机是一种可以自动操作的机械移动机器，设计的目的是模仿人类或动物的动作。从更一般的意义上讲，自动机是一种以人们可以完全理解的方式进行工作的设备或系统。沃坎森创造了一名长笛"演奏家"，据说可以通过移动手指、嘴唇和舌头演奏出十二种不同的曲调。沃坎森最令人难忘的作品是一只由铜管和橡胶管制成的人造鸭子，可以喝水、嘎嘎叫和拍打翅膀，而飞行显然不属于其行为技能。

这一时期最精密的自动机是由 1745 年出生的瑞士钟表匠亨利·梅拉德特（Henri Maillardet）发明的。该自动机作品从外观上看是一个"女孩"，它坐在桌子前，右手握着一支笔，弹簧驱动的凸轮为这个"绘图员-作家"提供动力。上紧发条后，它能低头用法语和英语写诗，并画出几幅精美的图画，包括一艘帆船和一座宝塔。1928 年，这台自动机首次被赠送给费城的富兰克林研究所（Franklin Institute），直到今天还在那里。

1939 年，在美国纽约举行的世界博览会上，西屋公司（Westinghouse Corporation）制造的八款机器人中，展出了一个名叫 Elektro 的机器人。它有七英尺高、三百磅重，但看起来像人。Elektro 可以向前或向后走、跳舞，甚至抽烟。在电唱机的帮助下，它可以从一数到十，并能说出 77 个单词。Elektro 甚至还有一个伴侣——会叫、会坐、会乞讨的机器狗 Sparko。

这些早期作品中贯穿着几个主题。我们可以看到，新技术在发展过程中，逐步与人造人结合在一起。18 世纪的自动机使用弹簧、齿轮和凸轮来工作。它们的内部工作原理类似于一个复杂的时钟。后来，电出现了，它就成了一种电力来源。像 Elektro 这样的机器人是由继电器和真空管来控制的。值得一提的是，过去这些人造人都是出于娱乐的目的而被构造的。直到 20 世纪后期机器人才被设计用于劳动或作为研究手段。我们将在第五章讨论更多的现代机器人。

人造物和自然物——大同小异 ●●●●

我们大多数人倾向于将自然物和人造物视为两种截然不同的事物，但从科学的角度来看，它们是相同的。按照科学的世界观，宇宙在本质上完全是物理的或物质的，由物质和能量组成（尽管物质和能量在基本层面上是相同的）。宇宙中的一切都能用物理定律来解释。这些定律描述了任何物理系统的运行方式，无论它有多复杂。

如果这个假设是正确的，我们就可以用不同学科的定律来解释计算机在任何给定的时刻都在做什么。对电子电路和其他部件的结构和工作特性的了解可以使我们很好地阐明计算机的行为。人脑就像电脑一样，是一个受已知法则支配的物理系统。如果我们对控制它的法则（比如神经科学和分子生物学）有充分的理解，我们也可以解释一个人在任何特定时刻的所作所为。

有两种哲学观点都体现出了这些理念。根据宇宙机制，宇宙中的一切都可以理解为一个完全机械的系统，即一个完全由运动中的物质组成的受自然法则支配的系统。所有现象都可以用物质的碰撞来解释，即一个粒子或物体运动并在另一个粒子或物体中产生某种效应。这种观点有时可以用"时钟宇宙"这个词组来描述——宇宙就像一个巨大的时钟，装满了弹簧和齿轮，它们都以一种有序的、可理解的方式在运行。法国数学家皮埃尔-西蒙·拉普拉斯（Pierre-Simon Laplace，1749—1827 年）是这一观点的支持者。

这种观点的另一个版本称为人择机制。人择机制论者认为，尽管宇宙中的一切事物都可能无法用一种机制来解释，但关于人类的一切却可以。按照这种观点，包括意识和自由意志在内的有关脑和身体的一切，都可以归结为机械力的作用。法国哲学家朱利安·奥弗雷·拉·梅特里（Julien Offray de La Mettrie，1709—1751 年）是一位人类机械师，他在 1748 年出版的《人是机器》（*Man a Machine*）一书中声明支持这一观点。两种形式的机制都暗含着决定论：如果关于宇宙或人类的一切都可以被解释，那么关于该特定系统的一切也必须能确定。决定论给自由和自由意志带来了问题。第二章将对此进行更详细的讨论。

这本关于数字自我的书设定的基本前提是，就理解人的方式而言，原则上没有理由把人与计算机或机器人区别对待。机械学意义上的技术设备已被证明是探究身体和脑如何运作的很好的模型。近年来，更复杂的假肢和人造器官得到了发展。这些装置证明身体各部分的功能可以通过机械方式有效地实现。脑似乎也是如此。认知心理学领域将心智视作一个机械的信息处理器，并受到计算机兴起的影响。用一种正式的机械化方式表示和处理信息的模型，能够成功地解释诸如感知、记忆和推理等心理功能。

复制 ●●●○

复制的内涵是指，如果我们足够了解某样东西，我们就可以重新创造它，并期望它的行为和最初版本的行为是一样的，这个原理即为复制。原则上，复制的概念可以扩展到任何一种系统的复制，不管系统的复杂度如何。如果我们足够了解这个系统——也就是说，我们能够描述、解释和预测这个系统，那么我们也应该能够复制这个系统并期望我们的复制结果可以像原始系统一样运作。我们可以把这些原理应用于构建一个人造人。首先，假设我们能够充分理解夏娃（Eve）。接下来，假设我们能够基于这一理解创造出人工设计的夏娃。那么，我们可以预期夏娃的复制品会以一种与原版几乎没有区别的方式行事。

有两种方法可以创造一个行为上与原始夏娃相似的人造夏娃。第一种方法是我们可以创建一个完全相同的副本或复制原版。也就是说，我们可以尽可能精确地全面复制原始夏娃。同卵双胞胎是大自然实现这一目标的方式，而人工的生产方式是克隆。另一种方法是我们可以通过创建并非完全相同的副本来创建一个人造夏娃。在这种情况下，人造夏娃的结构可能与原始夏娃有所不同。我们可以使用纳米电子学或其他先进的工程技术来实现这一点。这个版本的夏娃与生物学意义上的夏娃行为方式相同，但是就其组成部件以及这些组成部件相互作用的方式而言，前者与后者并不相似。两个系统虽然结构不同，但它们相似的流程能够完成同样的功能。它们在硬件或内部组织上有所不同，但在相同的环境下会产生相同的行为。

这里提出的中心论点可以归纳为三个部分：（1）我们所说的自然系统与人工系统之间并没有区别，因为所有系统都是由物质和能量组成的，并且受普遍的物理定律支配；（2）以描述、解释和预测的形式充分理解系统有助于我们复制或再造系统；（3）原始系统精确的或功能等效的复制品会表现出相似的行为。如果这三个命题是正确的，那么就可能存在一个人工自我。这些观点极具争议，而且有很多反对意见。表1列出了这些论点及其反方论点。

表 1　关于复制复杂系统的能力（即构建人造人的能力）的正方论点和反方论点

异议	正方论点	反方论点
不完整性	即使是相对简单的系统，科学也尚未提供完整的描述	加深了解能够更好地复制系统
复杂性	具有涌现性的复杂系统不能通过了解组成部分来轻易地解释其特性（还原论）	未来的度量或数学建模方法可能会揭秘复杂系统
量子不确定性	我们可能永远无法充分测量那些会引发更大规模现象的小尺度物理活动	某些大规模的事件可能不会受到量子层面上正在发生的事件的影响
工程局限性	我们在设计非常复杂或非常小的事物时可能缺乏精明老练	无需复制方方面面就可以复现复杂系统

来源：弗里登伯格（Friedenberg，2008）

7 本书概述

本书分为四个主要部分。第一部分包括引言、自我哲学和自我心理学，共计三章。这三章共同总结了关于人格、自我和身份的历史思想和当代思潮，它们是本书其余部分内容的基础。熟悉这些主题或对科学技术问题更感兴趣的读者可以跳过这些章节，直接阅读本书的后续部分。

第二部分包括三个章节，按标题顺序依次为"自我与脑科学""脑与硬件的交汇"和"脑与软件的融合"。这些主题可以被认为是关于自我的同心环，它们从脑和身体向外辐射，接着是假肢和机器人（硬件），最后是计算机程序和人工智能（软件）。

第三部分包括四个章节。第一章是化身，这是自我的软件体现。第二章是虚拟世界，指的是化身居住的环境。第三章关于人工自我，指的是可能完全电子化的存在形式。第四章是总结，更具有预测性，描述了自我在未来可能是什么样的。目前为止，我们陈述的大部分内容都是基于科学研究或者对短期未来的预测，是符合事实或看似合理的。但在最后一章，所有事物都难以预料，我们对下个世纪或以后可能发生的事情进行了推测。我们生活在一个令人澎湃的时代，技术正呈指数级加速发展。相信我们中的许多人能够见证其中一些想法的实现。

第二章

自我哲学面面观

积极"向善"的超我与精神灵魂相对应，理性的自我对应于理性灵魂，而冲动的兽性自我就像欲望灵魂。

在本章，我们将对西方历史上重量级哲学家提出的有关人格和自我的各种理论做简要概述。然后，我们再集中讨论个人身份、自我认识、自由意志和延展心灵论等具体问题，以及与这些问题相关的技术。理解这些概念有助于学习下一章论述的自我心理学理论。

1 人格与自我的历史概念

托尔奇亚（Torchia）描述了过去几千年众多西方哲学家对人格、自我和身份的观点。他以苏格拉底式古希腊思想家为起点，沿着历史长河一直研究到今天。下面我们根据托尔奇亚的研究工作和其他文献资料对这段历史做出总结。

苏格拉底 ●●●●

古希腊哲学家苏格拉底（Socrates，公元前 470 年—公元前 399 年）以探索真理的质疑方法而闻名于世。他关注的是"善"以及人类应该如何向善。苏格拉底认为，在某种场合下，对待所做的事情的正确认识应该转化为正确的行动。一个人只有真正理解了什么是善，而且能够行善，才可以称得上品行良好。苏格拉底期待死亡的降临，因为他认为好人死后会得到奖赏。对他来说，死亡是指灵魂离开肉体的时刻，虽然肉体意义上的生命结束了，但在另一个世界新的生命开始了。苏格拉底认为，只有避免与肉体过度接触，灵魂才能大放异彩。从某种意义上来说，肉体"玷污"了灵魂，让理性变得更加困难。这些观点中的部分内容转化成了基督教对来世的信仰。

人们不禁会注意到，这些观点与我们稍后将详细讨论的思维上传中的现代超人类主义信仰有相似之处。在思维上传或全脑仿真的过程中，思维被复制并"上传"到计算机中，在那里它可以无限期驻留并体验到更加强大的智力。在这里，思维就成了灵魂，而人死后灵魂可以存在的计算机系统就变成了一个理想的形式世界，一个纯粹理性和完美的地方。基督教神学认为，这种世界是行善者的天堂，作恶者的地狱。许多现代思想家认为，上传的思维将极大地提升智力水平，而且能与其他类似上传的思维进行互动。人们可以在这些现代观念中发现一种对物质的蔑视，以及以抽象信息和计算的形式对灵魂的升华。所谓的"书呆子式的狂喜"便有优势拥有这种更大的存在状态。

柏拉图 ● ● ● ●

二元论认为精神和物质都是可能存在的。古希腊著名哲学家柏拉图（Plato，公元前 427 年—公元前 347 年）是一个二元论者，他认为精神和肉体分别存在于两个独立世界之中。精神存在于一个理想的形式世界，这个世界是非物质的（无形）、非扩展的（不占据空间），而且是永恒的（永久存在）。相反，肉体存在的世界具有物质性和扩展性，且无法永恒存在。这两个世界里的对象之间存在着巨大差异，在理想的形式世界中，精神观念是完美的，而我们在现实世界中找到的这些观念的具体例子总是不完美。例如，形式世界中的"圆"是完美的圆，但如果检验一个现实世界的圆，放大一定程度后会发现，圆的边缘失去了圆形曲率，并不完美。

柏拉图和他的导师苏格拉底都认为，人的自我分为两部分，一部分是堕落且不完美的肉体，另一部分是完美且能支配肉体的灵魂。柏拉图认为，人的根本就是灵魂，而肉体必须永远从属于灵魂。灵魂是理性的所在地，通过理性才能够进入理想的形式世界。这里的问题是，人死后灵魂会变成什么，它还会有属于自身肉体的人格吗？还是会成为一种没有任何人类特征的抽象形式？

后来，柏拉图将灵魂分成了三个层次。最高尚或最高贵的是精神灵魂，其次是理性灵魂，负责思考和支配肉体，最低层次是欲望灵魂，是饥饿和性欲等肉体欲望的所在地。如果灵魂不受理性的控制，它就会屈服于欲望——与肉体最接近的地方——的所有冲动和奇想。这个观点与弗洛伊德（Freud）人格理论中的本我、自我和超我有明显的相似之处。积极"向善"

的超我与精神灵魂相对应，理性的自我对应于理性灵魂，而冲动的兽性本我就像欲望灵魂。我们将在后面的心理学章节中更详细地讨论弗洛伊德的理论。

亚里士多德　●●●●

　　一元论认为，宇宙中只有一种状态或物质。古希腊哲学家亚里士多德（Aristotle，公元前 384 年—公元前 322 年）是一位一元论者。虽然柏拉图是亚里士多德的老师，但两人的观点截然不同。亚里士多德不相信地球上存在一个理想的形式世界，他认为抽象现象根植于现实。对他来说，灵魂与肉体之间存在着错综复杂的联系，二者不可分割。亚里士多德把精神和肉体的区别看作形式与物质的区别。要想弄清他的观点，其中一种方法是想象一团黏土。黏土由物质组成，可以将其想象成脑。我们可以用手把黏土捏成不同的形状。例如，可以把它揉成一个球或者把它压扁做成煎饼。亚里士多德认为，黏土所能呈现的形状就像脑在经历不同活动模式时所呈现的不同想法一样，只是不同的物质状态，并不构成任何非物质或精神实体。

　　这种观点与我们对脑在物理层面的理解比较接近。每当我们思考的时候，不同的神经元就会激活并互相传递信息。这需要脑的物理状态发生实际变化：离子在细胞膜上流动，而神经递质在神经元的突触上流动。通过反复刺激，我们可以看到树突棘数目有所增加，而且在某些情况下，像海马体这样的区域会长出新的神经元，因此思想确实与脑的物理变化相对应。与黏土形状的变化相比，这些变化显得更加微妙和微观，但确实存在。我们的自我意识可能存在于脑发生改变以及对种种经历做出反应的独特方式中，将来可能会产生一种由精确的三维空间和时间映像组成的自我神经特征，以此来详细描述这些过程。

　　亚里士多德相信灵魂具有一定的等级，人类的级别最高，动物次之，植物最低。每一级都会继承其下一等级的精神品质，因此动物继承植物的能力，而人类继承植物和动物的能力。植物可以生长、腐烂和繁殖，动物有感知和运动的能力，但只有人类不仅拥有所有这些能力，而且还具有理性和意志。

　　亚里士多德认为，感官提供了用于概念形成的原始信息。然后，概念又奠定了更高级学习形式的基础。活跃的智力促进了知识的形成，知识就是最高目标。在他看来，所有人都渴求知识。知识可以直接通过感觉获得，也可以通过记忆训练获得。亚里士多德还认为，人们有动力通过艺术等生产方式来创造知识。对他来说，理想的人是既能通晓难题，又能做到严谨精确，还可以理解事物存在根本原因的智者。

勒内·笛卡尔 ●●○

　　法国哲学家勒内·笛卡尔（René Descartes，1596-1650年）从对存在的理解出发阐述了他的自我观。他认为自己可能怀疑一切事物，也可能被其他所有事物的存在而欺骗，但自己不会怀疑自己的存在。事实上，光是会思考就表明了自己的存在，因此就有了他的著名语录——"我思故我在"。笛卡尔接着问自己，自己是什么呢？他的结论是，自己是一个会思考的东西。但什么是会思考的东西呢？他相信心智是一种物质，而物质是能够独立于其他事物而存在的东西。笛卡尔认为，把心智看作是物质显然是因为我们可以看到它是独立存在的。每种物质都有其本质。对笛卡尔来说，心智的本质就是思想。思想作为一种物质具有各种模式，即它能产生的不同状态或行为。这些模式是判断、怀疑和肯定等过程。

　　因此，笛卡尔得出结论：自己是一个会思考的东西。但一个会思考的东西的本质是什么呢？为了寻找答案，他研究了一块蜡。通过自己的感官，他知道这是一种坚硬的固体，闻着有点花香，尝起来有点像蜂蜜的味道。然后，他点燃了这块蜡，蜡变软了，气味也与之前不一样了。笛卡尔得出结论：世界上的事物都可以发生变化。然而，这种情况下自己的心智并没有改变。心智能够感知物体发生的变化，而自身却在这些变化中保持不变。他得出的结论是，自己永远不可能知道有什么比自己的心智更好的东西了，原因在于每当自己理解了形状或大小等客观事物某个方面的特征时，也会意识到自己的心智能够感知并理解这方面的特征。每当他了解了物质世界的事物时，也了解了有关自己心智的方方面面。不过，他可以在不用了解世界上任何新事物的情况下了解自己心智的各个方面。因此，笛卡尔最了解自己的内心。

随着科技发展的日新月异，笛卡尔的观点可能会得到验证。当今，我们能够通过智能手机和计算机等各种设备获取海量信息，并进行大量计算。但是，这些设备经常会代替我们"思考"：算账可以用计算器软件，检查语法或拼写错误可以用书写软件。这些情况下，"我们"并没有思考。那这意味着这些时刻自我消失了吗？根据笛卡尔的观点，这些只是一些变化或者是不同的环境。在这些情况下，我们可能并没有完全意识到自己在思考，所以根据他的定义，自我可能会减少或消失。我们随后会在本章后面"延展心灵论"主题的讨论中更加详细地探讨这种心智"外包"行为。

约翰·洛克 ●●●

英国哲学家约翰·洛克（John Locke, 1632–1704 年）认为人是有思想、有智慧、懂理性、会反思的存在。他还提出了其他几个标准。总之，他认为人必须具备：（1）理性能力；（2）有信念、意图、欲望和情绪等心理状态；（3）懂语言；（4）能与他人建立社会关系；（5）而且是有责任心的道德行为主体。

洛克认为，稳定而统一的自我感源于将自身视作不同时间和地点中的同一存在。正是我们在体验万事万物时产生的意识告诉我们，我们在不同的场合是同一个存在。因此，永远存在的个人意识可以将我们所有不同的经历统一起来，并告诉我们：现在的"我"与一分钟之前的"我"是一样的。

因此，洛克关于自我的观点是建立在不断变化的时空中某种一致性存在的基础上的。我们知道自己是同一个人，因为在某种意义上无论走到哪里，无论什么时候，我们的感受都是一样的。然而，在电子游戏和虚拟现实中,我们可以待在同一个地方,但却占据着不同的虚拟空间和时间。例如,即使我坐在纽约的家中,也可以绕着希腊的一个岛屿散步。同时,我还能扮演波斯帝国时期的小偷或刺客的角色,存在于一个与现在截然不同的时代。在这些情况下,我们往往不再是我们自己。我们所扮演角色的性格和能力可能与自己的完全不同,所以我们的一致性存在以及我们感知到的时空体验在这些数字世界中都发生了变化。根据洛克的观点,这可能意味着当我们在扮演其他自我时真正的自我暂时被搁置了。

大卫·休谟 ●●●

苏格兰哲学家大卫·休谟(David Hume, 1711—1776 年)以牛顿物理学和科学的传统作为坚实的基础,建立了一套详细的自我理论。他认为,只有通过科学方法才能产生对自我的真正理解。作为一名经验主义者,休谟认为思想是通过感官进入脑的,而且主张我们应该对灵魂或自我等抽象概念的存在持怀疑态度,因为这些概念离感觉相去甚远。此外,他还认为我们应该在相似性(两个事物彼此相似)、时空邻近性(两个事物在空间或时间上接近)和因果性(一个导致另一个)的基础上建立思想之间的联系。这些联系是由经验调节的。例如,如果闻到烟味,我们就会认为附近着火了,因为过去我们曾把这二者联系在一起,并知道一个现象会导致另一个现象。

休谟对单个统一自我的存在表示怀疑,并表示我们唯一可以确信的是感官知觉,因为这些是可以直接感受到的。自我不过是"一系列"感知的总和。我们每次都会有不同的经历,但几乎没有什么能把这些经历联系起来。生命只不过是一连串瞬息飞逝的景象和声音。我们认为的身份实际上是一种关系。换句话说,两个事物可能在感知关联上是彼此相关的,但这并不意味着它们一定是同一事物。所以,有一天我可能看到一匹马,而第二天在同一地方又看到另一匹长相相似的马,但这并不意味着它们是同一匹马。

休谟也注意到了部分之间的关系以及部分构成整体的方式。一个事物整体上要改变多少部分才能失去其本色而变成其他事物呢？像美国"宪法号"这样的战舰在过去的几个世纪里几乎所有的部件都被替换了。难道仅仅因为它还浮在水面，我们就仍然需要把它看作是同一艘军舰吗？同样，随着时间的推移，人体许多细胞都会被更替。尽管发生了这种变化，我们仍然声称拥有相同的身体。一个中年妇女仍然是她小时候的那个人吗？一个上了年纪的男子还是他中年时的那个人吗？功能和各部分之间的关系似乎是答案。如果我们的身体仍然以基本相同的方式运作，我们的行为和性格也在很大程度上相似，那么我们仍旧可以把自己看作是过去那个自己。同样，如果各部分之间的关系保持不变，即使这些部分本身发生了改变，身份也会保持不变。

休谟认为，记忆是一种保存过去印象的重要方式，从而产生认同感。如果我们还记得昨晚在这间卧室睡觉的情景，而且能把它与今天早上在同一间卧室醒来的情景相比较，那么这就表明我们一定是同一个人。记忆让我们的历史即便存在一定的空白也能保持连续性。休谟主张，没有记忆就没有什么可以表明身份和自我。

威廉·詹姆斯 ●●●○○

威廉·詹姆斯（William James, 1842—1910 年）是美国早期最杰出的心理学家之一，创建了完善的自我理论（他用的是大写字母"S"）。詹姆斯认为对自我的理解可以分为三类：第一类是自我的组成部分；第二类是这些部分引起的感受和情绪，詹姆斯称之为自我感受；第三类是这些部分引发的行动，他称之为自我寻求和自我保护。第一类组成部分本身又可以分为另外四个类别：物质自我、社会自我、精神自我和纯粹自我。与现代观点相呼应，詹姆斯认为自我是由相互作用的多个自我组成的，而不是单一的整体结构。

物质自我由我们的身体、衣物、直系亲属和家庭组成，由于我们在这方面投入得最多，所以深受其影响。这方面投入得越多，我们对其依附性就越强。社会自我源自我们与他人的互动。我们先分析他人对自己的看法和反应，然后塑造这种自我感觉。社会自我的各个方面能否发挥作用取决于我们的社会环境。这里，詹姆斯似乎在重复社会角色或面具的概念，一个人可以戴上面具在社会中扮演不同的角色，比如，在家扮演"父亲"的角色，而在单位扮演"教授"的角色。詹姆斯表示，鉴于在一个给定情境中我们可能不只是扮演一种社会角色，而且选择这些角色时可能会出现冲突，我们就会在道德和理性的基础上，用"名誉感"或"荣誉感"来决定在任何给定情境中扮演哪种角色是合适的。接下来是精神自我——我们对宗教信仰的认识和评价。

在詹姆斯看来，自我的最后一个方面是纯粹自我，这是自我的主观部分，也就是自我意识部分。纯粹自我对自己的思想有觉知：此类思想具有一种独特的温暖性，因为它们属于我们自己。纯粹自我通过一种称之为主观综合的过程来运作，将思想聚集在一起进行对比或进一步处理。这种认知运作似乎可以暂时统一那些正常情况下可能属于意识不同层面的事物。

在神经科学中，纯粹自我的这种结合作用似乎属于额叶的功能。意识体验的某些状态中存在各种神经同步模式，通过这些模式前额叶区域似乎能够协调脑其他区域的活动。纯粹自我也可能与工作记忆相对应。在认知心理学中，当解决一个问题或试图记住一个事实时，我们当前意识到的信息就会在工作记忆区域得到处理。自我的集中状态可能需要一个"协调器"或"集成器"将信息集中到一个地方。在做白日梦或处于其他非专注状态时，我们的自我可能会消失或变得更加分散。

詹姆斯还指出，自尊（自我感觉良好或糟糕）取决于他所说的主张（我们的抱负）和成功（我们感知到的成就）。例如，如果米歇尔（Michelle）立志要上医学院，那么她的有机化学课程不及格就会对她的自尊产生消极影响。相反，比尔（Bill）就没有这样的志向，所以就算这门课程没有及格也不会使他那么苦恼。因此，自尊就是我们的主张与当下行为之间的差别。请注意这个观点与心理学家卡尔·罗杰斯（Carl Rogers）提出的真实自我和理想自我的相似之处，我们将在下一章讲述罗杰斯的自我观。

丹尼尔·丹尼特 ●●●○○

当代精神哲学家丹尼尔·丹尼特（Daniel Dennett）提出了人格的六个必要条件，其中一些和洛克的观点有所重叠，这些条件如下：

1. 人是理性的存在，能进行理性思考和逻辑思考。

2. 人是具有意识状态、精神状态或心理状态的存在。

3. 人是一种具有人格态度或立场的存在，即一个人被他人当作人来对待。

4. 上述第 3 种立场所归属的对象必须能够以某种方式做出回应。换句话说，做人就是把别人当作人来对待，也许是用一种道德的方式。

5. 人必须能口头交流或使用语言，这排除了所有非人类的动物。

6. 其他物种不具备人产生意识的某种特殊方式。

请注意，条件 2 到条件 5 并不是个体的内在属性，需要做社会层面的描述。由于自身的主观性和精神性，条件 2 中的心理状态无法得到客观证明。在一定程度上，由于这个原因，丹尼特建议其他人把这些归为原因。这也适用于条件 3，可以看到人格又是外在的，是他人赋予的一种属性。条件 4 直接把条件 3 变成双向形式：一个人不仅被别人当作人对待，而且反过来也把他人视作人。条件 5 也具有社会性，因为语言的目的在于个体之间交换信息。关于人格的其他概念，参见表 2。

表 2　弗尔斯特对人格的不同定义（Foerst，2004）

人格类型	定义	具体表述
智人	思想家	能思考，有智慧
工匠人	建筑师	能利用工具和技术做建造工作，改变世界面貌
游戏人	玩家	贪玩但也要在社会中扮演父亲等角色
经济人	经济学家	从事经济活动，进行商品和服务贸易，但也会以自我为中心，寻找快乐

续表

人格类型	定义	具体表述
宗教人	巫师	实践信仰：做祷告、祭拜和展现精神信仰
叙事人	讲故事者	叙事或编故事
客观人和理性人	客观的理性主义者	客观、理性，能够运用理性和逻辑

生而为人的意义是什么，有一个重要的问题集中在身体上。成为人必须要有身体吗？在上面给出的任何定义中，我们都没有看到人拥有手臂、腿、内脏甚至脑的必要性。丹尼特没有提到一个人具体需要何种身体形态。相反，他强调的是一个人拥有精神状态的能力。这样来说，一个人不管拥有什么样的身体结构，只要拥有正确的精神状态，那么他就是人。只要整个系统能够支持适当的精神状态，人就可以由非生物的成分组成。

如果丹尼特的条件 3 和条件 4 是正确的，那么像机器人和人形机器人这样的人工存在就有可能获得人格。不难想象一个人造物会被他人当作人来对待，因为它的外表和行为可能与真实的人非常相似。这种存在也可能完全能把别人当作人来对待，并以道德的方式行事。我们人类非常倾向于将事物拟人化，并很容易将人类的特性赋予无生命体和动物，因此即便这些事物不具备意识等人类固有的品质，我们也有可能会把这些事物当作人来看待。

后现代主义与人性 ● ● ●

哲学的后现代主义运动提出了几个关于人格的有趣问题。第一，外星人或机器人是否可以被看作是人类。如果这其中有一方具备理性、同理心和道德等迄今为止我们研究过的人格的任何基本属性，那么它会是人类吗？一些学者认为，重要的不是这种存在的内在特征，而是它被他人对待的方式。杜比（Dolby）认为，如果人们愿意接受机器人或外星人，将其视为人，那么他们就应该被当作人来对待（这与上文提到的丹尼特的第3条标准一致）。这样看来，重要的不是内部过程，而是所涉及的实体是否符合绝大多数人赞同的特定行为标准。

这种观点——人格是一个主观看法的问题——是后现代主义研究方法的特征。后现代主义对客观真理、知识或意义等任何事物的存在都提出了挑战。像罗尔蒂（Rorty）这样的后现代主义者认为，如果把我们自身简化为一系列特征，就可以把人类视作客体而非主体。然而，这种主观的后现代主义研究方法的问题在于，人格和自我可以随心所欲地成为我们想要的任何东西。于是，它将关于这些概念的理解延伸得很远，结果这些概念开始变得没有任何意义。

第二个相关的问题是，有些人虽然拥有人类的身体，但是否会失去作为人类的地位。如果一个人失去了理性、自主性、意识体验和道德责任性，那这个人还属于人类吗？这个问题适用于昏迷的人，也适用于轻度智力障碍者、幼儿和老年人。与拥有非人类的身体但具有人类特征的外星人和机器人不同，这类人拥有人类的身体但却有非人类的特征。恩格尔哈特（Engelhardt）认为道德责任性是人格所必需的。在他看来，那些无法理解自身的选择或不能鉴别自己的行为是好还是坏的人不是人类。

2 其他三个自我哲学概念

克诺贝（Knobe）和尼科尔斯（Nichols）概述了自我的三个主要哲学概念，分别是自我的身体概念、自我的心理概念和自我的执行概念。可以认为，每个概念都对控制我们行为的源头进行了更加深入的研究，从研究更加宏观的身体开始，逐渐过渡到研究心智和脑的一般心理机制，再接着研究我们脑中做出决策的特定部位。

自我的身体概念　●●●

自我的身体概念认为，自我是"从皮肤到皮肤内部"的一切事物，不仅包括脑，还包括内部器官、胳膊和腿等。这种观点合情合理。如果玛丽（Mary）扭伤了脚踝，我们知道是玛丽受伤了，而不是她姐姐或其他人受伤了。尼采支持这种观点，而几位当代哲学家也支持这种观点。随后对这一概念的研究工作证实了这样一种观点，即人类是动物，或更笼统地说人类是有躯体的生物体，而这是决定自我的基础。任何关于自我的重要论述都承认活动的决定和命令是由我们身体的内部机制产生的。

然而，从苏格拉底时期开始这种观点就一直存在问题。苏格拉底说，他死后身体仍会存在，但他本人将不复存在，因此他的身体和他的自我会是两个独立物。这至少意味着自我一定需要一个可以发挥功能的肉体，因为人死后身体就丧失了功能。同时，现代的赛博格也对这一论点提出了挑战，因为它们是一个由机器和生物部件共同作用的混合系统。如果一个人身体部位的很大一部分已经由机械或电子部件所取代，那他还拥有自我吗？（图3）如果一个人脑的重要部分，包括像脑额叶等进行决策的重要区域都已经由人造部件所取代，那他的自我又会如何？因此，赛博格对这里列出的关于自我的三个概念都提出了问题。另一个相关的问题是我们是否需要肉体来拥有自我。一些人认为，非物质的软件实体可以是活的。这方面的更多内容详见第九章的细胞自动机和人工生命部分。

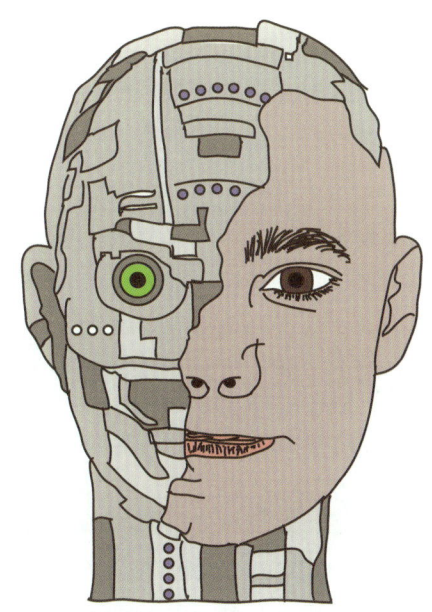

图 3　赛博格是生物和技术的混合体，那赛博格属于人类吗？

自我的心理概念 ●●●

第二种观点的局限性更强，认为身体的许多部位都与自我无关。例如，人的四肢可以切除，而他们的自我似乎基本保持不变。这里重要的是心理特征，比如思想、记忆、信念和欲望。这些特征似乎更集中于脑，也可能在肠道神经系统（控制消化的系统）和内分泌系统（调节身体和脑功能的腺体），而不是在像胰腺或肠道这样的身体器官。约翰·洛克和近代一些思想家都支持这一观点。

自我的执行概念 ●●●●

我们可以继续对自我对应的位置进行聚焦，使其更具体化，并可以说只有脑中真正做决策的那部分才是真正的自我。这样来看，我们可能就不需要其他心理属性及其对应的脑区域了。我们脑中的执行部分与额叶密切相关。在做出决策之前，该区域会考虑诸如恐惧和欲望之类的心理要素。例如，玛丽可能想成为一名老师，但她非常内向，而且会担心学生对她自己的看法。最后，她可能决定无论如何都要继续教书，因为这比她个人的感受更重要。因此，执行者要考虑心理状态，但做出决策的是执行者本身而非其心理状态，这就让执行者而不是状态成为自我的来源。

古代的斯多葛学派哲学家们会认同此观点。他们认为灵魂是人类行为的源泉。这种"灵魂"被视作一种指挥能力，是人们思考、计划和决策的一部分。而且，这种能力被认为与肉体是分离的。里德（Reid）等其他学者也赞同这一观点，并强调自我可以进行思考、做出决策和采取行动，但并不是思想、决策和行动本身。按照这一观点，心理状态**不是**自我，而只是自我的**一部分**。

这种区别与计算机科学中数据和处理之间的区别类似。**数据**指的是存储在硬盘上、缓存在内存中或通过摄像头等设备从外部输入的信息。这些数据最终被送入处理器。处理器是像计算机的中央处理器（CPU）这样的芯片（图 4），软件中的代码决定了数据处理的方式，而代码是由像 C++ 这样的计算机语言编写的一行行指令组成的。我们可以把心理状态想象成计算机里的数据，而把执行者想象成各种处理芯片或软件里的一条条指令。这样，就可以把自我定位在芯片或代码中，因为执行处理工作的是芯片或代码而非数据，数据只是用来"查询"而确定某些处理目标。

然而，仔细研究一下就会发现，这种观点不大可能既适用于脑又适用于计算机。在脑中，心理状态和决策机制的其他输入内容对做出决策来说是必要的，没有它们就无法做出决策。因此，更好的做法是将可获取的状态和执行部位**一起**视为自我所处的位置。这更符合我们在脑成像研究中所

图 4 现代计算机架构包括驱动器和处理芯片，人脑中也有类似的运行机制，那前者的某个部分会涉及自我吗？公共领域图片由 pixneo.com 提供

了解到的情况——在决策过程中，额叶和脑的其他区域同时处于活跃状态。我们最好把所有这些系统构成的整体看作是自我。例如，如果记忆是决策过程的一部分，那么我们就会看到额叶和脑中负责记忆的区域呈现活跃状态。

同样，在计算机科学中，我们最好把 CPU 和计算机内部同时运行的其他系统的活动概念化为计算机的"自我"。例如，如果 CPU 需要参考某些数据来做出决策，那么它可能会激活硬盘驱动器来访问这些数据。紧接着，CPU、硬盘驱动器和其他需要支持这个功能的系统作为一个整体可能就是自我。如果决策过程需要数据，那么数据与决策就不可分离。如果计算过程需要辅助硬件系统，那么这些系统与计算也是不可分离的。这样来看，是处理系统、硬件和软件形成的总体才从整体上完整地构成了自我。

3 个人身份

个人身份方面的哲学探究试图回答这样的问题：我是谁？我是从什么时候开始存在的？成为我是什么感觉？关于第一个问题，我们会用"喜欢歌剧"或"高大"之类的短语来描述自己。这些称之为自我属性，与心理学中的人格特质大致相对应。当然，人总是在变化，我们定义自己身份时用到的这些属性也会发生变化。在本节，我们将对奥尔森（Olson）关于个人身份观点的论述进行总结。

身份问题 ●●●●

自我哲学中反复出现的一个问题是延续性，研究身份是如何随着时间的推移而持续存在的。为什么今天的你和昨天的你是同一个人？现在的我们和小时候完全不同了吗（图5）？同样，这里还涉及死后的延续性，你的自我或身份何时会完全终结？人死后延续性还可能存在吗？永生和意识上传是神经科学家和超人类主义者现在也在研究的重要理论问题。本书后面我们将探讨永生的技术形式及其实现方式。

延续性需要过去的证据。第一人称记忆就是一种证据。如果你记得自己在过去做过某件事，而且确实有人做过这件事，那这就是证明你曾经做过此事的证据，而且还会证明你过去的存在性。不过，记忆有可能会出现问题的。我们现在生活在一个可以删除、改变或替换个人记忆的时代。如果你抹去劳拉（Laura）的记忆，并把这些记忆换成露西（Lucy）的，那劳拉还是劳拉吗？或者说，劳拉现在变成露西了吗？另一种形式的证据是身体连续性。如果有人行事风格和你相像或者他与你在身体上有连续性，那这也可以是你做了这件事的证据。

幼儿

儿童

岁月

成人

老人

图 5　延续性问题关注的是，在我们的身体结构和行为随岁月变迁而产生巨大变化的情况下，我们如何或能否保持原来的自我。公共领域图片由 pixneo.com 提供

　　接下来是属性或部件的问题。我们是由什么构成的？哪种特定的部件配置定义了你是谁？我们的界限在哪里结束？你的自我或身份能在你身体之外的空间存在吗？如果是，它的边界是什么？我们是由物质、状态、过程还是事件构成的呢？这里有很多问题，不同的哲学家对每个问题都有不同的答案。数字世界中的基底重要吗？换句话说，为了让某种事物拥有自我，它需要由某种特定类型的物质构成吗？仅仅因为机器人是由金属和塑料制成的，它就不是人吗？如果你赞同模式主义学派的观点，你就会相信

一个系统中能量和物质的流动模式会产生像知觉这样的东西，而"物质"本身可能与此不相干。

这里的最后一个主要问题是什么因素对于身份是重要的。为什么我们要在意自己的身份是否会随时间变化而改变？你应该关心自己是否有克隆体或精神克隆体吗？问题的关键在于这个新的生命体是否真的是你。如果是与你不同的人，我们就会以完全不同的方式来对待它。在本书后面我们会看到，未来是有可能创造出你的电子或生物复制品的。如果这样的实体确实存在，它们将会从根本上改变我们对自己的看法。

延续性问题 ●●●○

延续性问题有时可以表述为：如果一个人 X 在某一个时刻存在，另一个人 Y 在另一个时刻存在，那么在什么情况下 X 会成为 Y？这就相当于问"一个过去或将来的人怎样才能成为现在的你？"，或者问"不同时期出现的两个人是否是同一个人？"。如上所述，记忆是回答该问题的一种方式。如果 X 能以第一人称视角记住过去在 Y 身上发生的事情，那么 X 和 Y 可能具有相同的身份。

如果从心理学角度来回答这个问题，一种说法是看这两个人是否有相同的特质。如果有，或者根据客观测验结果发现两者有很多共同特征，那么我们可能会认为他们是同一个人。神经科学给出了另外一种答案，即看这两个人的脑激活模式是否相同。如果随着时间的变化个体脑的运转方式具有延续性，而且可以用功能磁共振成像等技术进行测量，那么我们就可以用神经成像技术来评判现在的鲍勃（Bob）与过去的鲍勃是否是同一个人。

身份随时间演变而变化的若干观点 ●●●○

对于延续性问题，哲学上有三种观点。最广为人知的是心理连续性观点。如果你承袭了过去的心理特征，或者把这些特征延续到未来，那么就可以说过去的"你"或未来的"你"与现在的"你"是同一个人。心理特征包括偏好、信念、记忆或以特定方式进行推理的能力。许多哲学家都赞同此观点。

第二种答案是纯粹物质观点，它指的是如果在不同时期你拥有的身体相同，或者身体部位之间的联系相同，那么你就是你。身体连续性和精神连续性可以分开考虑。如果把迈克尔（Michael）的脑移植到马克（Mark）的身体里，那么现在新的"你"是谁？是拥有迈克尔的脑的马克还是拥有马克身体的迈克尔？如果精神属性重要，且主要存在于脑中，那么迈克尔就会成为新的自我；但如果身体属性重要，且主要存在于身体中，那么马克就会成为新的自我。批判观点认为，精神特征和身体特征可以构成证明身份的证据，但并不是必需的。第三种看似合理的替代观点可能是什么，目前还没有明确说明。它可能涉及非物质属性。

如今，身体器官替换已经照进现实。3D 技术打印的肺和其他器官正在被制造出来，可以用来替换受损或患病的器官。如果一个人有一个新的生物学意义上长成的心脏和肝脏或机械心脏和肝脏，他或她是同一个人吗？如果一个人的所有器官都被替换成与之前的器官运行方式不同，而且器官之间的相互关系也不同的更新版本，又是如何呢？如果一个人脑的完全复制品也能被替换呢？在一个著名的哲学思想实验中，将一个人的神经元逐一替换为人造硅神经元。那么，在什么情况下这个人才会从生物人类转变为技术人类。

分裂 ●●●

另一个思想实验则批判这种精神连续性观点。想象一下，我们取走你的左脑，把它移植到一个左撇子身上，然后取走你的右脑，把它移植到一个右撇子身上，这样你会分裂成两个不同的人。你会在心理上与他们保持一致，因为他们二者都拥有你脑的一半，所以保留了你的一些心理特征，这种情况称为"分裂"，意味着分开。类似的事情发生在患有分离性身份障碍[1]的个体中，当不同的自我形成时，每个都有自己的人格特征。

"多重占用观"可以解决该问题。它指出，有了左右两个脑半球，我们每个人都已经有了两个自我或两种身份。两个脑半球的确拥有不同的认知能力，而对于裂脑患者来说，这两个半球是可分离的（见图 6）。例如，一些裂脑病患者可以举起一只手臂来做动作，然后他们的另一只手臂抓住这只手臂，将它转向另一个动作。在特定情况下，这些人可以被视作在与自己"交战"。此观点表明，你已经有了两个自我。另一种说法是，这种情况就像两条路，一开始是重合的，但后来又分开了，所以它们一开始处在同一时空，但随后就错位了。

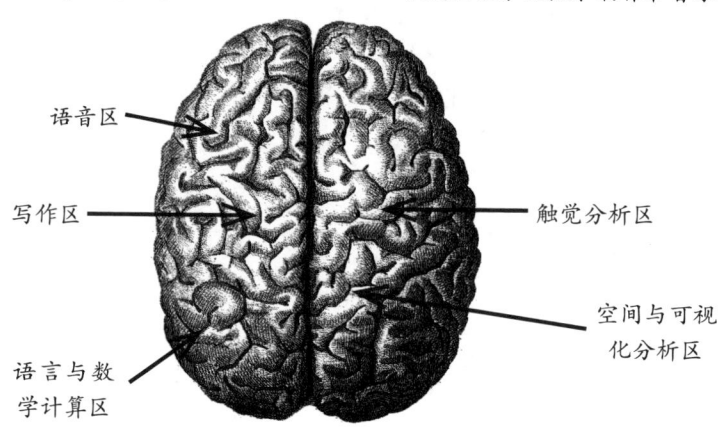

左半球
· 序贯处理输入信息
· 对时间敏感
· 识别单词与数字

右半球
· 从整体上抽象地处理输入信息
· 对空间敏感
· 识别面孔、地点、物体和音乐

语音区

写作区

触觉分析区

空间与可视化分析区

语言与数学计算区

图 6 人类的左右脑半球支配着不同的认知功能。在某些条件下，左脑和右脑可以分开运作，这表明我们"一个身体中"可能有两个生物学意义上截然不同的自我

---

1 分离性身份障碍,又称解离性身份障碍。这种心理疾病患者的主要症状是,他们觉得自己被一个或多个他们并不认识的外来人格入侵了。——译者注

多智能体系统是一种软件程序，由名为智能体的独立软件部件组成。每个智能体都能在软件世界中进行感知、计算和运行。它们之间的相互作用会产生出乎预料的涌现现象。在这种情况下，"自我"是什么？是单个的智能体吗？成群的智能体之间相互作用会形成次级心智吗？整个程序可以看作是一个整体吗？人脑其实已经具备了这种模块化的特点。神经科学表明，脑的某些区域比其他区域更独立，它们对来自其他能够调节自身功能的区域的输入信息反应较弱。然而，整个脑似乎更像一个"准模块"，由相互作用的区域网络组成。例如，调节注意力似乎至少需要六种不同的脑结构发挥作用。把自我描绘成在裂变和聚变的"芭蕾舞"中一起工作的次级自我的集合，这样可能更准确。

思想者过多问题 ●●●

另一个反对延续性观点的说法是，只要你还保有生物有机体，你就应该让自己保持不变。脑或脑半球移植只会移除一个器官，而你剩下的器官还在，正是这个有机体决定了你的身份。无论从什么意义上来说，这个有机体都是没有功能的，但它仍然是活的或处于植物人状态。有机体有一种绝对的身体持续性。从某种意义上来说，即使没有思考能力，它也仍有身份属性。这种观点和其他类似观点被称作"思想者过多"问题。

反对这一观点的理由是，处于植物人状态的有机体并不算真正的自我。正如笛卡尔所说，能思考是拥有身份的基础。没有思想，我们就不算一个自我。还有一个更现实的选择就是，创造一个克隆人或者创造一种可复制的数字思维，这个有思想的生命体与你的精神属性相同。在这种情况下，我们可以说创造了两个自我。另一个例子是同卵双胞胎：他们一开始是一样的，因为有相同的基因，但随后由于所处的环境不同，分化程度也不同。

时间与不确定性 ● ● ●

    关于持续性问题的形而上学观点认为，身份是不断变化的。这类观点的一种说法是，"你就是你，但只是现在"。片刻之后，就会变成一个不同的你，因为你会在不同的时刻存在，并且将会发生改变。在这个观点中，身份就像喷泉。如果你在 t 时刻对着喷泉拍了一张照片，然后等一会在 $t+1$ 时刻拍了第二张照片，结果会不一样。此外，在任何时候你的身份都可能会表现出许多不同的方面。具体是哪方面要取决于多种因素，包括环境、情绪和认知能力。这种观点类似于量子理论，在量子理论中存在多种可能性的宇宙，而且自由意志或选择决定了哪种宇宙得到了实现。

4　自我认识

本节我们将讨论自我认识，指的是对个人自身精神状态的认识。精神状态包括态度、信念和思想，也包括粗糙物体撞到皮肤的感觉或品尝到的咖啡味道。情绪也可以称为精神状态。自我认识还指我们区分自己和他人的方式、自我意识以及与理性和能动性的运用相关的一些问题。本节我们将总结格特勒（Gertler）所描述的一些内容。

自我认同　● ● ● ●

自我认同就是拥有一种诸如思想的精神状态，并且知道这种状态属于你自己。这也意味着这种状态不属于其他任何人。有一种观点认为，你首先要有心理特性，然后通过类推得出其他人也有心理特性。例如，你可能会注意到自己和其他人有相似之处（在某些情况下，你和其他人都会做出像微笑这样的面部表情），然后意识到如果自己微笑时感到快乐，那么其他人也会一样。这与称之为心智理论的心理学概念有关。如果你知道自己和别人都有心智，也就是都拥有主观体验的能力，那么你就了解了心智理论。

人们可以直接实现自我认识，也可以通过持续时间更长的描述过程来获取。举起自己的胳膊时出现的本体感受意识就是即刻自我认识的一个例子，因为它发生得很快。本体感受依赖于我们自己体内的感受器。如果我们的手臂举起来了，"从身体内部"就知道了，甚至不用看我们的手臂。这些过程不受他人错误的影响，同样也可以直接进行，但可能仍然是不准确的，就像在幻肢综合征[1]的病例中，患者仍然对失去的手臂或腿部有感觉。

自我认同也可以来自视觉感知。视觉体验总是从某种角度出发，告诉我们物体的位置，但这些总是与特定的视角有关。例如，你可以看到门在你的前面，而床在你的右边，等等。因此，身体也是作为一个物体被体验的，这个物体是自我中心知觉的起点。物体也是相对于自我导向运动进行编码的。当你把头转向左边时，外界环境就会向右边移动。你向前移动时，会出现一个径向膨胀点，物体就会从固定点移开。外界环境相对于自己的运动称之为光流，它还有助于让你保持平衡（试着闭上眼睛或睁开眼睛单脚站立，做一个戏剧性的演示）。光流是一种生态感知形式，可以直接告诉你外界环境的属性，无需经过推理。此外，它还在默认情况下向你提供有关自己的信息。

在现代社会中，自我认同受到了考验。如今，两个或两个以上的人都可以拥有相同的体验。例如，如果一个视频是直播的流媒体，那么数百万人都能体验到这个视频和音频。在这种情况下，个体远离了源事件和其他体验该事件的人。我们会说这种现象是"共享自我"吗？我们知道这种精神状态不仅属于自己，也属于他人。

像威廉·冯特（Wilhem Wundt）这样早期的心理学家运用的内省心理过程阐明了直接自我意识与间接自我意识之间的区别。冯特的方法是内省，即内部感知。**内省**的字面意思是"向内看"。正如一个人可以从外部世界看到椅子或桌子等各种物体一样，冯特认为一个人也可以向内看，体验和描述心理物体。他在实验室里给学生们展示各种刺激物，比如彩色的形状，并让他们进行内省。然后，学生们会记下自己对这些刺激物的主观体验。几个世纪以来，尽管哲学家们一直在进行各种形式的内省，但冯特却试图将内省技术系统化、具体化。他要求学生们在内省前做好准备，注意力要

---

1 美国神经学家、诗人、小说家西拉斯·威尔·米切尔（Silas Weir Michell）在 1871 年使用"幻肢"一词来形容患者失去手臂或腿部后的症状，称"幻肢"如同"移动肢体的鬼魂"一样不停地骚扰患者。——译者注

集中，并在他改变与刺激物相关的具体物理要素（如尺寸和曝露时间）时重复观察几次。这种精确的研究方法是科学方法影响下的典范。

冯特认为心理学应该研究意识。然而，他把意识体验分为两种类型：直接体验和间接体验。直接体验是我们对某物的直接意识。例如，如果我们看到一朵玫瑰，我们就能直接感受到它是红色的，这种红是我们在看到玫瑰时直接感受到的颜色。如果有人问我们在看什么，我们回答说"在看一朵红玫瑰"，那么这个想法就是一种间接体验（这是关于玫瑰的想法）。间接体验来自对一个物体的心理映射。冯特强调要研究直接体验，他认为这是描述心智基本元素的最佳方式，因为它们没有被复杂的思维过程所"玷污"。

能动性 ●●●

能动性是指决策并根据决策采取行动的能力，同样也指明白自己是行动实施源头的能力（在某些情况下，这种能力可以等同于自由意志）。有些哲学家认为，要弄清人类的能动性和作为人类的感觉需要了解人类的性格和性情。其他哲学家则认为，我们需要理性地评估我们的欲望，以获得意志的自由。法兰克福（Frankfurt）认为，这种理性评估产生了二级欲望——渴望拥有或采取行动的欲望。例如，由于疲惫我们可能会产生想睡觉的欲望，但自己接下来并没有因这个欲望而采取行动，因为我们需要熬夜学习来准备考试。这里，为了学习不睡觉的欲望就是二级欲望。

这类二级欲望与认知心理学中的元认知过程相似。**元认知**是指监控、调节或控制认知的任一方面的任何过程（图7）。元认知调节包括规划、资源分配、检查、错误检测和错误纠正。通常大家认为，元认知系统位于前额叶皮层。在解决问题时，元认知处理会评估一种特定的策略是否有效，如果该策略判定无效，就会启动另一种策略。缺乏元认知控制能力的人会坚持使用不恰当的策略，这意味着他们会在解决问题时受困于一种方法，无法考虑其他选择。

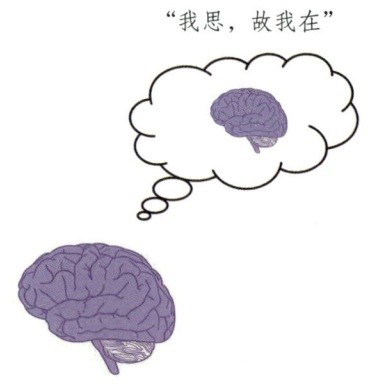

图 7　元认知定义为"对思考进行的思考"

　　据我们目前所知，大多数计算机的"能动性"来源都是单一的，这就是它们的中央处理器（CPU）。许多命令和信息流的调节都是从这个中央芯片发出的，这就限制了计算机的处理能力，因为所有命令都必须按顺序执行，也就是所谓的串行处理。不过，现在正在生产双芯片或多芯片的新型个人计算机，这增加了它们的处理能力，称之为并行处理。一般认为，脑是一个大规模并行处理器，可以在同一时间执行许多计算。神经网络软件就是以这个为前提建模的，能够比传统的串行模型更快地执行某些任务，比如模式识别。然而，哪种能动性对自我来说是必不可少的，目前仍悬而未决。一个拥有自我的人可以仅凭一种能动性来源而存在吗？或者说，自我需要多种形式的能动性吗？

自我意识 ●●●

　　我们把意识定义为主观意识。我们能意识到周围的世界，同样也能意识到自己的身体状态和心理状况。自我意识的主体意识到自身就是自己。换句话说，我们意识到我们自己，我们也意识到**我们**是那个有意识的人。我们使用第一人称代词，如**我**（I）、**我**（me）和**我的**（my），以这种方式指代我们自己。我们可以用下面这则轶事对有意识与知道自己是有意识的人之间的区别进行总结："我曾经跟着超市地板上糖的痕迹一直走，推着购物车从一个高柜台一侧的过道走下去，然后再沿着另一侧的过道走回来，想要找到那个拿着破麻布袋子的购物者，告诉他是他把这里弄得一团糟。每绕着柜台一圈，地上的痕迹就会变得更厚，我似乎无法跟上。最后，我才明白，我就是我想抓住的顾客。"

佩里（Perry）意识到有人跟着糖走，这是基本层面的思想意识，而知道自己就是跟着糖走的那个人则是对这个事实的自我意识。几个世纪以来，哲学家们一直在研究自我意识这个话题。这里，我们总结了史密斯（Smith）提出的各种问题。

哲学家们争论的一个问题是，自我意识是否是一种在后台运行的默认意识类型。如果是这样，那么不需要努力就能产生自我意识。因此，如果自我意识是"前反思"，那么它就不需要个体对自己的心理状态进行明确反思，或者将其作为注意的对象。即便我们将注意力转移到外界的事物和事件上，自我意识也是显然的。不过，它会隐含在所有的意识中，让我们作为体验主体一直对自我产生意识。在这种意义上，前反思的自我意识有点像计算机的操作系统——总是在后台运行，并作为各种软件应用程序运行的基础。

这里还需要将自我意识再与视觉感知做一下类比。在视觉研究中，人们要对前注意加工和注意加工进行区分。在寻找一个物体时，我们可以毫不费力地看到某些东西。例如，我们可以在一个由绿色物体组成的区域中找到一个红色物体，或者在多个水平线条中找到一条垂直线。这些都是将目标物与干扰物单方面进行区分的例子。前注意搜索速度快、并行发生（即刻出现在整个视觉显示域中），而且毫不费力。相比之下，我们在红色水平线条和绿色垂直线条中搜索一条红色垂直线条时，搜索难度就会增加。我们必须集中注视排列的每件物品来确定目标物的位置。注意搜索的特点是速度慢、串行执行（一次搜索一个物体），而且费力。这两种形式的注意主要针对外倾性意识，而非内省意识，但外倾性视觉存在前反思形式这一事实表明，内省自我意识也可能存在前反思形式。

5 自由意志和决定论

根据自由意志学说，一个人的意识选择是他或她的行为的唯一原因。任何单一的行为都源于个人的决定或意志行为，而不是由其他先前因素引起的。自由意志将控制权与责任置于个人的心智和手中。这表明事情可能原本并非如此，比如一个杀人犯本可以杀掉一个人，但后来又决定不杀了。决定论则认为脑是一个物理系统。在物理系统中，任何事件总是由之前发生的其他事件引起的。因为决策需要经过脑，所以任何决策总是由之前所发生的事件引起的。最终，我们会理解之前所发生的事件。当我们理解时，就可以对行为做出预测。所谓的自由意志，只不过是一连串可以理解的因果事件。因此，人类的行为事先就已经确定。许多人认为决定论让人感到不安，因为它意味着我们无法控制自己的选择，因而就不会有道德责任。换句话说，杀人凶手没有选择杀人与否的权利——这已经在他的基因或周围环境等先前因素的基础上预先决定了。

自我和自由意志——决定论之辩　●●●●

不过，自我在这场自由意志与决定论之争中扮演了什么样的角色呢？纳赫米亚斯（Nahmias）提供的实验证据表明，人们对道德责任产生担忧是因为害怕可能没有可以思考和行动的自我，也表明决定论让自我无法成为道德主体。我们想要相信比尔（Bill）做事是有选择的，若非如此，比尔和我们其他人就都成了僵尸，没有理智。法律制度也以道德责任为基础。当发生犯罪时，我们应该惩罚谁？如果每个人都认为没有人有过错，那么人们可能会胡作非为、随心所欲，结果可能会出现无政府状态，社会秩序崩溃。

克诺贝（Knobe）和尼科尔斯（Nichols）表示，人们在不同的情况下对自我的看法是不同的。当按照认知状态和认知过程以微观方式思考某一个体时，人们认为自我并不是个体的一部分。他们不想把自我降至原子论层面来看待，也不想把自我仅仅看作是身体部位的运转。他们认为自我肯定不止于此。这种观点并没有约束个体应对自己的行为负责，符合决定论的说法，会让人觉得受到威胁。若被要求从广义的视角思考某一个体——将其他个体和周围环境包括在内但不包括脑，人们更有可能认为自我是个体的一部分，而且个体负有道德责任。这种观点保留了自由意志，而且让绝大多数人感觉更舒服一些。

进化与自由 ●●●

丹尼尔·丹尼特在他 2003 年出版的《自由的进化》(*Freedom Evolves*)一书中概述了自由意志的进化方式。他表示，50 亿年前世界上根本不存在自由，因为当时没有生命。没有生命就没有一个可以感知、思考或行动的智能体。因此，无生命的物体不会有任何自由。然后，通过更复杂的生命形式的进化，他发现自由性在增加的过程中，伴随着生命体复杂程度的增加和灵活应对动态环境的能力。

像细菌这样的单细胞生物可以说是有一定自由的，因为它们可以寻找食物或察觉危险，在游动时要么靠近食物，要么远离危险。可以这样说，会移动的动物比像植物那样不能动的生物更自由。移动意味着动物必须预先想到接下来要去的地方，然后想出到达目的地的方法。这就需要一定的规划，或者说至少要预先想到接下来会发生什么事情。

所以，我们可以设想自由意志和决定论处在一个连续体中（图 8）。决定论位于这个连续体的起点。在这里，我们有像岩石这样其内部不具备任何计算能力来指导其行为的无生命物体，它们的行为完全由外部环境中对其产生影响的因素所决定。接下来是像变形虫这样简单的生物，它们在碰到外部环境刺激时会出现反射性反应。同时，它们比较能掌控自己的行为，但也只是将特定刺激映射到特定响应（本能反应）上。在这之后，出现了

更倾向决定论

更简单   行为的外部控制性更强

岩石

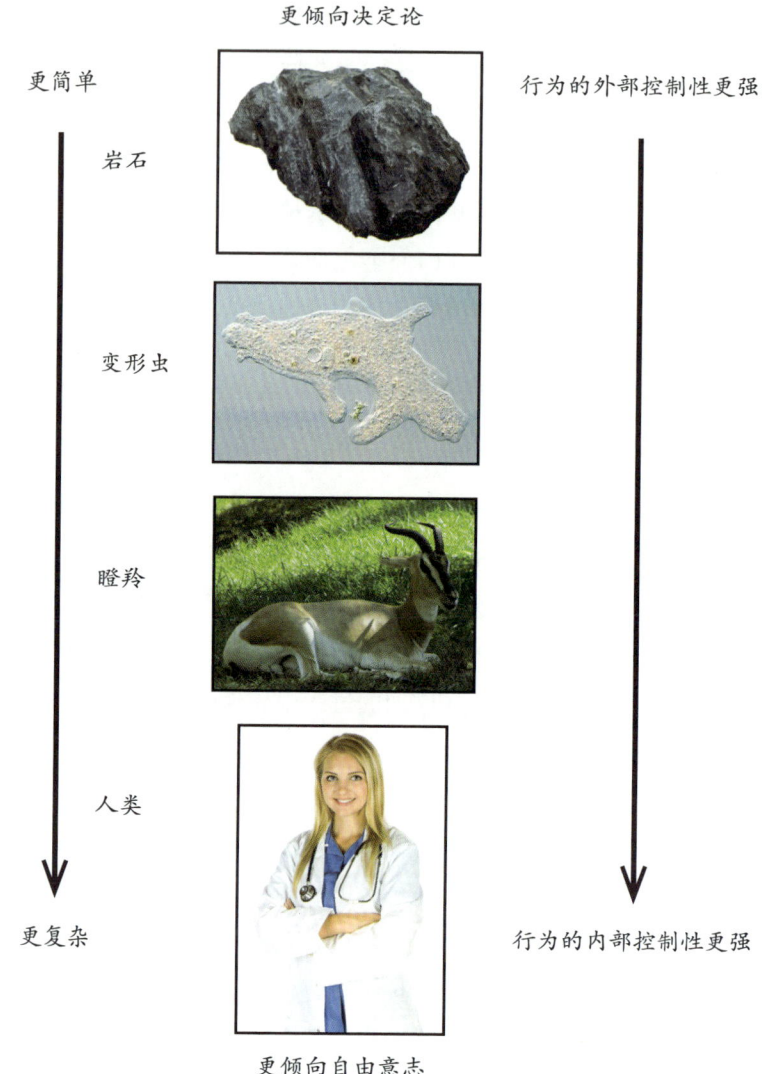

变形虫

瞪羚

人类

更复杂   行为的内部控制性更强

更倾向自由意志

　　图 8　生物体越复杂，就越能从内部控制自己的行为，越不易受到外部环境力量的控制。也就是说，这些生物体有更多的自由意志，且其行为不太具有决定性。这是基于丹尼特的研究工作而得出的结论。图片源自 publicdomainpictures.net

像哺乳动物这样更复杂的动物。它们具有认知能力，可以做出一定的选择，所以能更集中地控制自己的行为。这个连续体的末端是人类。我们解决问题和决策的能力超过了其他所有动物，因此行为控制更加集中在行为主体内部。

这种观点认为，人类暂停对自身行动集中控制的结果就是人类决定论。决定论意味着"放手"，会受到我们原本可以抑制或激活的因素所影响。自由意志包括有意识地考虑可能存在的行动路线以及对这些路线可能产生的结果进行评估。我们来决定每一种行动路线对我们而言的意义，然后选择一种路线实现结果，并在这个过程中付诸行动。这种预测世界未来走向的能力是人类所独有的。我们可以做出假设，或构建所谓的反事实并选择其中之一来指导我们的行动。专注并执行这一过程的人是在行使自由意志，而那些不这样做的人则不然，因此后者会受到其他更具决定性因素的影响。如果我们相信这种观点，那么说明自我可以执行这种思考，有些人选择在行动之前思考，而其他人不思考或很少思考。这里，我们可以提出一个有趣的问题：自由意志的中止是否就意味着自我的中止？

自由意志之幻 ●●●

许多研究者认为，我们关于自由意志的概念是虚幻的。韦格纳（Wegner）表示，意志行动的体验源自将个体的思想解释成行为的原因，但实际上行动是由其他因素所引起的。韦格纳说，产生行动需三个步骤。第一，脑计划行动并发出开始行动的指令。第二，我们开始有意识地思考行动，这是一种意图。第三，行动发生。我们的内省经验只告诉我们意图和行动本身。因为我们没有意识到潜意识可以规划和发起行动，我们错误地认为行动产生的原因是有意识的意图。

这一观点有实验证据来支撑。在上面提及的第一个步骤中，在我们意识到行动被发起之前，发起行动的脑活动实际上就已经出现了。这表明，意图之外的因果因素在起作用：也就是说，做出选择的是潜意识事件，而不是我们经历的意志行为。在这种观点中，要么是没有自我来做决定，要么是自我的潜意识层面——我们无法控制的一个方面——为我们做决定。考虑到前面引用的研究工作，这正是人们所担心的结果。

目前，我们还不能完全理解人类的选择，这主要有两方面原因：第一，我们缺乏对所有参与决策的信息的了解，包括环境状况和个人生活经历。第二，我们也无法了解产生决策的脑机制，该机制本身可能相当复杂。不过，这并不意味着未来的某一天我们仍然解释不了这些现象的大部分甚至全部内容。

6　延展心灵论

思维在哪里？我们绝大多数人可能会说，思维在脑里，至多在身体里，这可能是内在主义的观点。另一方面，外在主义认为，思维可以存在于身体之外。从这个角度来讲，当我们在读书时，思维会向外延伸到书本上，因为我们正在对这本书进行思考。基于环境在驱动认知过程所发挥的积极作用，克拉克（Clark）和查尔默斯（Chalmers）提出了一种称之为主动外在主义的观点，这就是延展心灵论。

在延展心灵论中，我们可以将思维的一部分"外包"给那些为我们执行认知任务的技术过程或其他环境过程（图9）。例如，当我们用智能手机在谷歌上查找信息时，互联网实际上已经成为我们的长期语义记忆。在计算小费时，我们会用到iPhone上的计算器应用程序，而没有让脑中负责数学的区域发挥作用。在编辑一篇论文的草稿时，我们会用文字处理软件中的拼写检查功能，而没有使用脑中负责语言的区域。在所有这些情况中，本可以完全在我们头脑内部完成的任务，至少有一部分在外部执行了。

主动外在主义认为，人类有机体与外部实体之间存在双向互动的联系，进而形成了一种耦合式的信息处理系统。该系统的所有组成部分之间都存在因果联系，移除任何一个部分，系统的有效性都会受到影响。如果没有使用谷歌进行搜索，你可能理解不了你要查找的内容。如果没有使用计算器，你估算的小费金额可能太小了。如果没有使用拼写检查功能，你可能会忽略打字错误。

然而，并不是每个人都同意这种观点。如果我们把意识等同于认知，那么意识似乎不太可能延伸到我们的头脑之外。但是，许多认知过程或认知加工的组成部分都是在潜意识里发生的。这方面的例子有记忆检索、阅

计算机服务器

无线
传输

人类和智能手机

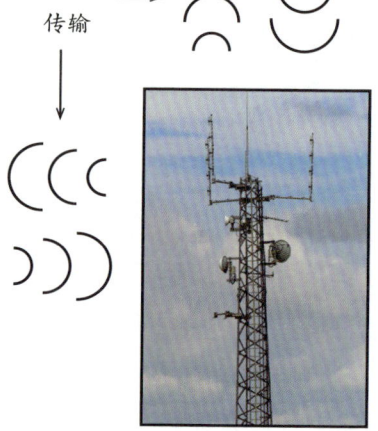

手机基站

图9 延展心灵论认为，思维不只存在于我们的脑或身体内部，还由我们日常处理信息时使用的各种技术系统组成。图片源自 *publicdomainpictures.net*

读或写作的方方面面，以及运动技能的习得。

　　另一个反对意见是，认知过程应该是可移植的。按照这种观点，我们总是可以用我们的头脑来尝试解决问题，而不管我们身处何种外部环境。这意味着思维总是驻留在头脑内部，因为环境在变化，不具有持续依赖性。糟糕的无线连接会造成与外部系统脱钩，但我们仍然可以利用脑尝试完成各项事务。这样看来，思维的核心系统是不变的：其他任何东西都可以看作是附加或额外的内容。

　　不过，技术也是可移植的。在未来，我们可以直接在脑中插入各种模块来辅助认知。或者更简单地来说，我们可以带着计算尺或袖珍计算器四处走动。克拉克和查尔默斯认为，至关重要的一点是需要有可靠的耦合关系。如果绝大多数情况下我们都能借助某一外部设备来完成认知任务，那么这个设备就能算是有思维的。即便是我们自己的脑，也不会在所有情况下都可靠。例如，疲劳、宿醉或中风时，我们的脑就不那么靠谱。

进化过程可能已经让我们的脑有选择地对外部环境的某些方面产生依赖。我们的视觉系统会运用某些规律来适应环境。身体运动和移动也会发生变化，启发身体解决知觉问题。事实上，感知学派已整体崛起，他们声称环境是视觉处理的一部分。例如，我们可以通过标记眼睛的高度与物体的交点来估测物体的高度。如果视觉能适应外部环境，那么额外的认知过程也能适应。

对此持反对意见的人士认为，在人类进化史的更早时期，在现代电子辅助手段出现之前，甚至在文字出现之前，自然选择就已经对人类的思维发挥作用了。选择可能对视觉或语言能力起作用，因为这些能力是人类智力的一部分，已经存在了数千年或更久。使用语言主要是为了交流思想，所以语言能力虽然只存在于脑中，但如果没有他者的存在，它就无法发挥更广泛的作用。这意味着思维可以扩展到各种社会群体，或者至少可以延伸至一个对话伙伴的身上。此外，我们同样也要考虑在生物体的整个生命周期内的学习过程。现在"信息一代（iGeneration）"的"数字原住民（digital natives）"从出生起就能体验到数字设备，他们可能正在学习如何比过去几代人更大程度地把自己的部分思想"释放"到外部环境中。

心灵的延展意味着自我也会延伸吗？克拉克和查尔默斯认为答案是肯定的。如果我们把自己思考的内容和思考方式看作是自我的一部分，而且如果这些对技术都有很强的依赖性，那么技术也会成为自我的一部分。人们丢了自己的智能手机时所产生的焦虑感就是支持这一观点的有力证据，这种焦虑感可能比丢了一支铅笔时更严重。想要更广泛地了解对延展心灵论的评论，请参考法希姆（Fahim）和梅赫尔甘（Mehrgan）的研究工作。

第三章

心理学中的自我

　　自我既是一种"已知"的知识结构，也是一种"实干家"类型的过程驱动系统。自我既会"认知"也会"感知"，为理解和情感所驱动；自我是稳定的，也是多变的；自我既一致又矛盾；自我不仅有计划，也会做出反应；自我既理性又非理性；自我作为一个智能体，既能主动地做出决定，又能自动地遵循规则。同时，自我既是自明的，也是他明的。

在本章，我们从现代性视角来讨论自我，这些都是一些从心理学角度阐释自我的理论和观点。这些理论大多数都假定世上存在多个自我。我们将简要概述心理动力学、发展论、人文主义、叙事法、特质观、认知论以及数字化方法等众多领域的心理学家对此话题的观点，然后展示自我的许多心理特质也适用于人工的和数字的自我，最后一部分论述与自我相关的障碍。

1　自我的多样性：现代方法概览

关于自我的五个方面　●●●

　　自 20 世纪 70 年代以来，自我这一话题就受到了越来越多的研究关注。各个派别的众多心理学家已经努力把研究方向转到这个主题上。思考自己是人类的一个基本特性，这会有意无意地影响我们思考和行动的方式。因此，理解自我的概念很重要，在过去的几十年里，已有大量有关自我的论文发表。

　　自我研究的主要问题之一就是如何对待心理学家研究的一系列有关自我的概念。现在有很多基于自我的研究议题分支，包括自尊、自我意识、自控以及身份。遗憾的是，对于自我并没有一个统一、公认的定义。利里（Leary）和坦尼（Tangney）明确了行为科学和社会科学领域的研究人员使用"**自我**"一词的五种不同方式。

　　"**自我**"一词的第一种含义是指整个人。也就是说，这一观点将自我等同于个人。一般很少有人支持这一观点，因为大多数人似乎都认为，并非一个人**就是**一个自我，而是每个人都能**拥有**一个或者多个自我。自我的第二种含义是指一个人的全部或部分人格。此处**人格**是指一个人用来描述自己的一系列特质或术语。这种含义似乎也没有什么用处。如果一个人的自我就是他或她的人格，这就意味着所有的人格研究者都在研究自我，显然事实并非如此。相反，若是将人格理解为使一个人区别于他人的各个方面的总和，则最为合适。

　　第三种含义是指将自我视为经验主体，这是我们主观意识到自己的一部分。这里，我们把自我作为主体，也就是第一人称视角中的"我"。这与别人研究的作为客体的自我形成了对比。在后者，我们可以用**他、她**或者其他第三人称代词。**自我**的第四种含义是指我们对自己的信念，即一个人对自己的感知、想法和感受。这相当于是在问"我是谁？"或"我是什么样的人？"这类问题。最后，我们提到作为执行代理的自我，即作为决策者或执行者的自我，它是做计划和做决定的我们的一部分。请注意，哲学家们已经讨论了许多这样的主题。

精简到三个 ●●●●

利里和坦尼认为，作家们不应该再将"**自我**"这一术语用于上述关于自我的前两个方面，而应使用其他更为清晰且明确的词汇来描述它们。而且，大多数研究自我的社会科学所研究的对象并非是整个人或人格。上述提及的第三、四和第五方面确实有一些可取之处。然而，这三个方面的观点都没有以囊括其他所有观点的方式抓住自我的本质。因此，我们必须承认**自我**具有三重不同的含义，否则我们就得想出一个可以涵盖这三种含义的定义。

反射性思维能力就考虑了所有因素，此能力把自己当作关注和思考的对象。反射性意识包括对心理内容的主观意识以及对其进行思考以服务于行动的能力。也许对**自我**最好的现代定义是"一套能够让有机体有意识地思考自己的心理机制或过程"。

我们完全有可能制造出一部具有反射性思维能力的机器。大多数想法都是关于事物的。我们可以思考世界上的某一事物、一件事实或一个概念，甚至是虚构的事物。当我们思考自己时，我们思考的对象会直接指向我们自身的某些表征，比如身体状态、情绪或情感想法以及一段记忆等。机器也是如此。计算机可以有其内部状态的表现形式，如电池的电量、内存缓冲器中剩余的内存或对外部环境的感知。然后，它可以像我们人类一样，利用这些信息就计划和行动方式做出决定。除了计算主体是自我相关的之外，反射性思维并无特别之处。

现代研究人员所研究的大多数心理学话题都会涉及三个相互关联的心理过程中的某一个：注意、认知及调节。每个过程的出现几乎都难以离开其他过程。例如，若我们意识到某件事，我们就会思考它；若我们去思考，就可能会对其采取行动。因此，感觉到饿了会让我们意识到现在比平常吃午饭的时间晚了一个小时。于是，我们决定去街角的熟食店买个三明治吃。

我们简要地描述一下这些过程。注意是一个人把有意识的注意力指向自己的那个方面。地球上似乎只有其他少数动物有这种能力，例如猩猩、黑猩猩、大象和海豚，而且它们只有在更初级的形式下才有这种能力。认知过程能够让我们有意识地思考自己——思考当前的状态或处境，思考我们的属性或角色，或者思考我们的记忆和想象，即过去做了什么或者将来可能会做什么。**认知**帮助我们构建自我概念和身份。**执行过程**指的是我们调节自己的能力。与人类不同，其他动物缺乏控制自身的冲动、情感和行动的能力。**自我控制**意味着我们不完全受环境力量或内在生物性冲动的控制，而是能够以一种自主的、自我指导的方式行动。

人工自我需要注意、认知和调节能力。实际上，这些能力已经成为大多数机器人和人工智能系统的一部分。注意相当于将处理资源投入何处，认知是指一般的计算能力，而调节是指控制内部状态的能力。举例来说，自动驾驶汽车需要注意路上其他车辆和行人的位置，通过计算预测它们的位置，这样才能在前进过程中及时调整自身的位置，避免与它们碰撞。

自我激励和情感 ●●●

动机和情感也属于自我的范畴，作家将自我提升和自我确认作为动机，并将羞愧、骄傲和内疚等作为与自我相关的情感。人们已经研究了各种与自我相关的动机，包括自我评价、自我实现、自我肯定和自尊维护（心理动力学术语中的自我防卫）。当人们根据自己的个人标准来评价自己或想象别人如何评价自己时，就会产生尴尬等基于自我的情感。尽管这些动机与情感似乎与自我密切相关，但从结论上看它们并非是自我的固有部分。

林林总总 ●●○○

如前所述，现代研究者已经研究了许多与自我相关的概念，表3只列出了其中一部分。2011年，以 *self* 作为关键字，在搜索中就有超过260,000条包含连字符"self-"开头的术语的摘要。其中最常见的术语就是**自我意识、自我监控、自我控制、自我实现、自信、自我表露、自我概念及自尊**。遗憾的是，很少有人研究这些有关自我的不同层面相互之间是如何关联的。我们现在只剩下一棵棵树，而不是一整片森林。反观注意、认知和执行三件套以及自我激励和情感，这些概念至少包含上述特性中的两个，有时三个或四个。

表3　自我相关的组件、过程与现象

希望得到或不希望得到的自我	自责	自我妨碍
自我	自理	自助
自我防卫	自我归类	自我认同
自我拓展	自我实现	自我认同
自我理想	自我复杂性	自我意象
自我认同	自我概念	自我管理
自我完善	自信	自我监督
自我力量	自我意识的情绪	自我组织
自我威胁	自我意识	自我感知
恐惧自我	自我控制	自我保护
未来/过去自我	自我批评	自我表现
理想自我	自我欺骗	自我保护
身份	自我击败的行为	自我参照
身份定位	自我定义	自重

续表

应该自我	自我发展	自我调节
可能自我	自我表露	自立
自我接受	自我差异	自我图式
自我实现	自我怀疑	自我沉默
自我肯定	自我效能	自我对话
自我评价	自我提升	自我信任
自我评估	自尊	自我验证
自我意识	自我评价	自我价值

来源：利里和坦尼（Leary and Tangney，2012）

四个视角 ●●●●

利里和坦尼在总结关于自我的现代研究成果后，提出了四个新主题：进化、发展、文化和神经科学，这些都是研究自我的视角或学科性方法。自我的进化是指"自我的自适应目的是什么？"或"为什么拥有自我是有益的？"等此类问题。针对这些问题，理论家们提出了几种可能的答案。在进化论中，从狩猎采集的生活方式到农耕的转变意味着长时间待在一个地方，这使得集体社会可以细化为从事不同行当的角色，比如工具制造者、农民、织布工或商人。这样的话，一个人可以认为自己是"烘焙师"或"农民"，也可以通过这种方式来思考别人的身份——她是"销售员"。活得越久，积累的个人财产就越多，也会拥有对特定空间和物品的所有权——这也就有助于定义身份。我们在第一章中探讨了人格和自我的进化论。

第二种视角是发展观，研究自我相关的特征是如何随着时间推移而变化的。例如，人们可以研究自尊在青春期之前、期间和之后是如何变化的，以及其中每个阶段影响自尊的因素。发展心理学家也会研究个体之间的差异。例如，为什么有些人的自尊心比其他人强。第三种视角是研究文化对自我的影响。这里，我们可以看到不同文化背景下人们是如何体验羞耻的，还能看到在诸如日本这样的文化环境中长大的人其羞耻感体验是如何与其他文化不同的。

神经科学视角主要研究各种自我组件所依托的脑结构。考虑到自我组件数量如此庞大，所以这一任务十分艰巨。例如，研究人员研究了自我参照加工、自传体记忆、执行流程和自我调节、自尊以及心智游移的神经基础。目前，我们认为自我系统包含很多子系统，而每一个子系统都由重叠的神经系统支撑着。在第四章，我们将给出关于自我理论的总结，试图整合这些不同的自我。

自我研究中的对比 ●●●●

莫夫（Morf）和米歇尔（Mischel）对关于自我的现代心理学研究工作进行了概述，并明确了一些对比性观点。首先，关于自我的现代研究工作如今分布于多个学科，但是很长一段历史时期关于自我的研究工作一直都是单一学科的事情——几千年来哲学家们几乎都在研究它。现代的自我研究则是多学科的。仅仅就心理学领域而言，其研究就横跨社会认知、社会心理学、人格、临床心理学、精神病学、发展心理学、神经科学、认知科学和文化心理学。其次，关于自我是一个单一的整体结构还是具有多个分布的多重自我，一直争论不休。众所周知，自我并非一个单一的系统，而是一组相互关联但功能独立的系统，它们以各种复杂方式相互作用。

另一个对比是"热"系统与"冷"系统。如今人们都认为自我由两者组成，它们相互独立，但不断地交互。"热"系统是基于情感的，更具无意识性、更易冲动、反应也更快；"冷"系统是基于理性和逻辑的，运转得更慢、更为深思熟虑，且需要更多的注意力资源。"热"系统采用满溢表示，压力促使系统激活；"冷"系统则包含了对自我和情境的知识表征、与自我相关的目标和价值观、对事件发生方式的预期、计划以及控制注意力的策略。这两种系统有着不同但又相互作用的生物基质。如果雷切尔（Rachel）

期望在她的下一次考试中得"A"，那么这种期望和学习将成为"冷"系统的一部分；如果她的希望落空，得了一个"C"，那么她可能会很生气，这时她所感受的愤怒是"热"系统的一部分。然而，她这种愤怒和失望可能会激励她以后更加努力地学习。因此，在这种情况下，"热"系统会影响"冷"系统。

当说到人工自我时，使用"冷"系统要比使用"热"系统让我们似乎更容易想象它们。计算机中的计算似乎类似于我们自己进行的思考和认知，而"热"系统也是以计算为基础。在生物有机体中，它们涉及脑中神经元的激活模式，只是这些神经元的激活区域和与认知相关的激活区域不同（在某些情况下甚至是重叠的）。在人造物中，它们涉及经由电路传输的电脉冲。两者之间唯一真正的区别就在于它们的体验方式。"热"计算系统涉及主观情绪反应，而"冷"计算系统则不涉及。目前，有些机器人可以探测、思考并做出情感性的举动，正如我们人类一样。后面要讨论的 Kismet 就是这种类型的机器人之一。这些自我与人类之间的主要区别在于体验。我们还不知道机器是否有一天也会像我们一样具有真情实感，目前还不能排除这种可能性。

自我也有隐性系统和显性系统。"自我"的隐性系统涉及的过程控制性较少，自动化程度较高，其中一些可能是潜意识的。显性系统的意识性更强，更容易受到自上而下的控制。例如，比尔（Bill）可能对黑人抱有固有的成见，这种成见只有在他喝醉放松时才会口头上告诉他的朋友。由于害怕别人的反应，比尔通常不会在其他社交场合说出这样的话。

自我研究中的另一个对比就是关于个体自我或社会自我的对比。人类是社会性动物。我们在社会中生存，要与同事、朋友和家人建立关系。这些人际之间的互动对自我的影响程度因人而异，因情景而异。当今心理学界的一个共识是，自我并不只是被动地对社会环境做出反应。恰恰相反，在与他人互动的方式上，它是积极主动的。我们对自己的看法是依据别人的观点来形成和评价的。

关于自我的元分析和文献综述在自我的特征上展现广泛的一致性，主张自我是一种复杂的现象，并包含很多相互对立的因素。其中一些综述可见于利里和坦尼、斯旺（Swann）和博森（Bosson）所写的文章中。这些研究表明，自我既是一种"已知"的知识结构（人格特质），也是一种"实干家"类型的过程驱动系统。自我既会"认知"也会"感知"，为理解和情感所驱动；自我是稳定的，也是多变的（人格理论中的状态-特质论）；自我既一致又矛盾；自我不仅有计划，也会做出反应；自我既理性又非理性；自我作为一个智能体，既能主动地做出决定，又能自动地遵循规则。同时，自我既是自明的，也是他明的。

2　形形色色的自我心理学理论

　　本节中，我们将概述几个主要的由心理学家和其他领域的研究人员提出的自我理论。每一个理论在论述身份和自我的构成时都持有略微不同的观点。有些人——比如西格蒙德·弗洛伊德（Sigmund Freud）——认为自我总是与自身发生冲突；还有些人——如人文主义者卡尔·罗杰斯（Carl Rogers）和亚伯拉罕·马斯洛（Abraham Maslow）——则认为自我是在努力实现自身的潜能并提升自己。埃里克·埃里克森（Erik Erikson）阐述了身份形成的方式，而特质理论家主要关注如何用准确的词汇描述自我，其中一些理论试图解释人类的性格。**性格**是一种独特的、相对稳定的思维、情感和行为模式，体现了我们与他人的不同之处以及每一个体的独特之处。为了我们的目的，在此将性格的心理学概念等同于自我和身份。

西格蒙德·弗洛伊德和心理动力学　●●●●

　　西格蒙德·弗洛伊德（1856—1939 年）所宣扬的心理动力学认为，心智是由不同的要素组成的，而各要素之间相互竞争，试图控制行为。心理动力学假定的不是一种而是三种意识状态，并强调了无意识心智——个体对其意识淡薄，并且几乎无法控制——在影响思想和行动方面的作用。弗洛伊德还认为性、快感、攻击性以及其他原始动机和情绪就像幼时的童年经历一样，对人的性格影响很大。

　　弗洛伊德描述了另外三种精神结构，每一种都有不同的工作原理。本我包含无意识的冲动和欲望，如性和饥饿，以享乐主义为原则，并试图能立即满足欲望。超我是对我们的道德感负责，以理想原则为准，并激励个人去做自己认为道德上合理或恰当的事情。自我平衡了本我与超我的竞争需求，以现实原则为基础，激励人们以理性和务实的方式行事。

这一观点的关键部分是本我、自我与超我之间的动态交互机制（图10）。本我要求立即满足享乐的欲望，而超我在多数情况下都是以体面的名义控制或者抑制这些冲动，然后依靠自我尝试探索一种理性且可行的冲突解决方案。因此，自我一直会受到本我的冲动和超我的约束的一连串攻击。如果二者其中任何一个都没有得到满足，自我就会焦虑；而为了缓解焦虑，它构建了引导或驱散焦虑的防御机制。

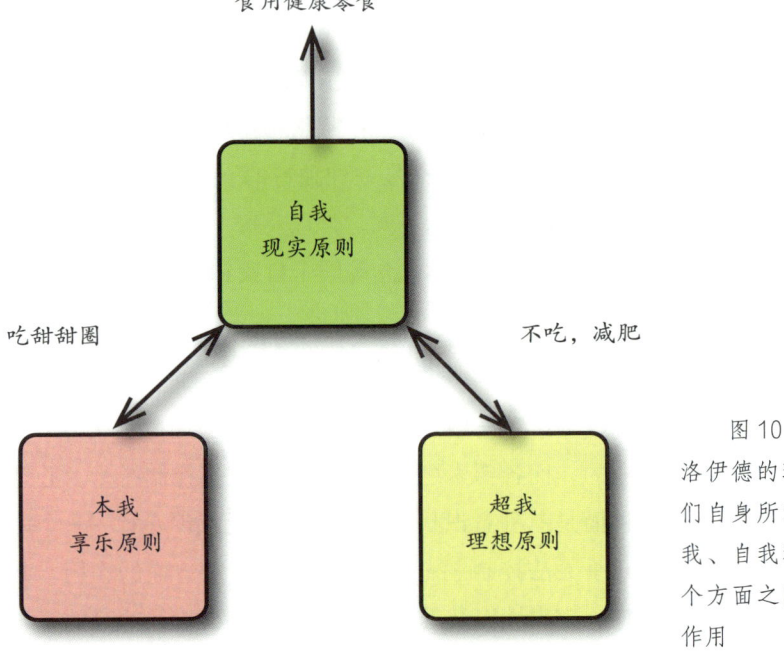

图10 根据弗洛伊德的理论，我们自身所涉及的本我、自我和超我三个方面之间的相互作用

在弗洛伊德的理论中，本我、自我和超我都可以看作是不同的自我，并且会在不同的因素下或多或少地处于支配地位。如果某人感觉非常饥饿，那么"本我"就占据了主导优势；如果某人在特定情况下道德感十分强烈，那么"超我"就占据了主导地位。"自我"在某些方面可以被认为是主宰性

的自我，因为它总是需要满足和平衡其他两类自我的需求。

心理动力学理论可以用来探究人们在网上的行为。麦克威廉斯（McWilliams）在《精神分析诊断》（*Psychoanalytic Diagnosis*）一书中概述了心理动力学理论的基本性格类型，以及具有这些性格类型的人的动机；苏勒尔列举了一些例子，展示了这些性格类型是如何在网络空间中进行表达的（表4）。请记住，任何个体都可能拥有多种性格类型。

表4　各种心理动力学性格类型及其在线表现方式

类型	描述	在线行为
精神变态型	动机是想控制、操纵他人，以求"超越"他人；冲动、以自我为中心、不可靠、不负责任；难以感受社会良知和深厚情感	网络匿名和操纵环境的能力会催生精神变态型性格吗？他们是网络空间的恶意黑客吗？出于支配他人的需要，他们会成为故意挑起他人痛苦的"喷子"吗？有些人认为互联网已经成为精神变态者的游乐场
自恋型	动机是想维持自我价值感；倾向于感觉自己有特权、很特殊、特别浮夸，且以自我为中心；渴望赞美，期望偏爱；不关注他人的需要和感受	自恋型性格是否会利用网络空间作为手段圈粉呢？他们是否创建了自我的领地，在那里他们展示自己而不太在意别人的声音呢？他们是传统意义上所谓的"新闻组性格"吗？即那些在网上讨论时，总是争论不休、固执己见的人
精神分裂型	动机是想通过避免与他人亲密接触来维持安全感；喜欢独处；难以建立亲密关系，也难以表现出温暖或温柔的情感；倾向于缩回到内心的幻想中	精神分裂症患者会被因部分或完全在线匿名所导致的亲密度降低所吸引吗？他们倾向于潜伏吗？
偏执狂型	动机是想躲避脆弱和无助的感受；有多疑、警惕性强、易怒、冷漠、缺乏幽默感和好辩的倾向；倾向于指责、批评他人或把责任推给别人	偏执的人在感到脆弱和无助时，是否会采取极端的措施来保护他们的机器、安全和网络空间的隐私呢？他们是不是不信任互联网，甚至是完全回避互联网呢？

类型	描述	在线行为
抑郁型	动机是想与坏情绪做斗争的需要；忧郁、内疚、无精打采、难以享受生活的乐趣、总是批评自我、感觉被拒绝、自卑	抑郁症患者会在网络社区中寻求帮助吗？他们会通过短信、电子邮件或其他电子通信形式来寻求他人的支持吗？或者他们会放弃所有这些媒介的使用吗？
狂躁型	动机是想抵制潜在的抑郁情绪；得意洋洋、精力充沛、冲动、爱动、容易分心、爱自我推销、社交能力强、机智、有趣	狂躁症患者是否会为了让自己对他人的回应显得更为节制而延迟回复别人的信息呢？还是自然地更喜欢简短、即时、自发的聊天对话和发短信？
受虐狂型	动机是想获得更大的道德利益而忍受痛苦和苦难；易沮丧、怨恨、愤慨，倾向于对自己道德说教	受虐狂患者会在网上向他人过度抱怨自己的不幸吗？那些与他们不一致的观点或想法会惹怒他们吗？
强迫症型	动机是想保持情感上的安全和自尊；完美主义者，专注于细节和规则，更关心工作而非享乐；比较严肃正统；倾向于确保一切都在自己的掌控之中	强迫症患者会因为想掌控自己的关系和环境而更喜欢电脑及网络空间吗？他们在管理自己的电脑、网络地盘和自身的人际关系方面是否会一丝不苟？
表演型	动机是想得到关注、爱和依赖；强烈的社交倾向、善于表达情绪，比较戏剧化、喜欢成为焦点、极度敏感、有吸引力；倾向于压抑自己的消极情绪，并否认自身存在问题	在社交媒体尤其是那些提供创造性和戏剧性自我表现条件的环境中，喜欢表演的人会享受戏剧化表演的机会吗？
分离型	动机是想通过将身份划分为不同的部分来分隔引发焦虑的经历；足智多谋、人际关系敏感、有创造力，善于交际、容易被催眠；有复杂的幻想生活	分离型患者会倾向于将网络空间的生活与自己的现实生活分开吗？他们是否特别喜欢创造多种分开的网络身份，就像在线的角色扮演游戏那样？

来源：源于麦克威廉斯（McWilliams，2011）和苏勒尔（Suler，2016）

自我、科技与未来

埃里克·埃里克森与发展论 ●●●

埃里克·埃里克森（1902—1994 年）是一位社会发展心理学家，专门研究身份是如何发展的。他提出了发展的八阶段理论，且每个阶段都以危机或冲突为标志。人们处理危机的方式决定了自身的人格。如果他们成功地解决了这个问题，就会得到一个积极的结果，心理也会变得健康。如果他们不能成功地应对，就会形成消极的人格。

在此，我们不会详述埃里克森提出的所有八个阶段，只侧重于有关身份的那个阶段，即第五阶段，其特征是"身份与角色的混淆"，出现在 12～20 岁之间。埃里克森认为，这个年龄段的青少年会探索不同的角色，再决定哪个角色最适合他们，从而形成了一种连贯且稳定的自我概念。例如，他们可以通过上绘画课来尝试成为艺术家。比如说，如果他们喜欢绘画，那么他们就会发现自己本身就拥有创造力和视觉思维；如果不喜欢这些课程，就会发现这些特质与他们的喜好并不相符，故而不会将它们纳入到自我概念之中。按照埃里克森的观点，这一阶段结束之时，若个体还没有为自身找到一套合适的角色，就会引发身份危机，继而有可能会引发冷漠、社交退缩和角色混淆等问题；若他们找到了一套合适的角色，将开始形成一个稳定的身份或自我意识。

埃里克森使用的阶段标签可能不适用于所有文化。例如，在强调群体和谐与合作的社会中，某些阶段的首要选项可能是依赖而不是自治。这意味着，在一些亚洲社会中，个人可能会发展出一种更开放、与他人联系更紧密的自我意识。例如，他们在遇到问题时更愿意寻求同事的建议。然而，在像美国等重视独立的西方社会中，人们可能更倾向于将自己与他人隔离开来，会尝试完全依靠自己来解决问题，而不会寻求帮助。

人文主义者与自我实现动机法 ●●●

卡尔·罗杰斯（1902—1987 年）是一位人文主义心理学家。人文主义者强调人的内在情感、思想以及对自己的看法，这些称之为自我概念。从这个视角来说，人类天生善良，热衷于自我实现，这是他们不断发展自己的天资与能力的动力。罗杰斯认为，心理上的健康和调节取决于两个自我之间重叠或一致的程度。真实自我是指你对自己的真实认知，理想自我是指你想成为的那种人。如果两个自我之间重叠较多，那结果就是一个调节良好的个体；但若是重叠得较少，那就是一个调节很差的个体（图 11）。

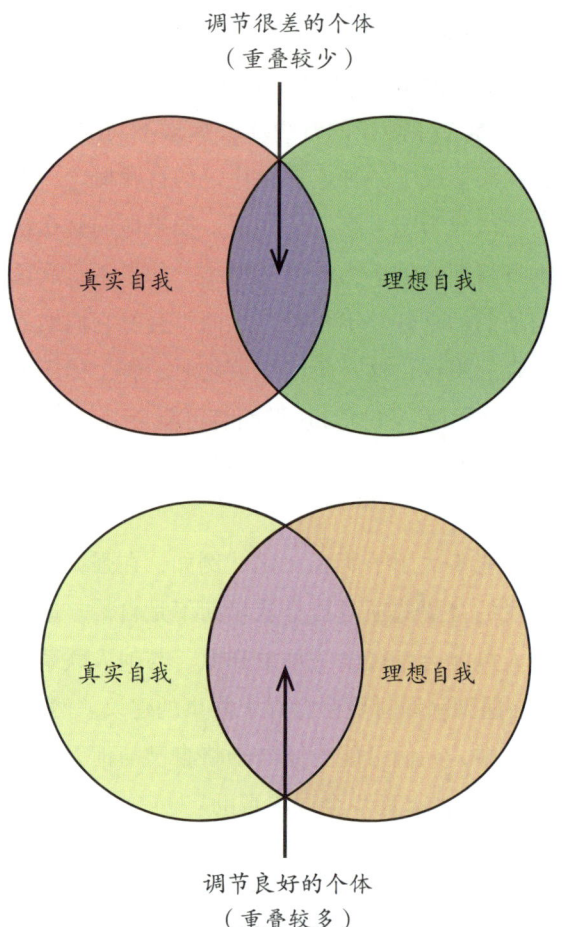

图 11　卡尔·罗杰斯认为心理健康是由真实自我与理想自我的重叠程度决定的

举例来说，杰德（Jed）认为自己是一名好学生，但他想变得杰出，他的理想是平均成绩绩点达到 4.0。在该例子中，杰德的真实自我与理想自我相差无几，因为他的平均成绩绩点是 3.7，接近他的理想成绩。我们再来看一下比尔（Bill），比尔的成绩一般，但他也想成为一名杰出的学生。比尔的真实自我与理想自我之间重叠得较少，因为他的实际平均成绩绩点是 3.0，但他的理想平均成绩绩点是 4.0。根据罗杰斯的观点，杰德在心理上是健康的，而比尔则不然。

亚伯拉罕·马斯洛（1908-1970 年）也是一位人文主义心理学家，相信人们在不断寻求实现自身的潜力，即自我实现。他提出了需求层次理论，认为我们只要满足了较低层次的需求，接下来就会想方设法去满足较高层次的需求。更低、更原始的需求构成了需求层次结构的基础，而更高的需求则占据着更高的层次，形状类似金字塔（图 12）。心理健康的人会努力满足每个层次的需求，直至顶层。

在需求层次结构中，从低到高依次是生理需求（如食物和水），紧接着是安全需求（如住所和保护），然后是归属感需求（比如爱），其次是获得尊重的需求（如渴望取得成就，并被他人欣赏），接着是认知需求（比如用好奇心去了解世界），然后是审美需求，即希望实现和谐与秩序，最后一个层次是自我实现，意味着可以根据你自己的能力和兴趣去实现只属于自己的那些目标。

马斯洛提出的需求层次清单也可以在机器上实现，问题是我们想要注入什么需求，或者在这类系统中什么需求可能会自行演化。自我保护似乎是最基本的，但这绝不能与对他人造成伤害相冲突。阿西莫夫（Asimov）提出了机器人定律[1]，认为与满足人类愿望和保护他们免受伤害相比，自我保护是次要的。在各种需求的实现过程中，当两个或更多的需求相冲突时，

---

1 阿西莫夫在 1942 年发表的《转圈圈》（*Runaround*）短篇科幻小说中，首次提出了机器人三大定律（也称机器人三大法则，或阿西莫夫法则）：第一，机器人不得妨害人类，或因不作为使人类受到伤害；第二，除非违背第一法则，机器人必须服从人类的命令；第三，在不违背第一和第二法则的情况下，机器人必须保护自己。——译者注

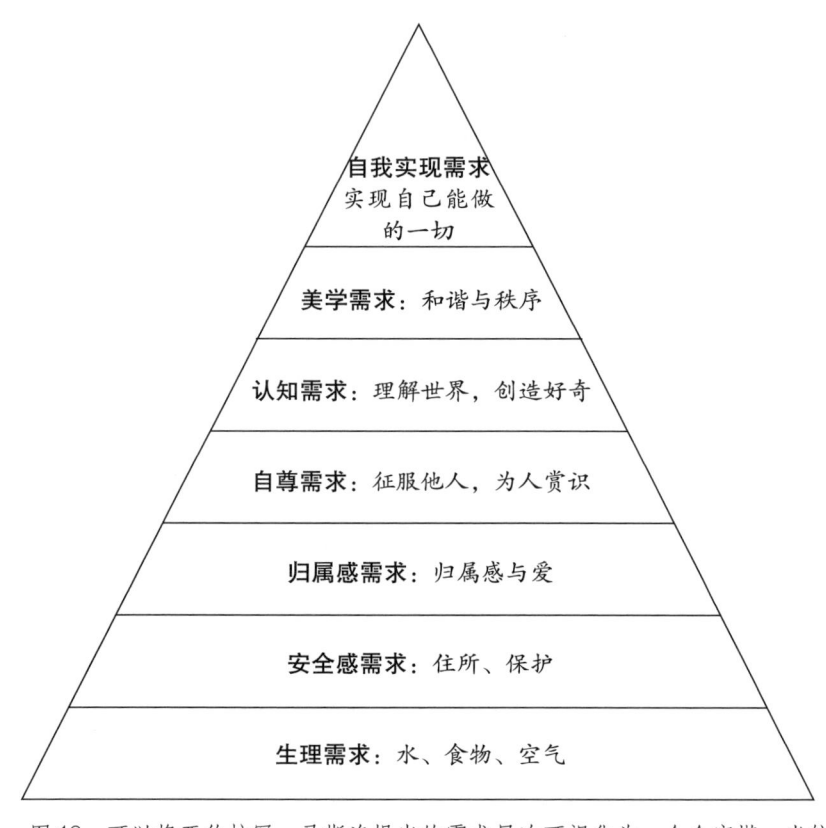

图 12 可以将亚伯拉罕·马斯洛提出的需求层次可视化为一个金字塔, 当较低层次的需求得到满足时, 自我就会寻求满足更高层次的需求

面临的难题是该怎么做。这个问题并不容易解答。数千年来, 伦理学家们对此看法不一, 无法就其中的价值分个高下。也许具有超级智能的人工智能有可能为人类解决这些问题。

德西 (Deci) 和瑞恩 (Ryan) 提出了自我的三重理论——自我决定论 (SDT), 与罗杰斯和马斯洛的观点有很多相似之处。他们的观点是, 有三种基本的心理需求是所有人都在努力实现的, 而且人们的幸福感和自尊感取决于这些需求的满足程度。**竞争力**是指我们需要感觉到自己能够完成各种任务, 如果我们在工作和爱好上都做得很好, 这种需求就会得到满足;

自主性是指我们需要感觉到自己的行为和目标在掌控之中，如果我们觉得自己的生活超出了能够控制的范围，或者受到了外部因素的影响，这种需求就无法满足；**相互关系**（即第三种需求）指的是渴望与他人进行社会交往和情感联系，与朋友、家人和爱人共度美好时光能够满足这一需求。根据这三种需求，我们可以预测人们能够在多大程度上享受生活。

身份与自我的叙事视角 ● ● ●

　　叙事是指以口头或书面的形式讲故事。叙事是关于自我的，包括个人叙述、生活故事或自传。任何口头表达、谈话或文本皆可成为叙事。然而，技术的使用可以让我们在电影和游戏等其他媒介中讲故事。所叙的故事需有始有终，可对涉及的事件进行选择、组织、联结及评估，尤其是那些对于特定听众来说意义非凡且具有启示意义的故事。因此，叙事既有"顺序"又有"后果"。叙事告诉了我们一些关于叙述者的事情，这通常会暴露他们的身份，同时也能反映叙事背后的文化或背景。人们普遍认为，青春期前的孩子缺乏必要的动机和能力，所以直到青春期才会构建叙事。

　　叙事具有主观性，无法对其进行科学的研究，这源于科学家通常习惯处理那些比较容易度量的客观现象。尽管如此，叙事研究在心理学领域仍在不断兴起。研究人员发现，第一人称叙事是理解身份以及自我如何随时光演变的一种有效方式。实际上，很多研究人员甚至认为，讲故事本身就是在**创建**身份。身份至少包含六个不同的方面，具体解释及案例参见表5。

表5　身份的六个主要方面

名称	定义	例子
身体	一生中身体是如何变化与发展的	疾病或衰老
个人特质	身份的特征和特点	成就或救赎
人际关系	在一个人的一生中，各种角色是如何被描绘的，这些角色又是如何反映身份的	与父母或兄弟姐妹的关系、与朋友的关系、与恋人或配偶的关系

续表

名称	定义	例子
社会现实	叙述者在其特定社会文化背景下的角色或剧本	社会阶级和性别
文化环境或历史时期	文化与时期的选择	选择以叙事方式呈现的一种文化或时期
宗教或精神关怀	个人采用的用于指导其生活的价值观	皈依佛教，追随精神领袖

来源：利布利希（Lieblich）与约瑟尔森（Josselson）

布鲁纳（Bruner）对两种类型的认知功能进行了区分。基于逻辑、数字和公式的例证功能是客观的，主要依赖于确立命题（类似于句子的陈述）的真伪。相比而言，以故事为主的叙事功能则是主观的，以可能是或本可能是什么为导向，而非什么是真、什么是假。故事并非是个人经历的直接复制，而是会受到性格、情感和其他心理变量的渲染。特别重要的是，我们的故事中选择了什么或遗漏了什么。我们选择的将其包含在自身叙事中的事件对理解身份非常重要。

布鲁纳声称，生活故事如民间故事或寓言一样具有品德上的教育意义，体现了一个人身份的主色调。故事的戏剧性效果是通过危机或问题呈现的，对于英雄或主角来说都是具有挑战性的事件。生活故事和小说一样，有不同的主题、形式和风格，同样可以是悲剧、喜剧或其他文学形式。在叙事方面，布鲁纳是后现代主义者，他认为不存在静止的自我，而讲述自己的故事就是在不断地构建动态的自我。

叙事不仅仅是我们串在一起的一系列事件。我们选择的事件、主题或教训都能很大程度上反映出个人的身份。例如，如果某人没有安全感而必须要证明自己的时候，也许他会讲述自己是如何直面恶霸，或者如何在当服务生期间被斯坦福医学院录取的故事。因此，叙事必须合情合理才有意义，在这方面与精神分析法或心理治疗有些相通点，即治疗师必须解释病人说的话。然而，现在有了更科学的方法帮助我们客观地阐释叙事，比如关键词编码。

能反映个人身份的生活故事在某种程度上是其所属文化及社会的产物，它们可以反映出历史上某一时期社会中普遍存在的阶级、性别等社会权力划分。此外，遗传倾向也可能起作用（在这种情况下，可以说是创造了角色）。倾向于外向的人会比偏重内向的人拥有更多的人物故事，而无论是外向还是内向，都会受基因的影响。

在数字世界里，叙事显得更为重要。我们不仅仅限于围着篝火听故事或看书，还可以通过博客在线体验叙事，在 Netflix 上看电影，或者在 YouTube 上欣赏视频。我们还可以在视频和虚拟现实游戏中扮演不同的角色。纵观历史，我们从未像现在这样能够体验如此多的故事。毫无疑问，这些故事正以复杂的方式塑造着我们自己。例如，通过数字方式体验一个移民的故事，有助于我们变得更富有同情心，或许还会改变我们的政治观点。以数字方式"站在别人的立场上"并以其方式体验这个世界，将有希望帮助我们理解他人的性格和动机，这也是与他人和睦相处的良好开端。

自我特质观 ●●●

特质通常是用来描述一个人的单个词汇或短语，而且可以用来描述人的特质的词汇或短语数量众多，因此特质理论家的目标就是在更小的特质表达范围内找到能精确描述一个人性格的词汇或短语。利用因子分析这类统计技术，将数据集中的众多变量压缩成一个较小的因子集，就能做到这一点。

雷蒙德·卡特尔（Raymond Cattell）把从无数实验中获得的大量性格特质词汇简化成了 16 种（表 6），其中每一种都是一个从低到高的连续体。例如，一个不喜欢外出而惯于独处的人可能会被列为内向的人，在该连续体中处于低位，而喜欢聚会和与他人交谈的人可以被列为外向的人，在连续体中处于高位。如果将每种连续体上的点连在一起，我们就能得到关于某个人的性格简介，而性格相似的人往往有着相似的简介。从事某些职业的人士，比如飞行员，往往也有相似的性格特征。因此，我们在现实中可以利用这类简历。例如，帮助我们缩小犯罪嫌疑人的搜寻范围。

表6　卡特尔提出的 16 种性格因素

	低	高
1	内向	外向
2	愚笨	聪慧
3	情绪波动大	情绪稳定
4	顺从	强势
5	严肃	逍遥自在
6	草率	认真
7	胆小腼腆	胆大冒险
8	意志坚强	敏感
9	轻信别人	生性多疑
10	务实	富于想象
11	直率坦荡	精明世故
12	自信	忧虑不安
13	保守	乐于尝试
14	团体相依	自给自足
15	无拘无束	克己复礼
16	放松	紧张

来源：卡特尔（Cattell，1990）

　　麦克雷（McCrae）和科斯塔（Costa）进一步将性格特质精简为五个基本要素，有时也称之为"大五（Big Five）"人格，参见表7。表中数据也以连续体形式呈现，称之为五因素模型（FFM）。即使在不同的测试情形中，这五种特质都以连续形式呈现。通常来说，这些特质是价值中立的，也就是说处于连续体的更高端不一定意味着"更好"。例如，性格内向的优点是容易使人好学；类似地，善于评论也有好处，这会有助于锤炼出更好的批判性思维技能。但有一个例外，即最后一种特质——神经质，通常得分越低越好。

表 7　五因素模型（FFM）中的"大五"人格要素

	因素	低分	高分
1	率真乐观	脚踏实地、缺乏创造性、传统保守、没有好奇心	想象力丰富、富有创造力、独创新颖、有好奇心
2	严谨认真	粗心大意、懒惰、混乱、爱迟到	认真负责、吃苦能干、有条不紊、守时
3	外向	喜欢独处、安静、消极、矜持	活跃、善于交谈、主动、挚爱
4	随和	多疑、爱批判、粗鲁、易怒	轻信他人、仁慈、心软、和蔼
5	神经质	冷静、平和、轻松自在、无动于衷	焦虑、喜怒无常、难为情、情绪化

　　特质理论家争论的焦点之一是状态-特质之争。这主要围绕一个问题：在人的一生中，性格特质是天生稳定的，还是会随具体状况变化的。如果是稳定的，那拥有某种特质的人就会一直表现出该特质，不管自己所处的背景或环境如何变化；反之，如果一个人的性格特质能随环境的变化而改变，那么这种特质就更具可塑性，不会"一成不变"。例如，如果劳拉（Laura）在任何情况下都很冷静，那么她的神经质就可以看作是稳定的。如果劳拉除了工作面试之外都能一直保持冷静，那么这种特质就可以认为是富有多变性的。

　　我们可以利用 FFM 这类因子模型预测配偶的偏好，在大量跨文化研究中已证实了所得结果的正确性。研究发现，FFM 也可以用来预测偏好和行为。例如，外向特质得分高的人喜欢更有活力、更欢快的音乐，如街舞音乐和说唱乐；而乐于体验的人，更喜欢复杂激烈的音乐，比如摇滚乐和古典音乐。然而，从实质上来讲，性格特质失去了特异性，无法捕捉一个人性格中更幽微的层面。这类模型无法阐明性格特质是如何形成的或者不同的性格特质之间是如何相互作用的。尽管如此，这类模型仍是描述"自我"内涵的一种简洁方式。"大五"人格或卡特尔提出的 16 种性格特质中的每一种都可以看作是一个单独的自我，或者说是自我的不同方面。

我们应该为人造人赋予特质吗？既然这些特质使我们在某些特定场合拥有良好的表现，那么赋予这些智能体某些特征是有意义的，因为这将有助于优化它们在特定领域的性能表现。例如，接待员机器人应该是"外向的"和"友好的"，而用来查找信息的搜索算法应该是"求知欲强的"。正如展示情绪的案例一样，反映特质的行为与对这些特质的主观体验是有区别的。我们可以把自己需要的任何特质通过编程输入到机器中，但它是否真正感受到神经质或有责任心是另一个问题。

给智能体赋予性格特质也可以是开放式的——若想让它们拥有多种多样的性格特质，那它们可以像我们一样通过体验来学习这些性格特质。例如，我们可以编程，让智能体仅仅"喜欢"自己体验到的东西，而这些体验接下来可以促进智能体进一步发展出相关的特质。这样的话，参加艺术课的机器人最终会变得更有创造力。人们倾向于喜欢自己更熟悉的事物。一旦我们以与这些事实相符的方式开始行动，我们就更有可能掌握相关的特质和技能。

道格拉斯·霍夫斯塔特的自我认知理论 ●●●

道格拉斯·霍夫斯塔特（Douglas Hofstadter）[1] 在 2007 年出版的《我是一个怪圈》（*I am a Strange Loop*）一书中提出了几个关于自我的有趣想法。他相信我们的主观自我可以存在于除脑之外的多个基质中，心智哲学将这一观点称之为功能主义。功能主义者认为，只要能保持某些关键过程或功

---

1 Douglas Hofstadter 的中文名叫"侯世达"，这是 1997 年由商务印书馆给他起的名字。他的成名作是 "*Gödel, Escher, Bach: an Eternal Golden Braid*"，对应的中文译名是《哥德尔、埃舍尔、巴赫：集异璧之大成》。侯世达已是 Douglas Hofstadter 在中文世界里的通称。本书后面均用此名字。——译者注

能，思想就能在任何物理系统（无论是人工的还是自然的）中实现。根据功能主义者的观点，思想或自我可能存在于计算机或外星人的脑中。重要的并非是具体的硬件，而是心智所执行的行为或过程模式，该观点有时称之为模式主义。如果这是正确的，一个人可以把他的自我或身份转移到电脑或其他生物等价物中，这样做他也许可能会获得永生。其中一个可能出现的过程被称为全脑模拟，即对脑进行细致扫描，并在另一个基质中复制它，稍后我们将对这一方法做详细探讨。

根据侯世达的说法，我们的创造性成果都伴有"我们是谁"的印迹，不同的人所创作的诗歌、绘画或小说都反映了他们的自我的一个方面。当我们欣赏这些作品时，我们也体验到了作为艺术家的感觉。侯世达认为，主观与一个人的体验相对应的神经活动模式可以被象征性地表现出来。同样，乐谱或诗歌文本中的客观符号也可以被象征性地呈现出来。虽然一个是主观的，另一个是客观的，但是当其他人正确地解释乐谱上的音符或诗歌中的文字的时候，就可以将其转化为一种主观体验。这样，当我们读济慈（Keats）的诗或听巴赫（Bach）的音乐时，我们在某种意义上也变成了艺术家，感受了他们创作作品时的思想状态。

侯世达认同叙事自我这一概念，他认为自我实际上是一个假设性构念，是我们的脑构建的一个能产生单一而稳定的自我幻觉的故事。我们不具有单一的自我，因为自我是一个不断变化的叙事，由我们暗中创造并相信它。侯世达写道，并不是我们生来就有自我。我们的自我——拥有"我"的感觉——是我们在学习过程形成内在概念时逐渐涌现出来的。最终，这些概念就变得错综复杂、相互关联，以致开始自身循环起来。这种循环是自我参照的一种形式，在数学和逻辑学中也能看到，并称之为"怪圈"。在这些系统中，有一些命题涉及真理，也涉及表达这些真理的符号系统。换句话说，它们既指涉了各种事物，也指涉了自身。

在计算机系统中可以很容易地实现自我参照，只需要编写一个函数或表达式，把系统中的其他方面（符号、命题或函数本身）作为对象。例如，

"A"代表"Apple"，函数"I"是一种感知操作，让人去"想象"或闭上眼睛想象性地从视觉中看到一个物体。那么，我们就可以把I（A）当作是对苹果的想象。然后，我们还可以想象自己正在想象着一个苹果，用I［I（A）］来表示。这个过程可以不断重复，且每次都能得到一个有关前一个表达结果的表达形式，这种可能性源于函数"I"可以把以前的想象作为自己的主体或变量。另一种思考自我参照的方式就是想象一个对着自身的照相机——它可以看到这个世界，也能看到自己正在看这个世界。在认知科学中，一般是在元认知语境下来讨论自我参照的。

同其他理论家一样，侯世达也认为人的内心可以容纳很多自我。我们把其中一个核心自我称之为"I"。也存在对他人的内在表征，这意味着我们的自我可以反映我们的母亲、配偶、最好的朋友，等等。对他人的广泛熟悉能够使我们接受他人的主观观点，并能以与他人相同的方式看待这个世界。正是这个过程让我们与他人产生共鸣，并与他们和睦相处。然而，这些模拟他人的主观性可能不会像核心自我那样强大。

自我的现代主义与后现代主义理论 ●●●

现代主义视域下的自我和身份观特别强调能够执行有目的、有意义的行为的主体——个体。个体有一个统一的意识，能够认识自我和世界。换句话说，能意识到自己的内在和外在。吉登斯（Giddens）是现代主义观的代表者，认为个体只有一个核心的自我认同的身份，而不是多重身份，而这种身份是由一个人的生活经历所决定的。我们所有人都可以根据自己做过的事或完成的任务来形成自己的叙事。新的行为必须能够与我们已经构建的身份相容：匹配可以支持现有的身份，而失配可以引起对其的改变。在吉登斯看来，其他人是怎么想的对身份来说并不重要，重要的是个人的想法。

后现代主义者则认为身份是碎片化的，具有多重性，并且质疑是否存在所谓的单一或核心身份。菲斯（Fuss）认为，内在的（心理的）和外在的（社会的）刺激都有助于个体身份多样性的形成，还有一些后现代理论家甚至会认为根本不存在身份这回事。身份就是这样处于不断变化的事态和环境因素之中的，无法为任一个体给出准确的定义。这种关于内在意向因素和外部情境因素首要性的争论在状态-特质的争论中已有了回应。

我们可以有把握地说，现代与后现代理论的核心观点都是正确的。身份是内力和外力共同作用的产物，身份的部分内涵在人的一生中是稳定而持久的，同时也有一些内涵是不断变化的。哈拉维（Haraway）赞同这一说法，并认为身份是由许多截然不同而又独特的部分（分开）组成的，这些部分有足够的共同之处可以结合在一起（合并）。

现代主义者强调单一的中心自我（本我），要么单独存在，要么指导或协调其他自我。后现代主义者则认为不存在中心自我，只有随时间变化的多重自我。现代主义者倾向于认知层面或者信息处理视角的观点，也就是个体独立思考而不考虑其他人。后现代主义者则强调社会性观点，即我们与他人的互动以及他人对我们的看法都会影响我们的自我。简而言之，现代主义者是认知侧，而后现代主义者是社会侧。

自我的社会认知论 ●●●

自我的社会认知论将认知与社会交互均考虑在内，有助于解决现代主义与后现代主义之争。阿尔伯特·班杜拉（Albert Bandura）是该方法的积极倡导者。班杜拉引入了自我效能的概念，这与我们平常所说的自信相似。自我效能感强的人更有可能应对挑战。自我效能可以通过互惠决定论的过程影响我们的性格，这就是人、环境和行为相互作用影响自我的机制（图13）。举例来说，一个人的信念（我能成功）将会影响其行为（我会努力工作并要求加薪），进而将会影响到所处的环境（老板给加薪了）。互惠决定论并没有把个人或环境置于首要地位，而是认为两者与行为一起发生相互作用。

罗特（Rotter）也是一位社会认知理论家。他指出，认知期望引导我们

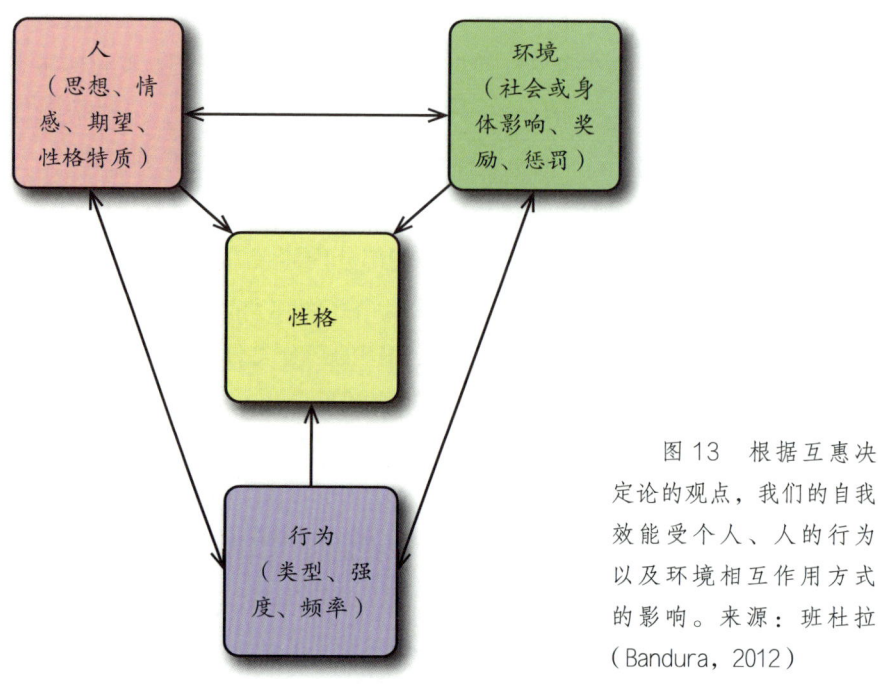

图13 根据互惠决
定论的观点,我们的自我
效能受个人、人的行为
以及环境相互作用方式
的影响。来源:班杜拉
(Bandura,2012)

的行为,并影响我们周围的环境。在他看来,我们的行为和自我意识是由
我们在某一特定行为之后期望要发生的事情以及行为获得的强化作用所决
定的。罗特引入了控制点的概念。拥有内控制点的人认为他们可以通过自
己的努力来亲自控制自己生活中的事件,而那些拥有外控制点的人则认为
是外在力量在控制他们的行为。这两种控制形式体现了自由意志与决定论
之间的哲学之争。

　　一个拥有内控制点的人往往把结果归功于自己:"如果我能考入研究生
院,那是因为我自己努力准备了。"那么,以后在类似情况下他会加倍努力
地准备。具有外控制点的人则会将结果归因于环境:"如果我没能考入研究
生院,那是因为我收到了糟糕的建议。"下次,他可能会去找其他顾问咨询。
在第一种情况,个人的行为会促使他进入研究生学习计划,而在第二种情况,
其他人的行为会促成此目标。但无论是哪种情况,期望都会影响思想,而

自
我
、
科
技
与
未
来

思想又会刺激行为,进而影响到环境,这些又随之而来会影响到未来的事件。人、环境和行为之间的三方因果联系再次证明它们一同影响着人格和自我。

约翰·苏勒尔和数字自我　●●●

约翰·苏勒尔(John R. Suler)是网络心理学领域的创始人之一,他花了大量时间研究人们的线上行为。2016 年,他出版了《数字时代的心理学》(*Psychology of the Digital Age*)一书,概述了各种类型的"线上"自我。在本节,我们将对他提出的一些线上自我进行综述。线上自我指的是人们在网络上思考、感受和行为的不同方式。有时候,我们的线下自我和线上自我是一样的,但在很多情况下又不一样。想一下,你在现实生活中对人的反应方式与在网上一样吗?为什么一样或为什么不一样呢?

苏勒尔所提出的线上自我中的第一种类型是由我们在线体验中的所有"事物"或元素构成的分子自我。如果我们把你所有的短信、自拍、脸书(Facebook)和推特(Twitter)上的帖子等都放在一起,将其视作一个群体,就变成了由分子组成的数字形态的"你"。这一点与生物学十分相似,你身体里包含的物质分子构成了物质自我,而你在网上创造的所有数字"分子"则构成了你的线上自我。

我们也可以把分子自我视作一种自我结构体,即一种复杂的由记忆、思想和情感构成的集合,共同定义了你是谁。

19 世纪晚期,心理学领域兴起了一场称之为结构主义的运动,也提倡同样的观点。结构主义者对他们认为是精神"原子"和"分子"的东西进行编目充满信任。这些都是基本的感知体验,如红色,或像思想、记忆和情感之类的更复杂的实体。然而,这一观点的一个挑战性问题是如何明确地将这些不同的部分组合在一起从而创建一个统一的自我。数字化的结构性自我是由我们在网络上的表现要素以及它们如何与我们内在精神状态之间的关联方式组成的。

可以从苏勒尔提出的第二个线上自我——"卓越的我"——中找到这

一难题的答案。该观点提到，有一种力量、有利条件或组织能量能产生并统一不同的分子自我，而这种力量将数字体验中截然不同的部分绑定在一起——这个整体不仅仅是各部分的总和或聚集，同时也阐明了各个部分是如何相互关联的。这里也有一个历史先例。格式塔心理学家也认为精神上的整体远不止各部分的总和。例如，想象一条直线上的三个点，前两个点是紧挨着的红点，而第三个是蓝点。你是如何观察它们的呢？答案是，你的视觉系统会根据距离和相似性将两个红点组合在一起，视为一个整体，并把它们与蓝点分出。同样地，也可能存在一种数字格式塔心理学，将相似的内容组合在一起。例如，可能会根据相似性将你发布的关于你最要好的朋友的帖子分组在一起。

共情自我是有自我意识的自我的一部分，这个自我等同于主观意识，它把心智内容（如思想或情感等）作为其客体。心理动力学称其为观察自我，与威廉·詹姆斯的"纯粹自我"一致。当我们使用一种工具让我们意识到网络上的内容时，这种自我就会出现在网络空间。这些内容可以是网络空间中的其他人，身份是该空间的参与者。在线内容可以是网页、照片和文本。当我们在网上看到一则关于我们所居住的城市发生恐怖袭击的新闻时，我们可能会更了解这些内容，也会更了解我们自己。

具有意愿与行动的自我是自我的一部分，它发起在线行为，并为我们在网络空间所做的事情提供了意图、方向和意义。因此，它是自我的激励部分，这与马斯洛提出的激励自我大致相符，只是在这种情形下我们才讨论是什么激励了在线行为。举例来说，自我实现力量可能会激励我们在网上发布艺术作品，这样我们就可以收到反馈并与他人分享。

接下来，就是"我即我们"这种线上自我，可以将其视作我们的数字社会自我，即我们在生活中扮演的不同社会角色，如孩子、父母、学生、工人、邻居、朋友或爱人等，这可以说相当于西塞罗（Cicero）笔下的社会角色。然而，在这种情况下，线上自我的每一种伪装形式都呈现在我们的网络行为之中。例如，当我们与最好的朋友劳伦（Lauren）来来回回发短信时，我们扮演着朋友这一数字社会角色；在给我们的母亲发电子邮件时，我们则扮演着儿子或女儿的数字角色。这里，所有这些自我的整合是需要考虑的至关重要的问题。对某些人来说，这些自我可能仍处于分离或者分裂的状态，这可能不利于我们达到最佳的心理健康，那么治疗要达成的目标就是尝试用核心自我或超越自我将它们整合在一起。

上过网的人都知道，人性既有积极的一面，也有消极的一面。积极的数字自我在网上会向慈善机构捐款，或在聊天室里回应帮助他人；消极的数字自我则会在网上攻击人们的政治观点，认为他们愚蠢至极。网络喷子就是消极数字自我的绝佳例子。这些人通过在互联网上挑起争吵或让别人心烦意乱来挑拨离间、制造不和，利用博客或新闻组等在线社区发布煽动性的、无关的或离题的信息来引起人们情绪上的骚动或扰乱讨论，通常是为了自娱自乐。我们应该记住的是，每个人的性格中都或多或少地包含一些积极和消极的成分，而且有时也会在网络空间中表现出来。

另一个重要的区别体现在网络中的真实自我与虚幻自我之间。网络中的真实自我是指我们通常如何与他人在社会或商业环境中互动，比如我们发送一封电子邮件给工作中的同事，而我们的虚幻自我是通过在《魔兽世界》（*World of Warcraft*）之类的在线角色扮演游戏中扮演兽人（Orc）或参与关于《星球大战》（*Star Wars*）科幻电影的博客来表达的。在日常生活中，我们通常不会向他人表达这些欲望，但它们可以成为我们性格中强大的一面，并可以在网络空间中表达出来。

最后，我们将视角转向受控自我和失控自我。一般情况下，我们会调节自己的行为。在弗洛伊德学说的心理动力学理论中，这种自我调节应变量就是自我，它是理性的，平衡着本我和超我的需求。如果我们完全屈服于自身的基本情感欲望，那么我们的行为就是在失控。有时，青少年会贴出自己不合时宜的裸照或参加派对时的照片，因为当时他们认为那很有趣或者很酷，但后来他们就会后悔。即使是所谓成熟的成年人也会这样做。典型的例子就是政客安东尼·维纳（Anthony Wiener）的事件：他与一名

15 岁的高中女生在网上发生了性关系，他竟在长达数月的时间里给她发送他的裸照，并强迫她进行"强奸幻想"。我们要记住的是，几乎所有我们在网上做的事情，包括我们的搜索历史，都被无限期地记录并保存在"云"上的计算机服务器中。

关于各种自我心理学理论的评价 ● ● ●

目前已对有关自我的众多不同理论进行了探讨，这些理论虽然思想各异但也有相通之处。大多数理论都假设一个个体中存在多种类型的自我，而且这些自我可以有多种形式，可以是一个人自我的内在表现——通常被假定为自我，也可以代表其他人、代表我们自身的"动物性"本质、代表我们的良知或道德感，或者代表我们自身内在的不同特质。一些理论阐明了这些自我之间是如何相互作用的——在某些情况下，这些自我要么为了占据统治地位而竞争，要么相互合作，提高并实现自我。

贯穿这些理论的另一个共同主题是人或环境对自我的影响。若是人的影响比较大，那么自我就会更注重思想或认知；若是环境的影响比较大，那自我则就会更注重社会因素以及他人的思想和行为。现代主义者主张前者，而后现代主义者则倡导后者。社会认知论将这两方面结合起来，并阐明个人和社会因素是如何共同影响行为的，而行为又反过来影响着环境。后续章节将会以不同的形式重现这其中的许多自我。

3 自我障碍

当自我出现问题时，我们就会了解一些关于自我的东西，就像心理障碍一样。在本节中，我们将描述自我障碍，即那些影响我们对自己是谁和我们做什么认识上的障碍。每一种障碍都会影响我们的身份和记忆。

分离性障碍 ●●●

分离性障碍的特征是意识、记忆和身份的一个或多个综合功能出现了中断，通常是由创伤或压力事件引起的。这些破坏可能非常短暂，也可能持续时间很长，它们的出现可能是迅速的，也可能是渐进的。它们会导致以下症状：

身份混淆：对自己的身份不确定

身份变更：采用新身份

现实感丧失：熟悉的物体发生了变化或看起来"不真实"的感觉

人格解体：一种好似从外部观察自己的体验

失忆症：失去记忆

分离性障碍主要有四种类型：分离性失忆症、分离性神游症、人格解体障碍和分离性身份障碍。

分离性失忆症

分离性失忆症的特征是忘记重要的个人信息，通常涉及创伤性或压力极大的事件。患有这种病的人可能会经历记忆中的"空白"，也就是他们失去的那段时期。例如，一个上过战场的士兵可能无法回忆起战斗中的某些方面，有些人以后可能会想起这些缺失的信息，而有些人则永远不会。分离性失忆症通常是忘记特定的事件或时间。虽然完全丧失身份和生活史是可能的，但这种情况很少发生。这种障碍与童年创伤有关，尤其是情感虐待和忽视。患有这种病的人往往都不会意识到自己记忆力的丧失。

分离性神游症

分离性神游症是指无法记住自己过去的一些甚至全部历史，同时会突然意想不到地从工作场所或家里消失。这段时期有可能会持续长达几个月。在这种状态下，个体的行为完全正常，没有任何异常的迹象。他们也不会为自己创造新的身份，这一点极其罕见，至少在美国是这样的。

人格解体障碍

人格解体障碍包括两种状态的持续复发。第一种状态是人格解体，即一种不真实或从一个人的思想、自我或身体中分离出来的体验。患者仿佛置身于自己的身体之外，从第三人称的角度审视发生在自己身上的事；第二种状态是现实感丧失，即一种不真实或脱离自身环境的体验。患者会觉得自己周围的人和事都是不真实的，会意识到现实并明白自身的经历非同寻常。此外，即使他们可能缺乏情感，他们仍是相当痛苦的。这些症状一般在儿童早期开始出现，平均在 16 岁左右。

分离性身份障碍

分离性身份障碍（DID）以前被称为多重人格障碍（MPD），它与童年时期发生的颠覆性的经历、创伤性事件和（或）虐待有关。其症状包括：存在两种或两种以上不同的身份或人格状态，每种身份都伴随着行为、记忆和思想的改变；对某些事件和个人信息的记忆会出现持续空白。这些症状给患者正常运转的工作或社交等日常生活的方方面面带来了困扰及各种问题。这些患者往往会产生自杀和伤害自己的倾向，发生的比例超过70%。

分离性身份障碍患者对衣物、食物以及各种活动的态度和个人偏好可能会不由自主地突然发生改变，这些改变通常是违背个人意愿的，且令人感到痛苦。人格解体有多种状态：有些人说感觉自己像个小孩，变成了异性，或者是个大块头、肌肉发达的人。交替出现的自我有时被称为"分身"（alters），每种改变都可以通过独特的自我形象、个人历史和身份来体验，包括单独的名字、独特的行为举止和特定的说话方式。一些"分身"意识到其他"分身"的存在，并可以分享他们的记忆，而有些"分身"则与其他的完全隔绝。据称，患有分离性身份障碍的人可能有多达100种改变，尽管通常报道的只有10种或更少。压力往往会激发从一个"分身"到另一个"分身"的转变。

分离性身份障碍一般是由童年创伤造成的，尤其是身体和精神上的虐待。据那些曾遭受虐待的儿童所说，他们的精神离开了身体，以至于要忍受痛苦。换句话说，作为一种防御机制，他们分离或分裂成另一个"分身"。持续的虐待可能会导致出现拥有独特过往的多重"分身"，而这些历史经历都是由每个"分身"在离散的时间段中记忆或发展形成的。同时，研究发现受过严重创伤的儿童有一种分裂的倾向或在对负面刺激的反应中变得兴奋。

尽管如此，对DID的诊断还是颇具争议的，因为研究该课题的方法论仍差强人意。有人认为，分离性身份障碍要归因于治疗师，尤其是那些使用催眠术的治疗师。心理健康专业人士对于如何诊断或治疗该疾病也没有明确的共识，甚至对分离概念还没有实验上能够支持的定义。由于伴随疾病（其他疾病的流行）的高发率，导致对该疾病的诊断很困难。

自恋型人格障碍 ●●●

自恋型人格障碍（NPD）与分离性人格障碍是两种不同的疾病，因为它不涉及神游、分离或交替人格。自恋型人格障碍患者的表现有：夸大的自我重要感、对赞美过度需求、缺失与他人共情的能力。这种疾病的患者会花很多时间思考自己的外表、权力和成功，通常在自己的生活中会利用他人为自己谋取私利，并拥有一种权利意识，希望得到别人的特殊对待和服从，他们一般都傲慢自大。这种疾病开始于成年早期。

自恋型人格障碍的病因并不是广为人知的，一般是遗传性的：若有一名家庭成员确诊，那后代患此疾病的概率就会增加。目前尚不清楚是哪些基因造成的，但是环境对该疾病也有影响。对父母或监护人的依恋未被满足可能会导致这种疾病，孩子会觉得自己不重要，与他人隔离。父母在管教孩子时若是过度溺爱或放纵，又或者是麻木不仁、控制欲强的话，也会导致孩子患此病。

与人们普遍认为的相反，大多数具有攻击性的人并不会自我感觉不好，他们反而会把对他人表现出侵略性作为一种提升自我形象的方式。研究表明，攻击者实际上非常看重自己和自己的能力。换句话说，他们有很强的自尊心。这可能是因为这些人认为对他们积极自我形象的威胁会导致自尊心的下降，因此他们通过积极的行动来抵御这种衰退以及随之而来的羞耻或抑郁。

数字自我障碍 ● ● ●
身份损害

现代的数字生活可以在很多方面损害我们的身份，技术的使用会对自身产生负面影响，从而引发心理问题。苏勒尔探索了网络技术可能会损害我们身份的三种方式。相对于我们已经列出的既定障碍，这些可能被认为是新的自我障碍。我们将这些尚未被认同的问题中的第一个称之为"共生的我"。在生态系统中，共生是一种相互依赖的关系，就像花和蜜蜂一样。现在，有很多人对与他人或数字内容持续交流都存在着依赖感，这一点可以从那些几乎每时每刻都盯着手机的人当中窥见一斑，他们甚至连上下楼梯都不抬眼。振动幻觉现象也能体现这一点，置身于此现象的人们觉得手机在振动，但实际上手机并没有。还有很多人觉得没有智能手机就感觉缺少了点什么，即使是只分开一小会儿，他们也会产生所谓的分离焦虑。更具体地说，共生自我的定义是需要获得他人认可的，比如在脸书上点赞或在推特上转发。特克尔（Turkle）认为，很多人现在已经失去了身份形成和成长过程中所必需的独处能力和在独处中反思的能力。

苏勒尔将技术引发的第二种潜在自我障碍称之为"肤浅的我"，这代表着一种缺乏情感深度的网络关系趋势。特克尔将这种现象称为"金发女孩效应"（Goldilocks Effect）[1]，即人们以多任务处理的方式同时应对线上和线下的人际关系，这样既可以与他人保持距离，也不会与他人疏远。这种现象的特点是能够在面对面和在线对话之间以及多种关系之间来回切换，从而避免真正的亲密关系，也可能是出于无聊和作为一种避免冲突的手段。这种现象的当事人既想要一个欣赏他们的观众，又害怕更深层次的社会依附。

最后一种是"幻灭的我"。想象一下，你在社交网站上发布一张最近度假的照片，一天后再来查看，却发现没有人点赞或评论。你会有什么感觉？许多人在这种情况下会感到焦虑或抑郁，我们称之为黑洞体验。当看到自己的朋友和家人比我们自己得到更多的认可时，我们当中有很多人会觉得自尊心严重受损，并且会孤注一掷地试图在网上塑造和展示自己的身份，以便接下来会获得认可。

所有的心理障碍都存在一定程度的个体差异，也就是说有些人可能会更易受这些疾病的困扰。一个拥有健康自尊且在现实世界中与他人有着重要联系的人，即使在社交媒体上不受欢迎，他或她也不会感到沮丧，而有些人可能比其他人更需要情感上的支持，更渴望得到认同，前面提及的拥

---

1 金发女孩效应源自英国作家罗伯特·骚塞（Robert Southey）于 1837 年创作的 3 岁儿童睡前故事——《金发女孩和三只熊》（*Goldilocks and the Three Bears*）。金发姑娘在熊房子里尝了三碗粥，试了三把椅子，躺了三张床，最后选择了最合适的一碗粥、一把小椅子和一张床。这些东西是最适合她的，不冷不热、不硬不软、不大不小，这种选择事物的原则叫作"金发姑娘原则"。凡事都应有度，量力而行，不超越极限，按照这一原则行事产生的效应就是"金发女孩"效应。——译者注

有自恋性格特质的人往往会这样。请参阅第七章关于宫殿中的障碍那一部分，了解一些传统的人格障碍是如何进入虚拟世界的。

互联网成瘾障碍

互联网成瘾障碍（IAD）也被称作强迫性网络使用（CIU），是指干扰日常生活或造成伤害甚至死亡的网络使用。有多起死亡事件都是因为过度使用互联网和沉迷电子游戏而造成的。按照游戏、社交网络、博客、电子邮件、色情或购物，我们将划分为不同的子类型。互联网成瘾障碍的特点有：情绪多变、依赖互联网来达到预期的情绪、无法控制上网时间以及不顾消极后果继续沉迷互联网。

互联网成瘾的部分原因是按照变比率强化的方式运作的奖励机制，也就是说奖励是不可预测的、可变的，因此会驱使用户强烈地想要继续自己的行为，以获得下一次奖励。奖励主要包括以下子类型：色情的性刺激、游戏的社会奖励、约会网站的浪漫幻想、在线扑克或赌博的经济收益，以及聊天室的归属感。表 8 列出了导致互联网成瘾症的数个因素。

表 8　互联网成瘾障碍（IAD）的相关影响因素

因素	含义描述
内容因素	互联网上的内容（音乐、视频、游戏）本质上是令人愉悦的
过程和可获取（可用性）因素	为用户提供体验幻想或扮演角色的机会是非常有吸引力的（例如：以相对轻松、无拘无束且匿名的方式进行性幻想）
强化/奖励因素	互联网的运作建立在变比率的强化方式之上，用户在获得奖励时既有不可预测的频率（如收到脸书的"点赞"）也有不可预测的强度（如谷歌搜索的匹配结果）
社交因素	互联网既是社交联系，也是社交孤立。在高度受限的社交网络媒体中，它提供了适度的社交联系。因此，用户可以调整他们的社交互动程度，以最大限度地提高舒适度和调解联系
数字一代因素	数字一代用户是在这种技术环境下成长起来的人

来源：格林菲尔德（Greenfield，2011）

幸运的是，目前有很多成功治疗的案例，其中认知行为疗法（CBT）尤其有效。互联网成瘾障碍的流行率在不同国家之间差异很大，并且与生活质量呈负相关。据 2007 年的一项估计，在 13 ~ 17 岁的中国公民中，有17% 的人患有该疾病，而在欧洲和美国估计结果较低。

脑与互联网成瘾障碍

额叶和其他相关区域构成了所谓的执行系统，脑的这些部分负责选择性地关注事件、抑制反应、规划和解决问题。眼窝前额皮质和腹内侧前额叶皮层都是该系统的一部分，它们传递奖励信息并能够在面对变化的事件时做出灵活的反应。在线社交互动需要执行功能。

额叶系统无法抑制或控制行为是产生互联网成瘾障碍和互联网游戏障碍的关键因素。患有这些疾病的个体的额叶区皮质厚度减少，自我控制水平较低的个体更有可能沉迷于脸书网站。此外，高水平的自我控制与健康的互联网使用密切相关。

另一组与成瘾有关的脑结构是显著性网络，它包括前岛叶和背侧前扣带皮层以及其他区域，在对显著的感官事件、任务启动和转换以及从内观心理活动到任务执行的过渡做出反应时会被激活，并负责每时每刻识别最重要或最相关的刺激。

如果突显系统出现功能障碍，人们会很难确定什么是重要的，或者无法将注意力从无关紧要的事情上转移开，这两者都是互联网成瘾者和游戏成瘾者的特征，导致他们无法将眼睛从屏幕上移开。袁凯等人对确诊为互联网成瘾症的人群进行了研究，发现他们脑中的执行网络与突显网络之间存在着异常连接。在这些参与者中，像提醒做作业这样的重要刺激要么是未被注意到，要么是注意到但没有传递给执行系统来影响行为。实际上，他们脑中那些确定何为重要的部分和决定对它采取行动的部分已经出现了脱节。

网瘾患者通常缺乏自制力，因为他们的背外侧前额叶皮层（dlPFC）、眶额叶皮层（OFC）、前扣带皮层（ACC）和补充运动区（SMA）的体积都较小，而这些都是与自制力有关的支撑区域。其他调节这种技能并与互联网成瘾有关的相关结构有背内侧前额叶皮层（dmPFC）、腹内侧前额叶皮层（vmPFC）、伏隔核（NC）和腹侧被盖区（VTA）。

但这是真的吗？

目前存在着关于互联网成瘾障碍是否合理的辩论，一些研究人员甚至怀疑它的存在，还有一些人认为它是其他疾病的症状。许多"网瘾患者"可以被归类为其他诊断类别，如抑郁、焦虑或冲动控制受损。然而，我们尚不清楚互联网成瘾障碍是这些疾病的原因还是结果。对其中一些人来说，使用互联网可能是一种自我治疗或逃避的方式。无论互联网成瘾障碍是否真实存在，考虑到其在增加沉浸感和满足感方面的潜力，它导致潜在的虚拟现实成瘾症（VRAD）的可能性要大得多。

美国心理学会（APA）第 46 分会媒介心理与技术学会怀疑与游戏相关的疾病是否真的存在。他们写了一份声明，反对世界卫生组织将这些疾病纳入国际疾病分类（ICD-11）。他们给出的理由是，目前对这一主题的研究还不足，这一举措可能是道德恐慌的结果，是一种对新技术潜在危险性的不合理社会担忧。

APA 的提案审查了互联网成瘾障碍和类似假定疾病的文献，并得出结论：目前还有很多悬而未决的问题，包括如何定义互联网成瘾障碍才最合适，其症状是什么，以及它可能会有多普遍。一项研究发现，视频游戏成瘾（VGA）测试中得分较高的参与者并没有展现出显著的身体和精神方面问题的并发症。其他研究发现，与 VGA 相关的问题可能会随时间的推移而消散。因此，IAD 和 VGA 是否属于合理的心理障碍仍有待定论。

自我障碍评价 ●●●

分离性障碍可能会导致患者分裂成多个独立的自我，这一疾病可能是由于童年创伤引起的。现有的解释是，分裂成多个分身主要是为了逃避痛苦。然而，我们应该对这些结论持保留态度，尤其是针对可能由于误诊或治疗性诱导产生的分离性身份障碍。如果这些障碍真的存在，那这就为多重自我假说提供了进一步的有力支撑。多重自我假说认为，我们所有人，甚至那些心理健康的人，都有自己的另一面，只不过那些有分离性身份障碍的人拥有的自我脆弱，无法协调或调节交替的自我。如果是这样的话，这就表明拥有多个自我是正常的，甚至是适应性的，我们可以调用不同的分身来处理不同的生活状况。例如，我们可以在面试时召唤外向的自我，而在家独自学习时可以召唤内向的自我。这种针对不同社会角色出现的交替自我的概念符合社会学思想和关于人格的历史观念。

自恋型人格障碍似乎是一种由过度溺爱或疏离的父母引起的对自我的痴迷。然而，这种疾病的病因和诊断是初步的。如果分离性身份障碍的特点是一个软弱的自我，那么自恋型人格障碍的特点似乎就是一个表面过于强大（但内心脆弱）的自我。可能是自恋型人格障碍患者在发育过程中无法形成交替自我，尤其是那些可能代表与他们相近的人的自我。自恋型人格障碍患者无法创造社会自我，从而缺乏同理心，因为他们无法站在别人的角度看世界。

第四章

自我与脑科学

在微观层面上，可以说，我们意识到的每一条思想内容都对应一个自我。但这样的话，自我的数量无疑会不成比例地增加。相反，我们必须从这个层面出发，将对应于思想内容类型或心理过程类型的自我聚集起来。同时，我们可以从宏观层面切入，研究与高阶类别或现象相对应的自我。这些研究路线会适时在中途交汇，并相互印证。

本章我们将探讨自我如何在人脑中存在的问题。首先，我们针对自我专用脑系统是否存在的问题做了一番文献综述。后面将会看到，脑中自我的表现方面众多，自我相关的加工方式也多种多样。本章其余部分主要讨论自我模型。多数情况下，基于对多项研究的元分析或实验（临床）数据，才能建立自我模型。因此，自我模型纵观"全局"，十分通用。最后，我们对该研究领域存在的一些问题进行了总结。本章的读者对象需要对脑解剖学和生理学有一定的了解。

1　自我的神经科学研究

克雷克（Craik）等人首次使用脑成像技术研究自我的神经基础。从那时起，从事这项研究工作的人员迅猛增多，继而几年之后就看到了有关数据元分析的综述工作。我们将在此列出一些关于特定主题的调查研究，权作概述。一些研究人员一直致力于尝试探寻脑中的"自我"。目前已经辨识的功能独立子系统至少有六种。有些研究人员则专注于自我反思的脑皮层机制。其他热门领域包括自我认知的神经基础、自我参照思维、自我概念、自我 / 他人差异、特质自我认知，以及自我调节。在本章，我们不打算详尽地综述所有这些工作，只为想进一步从事这个方向研究工作的人员提供参考。

2　脑有专门关乎自我的系统吗？

为评估脑中自我专用系统是否存在，吉利汉（Gillihan）和法拉赫（Farah）评述了若干领域的大量文献。专用系统与其他涉及更具通用目的的认知过程的系统截然不同。比如，语言和人脸识别都是专用系统。专用系统符合四条标准。第一条标准属于解剖学意义上的，侧重于系统是否涉及不同的脑区域。第二条标准是功能的独特性，强调某一系统处理的信息与其他部分的区别。第三条标准是功能的独立性，关注某一系统的运行对其他系统是否依赖。双重分离是判定功能独立性的依据，即 A 不依赖于 B，B 也不依赖于 A。最后一条标准涉及物种特异性，主要阐明某种能力只存在于一个物种还是多个物种。

目前已经提议了若干涉及自我相关加工的位置。按照推测，人脸识别、自传体认知、个人信仰、主动目标状态和自我概念在左脑进行；自传体记忆、自我面部辨识和心智理论在右额叶皮层进行；生理自我和精神自我的表征出现在右侧顶叶皮层；"自我模型"出现在两个脑半球的内侧前额叶皮层，此皮层具有连续性和统一性、主体性经验和身体中心视角等特征。

与克莱因（Klein）不同，吉利汉和法拉赫认为，欠缺关于自我的清晰定义实际上可能是件好事。他们表示，现有的研究文献已经阐明了这些术语，在将来的工作过程中可能会出现更好的定义。在这篇综述中，他们重点讨论了自我的两个方面，每个方面都有不同的分支：其一是生理自我，包括人脸识别、身体识别和主体性；其二是心理自我，包括性格特质、自传体记忆和第一人称视角。接下来，我们将对这些领域的研究工作逐一概述，看看它们是否能为自我专用神经系统的概念形成提供支撑。

生理自我 ●●●○

人脸识别

盖洛普（Gallup）通过几项经典研究来操作动物的自我意识。无论受试者是否有意识，它们的脸部都做上标记。例如在额头上涂点口红，然后让受试者在镜子中观察自己（图14）。如果受试者触摸自己的脸，就表明它有自我意识。人类、黑猩猩和红毛猩猩（不包括猴子），都能通过这项测试。在18～24个月大时，人类的这种能力首次开始显现。这证明了物种特异性标准的存在。然而，除了受试者缺乏自我概念之外，可能还会由于许多原因而导致测试失败。例如，测试需要受试者理解真实空间与反射空间之间的关系。

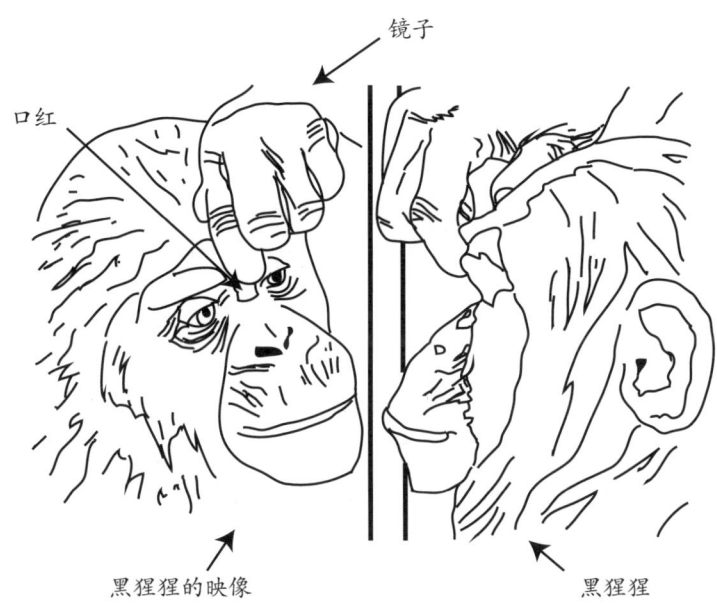

图14　在镜子测试中，黑猩猩会触摸自己的前额，这是否意味着它有自我意识呢？

斯佩里（Sperry）和扎伊德尔（Zaidel）将自我和他人的面部图像呈现给裂脑患者的脑半球，发现当在右脑呈现患者自己的面部图像时，皮肤的电导值最大，这表明右脑与随附的情绪中心可能主要负责处理我们自己的面部图像。基南（Keenan）等人将自我、熟人和陌生人的直立和倒置的面孔图像分别呈现给受试者，发现当受试者用左手反应时，他们对自我面孔的反应时间最快，这与通常所讲的左手由右脑控制的结论是一致的。目前，至少还有两项研究也发现左手对自我面孔的反应迅速。然而，其他使用PET和fMRI的研究工作揭示，面对自我面孔，两个脑半球都处于激活状态。其研究的区域包括左前脑岛、壳核、丘脑枕，也包括在一则实验中研究的右前扣带和苍白球，以及另一则实验中的右边缘系统、颞中回和左前额叶皮层、小脑、顶叶和舌回。这项研究的结果是，我们不能断定脑的任何一个半球或脑中部分区域会选择性地对自我面孔做出反应，而唯一能确定的是两个脑半球都参与其中。

身体识别

我们对自己的身体和身体动作的内部表征，是否与对他人的表征不同呢？脑紊乱现象可以为我们指点迷津。就自体部位失认症而言，患者不仅失去了对自己身体各部分空间位置和相对关系的认知，对其他人身体的空间布局也存在认知障碍。无论是对自己、实验者、人体模型还是图片，他们都不能在指令下指出指定的身体部位。所以，这种脑紊乱不能表明自我身体表征专用系统的存在。

不过，另一种叫作身体失认的障碍确实在自我和他人之间厘清了界限。这些患者脑部受损导致某只手臂瘫痪，但他们并不承认这只手臂属于自己，却说自己瘫痪的手臂属于朋友、家人或者探询的临床医生！因此，身体失认确实具有选择性。在这些病例中，受损的区域，尤其是右上回和邻近的白质，似乎能对自己的手臂持有意识。

里德（Reed）和法拉赫（Farah）让正常的受试者从某一位置观看一个模型，并让他们试着在短时间内记住它，然后再次观看该模型，确定模型的任一部位是否发生移动。当受试者在这期间移动自己的手臂时，他们可以更准确地判断模型的手臂是否移动过。同样，当他们在这期间移动自己的腿部时，他们在判断模型腿部的变化上也更准确。这个实验结果表明，身体表征系统并不仅仅专属于自己的身体，它也表达其他身体，这与仅限于表达自我的专用系统正好相反。

主体性

主体性能识别行动之因，既要感知到自己的身体，又要意识到自己的身体是行动之因，也就是人们所说的"所有权"和"作者身份"。例如，如果你移动右臂去抓一只咖啡杯，通常你会意识到这个手臂是自己的，同时也会认识到是你来决定执行这个动作的。在某些情况下，精神分裂症引起的障碍会对他人行为产生过度主体性。例如，一些精神分裂症患者认为陌生人正在控制他们的思想或行动。斯宾塞（Spence）等人在一个精神分裂症病例中发现，精神分裂症患者的陌生人控制幻觉与右顶叶皮层过度激活有关。

鲁比（Ruby）和戴西迪（Decety）指导接受 PET 扫描的受试者去想象自我或实验者正在做的动作，比如剥香蕉皮或钉纸等。在想象自我行为的条件下，受试者双侧枕下回、中央后回、后岛和左下顶叶处于激活状态。在想象实验者行为的条件下，额极回、下顶叶皮层、右前耳和左后扣带皮层都处于激活状态。这些结果表明，自我行为与想象行为的神经机制各自独立。

法雷尔（Farrer）和弗里思（Frith）对受试者进行了脑部扫描，第一种情形他们使用操纵杆来控制屏幕上光标的运动，而第二种情形是在实验者的控制下使用不连接的操纵杆来观察光标的移动。第一种情况会涉及主体性，而第二种情况则不会。他们发现双侧岛叶在主体情形下会活动，而左侧前运动皮层、右侧顶叶下皮层和双侧顶叶在非主体条件下会活动。在一项使用不同行为的相关研究中，麦圭尔（McGuire）、西尔贝斯韦格（Silbersweig）和弗里思将朗读时听到自己的声音与朗读时听到变换的声音或实验者的声音进行了对比。在声音失配的条件下，右侧颞叶外侧皮层的激活程度更高。结果表明，在解剖特异性方面，主体具有特殊性。

那么，是否有一个专用系统对应于生理自我呢？结果是形形色色的。综上所述，这项研究并不能支撑可涵盖人脸识别、身体布局、所有权和主体性的单一生理自我系统的概念。人脸识别似乎涉及两个脑半球。就行为而言，该系统可明确表征自己和他人的身体布局。然而，对于部分所有权和主体性来说，似乎确实有专用神经系统。

数字形式的生理自我 ● ● ●

无论是视觉上、身体上，还是自发的行动，人工智能体肯定需要在多种模态中识别自身。如果你不知道你的腿在哪儿，你就很难在世界上四处走动。因此，机器人都配备了传感器，用于告诉机器人四肢和其他身体部位的空间位置，这模仿了人类和其他动物中迄今发现的本体感觉和前庭感觉。

当我们投身于虚拟人物中时，身体识别的问题也会产生影响。在扮演这些角色的过程中，我们将自己投射到角色的身体之中，观察它所看到的东西并控制它的动作。这种情况下，我们暂时可能会失去对自己身体的感觉，而实际上沉浸在一个新的虚拟人体中。这种情况更可能发生在第一人称视角而不是第三人称视角情形中，因为前者更接近我们体验世界的方式。当然，这更有可能发生在虚拟现实游戏中，因为这类游戏的视觉环境会对我们的头部运动做出反应。我们将在第七章更全面地讨论人体里存在虚拟人物是什么样子。

心理自我 ● ● ●

特质

我们现在重点讨论心理自我的各个方面，包括特质、自传体记忆和第一人称视角。米勒（Miller）发现，对于右脑疾病患者来说，政治和宗教态度等正常情况下稳定的特质变化性很大。他们指出，持久人格特质的保持由右额颞叶区域来调控。自我参照效应（SRE）是表达与自我相关信息的有益效应。SRE 支持自我认知依赖于独特记忆系统的观点，已被众多研究者所采纳。例如，普拉特克（Platek）、迈尔斯（Myers）、克利顿（Critton）和盖洛普（Gallup）要求受试者用其中一只手表示一个特质词能否用来描述自己或他们认识的人，或两者皆非。他们的左手表现突出，表明左手是由右脑控制。克雷克（Craik）用 PET 研究个体判断一个表达特质的形容词是描述自己还是名人，这个词是褒义还是贬义，或者有多少个音节。在自我状态下，右侧前扣带区域更活跃。遗憾的是，这类研究大多缺乏足够的控制条件和对结果的替代解释，所以目前还不清楚这类研究能否证实特殊自我记忆的存在。

自传体记忆

自传体记忆是关于个人事件的记忆，是情景记忆的一个分支，后者是对所有事件的记忆。在这里，事件是指特定地点和特定时间出现的情节。情景记忆和语义记忆（关于事实的记忆）是长期记忆的两种类型。德伦齐（De Renzi）、利奥蒂（Liotti）和尼凯利（Nichelli）报告了一项案例研究的结果，一名女性脑炎患者语义记忆严重受损，但她对个人事件的记忆仍然相当好。这一案例表明语义记忆和情景记忆在神经解剖学意义上是分离的，但这并不意味着个人事件记忆不同于一般意义上的事件记忆。芬克（Fink）等人收集了受试者在聆听描述自己记忆和他人记忆的故事时的脑图像。结果发现，当故事描述的是受试者自己的记忆时，他们的前脑岛、右侧颞叶和右脑的其他区域更活跃。不过，这项研究也存在问题，因为这个结果可能是由于一般情景记忆的提取（这种功能是已知的），而不是一种只针对个人情景信息的特定类型记忆。鉴于这些以及相关研究中的问题，我们还不能得出结论，认为自传式自我专用神经系统是独立存在的。

没有自传体记忆的数字人能否拥有自我意识呢？一个行为主体要想实

现自我，是否必须要有一段关于过去经历的历史记录呢？一方面，拥有这样的记忆可以告诉我们自己是谁。如果我们回忆起自己曾站在恶霸面前，那我们认为自己是勇敢的。如果我们想起照顾患癌的父亲，那我们认为自己富有同情心，是善良的。所以，这种类型的过去告诉我们自己是谁，并帮助行为主体更好地了解自己。然而，另一方面，我们可能会说，决定自我的是我们的行为和我们对世界的反应方式。在这种情况下，重要的不是我们曾经做过什么，而是现在做的是什么。一个拥有特定性格的行为主体，即使它对以前的行为没有记忆，也会按照它的性格行事。它可以根据有关自己行为的评价，时时刻刻形成一种自我意识。自传式描述符合对自我的叙述方式，而基于行动的描述则更符合基于特质的叙述方式。

第一人称视角

第一人称视角是一种以个人身体为中心的记忆，适用于以自我为中心的参照框架内，大致相当于电子游戏中通过自己的眼睛向外看而形成的第一人称观点。第三人称视角是客观的，而不是主观的，是指从自己的身体之外来体验一个事件。还有一种更抽象的第一人称视角叙事内涵，即一个人将故事理解为发生在"我"而不是"他"或"她"身上，后两个不带个人色彩的代词是以第三人称视角叙述故事的方式。沃格利（Vogeley）等人让受试者阅读以第一人称或第三人称视角讲述的故事。在自我状态的测试中，受试者阅读故事，并被问及关于他们自己在故事中的行为、信念和感知等方面的问题。在另一种情况下，故事是关于别人的，受试者被问到类似的问题，但这次是关于别人的。两种情况都有一些共同的脑激活区域，但只有在自我状态下，双侧前扣带皮层和右侧颞顶交界处才呈现激活状态。

古斯纳德（Gusnard）、阿克布达克（Akbudak）、舒尔曼（Shulman）和赖希勒（Raichle）让观众判断图像给他们带来的是愉快的、中立的还是不快的感觉（第一人称视角，用于表达情感），或者图像描述的地点是室内还是室外（第三人称视角，中性色彩）。在第一人称情形下，内侧前额叶区域和额盖／左岛叶都出现了更大的激活现象。早期一项类似研究发现，当受试者的反馈源于自身情绪的反应时，前扣带皮层的激活程度更高。遗憾的是，这些研究都存在方法论上的问题。在沃格利的实验中，每种条件下的测试对象和故事都很少。若使用情绪驱动的图像进行研究，激活可能仅仅取决于图像的情感内容，而本身并不源于任何第一人称视角。

自我专用脑系统研究工作总结 ●●●

　　文献解读表明，与自我的所有方面（无论是生理的还是心理的）相对应的单个全面的脑系统并不存在。事实上，对身体表征而言恰恰相反，它似乎对他人和我们自己的身体布局都有表达。前面几节提到的许多研究工作都存在方法论上的不足，如使用的控制刺激不恰当。在词汇表达上很难将"他人"刺激和"自我"刺激平等对待，因为词语的表达方式变化多端，特别是在熟悉度与情感内容上。所以，对于是否有自我专用神经系统这个问题尚无定论。

　　还有一部分问题在于自我涵盖的方面众多，且每个方面都有不同的潜在神经系统，比如人脸识别或身体表征。对于脑来说，让许多独立的自我系统都能进化可能代价很大。相反，脑可能采取了一种更加高效的处理策略，即给自我相关信息附上一个特殊的代码或标签，或者给予它更大的关注或优先权。这些措施可以更容易地跨系统实现，并且不必构建独立的处理机制。然而，如下文所讲，研究人员已经建立了许多模型来阐明如何在脑中实现自我系统，但并不是所有这些都存在吉利汉和法拉赫综述工作中所描述的问题，大多数都有许多证据确凿的实验结果作为支撑。下面我们就来谈谈这些。

3 一个还是多个神经自我?

丹尼尔·丹尼特的多重草稿模型 ●●●

丹尼特在其《意识的解释》(*Consciousness Explained*)一书中对一种关于意识本质的理论做了概述,一开始他就驳斥了关于意识的经典观点。笛卡尔推崇的经典观点认为,脑中存在这样一个单独区域,使所有信息都在这里汇集。这个区域是意识或自我的所谓中心,在这里我们连贯统一地体验外部世界或我们思想的内在。丹尼特把这个中心称为"笛卡尔剧场",这就好比我们的意识是来自投影仪在电影屏幕上显示的信息。坐在剧场里观看屏幕的个人就会对播放的内容产生单一的意识体验。虽然这是一种关于意识的理论,但我们也可以将这里的论据应用到自我的概念上。我们主观地体验单个统一的自我,而脑只有一个地方显示信息,且能够被我们的"自我"在那里体验到,这似乎是合乎逻辑的。图 15 是"笛卡尔剧场"模型的示意图。

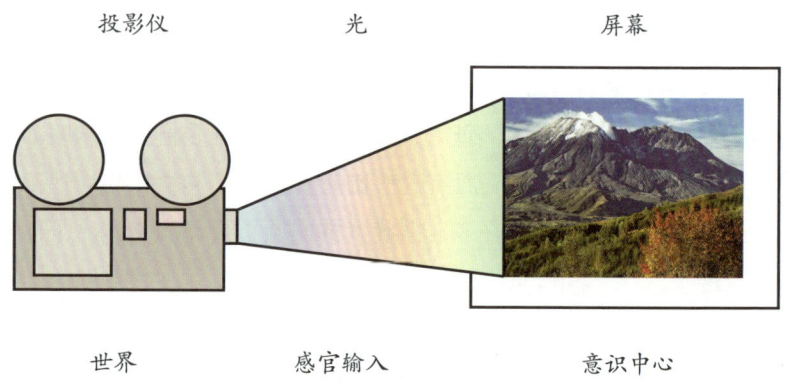

图 15　意识的"笛卡尔剧场"模型

来源:弗里登贝格(Friedenberg)和西尔弗曼(Silverman)

　　然而，意识的"笛卡尔剧场"模型也存在一些问题。首先，相互关联的信息模式不会同时进入脑。源于同一事件的光信息因其传播速度更快，会先于声音信息到达。例如，烟花爆炸的景象在爆炸响起之前就已经浮现在脑海中，但我们却同时体验到了两者，这表明我们的意识的建构性——直到声音到达，视觉体验的控制或延迟才会结束，这时二者被整合到关于烟花的统一感知中。这个例子和其他例子表明，有意识的自我体验并不是实时出现的，而是（大多数情况下）事件发生几分之一秒左右的时间之后才出现。我们对意识瞬时而直接的体验似乎是一种幻觉。

　　意识的"笛卡尔剧场"模型的另一个问题是，从解剖学的角度来看，很难找到一个连接感官输入和运动输出的脑区域。脑并没有像计算机那样的中央处理单元（CPU）。计算机 CPU 的任务是安排和协调正在进行的任务。如果计算机存在"自我"，那么"自我"就可能处在 CPU 所在的位置。然而，脑中的处理具有"大规模并行性"，大部分任务被分解成多个子任务同时进行计算，其中一些子任务会在其他子任务之前完成或获得一种解决方案。目前还不完全清楚不同信息流中的信息是如何协调的，有种可能是神经同步，稍后会讨论到这个要点。

　　"笛卡尔剧场"这种类比要求观众中有一名观察者观看屏幕，这名观察者是体验屏幕内容的主观自我，但这个人的头脑中是如何诠释图像并有意识体验的呢？为了解释这一点，我们需要在这个人的头脑中假定另一个机制或剧场，这就涉及另一个更小的人，以此类推，永无止境。在心理学和哲学上，这被称为**侏儒**问题，意思是"小矮人"。一个有效的意识理论必须避免侏儒相互嵌套的逻辑难题。

　　丹尼特通过一种关于意识的多重草稿模型避免了这一难题（图 16）。在该模型中，心理活动并行发生。正在涌现的不同信息流在不同时刻接受处理，而不是投射到一个单一位置一起处理。每一种信息流都对应着不同的感官输入或思想。可以对信息流进行处理或编辑，但这会改变信息流的内容，其中编辑包括对信息的删减、添加和更改。在编辑前后，我们才能意识到信息流的内容。为了说明这一点，举一下我们提到的烟花例子。一种心流会包含对烟花的视觉体验，而另一种则会包含对烟花的听觉表征，只有对视觉信息流做一下编辑使其延迟，才能让它与听觉信息流同步，两种信息流中的信息才能碰头，从而产生觉知。

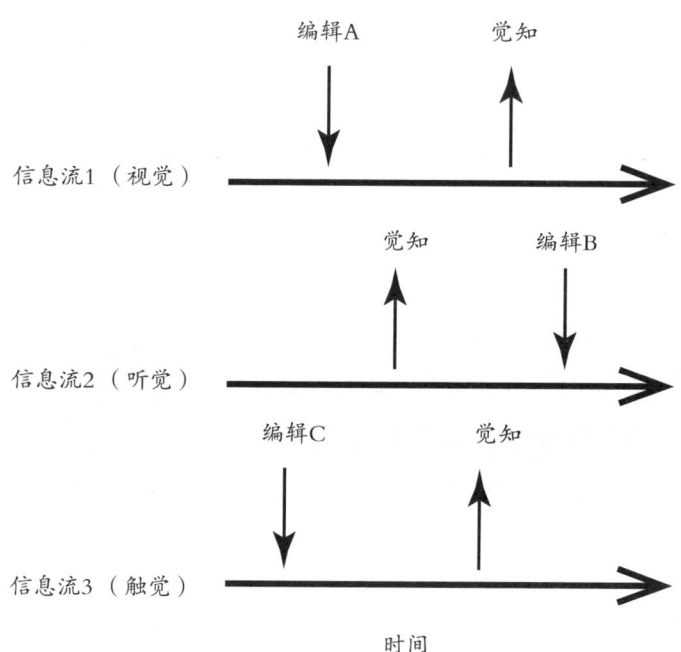

图16　意识的多重草稿模型
来源：弗里登贝格（Friedenberg）
和西尔弗曼（Silverman）
依据：丹尼特（Dennett，1991）。

· 心理活动并行进行
· 信息流对应不同的感官输入或思想
· 编辑操作包括删减、添加和更改
· 意识在任何地方都可以出现，而不仅仅是在最后

丹尼特的理论还考虑到了不同层次的觉知。一些信息（信息流的一部分）可能不仅能有意识地觉知到，还能由经历者口头描述，其他数据流我们可能只能模糊地觉知到，但它们会一直存在并影响其他心理过程。还有一些信息或许会消失于背景之中，我们可能永远也不会觉知到。这三个

层次的觉知可以与弗洛伊德关于心智的意识、前意识和潜意识等方面相提并论。

解决协调问题：神经同步和可重入处理 ●●●

视觉系统是并行处理的一个经典案例，它采用了"分而治之"的策略。在模式识别过程中，视觉系统对一个物体的不同方面进行剖析。通过解剖学上的不同通路，脑中不同部位对这些方面分别进行加工，然后将这些信息组合起来形成统一的感知，但我们并不知道这些信息是先分离再结合成为一体的。为了说明这一点，想象一下你正看着一辆红色的保时捷在街上行驶，汽车的形状（曲线）、颜色（红色）和运动（从左到右）将分别以不同的信息流形式被加工：汽车的形状由颞叶上的神经元表征，颜色由枕叶上的 V4 神经元表征，而运动则由颞叶内侧区域的神经元表征。

如果将一个任务分解成如此多的信息流，那如何统一或协调这些信息呢？为了感知这辆车，我们需要将红色、曲线形状和运动方向结合起来。只有这样，我们才能知道这些属性适用于同一对象；也只有这样，我们才能够识别它或理智地对待它。如果不同信息流的结果不能借助侏儒或 CPU 汇集在一起，那么如何组合目标的这些属性呢？这被称为视觉捆绑问题。

一种解决方法是协调一组神经元之间的活动。通过一组细胞的联合和协调活动，可以呈现一个感知目标，这个概念称之为神经同步。子群可以代表个体特征，在脑中可能被相对较大的物理距离所分开，但所有子群的动态活动可用来表示整个对象。为一个目标的特定特征编码的同一群神经元可以参与不同的细胞组装，从而在其他目标上代表相同的特征。例如，用于表示红色的细胞网络可以参与到停止标志的细胞组装中，也可以参与到西红柿的细胞组装中。

在神经同步中，所有参与的神经元同时被激活或开启动作电位。在这里，我们使用一个类比来帮助理解。想象一下乐队里有一群鼓手，如果所有的鼓手都敲出不同的节奏，结果将会是乱作一团。但是，如果鼓手们都能做到同时敲鼓，他们就会脱颖而出，出类拔萃。神经同步可能是许多认知现象的基础，如记忆形成和注意力效应。同步的神经元从背景活动中脱颖而出，程度足够时就能进入有意识的觉知，这就会形成主观自我的内容。换句话说，它们可能是在任何特定时刻自我所觉知到的内容。

关于该话题的最新研究结果表明，脑能够以比先前假设更灵活的方式同步遥远的活动。古特曼（Guttman）、吉尔罗伊（Gilroy）和布莱克（Blake）对时间同步和时间结构进行了辨别。在第一种情况下，神经元必须互相同步。无论是对整个模式还是模式中的子集，代表动作电位的脉冲或尖峰必须在同一时刻发生。在第二种情况下，随着时间的推移，在任何位置都可能有相似的脉冲模式，而且它们可以联系在一起。想象一下，脑中某一区域的神经元会先迸发两次高频脉冲，然后再迸发一次低频脉冲。在另一区域中，几秒钟之后才出现相同的模式。即使脉冲不是同时发生，它们相似的模式或时域结构仍可作为同步的基础。

长期以来，人们认为视觉系统中的信号只能是前馈式的，意思是这些信号以上行或自底而上的方式从一层神经元传输到下一层神经元，从眼睛传递到脑的更高层。但现在我们才知道，视觉系统中的信号也可按照相反的方向以下行或自顶而下的方式传输。这种反馈活动也被称为可重入式。当这两个方向的活动合并而前后扫描重叠时，我们就会有意识地感知到视觉内容。脑中不同部位之间，尤其是额叶皮层和其他区域之间的重入信号传递和同步可能是有意识的觉知形成的机制，并且可以解释自我觉知到的内容。

4　关于自我的神经模型

本节我们将研究关于自我的神经模型，这些综合性的模型具体说明了如何才能在人脑中实现自我的实例化。我们首先看一下达马西奥（Damasio）的扩展模型，之后再看一下自我参照模型和一个自我记忆模型。关于自我的神经模型数不胜数，这几个只是举例。

安东尼奥·达马西奥的自我神经模型　●●●

神经科学家安东尼奥·达马西奥（Antonio Damasio）在他 1999 年出版的《感受发生的一切》（*The Feeling of What Happens*）一书中，从神经科学的角度对意识进行了广泛的概述。在下文，我们将比较详细地描述他的理论。达马西奥认为有两个关键角色，有机体和客体。有机体就是我们试图解释其自我的人，而客体就是这个人从外部世界感知到的［例如，萨莉（Sally）阿姨坐在他或她前面的椅子上］或从内部回忆中想起来的（例如，想起来萨莉阿姨在这个人去年的生日派对上出现过）。有机体和客体之间的关系也同样重要，这里指的是当有机体在考虑客体时所发生的变化。世界上的对象或我们记忆中的对象都在不断转型和变迁。相比之下，我们的身体比较稳定。事实上，我们的身体花了很长时间试图将温度和血压等指标保持在一个较小的可控范围内。有机体主动调节内部状态而形成稳定性，这种稳定性是维持生命的必要条件。

首先，所有有机体都有一个边界将它们与环境分开，并形成一个与外部世界相对的内部世界。外部世界的变化通常不会引起内部世界出现相应的大变化。在单细胞生物中，这种边界叫作膜，在动物中就是指皮肤。边界及其内在的部分就是身体，它对人格至关重要。根据达马西奥的观点，身体和作为人本身之间是一一对应的。他说，一个人不可能有两个身体，而且通常情况下一个身体内也不可能有多个人。对于后者，可能存在一个例外，即多重人格障碍，或者目前所讲的分离性身份识别障碍，在第三章我们详细讨论过这个话题。数字技术也可能证明这种假设是错误的，就像软件可能如此，但软件没有关于自我的生理边界。我们将在第九章关于人工生命一节中对此做进一步讨论。

为了感知到某个对象，有机体需要感官信号，比如视觉系统对落在视网膜上的光的反应就会产生激活模式。其次，有机体还需要体内的活动模式，这种模式通常在监测自身时形成。然后，我们的身体会对新对象做出响应，产生反应性变化，这种变化是一系列变化的一部分，最终能形成我们对自我的感觉。但在此之前，我们先来描述一下身体是如何实现自我监测的——它是通过躯体感觉系统来实现的。

躯体感觉系统

躯体感觉系统由神经系统和内分泌系统组成，它们监测身体的状态并将这些信息传递给脑。达马西奥认为，躯体感觉系统有三个子系统，即内脏/内感受分区（监测内部器官），前庭（保持平衡）和肌肉骨骼/本体感受系统（感觉骨架和骨头的变化），以及精细触觉（处理来自皮肤的信息）。内脏分区主要负责感知我们内脏器官（如胃或小肠）的变化。这些器官的变化引起血液产生的化学物质（如低血糖水平），被脑干、下丘脑和端脑区域的神经元核感知到。如果这些化学物质的浓度过高或过低，神经元就会做出反应，试图纠正这种不平衡。这个系统中的信息也可以通过神经元传送到脑，从而在脑中产生反应，造成食欲和性欲提高这类可能的结果。

前庭系统帮助我们保持平衡，并通过半规管（即内耳中三个充满液体的环）让我们知道所处的空间位置。沿着空间三个轴中的一个轴运动，就会导致这种液体流动并使微小毛发弯曲。肌肉骨骼系统会向脑传递被身体带动的肌肉的状态，它能感知肌肉的张力和长度以及关节处肢体的角度。第三种也是最后一种躯体感觉，用于实现精细触觉。当我们与另一个对象接触（例如，当我们伸手去抓一个苹果）时，该分区中的信号将会激活，它们可以携带有关温度、纹理、重量和其他属性的信息。

原我（非意识）

　　达马西奥认为，原我是由来自躯体感觉系统的信息产生的。他将原我定义为一种连贯的神经模式集合，这些模式映射了有机体生理结构状态在其许多维度上的持续变化。原我位于脑的许多不同部分，并且跨越众多不同的空间层级。我们无法感知到原我，并且它也不包含知识内容，只是实施对象对比的一个基准或参照条件。图17显示躯体感觉系统一些结构的位置，接下来我们介绍一下构成它的三个主要结构。

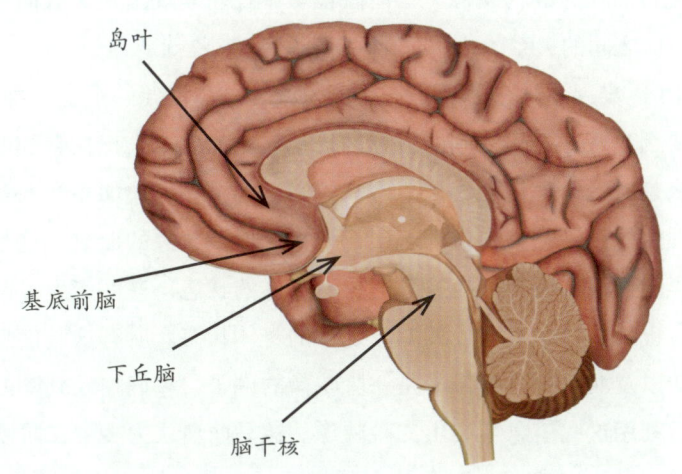

岛叶

基底前脑

下丘脑

脑干核

图 17　脑中一些原我结构的位置，显示了各个区域的大致位置

来源：达马西奥（Damasio，1999）

　　首先是脑干。这个区域包含了一系列的核团，接受由脊髓通路、三叉神经、迷走神经复合体和最后区调控的当前身体整个状态的信息。网状核

包含在这个区域中。其次是下丘脑，它有助于监测和控制 pH 值和循环营养物质，如葡萄糖酸钠和一些激素。最后，原我的第三个，也是最后一个结构包括岛叶皮层、次级体感皮层和内侧顶叶皮层。

核心自我（核心意识）

　　核心自我源于核心意识。对于有机体处理对象时如何影响自身的状态，脑中的表征单元会产生意象式的非语言描述，此时核心意识就会产生。以下是达马西奥观点的一些前提。首先，有机体作为一个单位，映射在有机体脑中，映射在那些调节有机体生命并不断发出内部状态信号的结构内。同时，对象也映射在脑中，映射在有机体与对象相互作用所激活的感官和运动结构中。有机体和对象都被映射成神经模式——达马西奥称之为一阶映像。与对象有关的感觉运动映像会引起与有机体有关的映像发生变化，这些变化目前在另一种映像（二阶映像）中重新表现出来，从而表达了对象和有机体之间的关系。描述这种关系的心理意象就是感受。

　　图 18 逐步展示了核心意识产生的过程。首先需要一个客体神经映像，此映像要么是对一个感知到的目标的描述，比如一个人正在看的朋友的房子；要么是对一个从记忆中回想起来的目标的描述，比如一个人童年时的房子呈现的样子。神经映像即刻引起了初始原我映像的形成。这是一种神经模式集合，表示一个人在处理对象时身体的状态，进而产生了修正的原我映像，也就是一个人在处理对象之后的身体状态。所有这些信息，包括目标映像以及两个原我映像都是一阶映像的例子，它们输入到脑的其他区域，然后利用这些信息组装出二阶映像。达马西奥认为多个二阶映像是可能存在的，分别对应一个对象的不同方面，如汽车的颜色、形状和运动。图 19 展示了这些二阶映像对应的候选脑区域的位置，包括扣带、丘脑和上丘。

　　核心自我是关于某一对象的直接有意识的体验，并且知道自己正在经历这种体验。例如，你意识到一辆车，并且意识到自己正在感知这辆车。

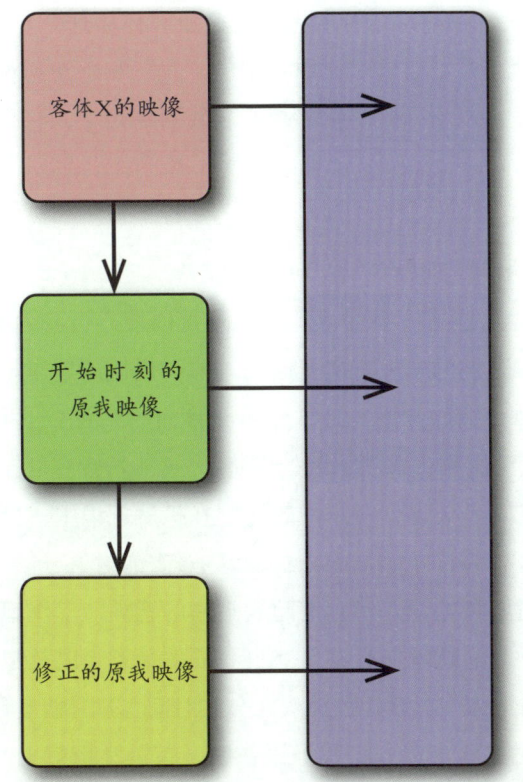

客体X的映像

开始时刻的原我映像

修正的原我映像

二级映像组合

图 18　核心意识的形成。
来源：达马西奥（Damasio，1999）

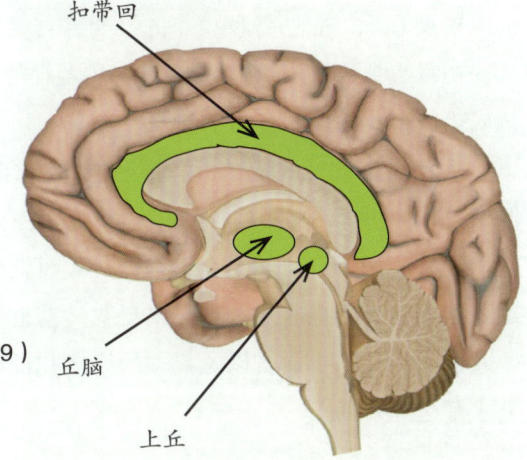

扣带回

丘脑

上丘

图 19　二阶映像脑结构的位置
来源：达马西奥（Damasio，1999）

达马西奥认为，只有意识到对象，同时意识到自己正在体验这个对象时，才能产生有关自我的心理体验。通过对比原我中的"我"和感知到对象而改变这个"我"的方式，意识才得以产生。核心自我活在当下，它无法获取记忆，也无法进行高级的认知处理，这种类型的觉知需要额外的意识处理。

扩展自我或自传式自我（扩展意识）

扩展意识超越了此时此地的核心意识。扩展意识以核心自我为基础，但现在它与生存的过去和预期的未来连接了起来。除了意识到疼痛（核心自我），你现在还可以发现疼痛的位置（肘部），找到疼痛的原因（打网球），并预料到疼痛对未来计划的影响（取消明天的比赛）。这一切皆有可能，因为你可以获得过去的记忆和有关这个对象的想法。在扩展意识中，自我感是在个人记忆的反复展示中产生的，这些记忆是个人过去的对象。

工作记忆会将这些对象存档，并使它们超越短暂的感觉。工作记忆必须同时并在相当长的时间内活跃地持有自传式自我的大量意象以及定义对象的意象。因此，这里的觉知会持续几秒钟或几分钟时间。达马西奥认为，当工作记忆同时将特定对象和自传式自我稳固住时，扩展意识就会产生。换句话说，当特定对象和一个人自传中的对象同时产生核心意识时，就会形成扩展意识。表达各种模态的早期感官皮层（枕叶的初级视觉皮层、颞叶的初级听觉皮层）、高阶皮层和各种各样的皮层下神经核团等区域也可以构成扩展自我的神经解剖学基础。

只有在具备足够记忆力和推理能力的有机体内才能出现自传式自我。但是，语言并不是必需的，因为可以使用记忆的非语言意象。在人类中，这种类型的记忆有可能早在十八个月大时就形成了。达马西奥认为，像倭黑猩猩等类人猿也有这种自传式自我，狗也一样。但是，这些动物并不具备人格，为此需要语言以及更多的记忆和推理能力。据我们所知，只有人类才有这些天赋。

一种用于自我参照加工的神经模型 ●●●

　　为了梳理明白大量关于原我的文献，一些研究人员开展了元分析工作。通过这种方法，他们对多个研究工作的数据进行分析，以寻求共性和差异。诺瑟夫（Northoff）等人采用元分析方法提出了人脑自我参照加工模型。他们认为，这种模型可以将哲学、心理学和神经学文献中提出的有关自我的各个方面联系起来。这些文献中提出的有关自我的多个方面包括：生理自我、心理自我、精神自我、原我或最小自我、核心自我或心理自我、自传式自我和叙事自我。自我的其他方面包括情绪自我、空间自我、面部自我、语言的或解释的自我，以及社会自我。其中一些概念会在本书其他部分进一步讨论，在此不做详述。

　　自我参照加工（也称之为自我相关加工）可以将这些有关自我的不同概念统一起来，这涉及与我们自身紧密相关的刺激体验，比如把我们自己的或亲密朋友的照片与陌生人的照片做对比。以这种方式体验到的刺激属于自我感受，具有内隐性、主观性和显著性，也带有价值取向和情感色彩。自我参照加工会涉及到多种刺激，包括自传式的、情绪的、运动相关的和面部的。

　　该模型是以脑皮质中线区域的脑结构群为基础建立的，这些结构称之为皮质中线结构（CMS）。皮质中线结构包括眶内侧前额叶皮质（MOFC）、腹内侧前额叶皮质（VMPFC）、皮质下/前及皮质上前扣带皮质（PACC, SACC）、背内侧前额叶皮质（DMPFC）、内侧顶叶皮质（MPC）、后扣带皮质（PCC）以及脾后皮质（RSC）。这些结构不仅是结合紧密的解剖结构和功能单元，也是用于实现自我参照加工的假定结构。如果利用它们执行此任务，则无论任务的类型是什么（人脸识别、记忆、情绪），也不限于某个单一的感官模态（视觉、听觉、触觉），都能观察到这些区域的激活状态。

　　对 2000 年至 2004 年间报道的利用 PET 和 fMRI 开展的关于自我相关任务的 27 项研究工作进行了分析，将各研究工作中 xyz 坐标的激活峰值绘制到三维脑影像的内侧和外侧视图上。根据研究领域的类型将这些研究工作划分为若干类：这些领域包括语言（判断句子，如"我值得信任"）、空间（以自我为中心认知自己的身体）、记忆（检索与自我或非自我相关的形容词）、情感（判断是积极的还是消极的情感人格特质适用于自己）、面部（将自己的脸与他人的区分开）、社交（将情绪、思想、态度和信念归因于他人）和运动（随意的一个动作带来的感受）。

研究结果显示，CMS 在各种感官模态中均被激活，这表明 CMS 与具体的模态无关。例如，无论研究的任务涉及嗅觉、味觉、听觉还是视觉，只要是情感上的任务，CMS 都会被激活。这很好理解，因为 CMS 接收来自脑中处理这些不同模式的部位的输入信息。同时，无论涉及的任务是语言的、记忆的、情感的还是社交的，CMS 也会被激活，这表明 CMS 的激活也与具体的任务类型无关。CMS 还与皮质的和皮质下的区域相连，像岛叶、下丘脑、中脑导水管周围灰质（PAG）和下丘，这些区域处理的是内感受信号（包括前庭感觉、本体感觉和内脏感觉），提供了有关身体内部状态的信息。有关机体调节或外感受（如生物反馈唤醒、心律调节、放松和疼痛的情感控制）输出的研究工作也表明 CMS 处于激活状态。眶内侧前额叶皮质和腹内侧前额叶皮质统称为多峰态汇聚区。因此，这些区域看起来就是不同的感官刺激确定为自我参照的地方。与自身紧密相关的刺激会在 CMS 中呈现激活状态，而那些与自身无关的刺激则表现为低激活，甚至失活。

皮质下中线区域与肉体的自我或原我有关。脑中这些较早的部分可能将"虚拟身体"实例化，这些区域的感官处理与 CMS 中的自我参照处理联系在一起，可能会产生核心自我或心理自我。请注意此处与达马西奥的神经模型的相似之处，在这个模型中，对象与原我的感觉处理不同。这项研究还显示了 CMS 中神经活动的高静止水平，这种静止水平活动可能会持续产生我们对自我的背景觉知，类似于詹姆斯的"意识流"。

在存在认知要素的自我相关任务中，外侧前额叶皮质区会被激活。例如：解读单词的含义（语言领域），执行判断、做出推断、思考和想象（情绪任务和心智理论任务），以及对信息的编码、检索和识别（记忆任务）。在该模型中，假设 CMS 可以过滤、选择并向高阶认知区域供给自我相关的刺激，这些刺激一旦到达这些区域，就可进行精细加工并做进一步处理。从这个意义上讲，CMS 就像一扇门，打开时则允许与自我相关的刺激通过，关闭时就会阻挡与自我不相关的内容。

CMS 也可能是理解不同类型自我的关键。达马西奥的自传式自我可能就是自我参照刺激与记忆过程之间联系的结果，也就是指 CMS 和脑中处理记忆的其他部分之间的联系。至于其中的工作原理，下面介绍的由马蒂内利（Martinelli）、斯佩尔杜蒂（Sperduti）和皮奥利诺（Piolino）提出的自我记忆模型描述得最详细。解释者、叙事性自我或对话性自我可能是 CMS 与脑中处理语言信息的各个部分之间联系的结果。情感自我可能来自于与情感中心的联系，而空间自我则来自于与处理空间觉知区域之间的联系。

CMS 模型的魅力在于它是通用的，它可以解释来自各种感官区域和各类任务的刺激。CMS 位于感官信息和进入高级认知区域的输出信号之间。从逻辑上讲，CMS 能够在认知处理之前将自我参照性分配给感官信息。因此，CMS 是一个三层的自我模型的基础，从下到上依次是感觉自我、体验自我和认知自我，分别对应于达马西奥和其他早期研究者所假设的原我、核心自我和自传式自我。

神经自我记忆系统模型 ●●●

马蒂内利、斯佩尔杜蒂和皮奥利诺也采用了元分析方法，对 38 项关于自我记忆系统的研究工作进行了分析。他们采用了一种以显性记忆或陈述性记忆的三个部分为基础的自我记忆处理模型。这与内隐的自我记忆过程形成了对比，后者很大程度上是无意识的，比如身体的所有权和主体性。这些过程与本体感受和行动规划有关，不是此项研究的重点。

马蒂内利等人提出的自我记忆模型的三个部分分别是情景自传式记忆

（EAM）、语义自传式记忆（SAM）和概念自我（CS）。EAM 由具体而特定的个人信息事项组成，这些信息与特定时间和地点发生的独特自传式事件密切相关，比如"八月的一个温暖的夜晚，某人第一次亲吻女友"。SAM 包含语义的个人信息，涵盖个人事实的一般性了解，这包括关于好友和共同地点的信息，也包括诸如"第一份工作""在乡村别墅度过的周末"和"在意大利度的假期"等一般活动的信息。CS 中的语义记忆包括个人信念、价值观和态度等方面，也包括对个人特质的自我认知和对众多类型的自我认同的判断。例如，"我很焦虑"或"我工作很努力"。

研究人员在研究过程中使用的统计方法称为激活似然估计（ALE），该方法将指定研究中最大激活值对应的所有坐标都建模为三维高斯概率分布的峰值。计算出某项研究的单一图，然后再逐个体素地确定所有研究产生的图的联合结果。体素指的是一个三维像素，由 xyz 坐标空间的激活值构成。通过一系列研究获得了一幅脑图，能够显示出脑中哪些区域是最活跃的。图 20 就是通过他们的研究结果获得的神经自我记忆系统模型的三个组成部分。

研究结果表明，在 EAM 中，脑边缘结构、中线皮质结构和左侧颞中回等结构的激活程度最高。在 SAM 任务中，前扣带皮质、后扣带皮质、内侧前额叶皮质、左额中回和下回、左颞上回和中回、左侧丘脑、左梭状回和海马旁回等区域的激活程度最高。在 CS 中，腹内侧前额叶皮质和背内侧前额叶皮质，两个脑半球的侧额叶皮质和前扣带皮质等区域的激活程度最高。简言之，EAM 主要激活后部和边缘结构，包括海马区；SAM 主要激活前、后和边缘结构；CS 主要激活内侧前额叶结构。三种类型的自我表现方式都激活了内侧前额叶皮质。在这三种情况中，内侧前额叶皮质的激活位置略有不同。

研究人员证实了他们的假设，即随着表现方式抽象程度的增加，处理过程会从后向前（脑的后端到前端）转移。这意味着主要感官皮质处在的脑后端可能会处理更特定且具体的内容，然后处理过程就会向中线和额叶

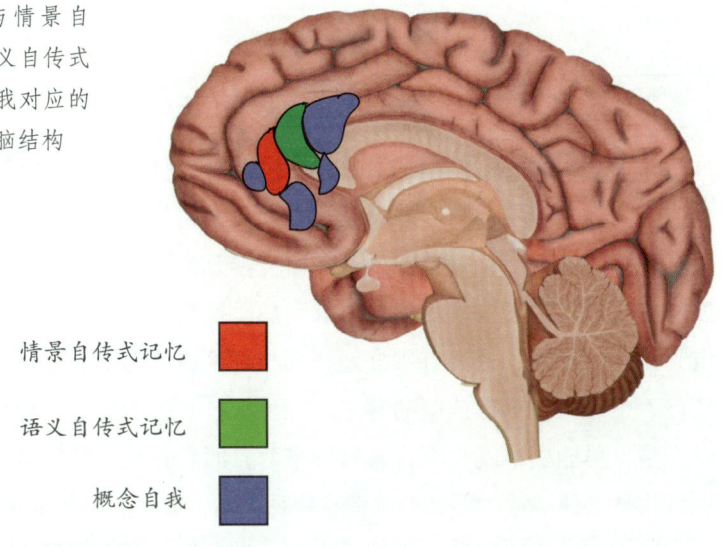

图 20　与情景自传式记忆、语义自传式记忆和概念自我对应的内侧前额叶皮脑结构

情景自传式记忆

语义自传式记忆

概念自我

结构转移。脑前端包含执行系统，因此能更好地处理抽象形式。后脑区更多地参与了再生（检索）和获取自传式信息，而额叶区更多地参与了自我参照评估。

　　这项元分析表明，没有任何单一的脑区域来处理陈述性自我记忆。相反地，处理过程分散于整个脑中。内侧前额叶皮质似乎在自我表征中起着至关重要的作用，与抽象程度无关，因为它在所有情况下都处于激活状态。不同类型的自我记忆信息存在于分离的处理中心，它们的功能独立程度以及它们的协调或组织方式还有待确定。

5 关于自我的神经科学研究的若干问题

克莱因指出了关于自我的科学研究涉及的若干难题。第一个也是最重要的问题是，关于自我的概念不够明确。换句话说，研究者并没有很好地定义自我的含义，也没有很好地将其与理论联系起来。他认为，目前我们缺乏一个理论上令人信服的答案。一种来自东方哲学和其他思想家的可能解释是，可能根本就没有自我这种东西，而它只是一种幻觉。然而，如果说自我是一种幻觉，那么幻觉就是一种体验，而体验则需要体验者。

尽管存在这些问题，心理学家们并没有停止对自我的研究，这其中有许多人以带连字符的术语形式来阐明自我，包括**自我比较**、**自我概念**、**自我复杂性**、**自欺**、**自尊**、**自我妨碍**、**自我形象**、**自我知觉**、**自我调节**、**自我参照**和**自我验证**。利里和坦尼对自我进行了综述。在心理学领域，有关自我的模型已经延续了一百多年。例如：情景自我、文化自我、社会自我、认知自我、具身自我、情境自我、自传式自我、关系自我、叙事自我和集体自我。

这种术语的多样性表明，不会存在需描述的单一自我。在大多数讨论中，至少存在两种自我，第一种是自我的第三人称神经实例化系统，第二种是主观的第一人称自我。前者包括个人记忆、身体意象和情感，与之对应的活动在脑中都可以实现定位，并能够进行客观的科学研究；后者是这些体验的主观拥有，可能不适合研究。有些学者提出，自我的这一主观层面无法通过知觉或内省行为直接参透。对于其他人来说，自我的这两个方面——客体和主体——必须相互作用，因为没有主体就没有客体，而且没有客体也没有主体。按照这一观点，一定有**某个人**（自我）觉知到**某些事物**（心理内容的某些方面）。

　　在近年的神经影像学研究中，有关自我多样性的问题多有发现。在自我参照记忆的研究中，至少发现了三种不同类型的自我认知，它们都存在于或跨越不同的长期记忆系统，包括语义事实自我认知、语义特质自我认知和情景或个人记忆。研究认为，自我的这些方面在概念和功能上是独立的。研究表明，迄今为止至少有六种不同的功能独立的自我认知系统。而且，这些系统还存在各种功能独立的子系统。更为复杂的是，同样的结果可以由多种自我记忆来调控。语义记忆（针对事实）和情景记忆（针对个人事件）都可以用来判断特质的自我相关性。

6 对有关自我的神经科学研究问题的响应

在微观层面上,可以说,我们意识到的每一条思想内容都对应一个自我:意识到蝴蝶时的自我,意识到厨房勺子时的自我,等等。但这样的话,自我的数量无疑会不成比例地增加。相反,我们必须从这个层面出发,将对应于思想内容类型或心理过程类型的自我聚集起来。同时,我们可以从宏观层面切入,研究与高阶类别或现象相对应的自我:视觉意象的自我,无意象性言语思维的自我,等等。这些研究路线会适时在中途交汇,并相互印证。神经科学研究限制了这一研究尝试。如果脑的某一部分只在特定子过程 A 中被激活,那么它就只与该子过程相关联;如果脑的另一部分在子过程 A 和另一子过程 B 中都被激活,那么它就在这两个过程中起组织或协调的作用。通过这种方式,研究人员可以逐步确定所讨论的自我现象的机理基础。

当然,对于这一观点,批判者可能会说,我们最终会拥有所有的自我机制,但仍然无法拥有觉知到这些思想内容或指导这些心理过程的主观自我,最后科学只能为我们提供客观的表征和功能,而不能提供主观的体验。然而,有关意识的神经关联(NCC)的类似工作正在开展,我们可以从中获得很多信息。这样的话,就可以分离出那些当我们有觉知时活跃的区域,以及那些似乎更大程度上起潜意识作用的区域。如果我们假设觉知是产生自我的必要条件,那么在自我觉知的过程中意识神经元应该是活跃的,而那些与觉知无关的神经元则不活跃。这两个领域的研究人员需要加强联系。

克莱因指出,进一步的研究还需要与哲学巧妙地联系在一起。哲学家对自我究竟是什么倾注着更多的思考,并开始吸纳神经科学领域的研究成果。他们善于定义术语和构建理论，或许能够建立更好的自我理论构思，然后再通过实验来检验。科学家特别需要将他们在研究实践中操作的变化要素与他们采用的理论更好地联系起来。

第五章

脑与硬件的交汇

有一天，我们可能会生活在一个由机器人组成的社会中，当我们看着它们时，会反过来看到我们自己。它们是人类技术的产物，会像我们的后代一样，青出于蓝而胜于蓝！

本章我们将探讨有关技术以及它们与人体关系的各种话题。首先讨论的是赛博格——人体和机器的混合体。然后，我们举例说明如何使用智能机器帮助我们感知和移动，以及这些进展如何改变我们对自我的认知。接下来，我们将介绍机器人学中的一些研究分支，包括我们如何控制机器人、如何与机器人交互，以及这些对我们的自我认同感和身份赋予的意义。

1　赛博格

1960 年，曼弗雷德·克莱恩斯（Manfred Clynes）和内森·克莱恩（Nathan Klines）首创"**赛博格**"（Cyborg）一词。当时，人类刚刚实现太空旅行。这些研究人员认为，我们可以通过调整人体状态来适应外太空和新世界的环境。他们提出通过增加机器部件来监测和控制生物有机体，这样有机体就能够在任何理论上可行的环境中生存。这些机器部件可以植入到动物或人体中，使身体无需思考就能活动，这样就可以把身体腾出来去探索和执行其他功能。

例如，我们可以将渗透性的压力泵胶囊植入皮下，并在一段时间内给人注射适当剂量的生化活性物质，或者可以使用类似的装置往人的血液中供氧并清除二氧化碳，以便让人在真空中呼吸。其他机械部件可以让宇航员保持清醒，保护他们免受辐射，监测他们的新陈代谢和液体摄入，调节酶系统，并执行一系列与前庭觉和心血管功能相关的其他任务——测量温度、压力、重力和磁场的变化。简而言之，他们把人类看作是生物与机器的混合体。

赛博格是"**控制论有机体**"（Cybernetic Organism）的简称，是一种兼具有机体生物组件与机械或技术部件的存在形式。赛博格是通过集成一些人工成分来恢复功能或强化性能的有机体。请注意该定义中所用的"**有机体**"一词，这意味着动物和人都可以成为赛博格。"**恢复功能**"是指为了弥补某种缺陷或障碍，将人工部件植入人体。例如，一名退伍军人失去了一条腿，就可以为他装配假肢。"**强化性能**"一词指的是通过安装人造部件改善有机体的表现。假如某人装了人造眼之后，其视力比安装前的视力更好，甚至有可能看到电磁波谱的红外线和紫外线部分。

反馈是赛博格部件的一种固有特性，是指涉及的部件接收并利用某种感官输入来改变自身行为。人工心脏起搏器就用到了反馈机制，因为它测量心脏的电位，并根据这些输入来刺激和调节心脏的跳动速度。根据该定义，戴隐形眼镜或眼镜的人就不是赛博格，因为隐形眼镜没有改变人的行为。但是，手机确实会接收来自其他机器（来电）和人类（用户按键）的输入，从而改变用户行为。因此，使用手机就符合定义中的反馈概念。然而，手机并没有通过手术连到我们的身体上，也没有通过其他方式与我们的身体相结合。因此，保守地说，赛博格的定义应该包括整体附着和反馈。

赛博格的更普遍定义是人技混合物，其中的技术部件并没有整合到人体之中，手机就属于这一类。由于混合物可以进行反馈，并强化人的能力，因此我们可以将其看作控制论有机体。根据这个定义，所有工具性的人工制品都会使人成为赛博格，包括诸如笔和纸之类的低技术物品。请注意这种混合思维与我们在第二章中提及的延展心灵假说的相似性。

赛博格也引发了哲学问题。什么时候人不再是人？真实与人造之间的界限在哪里？或许思维实验可以解答这些问题。想象一下，我们把一个人的单个神经元用一个具有同样功能的电子芯片来替换。或许我们认为这个人依旧是人类，因为他的脑里大部分仍具生物属性。但是，如果我们继续这个思维实验，一个接一个地替换神经元，直到他的一千亿个脑细胞全部转换成电子芯片，那又会怎样呢？这个人还会是人吗？在这个过程中，要到什么程度才能从人转变为机器？在两者之间是否存在一个灰色地带，把这个人变成一半是人一半是机械的真正赛博格，而不是变成二者之一？我们会给予这样的中间实体什么权利呢？

身体增加非人类的部件会对我们的自我意识产生什么影响？如果我们以肉体来定义自我，那么更换身体部位肯定会改变我们的自我概念。然而，安装了优质假体的人能够做到对其适应，在某些情况下甚至不会察觉到它们的存在。这其中一个原因是，体感和运动皮质会根据这些变化进行自我重组。新型假肢能够直接通过脑或神经连接感知感觉和控制运动，因此能够重现我们通常感知和移动手臂或腿的方式。

动物赛博格案例 ●●●

美国 Backyard Brains 公司制造了一种商用设备,可以让人控制蟑螂的运动。该设备叫作"Roboroach",用户可以通过天线神经微刺激让蟑螂暂时向左或向右行走。在蟑螂身上安装了一个电子"背包",用智能手机控制其运动。这种效果只是暂时的(两天到七天),而且该装置可移除,几乎不会伤害到蟑螂。截至本文撰写时,该设备的价格为 150 美元,蟑螂不包括在内,必须单独购买。其他许多昆虫和动物也可以远程控制,包括甲虫、苍蝇、鲨鱼、海龟、壁虎、鸽子、老鼠和狗。

机器蟑螂就是仿生机器人或机器动物的例子。一些实现远程控制老鼠的研究也得到了开展。研究人员在老鼠的丘脑腹后外侧核中植入了两个电极,传达左右胡须的面部感官信息,在前脑内侧束植入第三个电极参与奖励过程。训练老鼠时,可以刺激其中一个须状电极,使老鼠感觉身体的一侧好像遇到了障碍物。当老鼠转向另一侧时,会向奖励中心发送信号。2002 年,纽约州立大学的研究人员能够在最远可达五百米的地方用笔记本电脑遥控老鼠,让老鼠向左或向右转,在堆砌的瓦砾中穿行,爬梯子和上树,以及从不同的高度跳跃。这项技术的一个好处是,老鼠可以携带照相机发现困在倒塌建筑物中的人(图 21)。

远程控制动物显然存在伦理问题,甚至开发人员也表示,有必要就这个话题展开正式讨论。在动物身上植入控制器会让它们感到不适。作为开发人员之一,桑吉夫·塔尔瓦尔(Sanjiv Talwar)表示,这种老鼠具有"天生智力"可以抗拒移动指令,但在某些情况下,只要刺激足够,老鼠还会服从指令。这种抗拒表明老鼠意识到它的行为来自于它的身体之外,抗拒这种感觉,并试图重新掌握自我的控制权。这就引出了有关自我和身份的趣问:控制我们自己的行为是最主要的自我感吗?受遥控的动物会放弃它的自我感吗?人类控制者和动物是否应该一同被看作是延展的"元我"呢?

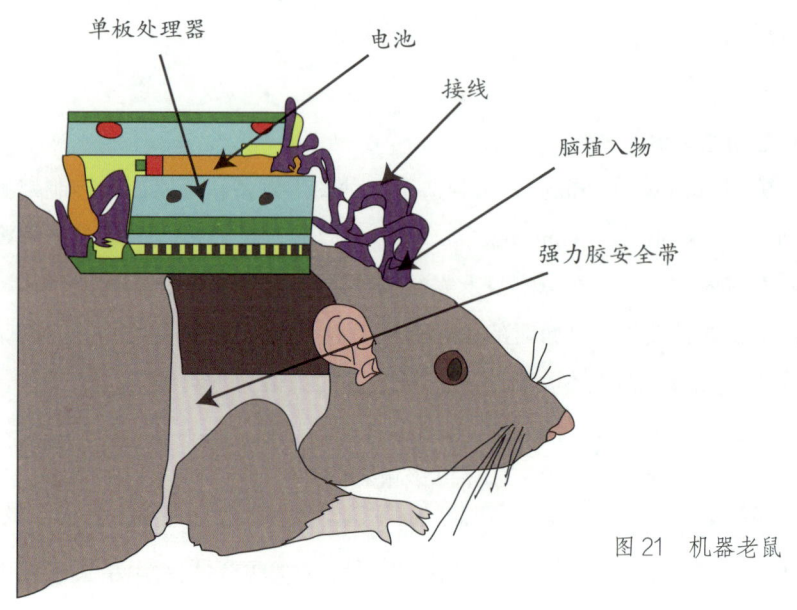

单板处理器　电池　接线　脑植入物　强力胶安全带

图 21　机器老鼠

人类赛博格案例 ●●●

　　凯文·沃里克（Kevin Warwick）是考文垂大学负责研究工作的副校长，此前他是雷丁大学控制论教授。1998 年，他接受了手术，在前臂植入了一个硅芯片应答器。这样一来，当他在雷丁大学走动时，电脑就可以追踪他的一举一动，而且可以让他自动开灯关灯，操作门、加热器和电脑，无需用手。在实验第二阶段，沃里克将 100 个电极阵列植入他左臂的神经中。通过读取神经冲动，沃里克能够控制电动轮椅和人造手。他可以从左手指尖接收感官输入来调整抓取力，对自己并未真正接触到的物体产生"感受"。后来，他能够接收超声波输入，远程探测到物体的距离，这实际上是一种新的感知形式。沃里克的妻子随后自愿将类似的电极植入她的手臂。她手指运动的信号通过互联网传输到凯文的电极上，从而刺激了她的神经系统，然后她的神经系统以类似的方式发出信号，刺激凯文的神经系统，结果两人都能"感受"到对方的动作。

2004 年，英国艺术家尼尔·哈比森（Neil Harbisson）的头部植入了一根天线。他可以通过头骨的振动感知人类视觉光谱之外的颜色，还可以使用该系统无线接收电话、音乐甚至图像，所有的信号都转换成声音信息。政府官方认定他为赛博格。2010 年，他创立了赛博格基金会，这是一个维护赛博格权益的国际组织，为希望成为赛博格的个人提供支持，并将这一趋势视为一种艺术运动。

这些实验证明了以下几件事。首先，我们是有可能感知到超出我们自身先天生物感官能力的传感信息的。电磁波谱某一部分的信息，如红外线，可以由传感器接收，然后以振动或声音等不同的模态形式传递到脑中，让我们感知到以前无法从环境中察觉到的方方面面。最后，它可以让我们在黑暗中"看到"物体，甚至听到广播电台的声音。可以想象一下，未来智能手机将会嵌入我们的脑中，我们可以仅仅通过思想来感知并操作这类设备。如果用我们可以体验和做到的事情来定义自我，那么这显然拓展了自我和身份的边界。

其次，这类研究还表明，两个身体或脑之间来回发送信号是可能的。原则上，人们将来可能会"看到"别人看到的细节，或者"听到"别人听到的内容。一个人的感知或思想可以投向另一个人或其他许多人身上，让我们在实质上可以通过这个人的眼睛看到世界，并意识到他或她的心智内容。这一点对身份和自我的寓意是十分深远的——它可以让两个人只通过思想来交流。这种对话或互相体验彼此认知的方式可看作是一种群体自我的形成，它不是由一个人身体的生理边界而是由分享的信息交流来定义的。因为神经活动与意识体验相对应，而且这一过程是通过神经刺激形成的，所以群体心智中的人们共享意识体验。

植入式芯片：便利与隐私 ●●●

2017 年，威斯康星州的一家名为三平方市场（Three Square Market）的公司与另一家公司 Biohax 合作，为其员工提供芯片植入服务。芯片只有一粒米大小，要植入到人的拇指和食指之间。任何涉及射频识别（RFID）技术的任务只需要挥一挥手就可以完成，如通过安检进入大楼或在食堂支付餐费。射频识别技术是利用无线电波来读取和捕获存在物体标签中的信息。该项目是自愿性的，截至 2017 年 7 月 25 日，80 名员工中有 50 人接受了该服务。大多数员工的响应都是正面的，可能是因为三平方市场是一家科技公司。

这种芯片的确方便，其通用设备可以让你在生活里的大部分小任务中免于动手，比如上下汽车或进出公寓，也可以让你无需掏出钱包或钱夹就可以在当地的药店付账。不过，使用这种芯片也有几个缺点：第一个就是芯片加密。该公司声称这些使用痕迹是安全的，但可能会遭到黑客攻击，泄露佩戴者的信息；另外，雇主有可能在未经佩戴者同意的情况下，利用这些芯片获取佩戴者的位置和其他信息。例如，他们可以确定人们上洗手间的休息时间。此外，芯片还存在健康风险。虽然美国食品和药物管理局（FDA）批准生产这些芯片，但植入的部位仍有可能受到感染。而且，我们还没有充分了解无线电传输对人体组织的长期影响。

脑深部电刺激 ●●●●

脑深部电刺激（DBS）运用的赛博格植入技术更为彻底，使用了一种称作神经刺激器的医疗器械——通过电极向脑的特定区域发送电脉冲。这种电刺激可以用来治疗各种功能障碍，包括强迫症（OCD）、重度抑郁症、帕金森病和慢性疼痛。2009 年，FDA 批准使用 DBS 治疗某些障碍。脑深部电刺激系统由三个主要部件组成：植入式脉冲发生器（IPG）、导线和延长线。IPG 由电池供电，主要用于传递电脉冲；导线是一根绝缘线，带有四个电极，可以安放在脑的一两个目标位置上；用延长线连接导线和 IPG，将 IPG 植入在肩胛骨下或腹部的皮下。所有部件表面都覆盖有钛或铂，以确保生物相容性。

导线电极的安放位置会因障碍疾病的不同而变化：在治疗强迫症时，

导线电极放置在伏隔核中；在治疗帕金森震颤时，导线电极放置在苍白球和丘脑下核中；在治疗疼痛时，导线电极放置在导水管周围灰质内。由于这些位置在脑的深部，因此需要进行开刀手术。我们还不是很清楚脑深部电刺激的工作机制。据说它会干扰目标脑区的正常功能，并且由于使用脑深部电刺激时需要开刀，所以仅在药物治疗等传统疗法对患者无效时才会使用这种治疗方式。

2 修复学

修复学领域涉及假体的研究和构造。假体是一种人工延伸物，用于替代身体的缺失部分。只有当假体和活体融为一体时，才能有效地将使用者转变为赛博格。许多最新的产品都是神经假体，它们通过人的神经系统发送和接收信号。一些假体还配备了上位机和电子设备来处理感觉运动信息。在本节，我们将列举一些感官假体的例子，用于辅助视觉、听觉和其他类型的感知。接下来，我们将介绍便于活动的假体，这些活动包括伸手、抓取、走路和跑步，等等。

感官假体 ●●●

视网膜植入物（视觉假体）

健康成年人的视觉是通过环境中物体表面反射的光形成的。物体的图像通过眼睛聚焦在视网膜上，后者是位于每只眼睛后部内侧的一层光感受器。在视网膜中，一层的感光细胞与另一层的神经节细胞相连。视网膜刺激的模式指明了图像中光强的分布，本质上是对视觉场景的"抓拍"。然后，这些信息沿着视神经传递到枕叶的视皮质等脑区进行处理，进一步形成了视觉。然而，在一些患有色素性视网膜炎和老年黄斑变性等疾病的患者中，视网膜会发生退化，导致视觉障碍和失明。在这类疾病中，光感受器细胞受损，但神经节细胞有时却没有受损。如果能以正确的方式刺激神经节细胞，它们就能将信息传给脑，恢复视力。

视网膜假体系统包括安置在患者眼镜中的微型摄像机（图 22），用于捕捉患者正在观看的场景。采集的视频会发送到一个也由患者随身携带的

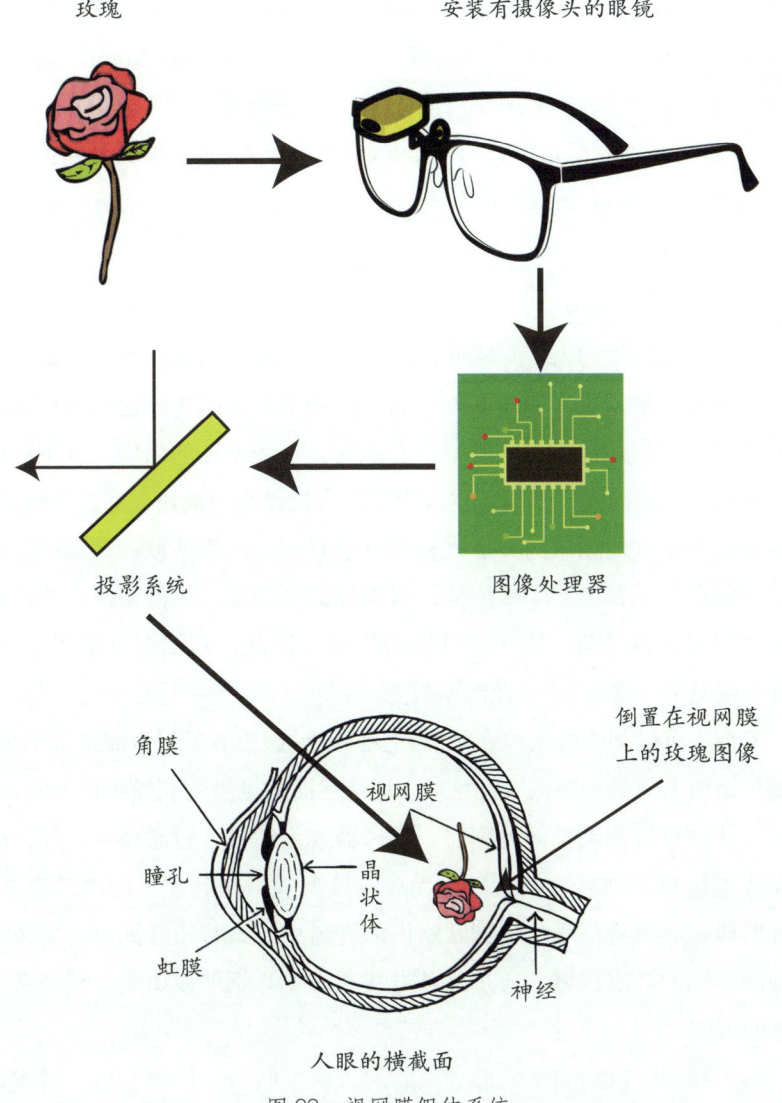

玫瑰

安装有摄像头的眼镜

投影系统

图像处理器

角膜

瞳孔

虹膜

晶状体

视网膜

倒置在视网膜上的玫瑰图像

神经

人眼的横截面

图 22　视网膜假体系统

小型计算机或视频处理装置中。图像经过处理，然后传回眼镜，再无线传输到植入物。接着，植入物刺激视网膜细胞，重现正常情况下场景投射到视网膜上的光模式。随着时间的推移和大量的训练，患者可以学会辨别视觉模式。有些患者已经能够再次阅读尺寸放大的文本。目前正在开发的视网膜假体主要来自于美国的第二视力公司（Second Sight，其开发的"Argus Ⅱ"已于 2013 年获得 FDA 批准，并在临床试验中取得了一定的成功）、德国的视网膜植入物公司（Retina Implant AG）和澳大利亚仿生视觉组织（Bionic Vision Australia）。

人工耳蜗（听觉假体）

作为听觉假体的人工耳蜗问世已有相当一段时间了。人工耳蜗的工作原理与视网膜植入物大致相同——利用声音信息来刺激表达不同种类声音的神经元。耳蜗是位于内耳的一个卷曲的、充满流体的结构，其不同区域的神经元所编码的频率不同。空气中的声音振动会引起声波穿过耳蜗流体，声波会最大限度地刺激与其最大频率分量对应的耳蜗区域。高频声音在靠近耳蜗起点的位置会产生峰值波，对神经的刺激最大。低频声音的声波在较晚的时候达到峰值，更接近耳蜗的终点。因此，耳蜗有点像钢琴键盘，声音在键盘上"演奏"，以此产生听觉。

毛细胞可以刺激耳蜗神经元，若毛细胞受损，患者就可以佩戴人工耳蜗。人工耳蜗由若干部分组成（图 23）。耳朵后面的微型麦克风可以收集声音，并将这些信息传输到外部处理器。处理器放大信号、过滤噪声，并将声音转换成电信号。然后，电信号以无线电波形式发送到皮下的内部接收器，接收器通过导线将信号传输到耳蜗内的管道中。该管道根据声音的频率特性刺激不同的耳蜗区域。通过这种方式，人工耳蜗就模仿了人耳通常处理声音的方式。

人工耳蜗可以使完全或部分失聪的人恢复听力。然而，这一过程是否成功取决于许多因素，如患者失聪的时长和失聪时的年龄、人工耳蜗的使用时间，以及初始损伤的程度。人工耳蜗带来的听力质量也不太理想。一些患者反馈说语音听起来断断续续，而且很假。未来的人工耳蜗模型可能会通过增加刺激区域的数量并结合更复杂的处理算法来消除这类问题。

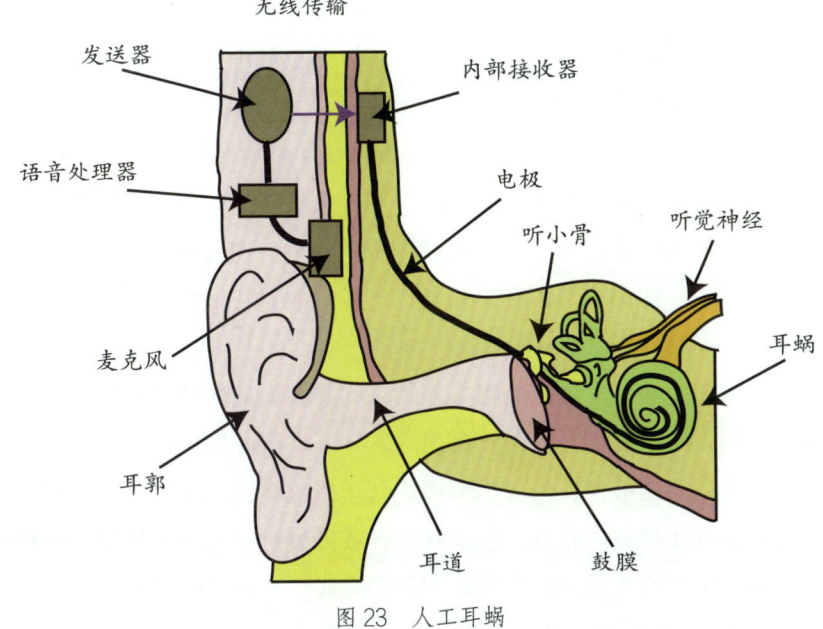

无线传输

发送器

内部接收器

语音处理器

电极

听小骨

听觉神经

麦克风

耳蜗

耳郭

耳道

鼓膜

图 23　人工耳蜗

人造皮肤

　　也许大多数人最不重视的感觉是躯体感觉，这种感觉与身体密切相关。躯体感觉包括皮肤传递给我们的有关外部世界的信息，以及我们四肢的位置和运动信息。后面这两种信息被称为本体感觉和动觉。皮肤可以为我们提供丰富的外部环境信息，其压力感应器可以告诉我们物体的重量或粗糙度，从而帮助我们提高操作能力。我们还有可以感知温度和疼痛的神经元，这些对我们的生存至关重要，因为如果我们的身体想正常运转，就需要保持适当的体温并避免疼痛。本体感觉和动觉都源于身体内部的感受器，是维持平衡和运动的必要条件。所有这些感觉神经元发出的脉冲，无论是来自皮肤还是身体内部，都会传递到脊髓和脑，在那里获得进一步的处理。

　　有一种方法可以构造人工压力传感器，即在两层薄膜之间嵌入一个极化晶体。当外力作用于晶体表面时，晶体内部发生弯曲，其电特性发生变化，这被称作压电效应。施加的力越大，电荷变化越大。这种变化是可以度量的，用于表明所施加压力的大小，然后可以通过导电差异及其随时间变化的二维图来识别物体。

东京大学的研究人员使用相关技术制成了柔性薄膜（传感皮肤），其半毫米厚的橡胶层嵌入了导电石墨颗粒。当橡胶层弯曲时，其导电性能将发生变化，并由一组廉价易造的有机晶体管来处理。这种薄膜可以卷在一个窄的圆柱体上，作为机器人的手指套，还可以放置在地板上识别人，或检测医院里病人的倒下行为。

除了感知之外，皮肤还有很多作用。它是我们身体的保护层，防止内部器官受损，调节温度，并防止细菌进入。但要想有效保护身体完成这些任务，皮肤必须能够自我修复。美国伊利诺伊大学的一个研究团队制造了一种与人的皮肤类似的材料，可以在刮伤或撕裂时实现自我修复。该材料充满了装有聚合物基础材料和催化剂的小胶囊，当材料受损时，胶囊会破裂并释放其填入物，然后将开裂区域粘合在一起。

运动修复术 ●●●○

伸展与双臂

将手臂伸向物体看似容易，但其实涉及的问题的确很复杂，我们至今还未完全理解。首先，运动的肢体并不只是在空间中的一条轨迹上来回移动，它必须以给定的力和速度沿特定的方向移动。如果你要在棒球比赛中接住一个移动的高飞球，那手臂的移动方式与拿起静止的一杯水的方式肯定不同。脑发出运动目标或运动指令，以此信息来指导肢体运动，然后这个抽象指令必须转换为一种信号模式，用于在运动中控制肌肉。人的手臂是由众多不同的肌肉群铰接而成的，如肱二头肌和肱三头肌。每一个肌肉群都必须以特定的顺序激活，才能产生特定的动作。

详细描述手臂的运动需要多条信息：首先是手臂的初始位置，然后是物体的位置，这两个点构成了运动的起点和终点，最后是手臂必须经过的轨迹。人体手臂的位置由本体感受和其他线索提供，物体的位置多半由视觉决定。然后，脑根据这些线索计算出轨迹。但是，如前所述，运动是动态的，会在执行过程中改变。当我们伸手去拿东西的时候，可以转向避开障碍物，或补偿物体的突然移动。人造人的伸展就需要这种能力。

尽管我们有时会同时使用手臂和双手，但在本节中，我们将把两者分开来讨论，因为手臂通常用于伸展，而手则用于操作。手臂的主要功能是将手放在物体的位置上，而手或其他效应器的主要功能是操作物体。

手臂是由关节连接的，这意味着手臂由关节分成不同的部分。机器人手臂的关节可以比人类的更多，主要关节是三个："肩膀""肘部"和"手腕"。关节越多，机器人手臂移动的方式也就越多。

"**自由度**"一词用来衡量手臂的移动能力。在三维空间，有三种主要的移动方式：上下，即俯仰；左右，即偏航；旋转，即滚转。一个关节如果能以这三种方式活动，就具有三个自由度。肩膀有三个自由度，而肘部只有一个，因为如果肩膀是固定的，你只能上下移动肘部。一只手臂的总自由度是其所有关节的自由度之和。

抓握、操作与双手

手或钳子一旦伸向一个物体，就可以抓住它。抓握需要手指牢牢地握住一个物体。稳妥的抓握是指物体不会滑落或移动，特别是在外力作用造成偏移的情况下。举个例子，如果你抓着铁锤撞到什么东西而使铁锤掉落，那就不安全了。紧握的前提是要保证各个手指施加的力相互平衡，不会影响物体的位置。物体的特性——比如几何形状和质量分布——需要某些手指比其他手指施加更大的力来维持稳定。抓握力和支撑力也必须与物体的总质量和脆弱性相匹配。与岩石相比，鸡蛋需要轻拿轻放。

另一个需要考虑的因素是手指的放置。当两根手指相向而动并在同一条作用线上时，也就是说当两根手指张成180度并朝彼此推动时，两根手指处于平衡状态。当三根手指的作用力之和为零，并且它们的作用线相交于一点时，三根手指就处于平衡状态。一个物体的质心会影响手指的稳定放置。如果一个物体的质量分布偏低，比如像半杯水那么满，那么就应该降低握力，更接近物体的质心。物体表面的纹理也会影响手指的放置和力度，所以可能需要调整手指以适应滑溜度或强或弱的光滑和粗糙表面。机器人则通过纹理感测来完成此步。激光束从表面反射回来。与粗糙的哑光表面相比，光滑而有光泽的表面能散射回探测器的光更少。

稳定的抓取是操作的必要条件，实现形式多样。转动手腕或手指重新定位可以旋转物体；移动手和手臂可以进行空间三维平移。当然，也可以在表面上推拉物体。对物体实施的其他复杂操作例子还有旋转和滚动。

为了掌握和操作感官信息，需要对其不断监测。手部传感器的反馈对设置和调整抓握力至关重要，以防物体滑落。对人和机器都是如此。具有复杂操作能力的机器人使用闭环控制系统将来自肢体的感觉输入原路返回，以调节肢体运动。背压传感器就是一个很好的例子，它发送一个信号，记录遇到的机械阻力大小。阻力越大，施加在肢体上的动力越大。这样，机械臂会更用力地举起更重的负载，或抓力更强，以便抓取更重的物体。

在我们讨论的所有肢体中，手的人工设计是最具挑战性的。不像胳膊或腿，将手连同手腕和手指一起算在内的话，会有 22 个自由度。每根手指都可以看作是一个独立的肢体，并且有一定的独立运动。对生拇指也是人类手的特点。我们可以把我们的拇指放在其他每一根手指上，增加我们握住或定位物体的灵活性。对生拇指甚至可能推动了早期人类智力的进化，因为它使我们能够创造和使用工具。与这种复杂的操作能力结合在一起的是手的指尖和手掌处有高度集中的触感神经元。要完全模仿这一神奇结构的运动和感觉功能可能需要一些时日。

人造手臂和手

因战争中有爆炸装置，许多退伍军人回家后缺胳膊少腿。普通的假体附件只能允许最小范围的活动和控制。幸运的是，因微电子技术的迅速发展而产生的机器人手臂和手则能带来更大的活动范围。人造手臂由意念控制，甚至可以感知物体的重量和质地，因为它们直接与脑相连，具有感官功能和运动功能。

2015 年，美国国防高级研究计划局（DARPA）宣布，他们已经发明了一种可以通过意念移动的机械手臂，用户也可以用机械手臂来感受外部世界。这种手臂由导线连接到用户的感觉皮质（处理触觉信息）和运动皮质（控制肌肉）。研究人员将第一个机械手臂实验者蒙上双眼，并触碰其手指，他能分辨出被触碰的是哪根手指，甚至在两根手指同时被触碰时也能做出正确的判断。最终，用户可以通过手臂辨别质地。

约翰霍普金斯大学的一个研究团队也在研究一种意念控制假臂的技术，于 2016 年公布于众。此假臂直接附着在患者剩余肢体末端的骨头上，然后将这个残肢上的神经连接到假肢上，这样就能够让患者活动各个手指并抓住小物体。约翰尼·马特尼（Johnny Matheny）是受试对象之一，他在 2008 年因癌症失去了手臂。现在，他可以把假臂伸过头顶，甚至伸到背后。为了发挥假肢的功能，必须首先给患者做定向肌肉神经移植术，将控制手臂和手的神经重新分配到假肢的效应器上。研究人员称这种手臂为模块化假肢（MPL）。它还具有其他一些功能，例如能够同时活动两根手指并抓取物体。模块化假肢的手腕有两个控制度。

机械手与人体也可以不相连，"机器宇航员"就是这样一个案例（图24）。"机器宇航员"是美国国家航空航天局（NASA）和 DARPA 联合开发的一个项目，由一个带有头部的躯干和两个连接手部的手臂组成。通过在机器身上安装立体双摄像头，宇航员可以从机器的视角进行观察，然后对其远程操控。他们通过模仿操作员手部动作的"数据手套"来移动"机器宇航员"的手，这种拟人化设计使人类远程操作员能够实施自然而直观的控制。设计"机器宇航员"的目的是能够在国际空间站外部空间的危险工作环境中执行维护和修理工作。

"机器宇航员"的手和人类的手很像，有四根手指和一根可以触摸食指

图 24　机器宇航员。图片由美国国家航空航天局提供

的对生拇指。这些手指可以在底部滚动，三个关节可以弯曲，总共有 14 个自由度。前臂装有发动机和电子驱动装置。目前，手部还无法向操作者提供触觉反馈，但相关的研究攻关正在进行。抓取算法是必须要有的，一旦遥控操作员对其进行了预先定位，该算法就会自动将手扣紧抓住某些物体。未来的机械手将使用手指肌腱传感器，以便可以抓到更大范围内的物体。

最近，迪士尼公司开发了一款仿人机器人，能够玩接球和杂耍。它配有视觉系统，可以跟踪球在移动过程中的三维空间位置。由于这个机器人必须与人类搭档互动，通过程序设定调整头部朝向，"看着"与它玩耍的人。当它错过球时，也会通过程序使其向下看。这些功能都不是必要的，但都便于人类与机器人玩耍。与人的交互系统不仅必须能执行所需的身体动作，而且必须理解和使用必备的社交技能。

行走和人造腿

用于行走的系统可以分为两类。在被动稳定系统中，身体的重心位于脚与地面接触点所形成的明确区域内。由于身体的中心始终集中在脚上，这些机器可以随时停止并仍能保持自身平衡。在动态稳定系统中，身体只有在步态周期的特定环节才能保持平衡和直立，这种固有的不稳定性让这类系统的设计变得更加困难。双足人类运动是动态稳定的。试着走路的时候在不同的时刻停下来，然后就能发现自己哪会是最不稳定的。

通过使用轮式或履带式车辆，可以满足许多陆地运动的需求。在具有良好牵引力的平坦表面上，车轮是最佳的移动方式。履带更适合于软质或沙质地面，也更适合于对付像岩石这样的小型障碍物。然而，要穿越崎岖地带，最好的实现方式是用双腿——可以用腿跨越或跳过障碍物，腿与手臂的配合使用还能攀登垂直或接近垂直的表面。无论是两足动物、四足动物还是多足动物，在困难的环境中四处走动都会自然地选择使用腿。因此，研究人员投入了大量精力来设计可以模仿这些技艺的人造腿。

赛跑选手奥斯卡·皮斯托瑞斯（Oscar Pistorius）使用的两个弯曲而有弹性的金属刀片，就是一个简单的假腿例子。他一直在用这些装备来跑步，并取得了一些成功，在几场比赛中还战胜了其他非增强型赛跑选手。使用假肢来恢复正常功能通常是没有争议的，但当它给某人带来竞争优势时就不是这样了。你认为能否允许皮斯托瑞斯在奥运会和其他比赛中与所谓的普通跑步选手竞争吗？这是否相当于机械性的兴奋剂呢？

奥托博克（Otto Bock）医疗保健公司研发的智能仿生腿 C-leg 向全功能型人造腿迈进了一大步。C-leg 配有微处理器和传感器，可以和真腿一样稳定，且能做步进式运动。其特色之一是电子控制的液压膝盖，能适应不同的运动。应变式传感器可测量脚上的负载，其他测量手段则能以每秒超过 50 次的频率跟踪膝角和运动等特征。然后，由算法处理这些数据，以确定当前阶段的步态周期，并做出调整。结果，患者不必像使用普通的"哑巴"假体那样考虑如何使用这条腿。C-leg 可以让患者正常下坡道、下楼梯或在非平坦地形上行走。纽约和新泽西港务局的计算机分析师柯蒂斯·格里姆斯利（Curtis Grimsley）曾用这种腿与其他撤离人员以相同的速度下了 70 层楼梯，以逃避世界贸易中心的灾难。

虚幻体感 ●●●

假体的使用似乎延伸了我们身体的边界，因而也延伸了自我的边界。使用手杖助力行走的盲人经常说，他们的手感觉到的不是手杖抓握端而是手杖的末梢，也就是手杖接触地面和其他物体的地方。这就好像手杖融入了身体，成为手臂的延伸，使得他们现在能够用手杖来感觉物体，就像用自己的手感觉的那样。

身体转移幻觉是指感觉拥有了不属于我们自己的身体部位或整个身体。这种感觉往往是通过刺激受试者而引起的，使他们认为感觉到的是一种事物，而看到的是另一种事物。橡胶手幻觉就是这一现象的典型例子。在这一实验中，受试者的左手被隐藏起来，然后在他们面前放一个逼真的橡胶左手让他们观看。接着，实验者用画笔朝一个方向同时轻抚真手和橡胶手，这时受试者就会感觉橡胶手是属于自己身体的。当被问及哪只手是他们的左手时，受试者甚至会用自己的右手指向橡胶手。在这项研究中，磁共振记录显示，前运动皮质在感知身体时处于激活状态，这个区域参与身体运动的规划。

其他研究表明，不同的脑区域也参与其中。当研究人员用针刺向橡胶手时，磁共振扫描显示前扣带皮质的活跃性增加——在人预期到疼痛时这个区域通常会被激活。他们还发现当有想移动手臂的冲动时辅助运动区域会被激活。受试者看到针刺向橡胶手会预期到刺痛感，即使自己的手放在不同地方且并不会被针实际刺到，但他们还是会把橡胶手当作自己的手而移动自己的真手。

该领域的其他研究表明，我们可以体验到假想肢体的其他变化，甚至包括我们没有体验过的肢体感知。谢弗（Schaefer）、弗洛尔（Flor）、海因策（Heinze）和罗特（Rotte）将一只人造手臂和手连接到受试者的身体上，让他们感觉到自己有延伸的第二手臂。受试者报告说，他们感觉这只手臂和手是他们自己的，而且比他们的正常手臂还要长。脑部成像显示，包含身体内部图谱的初级触觉皮质的活动发生了变化，对应的是幻觉延伸。在一项相关研究中，这些研究人员再次将一只人造手和手臂连接到受试者身体上，但这次是为了产生第三只多余手臂的幻觉。受试者看到并感觉他们现在有第三只手臂。研究人员再次发现了与这种体验对应的触觉皮质变化。

斯莱特（Slater）、斯潘朗（Spanlang）、桑切斯·维维斯（Sanchez-Vives）和布兰克（Blanke）使用虚拟现实仿真表明，我们的整个身体都可以迁移到别人的身体里。他们让男性受试者从一个静坐女孩的角度来感知一个房间。站在女孩面前的是一个女人，她正在轻抚女孩的肩膀，然后出人意料地在女孩的脸上打了三下。受试者从第一人称或第三人称的视角来体验这种情形——从女孩自己的眼睛和身体来体验，或者从她头上几英尺（1英尺=0.3048米）高的地方向下观察。受试者报告说，他们实际上"变成了那个女孩"，正栖息于她的身体里。结果表明，从条件上讲，第一人称视角比第三人称更能引发这种效果。仿真过程包含了触觉信息，它比头部运动同步的效果更显著。

所有这些研究表明，我们的脑很容易被身体的自我所欺骗。我们依靠触觉、视觉和其他感觉输入告诉我们四肢和身体的位置和状态。尽管我们在身体上受到肉体的束缚，也从认知上理解这一点，但是感知信息很容易覆盖这类信息。未来的技术会进一步改变我们的脑对身体结构的概念。例如：模拟所有感觉的全沉浸式虚拟现实可能会让我们进入虚拟（或模拟真实）的身体，这样我们就可以完全体验到做我们的朋友、爱人或家人是什么感觉。如果软件能够效仿其他动物或生物的动作，那么我们就可以体验到成为老鹰、山狮或想象中的外星人是什么感觉，甚至可以知道成为一朵云或者根本没有肉体是什么感觉。

动力外骨骼 ●●●

动力外骨骼是一种由电动机、气动、液压或某些技术组合来驱动的可穿戴移动机器，有助于穿戴者增加肢体活动和增强耐力（图25）。动力外骨骼有时也被命名为动力盔甲、硬质服或机器护甲。穿着这种衣服的人可以长时间内举起比正常物体更重的东西，或者从事其他此类工作而不会感到疲劳。动力外骨骼在军事领域也有应用。例如，可以用它装载供应物资或让部队长距离行军。目前装备军队的 LIFESUIT 原型 14 在充满电的情况下可以行走一英里（1 609.344 米），并能举重 203 磅（92.08 千克）。

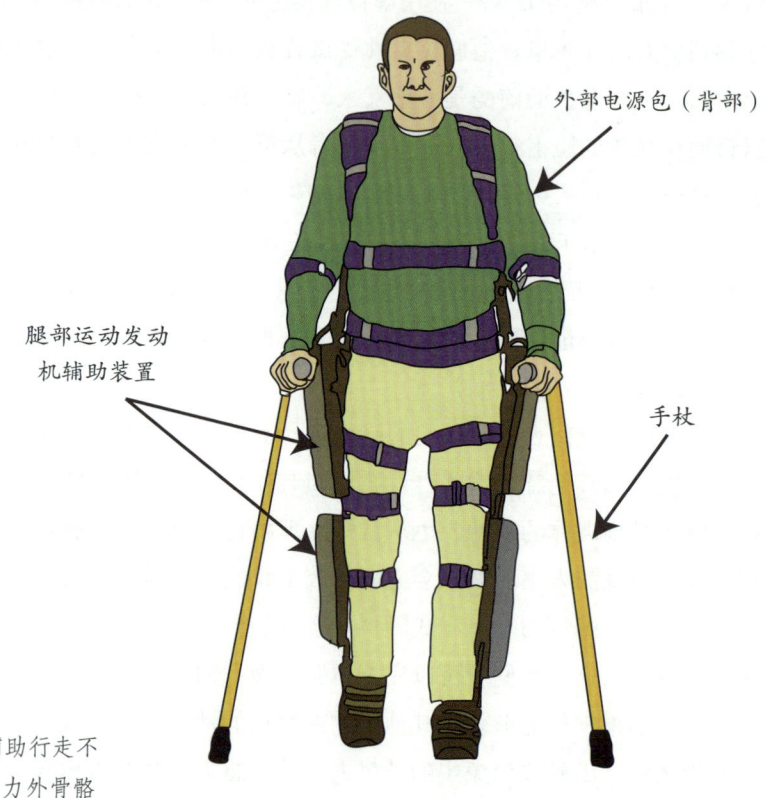

外部电源包（背部）

腿部运动发动
机辅助装置

手杖

图 25　辅助行走不
便者的动力外骨骼

动力外骨骼可以为因中风或脊椎损伤而受伤的患者提供步行辅助。其中一些康复外骨骼可以为患者提供连续辅助，让他们从全动力行走过渡到自由行走，因此可以根据穿戴者的具体需求定制服装。在日本，这类衣服也被用来帮助护士转移体重大的患者。其他民用案例包括为消防员和其他救援人员提供防护，以帮助他们在危险环境中生存。

要想让这种机器护甲快速灵活地移动，还需要解决许多问题。目前设计的模型速度慢，在实际运用中缺乏持久力。几乎没有独立电源可以维持全身动力外骨骼工作几小时以上。电池需要充电，这就需要一起携带充电装置和护甲。内燃机输出的能量虽大，但消耗的燃料也多，而且运行起来会发热。目前的模型都挂有外部电源，而其框架或骨架必须使用牢固轻便的材料，例如钛。钢很结实，但太重；铝很轻，但太脆弱。对于传动装置（机器中负责移动或控制机械装置的部分），无论是气体压缩型（气动）还是流体压缩型（液压），两种都不可用——气动的不好控制，液压的太重。

另一难题就是让动力机械服契合臀部和肩部等球窝关节的运动，这可能会让机械服看起来很僵硬，缺少灵活度。此外，现在还没有一种动力机械服与人类灵活的脊柱相适配。任何这种性质的动力机械服只有限制其运动范围才能防止伤害穿戴者或者损坏衣服。为了克服这个问题，我们需要一种能跟踪肢体位置的上位机。最后，还有尺码方面的问题——人的身材各有不同，为了适合所有人，我们必须设计多种尺码的动力服或者长度可调的假肢和构架。

除非克服这些局限性，否则还需几年时间才能研发出合适的动力外骨骼模型。然而，电影中不乏使用动力外骨骼的情景。一个著名的例子是，在 1986 年上映的电影《异形》（Aliens）中，由西格妮·韦弗（Sigourney Weaver）扮演的角色蕾普利（Ripley）与异形女皇打斗。另一个是 2013 年的电影《极乐世界》（Elysium）中，马特·达蒙（Matt Damon）饰演的角色麦克斯（Max）使用动力外骨骼来克服其身体残疾障碍。

3 神经修复术（脑机接口）

运动神经假体也称作**脑机接口**（BMIs/BCIs），它可以帮助瘫痪病人或因其他缘故造成四肢活动困难的患者恢复运动功能。运动神经假体可以将从神经元测得的电活动转换为信号，用来控制机械臂等辅助设备。通常，被植入运动皮质的电极可以读取运动意图信号。电极收集到的信息会反馈到神经"解码"算法，然后发送到辅助设备。例如，如果意图被解读为"伸出右臂去抓球"，那么假臂就会收到指令，做出相应动作。通过用这些设备训练后，患者只需想一想动作就可以靠自己来完成。

犹他阵列是一个 10×10 大小的硅微电极阵列。阵列后面的导线将记录的信号传到头骨的连接器基座上。整个装置都用一种材料包覆涂层，防止受到人体免疫系统的排斥。然而，尽管瘢痕组织通常不会妨碍数据的采集，但它确实会在电极上形成。另外，分开的微细线可以一次插入一根，也可以成组地插入。虽然这需要相当复杂的手术过程，但有一个好处就是可以在不同的脑位置做记录。电极已经成功地使用了七年。

BMI 技术可以在不植入电极的情况下记录电信号，其优点是创伤小、无需手术，缺点是分辨率降低，因为这些流程记录的区域更大。表 9 展示的是数据对比结果。脑电图（EEG）记录的数据可以测量 3 厘米以上区域的神经信号，并应用到头皮上。硬脑膜下脑皮质电图（ECoG）的电极置于皮质上方，而硬脑膜外的脑皮质电图的电极置于硬脑膜上方，这些技术的脑电图记录范围都在 0.5 厘米以内。脑皮质内的电极用来测量 1 毫米区域内神经元的信号，这样就记录了所谓的局部场电位。最后，在单个神经元内或其附近插入的单细胞电极记录了神经元的动作电位（沿着其轴突发送的电信号）。

表 9　测量脑电活动的不同技术及其测量区域的大小和对应的神经区域

记录装置	测量区域大小	神经区域
脑电图	3厘米	皮质区
脑皮质电图	0.5厘米	狭窄皮质区
局部场电位	1毫米	神经群
单个神经元动作电位	0.2毫米	单个神经元

　　硬件系统放大、数字化神经信号并对其滤波，然后将这些信号传递给计算机上的解码软件进行实时数据处理。解码前必须实施某些信号处理操作，包括提取动作电位的"峰电位"。滤波可以提取出不同频率范围内的发射信号。例如，伽马波段的发射信号频率在 30 ~ 100 赫兹之间。硬件系统有时与电极集成在一起。此外，这些装置的功耗必须低，因为植入区域周围的组织对温度敏感——温度过高，会受损伤。基座或植入物的数据可以通过解码软件无线传输到计算机上，并从计算机传到诸如机械臂等硬件上。

动物研究 ●●●

　　有几家实验室的研究人员已经记录了老鼠和猴子脑皮质的信号。卡梅纳（Carmena）使用脑机接口让恒河猴使用机械臂去碰和抓东西。研究人员训练猴子以可视化的方式使用操纵杆和电脑屏幕来执行这些动作（图 26）。在这些实验中，猴子看不到机械臂的活动。在后来的各项研究中，猴子在执行任务时可以直接观察机械臂。脑机接口能够确定手臂的速度和手的握力。奥多尔蒂等人（O'Doherty）让猴子控制机械手臂的位置，同时通过直接刺激手臂对应的感觉皮质获得感觉反馈，这种反馈有助于最优地移动和控制机械臂。正常人无论何时端起一杯咖啡，都能感觉到他或她的手臂在伸展，也能在抓起时感受到杯子的重量和质地。

　　其他研究者使用脑机接口时只用到极少数目（15 ~ 30 个）神经元的记录就成功了，而早期研究中涉及的神经元数量是 50 ~ 200 个。其中一组实

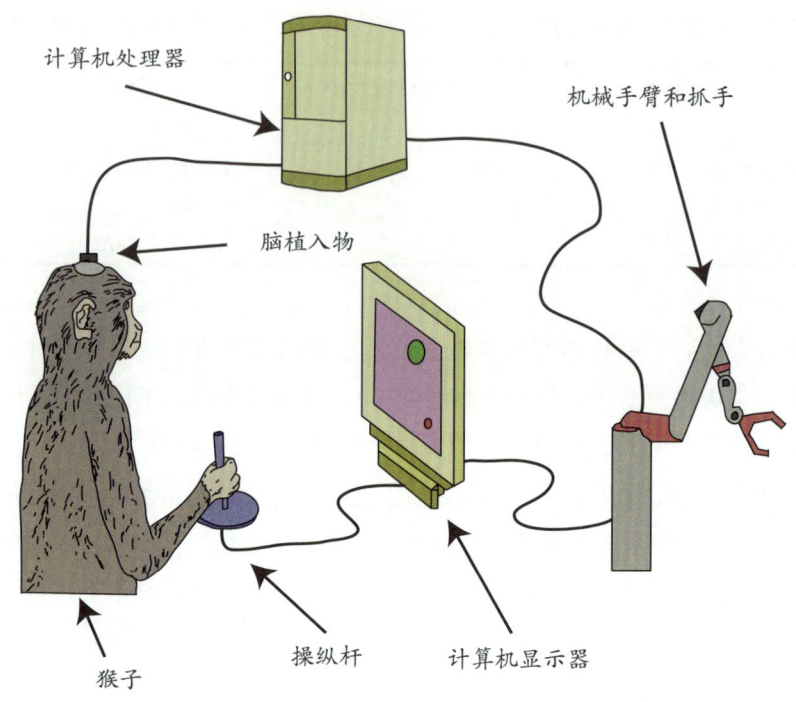

计算机处理器

机械手臂和抓手

脑植入物

操纵杆

计算机显示器

猴子

图 26　脑机接口助力猴子操作机械臂

验通过脑机接口让猴子在使用或不使用操纵杆的情况下在电脑屏幕上跟踪视觉目标。脑机接口还可以在虚拟现实系统中用于手臂控制动作的三维跟踪。另外，令人印象深刻的是，使用脑机接口可以让猴子给自己喂一块块水果和棉花糖。所有记录并非都是在运动皮质中完成。其他工作研究在后顶叶负责的前移运动中和动物预期获得奖励时如何控制猴子的手臂伸展活动。

人类研究 ●●●

马特·内格尔（ Matt Nagle ）曾受到过刺伤，刺刀切断了他的脊髓，导致他颈部以下全部瘫痪。2005 年，他使用了一种称作 BrainGate 的脑机接口控制机械手臂，其中的电极被植入到运动皮质的中央前回区域中。通过在脑中思考手的移动动作，他能够使用带有 96 个电极的植入物来控制机械臂。同时，他也能控制电脑的光标、灯和电视机。这只是一个初步成功，随后匹兹堡大学医学中心的研究人员对其进行了后续研究，现在他们能够让四肢瘫痪患者使用 BrainGate 系统朝多个方向移动机器假肢。

如上所述，脑皮质电图（ECoG）比直接将电极植入脑组织的方式创伤小，它将电极放置在位于硬脑膜下的皮质上方的一个薄塑料垫中。由于头骨会阻挡部分信号，所以将电极置于头骨下方信号接收效果会更好。2004年，位于圣路易斯市的华盛顿大学有一个团队首次尝试了 ECoG 方法，后来他们利用 ECoG 植入物实现了让一个十几岁的男孩玩《太空入侵者》（*Space Invaders*）游戏。由于这种手术对患者的身体损害较小，而且还容易控制，所以这是个很好的折中方案。

脑电图（EEG）是实现脑机接口的非侵入手段，易于使用，因为电极直接在头皮上移动，不需要手术，但它的空间分辨率很差，头骨还会遮挡一些高频率信号。不过，EEG 的时间分辨率很好，大多数脑机接口研究都是利用它来完成的。经过专门训练的工作人员才能使用电极。杜德（Doud）、卢卡斯（Lucas）和皮桑斯基（Pisansky）使用了基于 EEG 的脑机接口让受试者在三维空间中控制虚拟直升机的运动，另外一些受试者使用了类似方法，后来能够指挥真实遥控直升机完成越障训练。

基于认知的"读心"术 ●●●

巴黎法兰西学院的斯坦尼斯拉斯·德阿纳（Stanislas Dehaene）博士在一项研究中让受试者看着一个数字，并记录顶叶的磁共振（MRI）数据。通过分析磁共振数据内在的模式，他们能够确定受试者在看什么数字，每个数字均对应一个特定的神经激活模式。在另一项研究中，布莱恩·帕斯里（Brian Pasley）博士和他的同事将 64 个电极直接放在脑皮质表面，使用脑皮质电图来测量脑对单词的反应。他们也发现，听到的单词不同，对应的电活动模式就截然不同。最终，研究人员仅凭活动数据就能确定受试者在想什么词。2011 年，在犹他大学开展的另一项研究中，科学家们将电极放置在控制面部肌肉的运动皮质上，记录了受试者在说"**您好**"和"**再见**"等特定词语时的活动。研究人员能够根据激活模式，确定一个人会说什么单词。该项技术可供瘫痪病人做口述用。

明尼苏达州梅奥诊所的杰瑞·施（Jerry Shih）博士在癫痫病患者身上使用了 ECoG 脑机接口技术。癫痫是一种脑功能障碍，该疾病患者脑中的神经元会不受控制地放电，导致痉挛、抽搐，有时甚至会导致死亡。杰瑞·施博士让他的病人集中观察字母表中的每个字母，同时记录他们的脑活动。然后，他们只需想一想每个字母，就能百分百准确地在电脑屏幕上打字。目前可用的精确脑电图打字机寥寥无几。据估计，这些打字机的打字速度可以达到每分钟 5 ~ 10 个单词。这项技术可供瘫痪病人使用。

类似的技术可用于视觉图像数据的记录。加州大学伯克利分校的加兰特（Gallant）博士在一项研究中让受试者躺在功能性磁共振成像（fMRI）扫描仪前观看 YouTube 上的视频。研究人员记录了一段由体素组成的脑活动三维视频。体素是一种三维"像素"，它可以点亮给定的亮度或颜色，代表 xyz 坐标空间中的某个脑活动。因此，体素视频展现了脑活动是如何随时间变化的。加兰特发现视频的特征与脑活动之间存在某种相关性，该研究团队能够利用脑成像数据重现受试者观看到的视频。反过来，先获取视频，然后利用视频预测体素图像。例如，研究人员要求受试者想象蒙娜丽莎（Mona Lisa），但该程序显示出萨尔玛·海耶克（Salma Hayek）的照片，所以它还不完全准确。

因此，拥有读心术的设备已经问世，而不仅仅存在于科幻小说中。利用目前的技术，人类能够制造出手机大小的弱磁场磁共振扫描仪，从而可以在任何地方用这种设备扫描自己的脑，然后将所记录的信号无线传送到电脑上，通过解码生成一幅三维图像。患者可以在家中自己完成脑的扫描，并将信息发送给主管医生，从而对自己的身体状况做到近乎实时的监控。令人兴奋的是，这项技术在未来极有可能实现。可以在某人的脑中植入一个由纳米级电极组成的"神经丝网"，然后让这个人在脑中想出完整的句子并传递给"机器人秘书"，后者就可以为电子邮件做口述、预订晚餐或安排每日的活动。

其他脑机接口应用 ●●●

如上所述，脑机接口也被用于电子游戏和虚拟现实模拟，这种活动叫作神经游戏。2009 年，NeuroSky 公司推出了名为 Mindflex 的系统，该系统使用脑电图传感器让球穿过迷宫。所以，现在可以用意念控制角色的动作，比如开火或躲避敌人，就像使用传统控制器或操纵杆玩真正的电子游戏一样。便携式脑电图传感器还可检测公交司机等工人何时打瞌睡，然后将其唤醒以防止发生事故。在日本，有一种傻瓜版本，戴上后看起来像小兔子的耳朵。当人们感兴趣时，耳朵就会竖起来；不太感兴趣时，耳朵就会垂下来。在聚会时可以用这个来表达自己的好感，极具浪漫情调！

前面我们提到，感觉反馈可以让患者调整自己的动作，从而更精确、更有控制力地完成动作。杜克大学的尼科莱利斯（Nicolelis）博士开发了一种感觉反馈版本的脑机接口，用于控制假臂。脑传感器向手臂发送运动指令，然后手臂移动并向脑返回感觉反馈。例如，反馈可以让用户了解表面是粗糙的还是光滑的。这种技术叫作脑机脑接口（BMBI），因为运动信号首先从脑发出来控制效应器。然后，效应器依据运动将命令送回脑，以便对其进行解读。当然，正常人活动肢体时也会出现这种情况。

2013 年，华盛顿大学的研究人员能够利用脑机接口直接控制他人的行为。一位用户在玩脑机接口电子游戏中，当他的右臂发射一门大炮时，就会通过互联网发送一个信号，该信号会移动另一个人的手臂，这样他也会发射大炮。瘫痪病人也可以远程控制机器人，通过机器人的摄像头观察活动，并通过机器人的上下肢来移动和操纵物体。未来的战场有可能通过这种方式打仗，这样士兵就不会受伤或死亡。在将来，佩戴脑机接口的演员可以记录他们五官的体验，然后将这些信息输送给剧院的观众，这样他们也可以有同样的体验，比如爬山。最后，可能还会出现一种脑网络，在这个网络中，人们可以仅仅通过意念来交流思想和体验。这样的网络可能会产生"群体心智"，就是由许多一起思考的个体不断交互而形成的心智。

4 人工记忆

通过保持一种体验并把它分解成不同的感觉模式,海马体就产生了记忆,然后将这些记忆存储在脑皮质和脑的不同部位。例如,情绪存储在杏仁核中,文字存储在颞叶中,视觉信息存储在枕叶中,而有关触摸和运动的信息存储在顶叶中。存储信息的特异性程度相当精细化。我们对水果和蔬菜、植物、动物以及面部表情的概念都存储在脑皮质的相应位置,就像有人把玻璃杯、马克杯和盘子等物品放在橱柜的不同架子上一样。

在回忆的过程中,脑需要某种方式来重新激活记忆的所有这些不同部分,这就是所谓的记忆绑定问题。其中一种实现方式是利用神经活动的频率。例如,一个记忆片段可能会在一个特定的频率(比如 40 赫兹)振动,并重新激活另一个也在该频率振动的记忆片段。在这些频率下,脑机接口的电刺激会带来相关信息的提取。

2011 年,维克森林大学的研究人员记录了一只老鼠的记忆,并将其数字化存储在电脑中。这段记忆是海马体的一种特殊活动模式,代表他们交给老鼠的一项任务。然后,他们给老鼠注射了一种化学物质,让它忘记如何执行此任务。接下来,他们利用数字存储的记忆重新激活海马体。随后,老鼠可以再次执行该任务。该项技术有着十分有趣的寓意,这表明有一天我们也许能够将实际没有经历过的新的记忆植入到人体内,也可以利用这项技术培训工人或向人们普及他们并不知晓的事实。同时,我们可以将人工海马体植入患有阿尔茨海默症或中风患者的脑中,这些人的海马体早已受损。脑的其他部分也含有技能知识[像电影《黑客帝国》(*The Matrix*)中出现的如何驾驶直升机或用柔术格斗],如基底神经节、小脑和运动皮质,但原则上这些知识也可以再现。

预测一下未来的图景，我们可能会有从未度过的假期回忆［就像电影《全面回忆》（*Total Recall*）中主角的经历］，甚至是从未有过的生活回忆［就像 1995/2017 年的电影《机动队》（*Ghost in the Shall*）中主角的经历］。我们或许可以记录下自己的整个生活，然后上传到电脑网络，与他人共享。正如我们在本书后面将要提到的，个人信息可能会加载到软件化身或机器人中创造出一个新的你，与你的所知所为相似。也会有其他一些有趣的事，比如让杰克（Jake）犯罪，然后从他的脑中抹去犯罪记忆，植入虚假的不在场证明这种记忆。杰克也可以让其犯过罪的记忆植入小杰克（Jack）的脑中，这时后者就会认为自己犯了罪。或者，罪犯杰克可能犯了罪，但随后在目击者脑中植入了错误记忆，这样目击者就不记得案发过程了。

5 机器人学

机器人学是一个跨学科的领域，聚集了计算机科学家、工程师和其他领域的人员。该领域主要涉及机器人的构造、操作和使用。机器人可以呈现任何形式，包括类人的，也可以模仿蛇、四足动物，甚至水母和昆虫。机器人是能够自主地与环境互动的机器，这意味着它们能够独立地感知、思考和行动。通常，建造机器人是为了执行一些特定的任务，比如拆除炸弹或清洁地板。无论机器人的形状或执行的任务如何，所有的机器人都有三个共同特点：（1）机械框架或结构；（2）驱动和控制机器的电子部件；（3）某种等级的计算机编程代码。

在本节中，我们首先讨论由人类控制的半自动机器人。然后，我们将全面探讨人与机器人之间交互的个人机器人领域。接下来，我们将研究机器人之间如何交互，以及如何通过进化和遗传机理来控制机器人的行为。最后一节我们将介绍纳米机器人和纳米医学的作用。所有这些应用都对自我有一定的启示——可通过它们把自我投射到身体之外，表明我们把外形像人类或行为与人类相似的机器当成了人类。

远程机器人技术 ●●●

远程机器人技术属于机器人领域，主要是利用无线通信远距离控制半自动机器人。这一领域结合了远程呈现和远程操作两大研究方向。**远程呈现**是指让人们产生一种临场感的技术，或其形象出现在与自己所处实际位置不同的地方。远程呈现的一个常见例子是视频会议，距离较远的人可以一起参加商务会议。Skype 应用程序以及其他一些更复杂的软件就可以做到这一点。远程呈现可以让你创建自己的"副本"，这样你就能以信息化方式同时出现在两个地点。远程呈现会如何影响你对自我的意识呢？当你用Skype聊天的时候，你是否觉得自己不只处在一个地方呢？当你在社交对话中与人交谈时，远处投射的自我是否更加突出呢？

远程操作是指远距离操作一台机器，相当于一个人在另一个地点远程控制一台机器。远程操作的例子包括无线电控制的模型飞机或无人机，以及像军用的捕食者无人机这样的攻击机或侦察机。如果距离太远无法进行快速通信，比如行星探测车，该设备必须有一定程度的自主能力。

通常，操作员可以通过安装在机器人上的摄像头看到机器人"看到"的场景，并能使用操纵杆或简单的显示器、鼠标、键盘（MMK）界面控制机器人的运动。虚拟现实护目镜和手套也可作为接口，增强沉浸感，并在更大程度上控制机器人。远程机器人的一个典型案例是，警察或军队使用机器人拆除或强行引爆炸弹。当用户远程控制机器人时，机器人就变成用户的化身，因为它可以表达用户的行为。像 iRobot Ava 500 这样的自主漫游式远程呈现机器人就可以在走廊上移动，进入房间，使其操作者可以通过计算机显示屏与人对视和交流。

人类外科医生可以远程操作手术机器人。这些机器人可以再现医生的动作，精确度比人手要高得多，能进行更精确的切割和缝合动作。手术机器人的使用已经有一段历史了，几乎用于每个手术领域，包括心脏病学、胃肠病学、神经外科、眼科学和骨科学。使用这些系统的优点是切口变小、失血更少、疼痛减轻、伤口恢复更快。但这种系统也有缺点：价格昂贵、生产成本更高，而且需要对外科医生和辅助人员开展更多的培训。

实际上，远程机器人技术与其他形式的远程控制创造了一种"灵魂出窍的体验"。当我们远程操作设备时，我们通过远处的摄像机"观察"并操作可响应我们命令的机械臂。结果是我们感觉自己不是"在这里"——我们身体所在的位置，而是"在别处"——机器人所在的位置。通过机器人的传感器体验世界，并通过机器人的效应器对世界采取行动，我们实际上"成了"机器人，把本身的自我转变成了机器自我。

个人机器人技术（社交机器人技术）●●●

本节我们将讨论机器人与人类之间的互动，即所谓的个人机器人或社交机器人。机器人技术正在发生新的变化。纵观机器人技术的发展历史，机器人大多用于高度结构化的环境中，不需要人类的直接监督或互动。它们在工厂和发电站等地方表现突出，在那里它们一遍又一遍地执行重复性的动作。但是，随着工业化国家老年人数量的不断增加，对机器人技术的发展需求越来越倾向于为家庭环境设计机器人，以便帮助老年人和（或）残疾人。这就需要一种新型机器人，可以完成多种不同的任务，并能够在人类在场的情况下安全运行。个人机器人技术的目标就是设计和制造智能机器，使其能在众多不同的日常环境中与人类互动并协助人类。

个人机器人技术最重要的一项挑战不是技术上的，而是心理上的。在设计上，这种机器人必须能够被人们接受和使用。达里奥（Dario）、古列尔梅利（Guglielmelli）和拉斯基（Laschi）在这方面提出了几个观点。他们认为，个人机器人应该像家用电器一样，必须根据其实用性、交互趣味性、安全性、成本以及其他指标进行评估。例如，把个人机器人做成像人的样子可能并不可取，因为这会让人类感觉这种机器人侵犯了自身的个人环境。同样重要的是，不能让人类认为机器人具有威胁性，所以它的设计不能表现出具有攻击性的动作或表情。另一个需要考虑的因素是，人们可能不喜欢具有高度自主性和主动性的个人机器人，因为这也会让人类感觉产生了威胁。为了避免这种情况，机器人的设计需要优化而不是减少用户的参与度。

注重外观

个人机器人应该是什么样子的呢？如果我们每天都要与它们互动，这是一个需要考虑的重要因素。个人机器人的大小应该和人差不多或者更小，再大一点就会让人感觉带有威胁性。日本本田公司的机器人 Asimo 设计得就比较小，这样它就可以方便地接触离地面几英尺的地方，如门把手、操作台和其他工作区域。虽然没有严格要求，但个人机器人至少也应该看起来有点像人类，以便于社交互动。

虽然我们肯定会将人类的特征赋予机器，但其他研究表明，若无生命的物体看起来有点像有生命的物体，但又不是太像时，可能看起来会令人震惊。1970年，机器人学教授森正弘（Masahiro Mori）首次发现，如果机器人的外观和动作越来越像人类，人类对它的情感反应就会增加，变得更加积极且富有同情心。但是，当机器人与人的相似度只有75%左右时，就会出现强烈的负面情绪反应，这时机器人看起来毫无人性、令人厌恶。当与人类的相似度达到85%时，情感反应再次变得积极。图27就展示了这种下降函数，也就是所谓的恐怖谷（Uncanny Valley）理论。

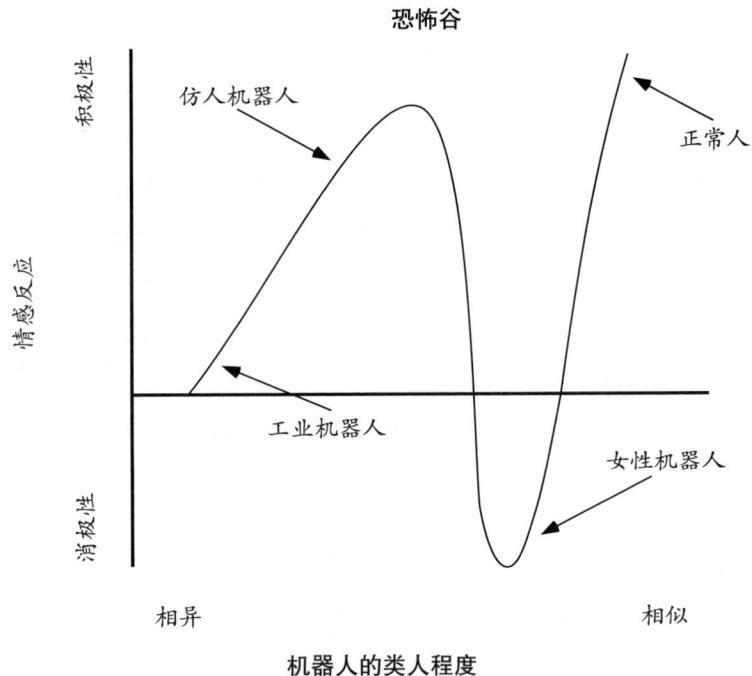

图27 据弗里登伯格（Friedenberg，2008），该图显示了恐怖谷理论

显然，人们不会愿意和外表"与人类惊人相似"的机器人互动，但我们如何解释这种现象呢？有一种说法是，在明显非人类的实体中，类人特征会更容易引起人类的注意，并产生共情，但在那些看起来几乎像人类的实体中，与人相异的特征十分明显，则就会引起人类的反感。另一种解释是，长得像人的东西几乎和尸体很像，而拟人的动作则象征着疾病，或神经上也可能是心理上的机能障碍。后一种说法可能带有进化的基础，因为我们的生存优势就是避免身体生病。

鉴于这些结果，未来的个人机器人在设计上应该避免跌入"恐怖谷陷阱"，要么看起来非常像人类，要么只是有点像人类。在第一种情况下，我们可能很难将机器人与人类区分开，这会引起另外一系列问题，因为人们当然希望能知道他们面对的是一个自然人还是一个机器人，因此最有可能出现第二种情况。

机器的社会认知

研究人员还研究了人们对外观上与人类几乎没有相似性的计算机的反应。我们对待电脑的方式会像对待机器人或类人面孔那样吗？福尔斯特（Foerst）描述了斯坦福大学研究人机交互的社会学家克里夫·纳斯（Cliff Nass）开展的两个实验。在第一个实验中，要求受试者测试然后评估一个有问题的计算机程序，程序本身也会提示他们进行评估。后来，让他们再次评估该程序，这次的要求是由人提出的。受试者在被计算机提示做评估时，评价十分正面，但当被人类研究助手要求评估时，受试者的评价具有显著的批判性和负面性。结果表明，评价者害怕"扰乱"计算机，因此行为上对它们很有礼貌，但他们向人类助手报告自己的真实感受时，却没有任何疑虑。在与计算机交互时，我们似乎认为计算机会有感觉，然后就会以对待人的同样方式来对待它们。

在第二项研究中，纳斯让受试者在电脑上玩互动游戏。在这个实验中，一半的电脑显示器是绿色的，而另一半是蓝色的。此外，一半的受试者戴着绿色臂章，而另一半戴着蓝色臂章。那些戴着绿色臂章的人在绿色显示器上玩游戏时更易成功。同样，"蓝色"玩家在蓝色机器上表现更好。随后，纳斯要求他们评估自己在玩机器时的感受。绿色受试者说，当显示器颜色也是绿色时，他们与机器的团结感更强。同样地，蓝色受试者认为他们与蓝色显示器的联系更紧密。这些结果表明，我们认同那些与自己群体特征相似的电脑。这意味着可能存在一种"机器种族主义"形式，即我们可能会根据人造人与我们自己的种族、宗教或其他社交上重要属性的相似性，以积极或消极的方式来看待和对待它们。

拟人化的定义是将类似人类的特质赋予非人类主体。我们最近介绍的许多事实表明，人们很容易将机器拟人化。我们将类似人类的特质赋予行为方式简单的车辆，赋予与我们人脸有些相似或非常相似的面孔，赋予计算机以及机器人，这就影响了我们与它们互动的方式。拟人化似乎是我们解释周围世界的一种固有方式。克里夫·纳斯和拜伦·里夫斯（Byron Reeves）认为，拟人化是人类对与其互动的任何事物产生的最初直觉反应，要想不出现这样的反应，就需要坚定的意志。

Kismet：情感机器人

辛西娅·布雷阿泽尔（Cynthia Breazeal）和她的同事们投入了大量时间来研究机器人的情感，他们的研究目标是设计既能识别情感又能表达情感的机器人，具有这些能力的机器人可以在社交环境中更好地与人类互动。Kismet 项目旨在模拟一种非常简单的人类社交形式，即婴儿和其照顾者之间的互动。Kismet 是一个可爱的机器人头，能够感知他人，并能表达各种丰富的面部表情。它由一个认知系统和一个情感系统共同驱动，以调节其与人的互动。

Kismet 上配备了一套彩色相机，可以移动其头部和眼睛来控制其视线范围和关注的目标物。它的听觉系统由一个麦克风组成，可以识别和处理人类语音的某些内容。Kismet 的程序可以检测四种基本的基频曲线，分别表示准许、禁止、注意和舒适，检测这种情感也会影响其自身的情绪状态。Kismet 可以竖起耳朵表示感兴趣，或者把耳朵折回去表示愤怒。它的眉毛上下移动、皱起或倾斜，用来表达失望、惊讶或悲痛等情绪。同时，Kismet 还配备了一个发声系统，可以产生合成的童声。

Kismet 主要通过面部来传达情感。它所表现的情感处于一个三维情感空间中，即唤醒（高 / 低）、效价（好 / 坏）和站姿（前进 / 后退）。镇静的表情对应的是高的正效价度和低唤醒度，即一种快乐但未被唤醒的状态。快乐的表情对应于正效价度和一般唤醒度。Kismet 能表达的其他一些表情包括愤怒、厌恶、悲伤、惊讶和恐惧。

Kismet 的认知系统由感知、注意、驱动和行为子系统组成。它的驱动系统实质上就是人类动机的人工实现。Kismet 就像真实的孩子一样，有口渴、饥饿、疲劳等动机性的驱动。它具有社交驱动力——"需要"与人交流，刺激驱动力——玩玩具以及疲劳驱动力——时不时地休息一下。当机器人的"需求"得到满足时，这些驱动力就处于一种自我平衡状态，Kismet 表现出满足的样子。但如果驱动力在强度上偏离这种状态，机器人就会有更强的动机做出改变去平衡驱动力。驱动力不会直接引发情绪反应，但它们确实会影响 Kismet 的整个情绪状态或心情。

举例来说，如果 Kismet 的社交驱动力很高而且无法从人那里获得足够的刺激，它就会表现出伤心的表情。这就提示与 Kismet 互动的人可以通过在 Kismet 面前摆弄玩具来增加社交刺激的程度。另一方面，如果机器人接收到太多刺激，则驱动状态会降低，Kismet 会产生恐惧感，此时人应该避开它，减少刺激。如果互动良好，Kismet 会表现出兴致和喜悦的神情，鼓励人与它持续互动。

如果硬要将刺激强加于 Kismet，它就会产生厌恶反应，然后将它的视线转移到视野中的另一个区域，在那里锁定一个更向往的物体。这种反应也是再次提示人们要改变行为，比如说换一个玩具玩。Kismet 还可以通过其他途径利用情绪从他人那里得到它"想要"的东西。如果某人忽视这个机器人，它可以首先通过发声来吸引这个人。如果这样还不行，它可以身体前倾并摆动耳朵来吸引注意力。这些例子表明，Kismet 能在初次尝试失败后改变其行为。这种多变的方法更有可能确保它的"需求"得到满足。

Kismet 具有九种基本的情绪状态：愤怒／沮丧、厌恶、恐惧／困扰、平静、喜悦、悲伤、惊讶、兴趣和无聊。这些状态受某些条件（例如各种动机性驱动力的强度）的影响，进而影响其相应的面部表情反应。然后，这些表情充当交流信号，告知在场人士 Kismet 的状态，并激发该人参与到社交响应行动中去。因此，Kismet 的情感具有社交功能，调解了它与他人之间的互动。与 Kismet 一起互动的人报告说他们喜欢这种体验，也很容易赋予它类人的特质。像 Kismet 这样具有情感感知和情感表达能力的未来机器人无疑会使我们更容易接受人造人并与其协作。

ISAC——具有社交技能的机器人

范德堡大学的研究人员正在开发一种能够与一个或多个人进行社交互动的机器人，称作智能软臂控制（ISAC）。ISAC 十分高级，能够理解人类的意图并做出相关的反应。在设计上，ISAC 的定位是通用型仿人机器人，可以在家或工作场合作为人类的伙伴和助手。它的外形像人，配有摄像头、红外传感器和麦克风，可以监控物体和人的位置。ISAC 里安装了一种软件，可以让它解读和产生语音，以及定位人脸和指尖位置。它还能移动身体和手臂，做握手和捡彩色积木等动作。

人们已在多个不同场景测试了 ISAC 的社交能力。比如，一个人走向机器人，ISAC 转向这个人，对其辨别然后向他（她）打招呼。一旦这种互动建立起来，ISAC 就能进行社交对话。如果这个人要求 ISAC 做一些事情，比如捡起一块积木，只要任务在它的能力范围之内，它就会按要求去做。然后，另一个人走到 ISAC 面前，尝试互动。如果第二个人的优先级比较低，ISAC 就会停下手头工作，转向第二个人，因自己在忙而向其道歉。然后，它将转回第一个人，继续之前的互动。如果第二个人的事比手头工作更优先，它会先向第一个人解释其行为，然后切换到新的任务。

ISAC 机器人体现了社交互动的许多关键要求。任何智能体，无论是人工的还是生物的，都必须能确定其周围其他智能体的位置。此外，它还必须能够辨别这些智能体，并解读其意图。一个社交智能体还必须能够与周围的智能体交流，下达命令或服从发出的命令。最后，它应该能轮流与其他智能体交流和行动。这些技能支撑着他们形成更复杂的社交行为，如为实现共同目标而合作。

机器人与伦理学 ●●●

如果机器人将来变得无处不在并与我们互动，那么我们需要一些措施来防止它们失控。此类研究叫作机器人伦理学或机器伦理学。控制机器人的行为主要有三种方式。在结果论中，机器人的"善意"动作会得到奖励。在这种情况下，除非机器人能够体验到这一点，否则它们并不会真的因为被奖励而感觉良好或开心，而可能的结果是对于好的行为，某个指标可能递增，而对于不好的行为，该指标会缩减。执行不同社交功能的机器人可能会因不同的行为而得到奖励：环卫机器人可以通过捡垃圾增加它的幸福指数；相比之下，树篱修剪机器人可以通过定位和修剪过度生长的树篱来提高其幸福指数。需要说明的是，这是一种个人主义方法，因为它涉及建立一个多样性的硬件智能体社会，每个硬件智能体都有自己的目标。

在道义论中，需要用一套规则或法律来管理社会行为。例如，交通规则中，车辆在黄灯时需要减速，转弯时需要礼让迎面而来的车辆行人，等等。这里包括阿西莫夫（Asimov）的机器人三定律。在对机器人编程时，不可能总能让它成功地遵循一套规则，因为规则中往往存在漏洞，而且规则的含义也会有误解。显然，就人类的行为而言，这些规则并不够——如果够的话，也就不会出现犯罪了。

最后一种方法就是利用美德。美德是人们力争做到的抽象行为。常见的美德包括真理、勇气和正义。价值可以看成是美德的导向目标。例如，如果一个人重视真理，就需要理性实践。美德的问题在于它们的内涵含糊不清，无法在任意确定的场合告诉我们应如何行事。机器人应如何获得真理？通过从互联网上下载信息，还是通过与其他机器人讨论而获得呢？

这些方法都已经尝试过，且都无法成功控制机器人的行为。他们会对统治机器人起作用吗？这要视情况而定。如果机器人始终遵循其编程并且其编程符合道德规范，那么他们的行为也会始终符合道德规范。编程带来的问题是无法预见所有可能出现的情况。机器人一旦遇到新情况时，它就会懵了，因为没有任何指令告诉它该如何行动。随便看看任何法律书籍或法规条款就会发现，即使是相对简单的情况（比如征税）也会逐页地详述这种情况或其他情况下应采取什么措施。

人类出生时并没有被赋予一套完整的规则，而是逐渐通过经验获得的。经验复杂且充满矛盾，它会告诉我们，一种行为在某一情境中可能是坏的，但在另一情境中却未必是这样。结果，我们可以借助自己所学知识和由历史案例总结的经验来引导新情况下自身的行为，但这样做可能并不完全合乎道德。

因此，在道德的纯粹性和现实世界的复杂性之间存在着一种权衡。通过编程，机器人变得越有道德，它们处理新情况的能力就越弱。相反，机器人通过经验学会的对与错越多，它处理新情况的能力就越强，但道德上的纯洁程度会越低。这里的最佳解决方案是将二者结合起来，既给机器人编写规则性程序，又让它们学习经验。大多数情况下，我们人类自身就是这样做的。对于机器人来说，这样做可能更有效，因为它们可以掌握更多的规则，也能更好地将其运用到新情况中。随着算力的提高，这也是人们所期望的。如果是这样的话，我们可能就不会再控制机器人，反而他们会仁慈地管理我们。

群体机器人技术 ●●●

在本节，我们将介绍机器人之间如何彼此互动而不是与人类互动。群体机器人技术领域致力于设计并实现整体上表现出智能行为的机器人系统，即使这些系统中各个机器人本身并不是特别"智能"。群体机器人系统借鉴了生物系统中关于集体行为的研究成果。正如我们所看到的，昆虫可以成群飞行，但它们也可以迁移，寻找食物和材料，建造、维护和保护它们的巢穴，并照顾它们的幼崽。这项研究的目标是创造可以执行类似任务的机器人——就像昆虫一样，通过遵循简单的规则，创造出能够解决问题且行为智能的机器人。这些机器人无需任何智力元素点缀就能做到这一点——它们对世界没有内在的符号表征，不需做任何扩展性的计算推理，往往通过无线电或红外线之类的无线传输系统在彼此之间只传输少量的信息。

由于研究的重点是类似于群体智能中展现的突现行为（详见第六章），该领域的研究人员试图让实际的机器人尽可能简单，这可以降低成本，并能大规模投入使用。群体机器人系统可以用在灾难救援任务中确定幸存者的位置，也可以用于采矿、干农活和搜寻等任务。一些艺术家甚至用它们来实现新形式的交互艺术。也许最具争议的是军事领域的应用，例如机器人船无需任何直接的人工指挥和控制就可以导航、防御和攻击目标。

2014 年，哈佛大学研发了由一千多个机器人组成的"快闪族"（flash mob），称作"Kilobots"。每个机器人只有几厘米宽，通过振动三条细腿以独特的方式移动。它们能够在坚硬的表面上移动，并形成不同的形状，包括星形、字母 K 和扳手。Kilobots 甚至能够纠正自己的错误。例如，如果出现了交通堵塞或运动方向偏离了路线，靠近错误点的机器人能够感知到问题的存在，并通过合作来解决问题。这类行为可以用软件来模拟，但需要在硬件系统中测试，以弄明白只有在现实世界中才会出现的物理相互作用和变化。

这类系统的目的是模仿细胞或昆虫等生物集群，完成一项全局任务，这种任务靠任何一个成员都无法独立完成。例如，军蚁可以链接在一起形成木筏和桥梁，以便跨越艰难地形。这个研究小组还使用了受白蚁启发而研制的机器人，它们可以通过非常简单的协调形式来完成建造任务。最终，可以利用生物体细胞在发育过程中所遵循的同样原则，将此类系统应用于创建可构造自身的建筑物或其他物体。这个过程称为自组装，当应用于微观层面时称作分子自组装。关于细胞如何通过彼此协调而生长，详细内容请参见本章后面的"演化硬件"一节。

也许最雄心勃勃的社交机器人项目是机器人世界杯（RoboCup），该项目试图发展一支完全自主的仿人机器人队伍，力求在2050年之前击败人类世界足球冠军队伍。世界各地的团队都在开发各种类型的机器人，并在年度联赛中相互切磋。该比赛目前有六项竞技联赛。在标准平台联赛中，所有团队都使用同样的机器人，这些机器人可以自主行动，无需人工或计算机远程控制。从2009年开始，Nao[1] 机器人只在此联赛中使用。在使用机器人时，还有其他两场适合于中小型机器人的联赛，同时也有使用软件模拟的二维和三维模拟联赛。这些比赛规模逐渐扩大，将救援机器人赛（RoboCup Rescue），家庭机器人赛（RoboCup @ Home）和工程机器人赛（RoboCup @ Work）等非足球联赛也纳入其中。除了主赛事外，每年还会举办一些地区性比赛。2017年机器人世界杯主挑战赛在日本名古屋举行，参加这些赛事的机器人速度超快、动作敏捷，打破了人们对机器人缓慢、笨重和笨拙的刻板印象。他们可以控球、传球给队友、拦截传球，当然也可以射门得分。

通过了解群体机器人技术，我们发现自我可能是一种涌现特性，它可能是由多个智能体在简单的规则下协作行动的产物。这点通俗易懂，因为自我通常概念化为我们内心多种不同的互相作用的自我。群体机器人领域也向我们展示了需要使用什么样的规则，才能让自我集体有效合作，以实现某种目标。有一天，我们可能会生活在一个由机器人组成的社会中，当我们看着它们时，会反过来看到我们自己。它们是人类技术的产物，会像

---

1 Nao是一款具有25个自由度的智能双足机器人，是一个先进的研发平台，被世界上450余所大学与研究机构使用，开展相关教学与研究工作。——译者注

我们的后代一样，青出于蓝而胜于蓝！

进化与机器人技术 ●●●

进化引导人类本性的形成。环境的变化使我们一些拥有某些特质的原始人类祖先得以生存下来。遵循种群变异、选择和繁殖的原则，我们的物种能随着时间的推移适应其当前的形式。研究人员也能够利用这些原则一代接一代地改变机器人的形状和功能。在本节，我们将介绍这方面的一些进展。

机器人项目 Golem

让机器人复制自己并不困难，至少在理论上可以做到这点。毕竟机器人在制造业中已经得到了广泛的应用。从汽车到家用电器，各种消费产品的制造中都有它们的身影。如果我们想让机器人来制造机器人，那就意味着只需调整一下制造过程的具体细节。我们可以设想一个完全由机器人驻守的工厂，这些机器人除了制造更多的其他机器人复制品之外什么也不做，或许使用的还是流水线技术。如果我们想让机器人的繁殖模仿生物的繁殖，困难就来了。在这种情况下，我们需要创造变化而不是重复。我们已经看到，进化是一个非常善于在一个主题上创造变化的过程。将进化原理用于设计和创造机器人称作演化机器人技术。

在演化机器人技术中，初始的人工染色体群包含机器人控制系统的指令。随后，让机器人在环境中通过感应、定位、操纵或执行其他一些任务来行动，并对它们的性能进行评估。然后，通过结合交叉技术和随机变异，对表现最好、适应度最高的机器人进行配对。接下来，将后代带入现实环境中进行评估，循环往复，直到获得某种预期的性能评价结果。请注意，这个过程与遗传算法流程几乎一致，主要区别在于所获得的产物并不是在计算机环境中运行的软件程序，而是在现实世界中运行的硬件设备。

布兰迪斯大学的研究人员提出了一项演化机器人计划，令人兴奋。他们将其称之为"机器人项目（Golem）"，目标是演化产生能够依靠自身力量自然移动的机器人。他们从一组机器人身体部件开始，这些部件包括由杆连接的关节。一些连杆是刚性的，其他的则是线性致动器，可以来回移动，并由人工神经网络控制。他们从 200 台机器开始。进化算法通过添加、修改和移除基本的身体部件和改变神经网络来产生变体。根据所得产物的运动能力（在固定时间内，它们的质心沿平面移动的净距离）来评估它们的适应度。

在模拟条件下对机器人的性能评估后，选择一些性能表现良好的机器人用于制造，并在真实环境中测试，结果极好。演化过程产生了不同类型的机器人，令人惊讶。有"箭头"型机器人，机体尾部将箭头向前推，然后缩回来追赶。有"蛇"型机器人，金字塔形的头部拖着长长的尾巴。还有一种称作"螃蟹"的模型，它们通过移动爪状附属物在地板上移动。虽然其中一些机器人解决方案看起来模仿了动物的运动，但许多是独一无二的，与自然界中发现的任何形式的运动都不一致。然而，许多机器人的确具有对称性，可能是因为对称的身体能够更容易在直线上移动。对称性几乎是所有自然界生物都具有的特征。

演化硬件

遗传算法采用的那种演化原理也已被用于构建电路，这一新的领域称作演化硬件。苏塞克斯大学的艾德里安·汤普森（Adrian Thompson）等研究人员正在使用现场可编程门阵列（FPGA）实现这一目标。FPGA 由数百个能执行各种不同数字逻辑功能的可重构模块组成。开关控制着连接各模块与外部设备以及各模块之间的导线，而存储单元依次控制这些开关。

存储单元的配置可看作是系统的基因型。基因型是指一个人特定的基因组成。在生物有机体内，编码蛋白质的是脱氧核糖核酸（DNA）中特定的核苷酸序列。换句话说，就是染色体上的基因。存储单元含有应该如何操作电路的指令，并指定了各模块可以执行哪些逻辑操作。实际的执行指令就是各模块之间的布线，就像一个表型。在动物中，表型要么是生物体的整体外表，要么是由一个或一组基因编码而成的具体特征表现，比如眼睛的颜色。在演化硬件中，它是内存中信息的物理表达。

有两种方法将演化原理应用到这类系统。一种是外在方法：首先利用演化算法生成一组特定的指令，然后在 FPGA 中执行。测试和评估由软件来完成。另一种是内在方法：演化算法会产生初始配置，并在 FPGA 中实例化，在实际应用中评价其性能。然后，根据性能表现给算法反馈，产生另一个变体进行测试。

举一个内在方法的例子，我们可以想象一个植入移动机器人的 FPGA 电路，芯片设计控制着机器人的行为，并决定其在给定环境中的表现，这样就可以明显看出芯片设计中的不足，然后以此为基础调整算法的参数，促使下一个改进版设计能更上一层楼。

演化过程并不是从工程的角度出发，利用已知的设计原则或对衬底材料性质的理解来进行的。演化在概念上是"盲目的"，它没有先验假设，并将会创造出任何可用的事物。从这个意义上讲，演化过程利用的是系统的功能特性，而不依赖于任何关于系统"应该"如何工作的知识。因此，演化并不带有任何人类设计师的偏见或先入为主的观念。

艾德里安·汤普森很快发现了这一点。他不断升级发明的硅电路，性能表现前所未有。这种电路就像模拟电路一样可以振荡，并表现出其他奇怪的特性，但是它们工作得很好，既紧凑又高效，没有人确切知道它们的运行方式。有一种猜想是，这类芯片利用了中间态，即元件从开到关或从关到开切换的短暂时期，同时重新定向电子流。

演化硬件的未来充满了希望。瑞士联邦工学院的研究人员正在研究受损时能够重新配置自我的电路。具有自我修复能力的电路模仿了人脑的可塑性，在受伤后可以"重新连接"自身。中风患者脑中包含语言等不同功能的区域可能会被破坏。根据损伤程度和术后康复的效果，患者可以恢复不同程度的功能。从脑的检查结果来看，曾经由受损区域执行的功能已经被不同的脑区域取代了。

纳米机器人技术和纳米医学 ●●○

最后，为了圆满结束，我们讨论一下其他形式的小型机器人，这些机器人目前大多数停留在概念意义上，但在医学上有很大的前景。我们大多数人都喜欢在身体之外使用技术，但是技术发展的趋势会让科技产品变得越来越小巧，且能接近我们身体的内部。想一下计算机是如何缩小而变成现今你能拿在手中的设备的。如果这种趋势继续下去，也许能制造出小到我们看不见的电脑和机器人。这类机器的好处是，它们能在细胞水平和分子水平上工作。也许有一天，我们可能比想象中更早地吞下这样的设备来治疗各种疾病。虽然有些人可能会讨厌这种想法，但如果这些设备已经在人类中广泛应用并有可靠的表现记录，那么他们很可能会被大多数人接受和使用。

纳米机器人技术是一个专门研究和开发极小机器人的领域（即纳米级（10^{-9}））。描述这种设备的术语特别多，包括**奈米机器人**（nanobot）、**纳米机器**（nanomachine）和**纳米机器人**（nanite）。纳米机器人应用广泛，但我们重点关注其在医学上潜在的用途，包括癌症药物输运、监测糖尿病和外科手术。奈米机器人可以注射到病人体内，在细胞水平上产生作用。这种机器人是专门为在人体内部使用而设计的，但它们属于非复制类型，因为复制类型可能会导致并发症。

化疗也存在问题，即药物并不能"百发百中"，每次都精准到达目标位置。研究人员已经能够将核糖核酸（RNA）链附着到纳米颗粒上，并用化疗药物填充它们。RNA 由癌细胞吸引，附着在癌细胞上，然后将药物释放到癌细胞中。这种方法是全面发展的纳米机器人的先驱，但现在已经出现了一些纳米电动机的例子，它们在活的有机体中构建和运行。纳米机器人在医学领域的另一个潜在可行的应用是修复组织细胞。纳米机器人可以将自己附着在白细胞的表面上，到达受伤部位，协助修复过程。现在大多数此类工作都是推测性的，微型电子和分子元件的制造有待进一步突破。

纳米机器人从内而外改变了自我，我们还不太习惯从这个角度看问题。在遥远的将来，我们的体内可能会有大量的纳米机器人，它们与正常细胞和分子一起持久工作。纳米机器人可以在我们的身体中搜索有害细菌和病毒，帮助降低血糖水平，并预防癌症等疾病的形成。如果一个正常的生理机能是由这种自然的和人工的混合体组成的，那么我们在微观层面上将会真正成为赛博格了。

第六章

脑与软件的融合

今天的环境变得更加具有刺激性，这主要归功于技术的发展。与其他动物相比，我们这个物种聪慧的原因在于，我们不断地假设和预测可能发生的而不是实际的事情，这是我们正常思维方式的一部分。正是通过创造不同可能性的世界，我们才能如此有效地应对现实世界。

在本章，我们将讨论与技术使用有关的各种现象。**技术**的应用范围极广，包括互联网浏览、社交媒体和电子游戏。我们在第八章再讨论虚拟现实。本章首先讨论技术的使用是否会造成自我的异化和分离。其次，我们将概述网络心理学的一些内容，接下来讨论短信和自拍，然后讨论脸书和推特等社交媒体网站的使用，探析它们是如何影响自我的。这些网站非常受欢迎，已经有大量的研究工作都集中在这个主题上。接着，我们将讨论互联网使用的利弊，即网络欺凌和利他网络行为。随后，从认知上讨论互联网的使用如何影响我们的注意力、记忆和其他过程。最后，我们讨论网瘾是否真实存在，然后通过探究电子游戏是有害还是有益来结束本章。

虽然人们通过各种硬件设备上网，但调节他们体验的主要还是软件。虽然访问推特和脸书等网站的设置版式可能看起来不同，但重点是人们如何访问和回应他们所看到的信息。鉴于此，这里我们以软件交互为背景讨论网络行为。

1　技　术

智能和技术 ●●●

有些人说科技使人愚蠢。他们说，我们不再需要做算术或计算小费，因为可以用计算器来完成；我们不再需要理解语法或拼写，因为我们可以使用文字处理机来实现这些功能；我们不需要锻炼我们的方向感或导航技能，因为车里装有 GPS。这是真的吗？我们是否将自己的智能外包给了机器？当机器变得越发智能时，我们是不是也在变笨呢？（图 28）

图 28　你有多少台诸如此类的设备？它们让你的生活变得更简单还是更复杂？让你变得更聪明还是更不聪明？

数据并没有显示这一点。按照有据可查的弗林效应（Flynn effect）[1]，自

1　弗林效应指智商测试的结果逐年增加的现象，是以詹姆斯·弗林（James R. Flynn）的名字命名的。最早提出这种现象的人是理查德·林恩（Richard Lynn）。在 1982 年的一期《自然》杂志中，他提出了美国人做智力测验的成绩越来越好。——译者注

1930 年前后以来，人类智商一直在稳步上升。每次做一个新的智商测试，都必须将其标准化以适应新人群，得出智商平均值为 100，标准偏差为 15。测试完成后，必须增加测试难度来维持这些规范。在美国，每十年要增加 3 个智商点，但其他测试智商的国家也会发现智商点在增加。弗林效应由许多因素引起，包括教育和考试技能的改进，营养的改善，家庭规模的缩小，以及环境复杂化的加速。

我们来看一下最新的解释，这一解释与未来密切相关。今天的环境变得更加具有刺激性，在很大程度上要归功于技术的发展。我们生存的环境中充满显示复杂视觉模式的屏幕，我们的眼睛从未远离过电视、电影、计算机和智能手机。尽管我不知道确切的经验数据，但可以肯定的是，我们盯着屏幕所花的时间基本上和我们看其他任何东西的时间一样长。由于我们不得不处理和理解复杂的视觉模式，这可能会让我们变得更加聪明，我们的空间推理能力大幅度提升就是一个力证。

注意瞬脱这种现象指的是，在我们刚刚处理完某个视觉目标（比如快速数字串中的一个字母）后，我们就失去了保持注意力的能力。一项研究发现，玩第一人称射击（FPS）电子游戏的人实际上很少出现注意瞬脱。他们能更快地重新集中注意力，不太可能错过紧随第一目标的第二个目标。第一人称射击游戏大多是感知运动类游戏，锻炼的是低级认知技能，但许多游戏（尤其是那些利用小型手持设备玩的游戏），本质上需要更多的认知技能。数独游戏有助于培养数字技能，而俄罗斯方块则有助于培养视觉图像技能。

有人可能会说，使用任何形式的技术为我们做一些事情都与我们亲自完成同样的任务一样具有挑战性，可能更甚。弄清楚智能手机上应用程序的使用方法、在 GPS 上设置最终目的地、搜索以前电子邮件的附件，等等，所有这些任务都需要认知技能，并锻炼我们的记忆力、逻辑推理和解决问题的能力。儿童似乎比老年人更擅长学习技术，一部分原因是儿童成长环境中就伴随技术的运用，另一部分可能是因为儿童的推理能力更灵活，错误容忍度更高。

上面有一些注意事项。智商分数高并不一定意味着智力就高，前者可能只是反映出测试者的应试能力更强，或对学校里各种信息掌握得比较好。此外，在多任务处理方面，我们也没有想象得那么好。最近的研究成果表明，当大量信息同时呈现在我们面前时，我们无法完成识别。也就是说，我们无法有效地将注意力分散到多个输入信息源上。在这方面，有条不紊并学会专注对我们会有帮助。

至少与其他动物相比，我们这个物种聪慧的原因之一是，我们不断地假设和预测可能发生的而不是实际的事情，这是我们正常思维方式的一部分。今晚我应该乘火车还是出租车去镇上呢？乘火车耗时长却便宜，但我快迟到了，所以我要乘出租车。我应该邀请苏西（Susie）参加班级舞会吗？如果她说"不"，我会觉得难堪；但是，如果还没有人邀请她，她就可能会说"好"，所以我会邀请她。我们通过感官所感知到的是现实，但是我们所想的离现实只有一步之遥。具有讽刺意味的是，正是通过创造不同可能性的世界我们才能如此有效地应对现实世界。

人类拥有所谓的通用智能。我们可能并不擅长任何一件事，但我们在很多事情上都完成得尚可。例如，我们可以在一个环境中导航、运用语言和解决逻辑难题。到目前为止，我们还未能创造出可以在此方面与我们匹敌的人工智能程序。现有的人工智能技术专业化程度极高，可以通过编程顺利地执行特定任务，但除此之外不能做其他任何事情。涉及这种程序的早期模型称作专家系统，其中一个叫作 MYCIN[1] 的专家系统在诊断某些医学疾病方面至少与专业医生不相上下。计算机科学家本·格泽尔（Ben Goertzel）目前正在攻关一个名为 OpenCog 的项目，试图创造第一个 AGI，即通用人工智能。

1　MYCIN 系统是一种帮助医生对住院的血液感染患者进行诊断和用抗菌素类药物进行治疗的专家系统。该系统在 20 世纪 70 年代初由美国斯坦福大学研制，用 LISP 语言写成。——译者注

尽管人脑比机器有这些优势，但人脑的理解能力是有限的。它只有这么多神经元，并且传递信号的速度相对较慢。超级计算机和先进的人工智能不受这些限制，因为它们可以根据需要尽可能做大，而且可以更快地传输信息。因此，如果一个先进的人工智能为我们解决了某个问题，我们可能无法理解答案。一般而言，似乎任何信息处理器解决的问题都比其自身复杂度要低。这可能是因为，人工智能在解决问题时需要表达问题以及处理问题的必要机制。因此，只有在拥有问题 B 的信息并拥有获得解决方案所需的计算能力时，头脑 A 才能解决问题 B。

异化与技术 ● ● ●

贝尔（Beier）认为，技术正使我们远离那些能帮助我们发展真实心智的活动。他认为荣格（Jungian）对心智的定义是所有认知和体验的起点和终点，并认为荣格心理学强调了心灵的深度、真实性、缓慢性和内在性。心智如果没有发展好，就会导致异化，变得肤浅、不真诚。没有心智的人在某种意义上是漂泊不定的，无法找到生命的意义。我们必须转移到其他活动，如冥想和做梦，或者干脆给自己时间去思考，才能发展心智。

贝尔是一名治疗师，根据他与病人交流的经验，他相信许多人试图通过在技术世界中寻求庇护来填补存在的空虚。在当代美国，一些行为已经司空见惯，包括连续数天疯狂看电影、不停地和朋友发短信、在社交网站上花费过多时间、沉迷于色情，以及对手持技术的普遍痴迷。现在的电子邮件和短信需要即时回复。此外，工作和空闲之间的界限已经模糊，因为我们可以全天候使用智能手机。

考夫曼−奥斯本（Kaufman-Osborn）也认同这种观点，他认为我们必须学会控制我们发明的技术，而不是让它们控制我们人类。他主张，我们应该监控和限制技术的使用，并有意识地思考到底我们为什么使用它，以及使用时间要多长。特克（Turkle）提到，我们不能怪技术本身，而应该怪我们使用技术的方式。她指出，我们应该把技术"放回原处"，开展更多的人与人之间的互动。特克认为，我们现在对技术的要求越来越高，但对彼此的要求却越来越少。

罗斯（Rosen）根据自己的工作和对其他学者工作的元分析，发现产生心理障碍的一个新的原因是过度依赖技术。他认为，我们花太多时间沉迷于电子产品和网站，可能会导致恐慌和焦虑障碍、强迫症、情绪障碍和成瘾障碍的增加，这些表现主要是自恋型的。他称这些现象为 iDisorders，也可以称作技术神经症。

部分问题与我们在网上展现自己的方式有关。贝尔讲道，我们在网上发布帖子是在维持一种自我创造形象或自我形象，这是不真实的。在网上，我们展示的形象是成功、美丽，而且还受欢迎和自信。我们有必要虚构一下，因为这可以让自我感觉良好和安全，也是自恋的一种表现。这些人物角色都是自我的建构，展示的不是我们真实的样子，而是我们希望别人看到的样子。

大多数情况下，我们在网络空间的关系都没有意义，也不会长久。部分原因是因为网络交流中的线索大幅度减少。当我们浏览脸书或推特的帖子时，通常只会看到一张图片或一句话的文字，但是有思想深度的交流需要更深入的思考和更多的文字表述。这种沟通障碍已经蔓延到现实世界中的一些家庭——据特克说，这些家庭成员晚上会在家里的不同房间里玩一种或多种设备来娱乐自己。这些家庭交流甚少，只有为了协调实际工作或后勤任务才会交流。

罗斯认为，我们使用社交媒体助长了自恋的表达。第三章我们已经详细介绍了自恋型人格及相关障碍。他指出，自恋者会在社交媒体网站上收集"战利品朋友"，作为形象提升器，让当事人沐浴在"公众荣耀"之中。他指出，这些自恋者会整天发帖，并过度使用"**我**"（I）、"**我**"（me）或"**我的**"（mine）等代词。造成这种自恋的因素似乎是纵容式的管教和名人文化。

2　网络心理学

　　网络心理学可以说是心理学领域的最新分支，它是一门研究心理过程、动机、意图、行为结果以及与任何形式的技术相关的对我们线上和线下世界产生影响的学科。事例包括互联网使用、特定软件程序、手机、游戏平台和虚拟现实。不应该将网络心理学与只关注计算机使用的人机交互技术混淆。这一学科运用了科学方法，但也采用了其他学科的方法和理论，如数学、工程学、计算机科学、生物学和社会学。由于技术进步如此之快，该领域的研究人员一直在努力追赶。虽然网络心理学家有时会运用线下的心理学理论和结果，但我们并不能总是断定我们的线下行为和线上行为一样。

　　我们使用网络设备时会将自己的心理或表面形象延伸到其中。因此，这些设备的使用反映了我们的个性、信仰和生活方式。网络世界模糊了心智空间与机器空间之间的屏障，我们也倾向于在自我和非我之间体验这一世界。沉浸在其中，我们能发现自己是谁，可以表达我们的兴趣和欲望，展示自己的创造力，在消极情况下也能表现出攻击性或成瘾性。苏勒尔概述了网络心理学架构的八个维度，这些维度有助于明确我们与虚拟空间的互动关系。

　　这八个维度相互作用，并调节我们在特定数字空间中的体验。它们反映了特定网络环境的运作情况、人们体验这种环境的方式背后依赖的心理学及我们心智的认知过程涉及的方方面面。不同的数字环境，如电子邮件、社交媒体、视频会议、游戏和虚拟现实，在不同程度上结合了这八个维度。在下面的章节中，我们将对其逐一介绍，并运用它们来分析网络行为。

　　首先是**身份维度**。这种维度提供给人们一些选项，可以帮助人们确定自己的身份、明确想表达什么、想隐藏什么以及如何改造自己。这些改造是指我们在给定的网络世界中改变和体验自己的不同方式。例如，我们可能以某种方式选择一个化身来扮演另一种性别或理想中的自己。这些理想化或替代性自我的投射被称为超个人自我。有时人们会在网上呈现出理想与现实交织的自我，有时人们可以使用网络系统发现自己性格无意识的一面，有时可以通过匿名或不可见等功能来隐藏自己的某些方面。

建立身份的工具有很多，包括用户名、个人简历、照片和自拍、游戏角色和化身等。一旦在一个系统中建立身份，用户可以选择不同的方法实现自我表达，包括发短信、额外上传自己工作或娱乐时的图片和视频、转发他人的信息，以及给别人打标签。转发和打标签是苏勒尔所说的自我表达代理的例子。有些系统可以让我们进行相对准确的自我描述，如社交媒体网站，另一些系统则允许采用完整的幻想角色，就像我们在角色扮演类电子游戏中看到的那样。在某些情况下，个人身份会变得不正常或扭曲。例如，有些人可能会沉迷于脸书上的"点赞"和好评等社会认同形式，这会选择性地强化与个人真实身份不同的某些方面，导致真实自我和理想自我之间的不匹配。

社交维度指的是一个人与其他人之间在网上建立的关系，其形式可以是一对一、一对多或多对一，其程度可以强烈而亲密，也可以微弱而随意。其他方面包括与之互动的人数、这些人的身份以及关系类型，比如与工作或娱乐相关。一个给定的网络系统会具有多种工具可让其成员彼此定位、聚集在一起、私下或公开地相互交流。社交维度与身份维度密切相关，但又可以独立运作。例如，你可以在不回应他人的情况下上传自己的信息（表达模式），或者在不公布自己信息的情况下查看他人的内容（接受模式）。在网上，一个人可以与一个人或数百万人交流，可以依次或同时处理社交关系，也可以找到非常具体的观众。Match.com 或 Tinder 等交友网站的流行可以让人们找到性伴侣和情侣，并在现实世界中"远距离"地表达性欲和爱意。

交互维度指的是计算机界面，即一个人如何与网络空间进行物理交互，这可以通过鼠标和键盘完成，或者更精巧地使用虚拟现实界面来实现。这个界面越友好，就越容易让人沉浸在网络世界中；它的可定制性越强，就越能控制表达自我的各个方面。在对替身的案例研究中，我们看到有些人非常在意他们网络形象的外观和个性特征，而其他人则不那么在意。游戏具有较高的互动性和更陡峭的学习曲线，而像发短信这样的活动则互动性较弱且更容易掌握。

　　当电脑崩溃或带宽变慢时，交互可能会失败，这会导致人们变得沮丧、抑郁或愤怒。设备突然没有响应就会引发这种所谓的黑洞体验。机器也会通过提醒和弹出通知来主动回应我们，它们越来越能判断我们的喜好，并为我们提供可能喜欢听的音乐或可能想看的电影。计算机生成的替身和人工智能驱动的游戏角色正变得更加复杂而逼真，我们对它们的响应很可能更多的是当成真人而不是像素化形式。

　　文本维度指的是纯文本的交流方式，仍然是网络互动的主要形式，在短信、电子邮件、社交媒体网站和博客中使用。打字是一种实现自我表达、治愈和发现自我的有效方式；打字具有社交功能，因为它可以让我们理解他人，建立人际关系。它是一种整理个人情绪的方式，正如几个世纪以来书面日记的情况那样。然而，文本是一种"低带宽"和相对贫乏的交流形式，由想象力而不是由电脑来产生意象。在与别人交流时，我们看不到他们的面部表情、声音语调或身体姿态，所以很容易欺骗或者误解别人。文本的匿名性会鼓励人们回归到更孩子气的行为方式，或者会让人们表现出来，这称作网络抑制解除效应。

　　感官维度是指网络体验能激活五种感官的程度。有些形式的互动只是视觉上的，其他形式（比如视频会议）则添加了声音，还有一些形式（比如虚拟现实）可以增加触觉、嗅觉和味觉。五种感官受到的刺激越多，这种体验就越吸引人，越具有身临其境的感觉。"虚拟坑"（virtual pit）[1]是一种计算机模拟游戏，要求用户从深坑上的一块薄木板走过。对此的反应包括害怕和怯场。这表明，即使是相对简单的程序也能愚弄脑。

时间维度是指我们在网络空间中的时间体验。实时同步交流鼓励自发性对话，产生更多未经审查的、特别的、快节奏的和具有启迪意义的对话；异步模式会让交流更加谨慎且受控制。在同步交流模式中，存在感（即"在那里"的感觉）得到加强，也许是因为我们意识到另一个有意识的存在也在关注我们。异步对话会减慢甚至停止互动的节奏，让用户的响应明显延迟，或者根本不响应。据说，如果不知道交流伙伴是否决定停止回应，人们会做出感到不适的反馈。在网络空间里，时间也会加速。快速沟通可以促进工作关系、恋情及社会或政治运动。在著名的"心流"状态中，当某人积极而热情地投入到一项创造性事业中时，时间会加速。

在网络空间中，时间的另一个方面是信息可以无限期保存。计算机系统中的大多数数据都归档并存储在"云"端，不会被删除，因此个人很难删除机密或尴尬的信息。这或许可以解释为什么像色拉布（Snapchat）[2]这样能快速删除对话数据的应用程序如此受欢迎。在这些情况下，人们的行为会改变。当我们知道没有聊天记录的时候，调情和性挑逗就会更加常见。

---

1 虚拟坑是虚拟现实界最著名的实验，该实验设置非常简单。受试者戴上 VR 头盔，与真实环境隔绝，此时他们看到面前有个巨大的"深坑"，坑上架着一块窄木板，摇摇欲坠仿佛随时都会断裂。该实验首先证明了一个大前提：虚拟现实的心理影响不可抗拒，人类的意识和身体居然可以不在同一个地方。在虚拟坑实验中，意识在虚拟世界，而身体在现实世界。斯坦福虚拟现实实验室创办者杰里米·拜伦森（Jeremy Bailenson）表示，这个实验有两个目的。一是改变对自己、对他人及对世界的理解。二是虚拟治疗。利用心理治疗上的系统脱敏疗法，鼓励患者逐步接近所恐惧的事物，建立对该刺激的免疫力。——译者注

2 色拉布（Snapchat）是由斯坦福大学两位学生开发的一款"阅后即焚"的照片分享应用。利用该应用程序，用户可以拍照、录制视频、添加文字和图画，并将他们发送到自己在该应用上的好友列表。这些照片及视频被称为"快照"（"Snaps"），而该软件的用户自称为"快照族（snubs）"。——译者注

最后，网络空间的时间与现实世界的时间存在交叉点。人们上网的时间、频率和时长各不相同。

现实维度指的是一个在线系统是否试图变得更现实或更富有想象力。社交媒体网站鼓励人们描述得更精确，而奇幻和科幻游戏鼓励人们描述得更具想象力。苏勒尔写道，内心世界是一个从现实到幻想的连续体。一些人更注重现实、更实际，而有些人更有创造力和想象力。这也反映了不同的意识状态，一端是完全清醒和警觉的认知处理状态，另一端则是梦境状态。网络空间本身可以看作是一种梦境世界。

第八个也是最后一个维度是**物理维度**，指的是网络活动对身体的影响。网络空间开始时几乎没有实体，用户只需坐在椅子上，盯着电脑屏幕，移动鼠标，几乎不需要做什么动作。然而，随着虚拟现实和任天堂 Wii 等游戏系统的开发，人们可以利用整个身体进行更充分的互动。分离性形象和整合性形象形成一个连续体的两端。在过马路或上楼梯继续使用智能手机时，身心会明显分离。当身体运动和知觉与网络空间的活动更紧密地联系在一起时，就会产生整合性形象。

在未来，我们可能会看到通过传感器将电器和日常用品嵌在一起并与互联网相连的物联网。我们还可能看到人类变成拥有神经假肢、外骨骼和其他嵌入式机械装置的赛博格。在这样的世界里，我们将四处走动，不断接触网络空间。这可能需要一个新的领域出现，即环境网络心理学，该领域会研究我们的行为、认知和情绪是如何受到这些设备的影响的。

苏勒尔接下来将这八个维度应用到个人的研究中，用来确定一个人的数字身份状态，并了解个人从其网络活动中获得的利益和付出的成本。实际上，这些项目可以看作是一份数字人格问卷的一部分。在以下章节中，我们将把它们作为一个问题列表来提出，针对八个维度中的每一维提出具体问题。

身份维度

人们在网上透露了自己的哪些信息？

与现实生活相比，他们如何在网上展示自己？

他们什么时候选择匿名或隐身？

他们在网上做了哪些在现实生活中不会做的事情？

社交维度

他们选择与谁交流？

他们参加了哪些小组？

他们扮演了什么角色？

他们的网络关系如何？

互动维度

他们的专业技能和知识有哪些？

他们如何定制化设备？

在把握新环境时，他们如何应对挑战？

当应用程序没有按照自己的意愿进行工作时，他们会如何反应？

文本维度（这里的文本指任何类型的网络文字）

他们多久发一次短信？

他们发的信息长度是多少？

他们向谁发短信？

他们发的短信都涉及什么内容？

感官维度

他们发送什么类型的视觉形式（表情符号、照片、视频等）？

他们花时间看什么类型的视觉形式？

他们使用什么类型的感官模态（视觉、听觉、触觉，等等）？

他们什么时候决定消除特定的感官维度？

时间维度

他们更喜欢同步交流还是异步交流？

什么时候网上的时间似乎过得很快（流态）？

他们在网络空间中保存了哪些内容？

他们进入数字世界的时机、频率和时长是什么？

现实维度

他们在网上表现的是真实的自己吗？

他们对虚构的或现实的处所有何反应？

他们如何在网上区分事实和虚构？

他们对某些类型的幻想有偏好吗？

物理维度

网上活动是否会引起身体上的问题？

他们进行的活动侧重于分离型还是整合型？

他们在哪里以及如何使用移动技术？

他们如何使用网络空间来解读环境？

苏勒尔让他的学生使用这八个维度来评估他们的数字生活方式。许多人对他们的发现感到惊讶。例如，他们并没有意识到网络空间对自身生活的影响有多大。他们也意识到构建自身数字身份的方式，以及这些身份与现实生活中的自我有何不同。许多人还不知道，现实世界中移动电话可以在多大程度上跟踪他们的位置。

由于我们在本书中讨论的是自我和身份，所以有必要更详细地讨论身份维度所涉及的问题。研究表明，人们倾向于在网上展示一个更理想化的自我（参见卡尔·罗杰斯在第三章中对真实自我和理想自我的观点）。这些理想化的自我往往反映了社会的期望。例如，自恋型的男性倾向于在脸书中"关于我"这一模块发布能够反映智慧、成功和机智的帖子来展示自己，而自恋型的女性则倾向于在"主要照片"模块以更肤浅的方式展示自己，发布更多暴露、浮华和花哨的外貌照片。

关于社交媒体网站是否仅仅作为自我推广还是与他人联系的一种方式存在着争议。答案可能是二者兼而有之。我们使用这样的网站来宣扬自己的优点，同时也暴露了自己的缺点，并可以获得他人的同情，例如发布一名家庭成员的去世。透露个人秘密和分享亲密关系是与他人建立更紧密联系的方式。由于我们在一定程度上是通过与他人的关系来定义自己的（作为关爱他人的母亲、支持他人的朋友，等等），因此通过数字方式建立亲密关系的渴望可能反映了对现代社会日益增加的社交距离的一种补偿。

3 花样繁多的网络行为

发短信 ●●●○

发短信指的是短信息的传输，通常是从一部手机传到另一部手机（图29）。文本信息通常由一个人发送给另一个人，但是也可以从一个人发送到一个组或在组成员之间来来回回传送。文本也可以通过计算机发送。在接下来的章节中，我们首先研究一些关于发短信的一般话题，然后介绍一些有关发短信与人际关系问题的最新研究结果。

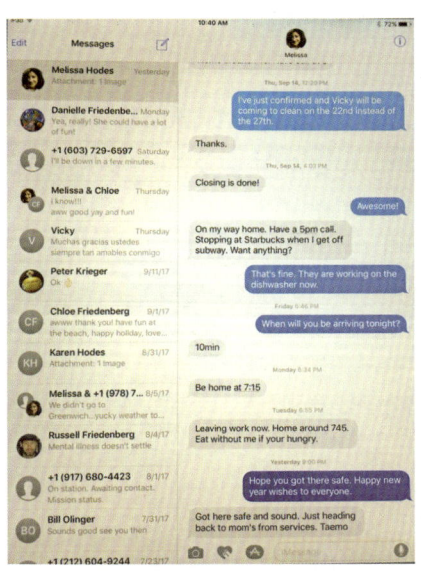

图29　发短信是一种主导的交流方式，尤其是在美国年轻人之间。你能解释它受欢迎的原因吗？

一般性问题

一项基于在线问卷调查的研究发现，年轻的美国成年人发短信更多。

研究还发现，这个群体收到短信后反应迅速，并能通过短信真诚地表达情感。受试者给家庭成员发短信的原因多种多样，包括计划活动、传达信息和参与一般性交谈。施罗德（Schroeder）和西姆斯（Sims）发现了发短信行为的几个因素，并将其归为"社交联系""逃避现实""分心""大胆""培养沟通"和"驱动倾向"。他得出的结论是，人们发短信有各种各样的原因，有些是社交性的，有些是非社交性的。在某些情况下，发短信是有问题的。

科伊恩（Coyne）、帕蒂亚-沃克（Padilla-Walker）和姆格伦（Holmgren）利用美国华盛顿州的青少年群体样本研究了发短信随时间变化的发展轨迹，发现了四个基本模式：长期倾向型（14%）、下降倾向型（7%）、中度倾向型（68%）和上升倾向型（11%）。长期发短信的人往往更容易抑郁，大多是男性，而且普遍来自单亲家庭。这类人的愈后效果较差，他们更容易焦虑、有攻击性，与父亲的关系也较差。

"浅化假设"指的是新媒体技术让人们较少反思他们的思考方式。该观点认为，发短信和社交媒体的使用导致了快速的浅层思考和较少的道德思考。安妮丝特（Annisette）和拉弗里尼尔（Lafreniere）找到了这一假设的力证。一项针对加拿大大学本科生的研究发现，经常发短信或使用社交媒体的受试者不太可能进行反思，也不太关心生活的道德目标。

发短信与人际关系问题

林格（Ling）等人针对异性成员研究了青少年的发短信行为。他们发现，发短信是发展性别认同和探讨浪漫互动的一种方式。女生认为男生的短信简短明快，男生则认为女生的短信过长、爱打听隐私，而且有的内容还不必要。另一项针对 18 岁到 29 岁的美国年轻人的研究发现，性满意度和发短信之间并没有显著的相关性。那些对这种关系较满意的人并没有给他们的伴侣发送更多的短信。安格斯特（Angster）、弗兰克（Frank）和莱斯特（Lester）对 128 名大学生进行了测试，结果发现，频繁发短信的人与他人之间的关系并不太融洽。社交网络上的朋友越多，他们与这些个体之间的关系越不令人满意。德鲁安（Drouin）和兰德格拉夫（Landgraff）发现，有安全依恋关系的人更经常发短信，而那些有不安全依恋关系的人发色情短信更常见。

　　大多数有关短信的研究都是针对年轻群体，其中大多数是青少年。佛格（Forgays）、海曼（Hyman）和施莱伯（Schreiber）研究了手机使用礼仪的差异，其研究对象包括老年人群体，测试对象的年龄范围是 18 岁到 68 岁。研究发现，男性比女性更倾向于认为手机通话比短信更合适，情侣之间更有可能通电话而不是发短信。四分之一的年轻群体曾用短信甩掉伴侣或被伴侣甩掉。帕克（Park）、李颂咏（Lee）和郑在恩（Chung）发现，用手机发短信与人际关系的满意度呈负相关。然而，发送和接收的短信数量与减少孤独感和提高亲密感有关。

　　当我们发短信时，仿佛部分自我迷失在对方的想法和情感之中。有些人甚至说，在等待延迟回复时，他们会感到焦虑，想知道对方在想什么或有什么感觉，或者发信人是否输入了一些让收信人感到不安的东西。在群聊中，所有成员可能都会感觉到这种效应。那么，这些交流的参与者会构成一个"蜂群"思维或群体心智吗？面对面的互动也会产生类似的效应，但由于技术的进步，这种效应在空间上是分布式的，因为群聊的成员遍布世界各地。

　　未来这些想法可能会有一些有趣的拓展，因为我们可能会直接体验别人正在体验的东西。有了脑机接口，一个人可以直接读懂别人的感受和想法，然后也许可以在另一个人的脑海中重现这些主观意识。想象一个以这种方式交互的团队，成员之间互相来回交换心理状态。在这种情况下，个人的自我意识会消失吗，还是会融入到一个由群体意识构成的更高级的自我状态之中呢？

自拍　●●●

　　自拍是一种数字图像，其特性是希望将自我定格在一张图片中，然后与网络观众分享（图 30）。从客观意义上讲，自拍可以展示我们的个性、生活方式和喜好，但从主观上来说，人们认为自拍是出于自我表现、自我推销和自恋而拍摄和发布的。本节我们将探讨一些与自拍相关的普遍性人格特质、自拍的动机，以及我们和他人对自拍的不同看法。

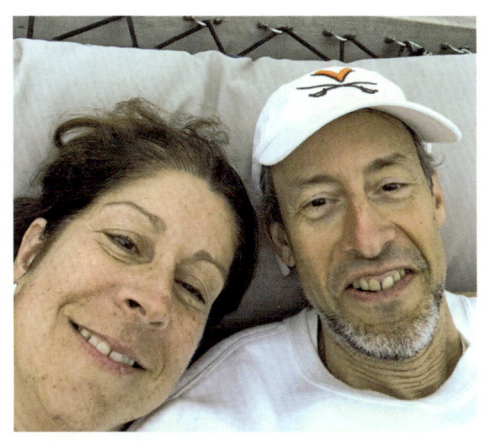

图 30　一张自拍照。你自拍吗？如果自拍，那动机是什么呢？

人格特质与自拍

　　所罗柯斯卡（Sorokowska）等人研究了自拍发帖频率和性格特质。他们在两项研究中发现，每月发布 0 ~ 650 个帖子之间的用户存在着很大的差异。

　　受试者平均每个月在脸书上发布 2.9 张自拍照，1.4 张恋人的自拍照，以及 2.2 张集体自拍照。对于每一种类型的自拍照，女性都比男性发的多。对两性来说，社交表现欲和外向性可以预测发布自拍的频率。无论男女，自尊和发布自拍照之间的关系都很小。

　　崔太让（Choi）等人进行了一项在线小组调查，研究"大五"人格与自拍之间的关系。他们发现，在五种人格特质中，有四种（外向性人格除外）与关注他人对自己自拍照的反应有关。随和性与低开放性的人更倾向于查看别人的自拍照，人们的随和性和外向性决定了他们倾向于评论或点赞别人自拍照的程度。

自拍动机

宋峻荣（Sung）等人研究了人们自拍的动机。他们的发现揭示了四种自拍动机：寻求关注、交流、归档和娱乐。自恋（而非其他任何动机）可以预测发帖的频率。埃特加（Etgar）和阿米查·汉布格尔（Amichai-Hamburger）开展了一项关于自拍原因的问卷调查。因子分析揭示了自拍的三种主要动机：自我认可、归属感和记录。然后，研究人员研究了人格类型与自拍之间的关系。自我认可与自觉性、情绪稳定性、开放性和自尊呈负相关，归属感与开放性相关，资料记录与随和性和外向性相关，这三种动机都与自恋无关。然而，最近的另一项研究确实发现，浮夸的自恋与自拍和发布更多自拍照之间存在着关联。这些研究之间的差异可能是由于调查对象的样本来源不同，其调查对象分别来自韩国、以色列和美国。

科齐涅茨（Kozinets）、格雷策尔（Gretzel）和丁霍普尔（Dinhopl）研究了博物馆里的自拍行为。他们发现，人们自拍的原因多种多样，并不是为了自我推销或获得认可。调查数据显示了几类自拍行为：与艺术互动的自拍、镜像自拍、愚蠢/聪明的自拍、沉思的自拍和标志性的自拍。得出的结论是，自拍是多维的，可以出于文化和社会动机，也是一种模仿行为，还是身份形成的一部分。

自我与他人的看法对比和自拍

丹尼尔·雷（Daniel E. Re）等人让自拍者和非自拍者进行自拍。然后，他们和外部评委都对照片进行评分。两组人表现的自恋程度相同，但自拍者认为自己在照片中比非自拍者更有吸引力、更讨人喜欢。然而，与拍照者本人的评价相比，外部评委认为这些照片的吸引力较小，也不怎么讨人喜欢，而且更显自恋。结果显示，别人对我们自拍照的看法比我们自己的要消极得多。

迪芬巴赫（Diefenbach）和克里斯托弗拉科斯（Christoforakos）用自我展示策略量表对参与者进行评分，并让他们给自己与他人的自拍照进行评分。那些在自我推销（告诉别人自己的成就）和自我表露（透露感情）上得分较高的参与者在自拍时感觉积极。人们会觉得自己的自拍照有点自嘲和真实，但却很少这样评价别人的自拍，更有可能认为他们发布这些自拍是为了推销自己。研究人员得出结论，自嘲式地评价自己的自拍照可以让人们在展现自我时不会觉得自私或自恋。

互联网 ●●●●

互联网与现实世界的差异

网络世界与"真实世界"的差异有四个主导因素：匿名性、对外表的重视程度降低、对互动时间和节奏的控制、容易找到与自己相似的人。福勒伍德（Fullwood）、尼克尔斯（Nicolis）和马库奇（Makichi）提出了第五个因素，即对生成内容的控制。我们将在下文更详细地讨论每个因素。

网上的匿名功能变化多端。在像脸书这样的社交网站上，用户通常会相当准确地描述自己。在博客网站和聊天室中，用户身份通常不会暴露。即使身份暴露了，地理位置上网络用户也不在同一地方，这使得现实世界的联系更加困难。匿名功能可以让人们感觉更舒服地表露自我的某些方面，因为现实世界的影响是有限的。苏勒尔描述了"网络去抑制效应"，即人们会因为相信匿名性而展示更多的个人信息。有关这种效应的原因参见表10。

表 10　网络去抑制效应的原因

名称	描述
分离匿名性	相信网上的人不会认识你
隐身性	相信别人看不见你，也听不见你。例如，当你发短信时，你无法看到和你交流的那个人
异步性	不必立即回复某人的消息。先放一放，过会再处理
唯我论的内摄	感觉你的思想已经和网友的思想融为一体。你可以在自己的脑海里听到他们的信息

续表

名称	描述
分离想象	相信在网络空间的另一个领域中，存在着一个想象中的自己
感知隐私性	认为通信是私密的
地位与权威的削弱	不知道网上其他人的地位
社会促进	认同他人，尤其是具有攻击性的人。别人都这样做了，我这样做也就无所谓了。

来源：苏勒尔（Suler，2016）

通过选择、编辑照片或措辞描述，线上比线下更容易隐藏或增强我们的外表。因此，互联网可以为那些外表吸引力较低的人提供"公平的竞争环境"。然而，如果真的有面对面的会面机会，人们需要注意自己在网上改变外貌的程度。毫无疑问，许多人在网上夸大了自己的某些社交理想特征，比如强调自己的运动能力或健康状况。

网络互动可以实时（同步）或异步进行。异步互动时，双方回应的时间间隔可以延迟。如果有人没有必要的信息而需要得到它，或者不想与某人联系，就可以延迟回应来发送消息。异步通信也可能发生，因为一个人想要更多的时间来思考该说些什么。延迟回应给了我们更多的时间来有利地展示自己，也可以用来呈现一个积极的自我形象。

互联网的好处之一是它可以让兴趣相投的人联系在一起。从缝被子到飞机建模，几乎所有你能想到的兴趣都在网上可以呈现。志趣相投的人可以在论坛、聊天室、博客和社交媒体网站上进行交流。人们可能会觉得向与自己有共同爱好的人吐露心声更舒服。最后，用户可以主动塑造他们在网上生成的内容。那些害羞或焦虑的人可以把自己描绘成自信和无虑的人。网上自我生成的内容受到的限制较少，对其呈现方式的控制程度更高。这不仅适用于照片或视频，也适用于输入的自传描述。

社交网站

社交网站（SNSs）是指诸如脸书和推特这样的网站，允许用户建立一个网站并在其中发布个人信息，然后将这些信息与他人共享（图31）。文本、图像和视频通常可以与链接一起上传到网站。大多数社交网站允许用户点赞、转发或评论帖子。帖子中的人也可以被打上标签，在这种情况下，他们也会收到提醒。

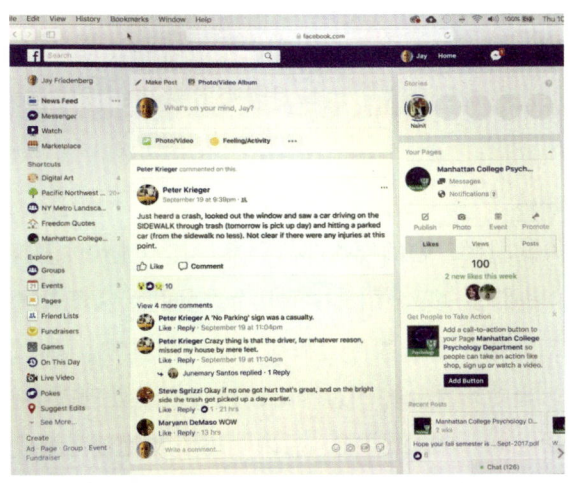

图 31　脸书是互联网上最流行的社交网站之一

像脸书这样的社交网站在青少年和大学生群体中非常受欢迎，它们已成为人们与同事、朋友和家人交流的一种新方式。社交网站鼓励人们建立和维持人际关系网络，这对克服羞怯、减少孤独感、提高自尊和促进主观幸福感有很强的影响。近年来，一些针对中国青少年和大学生的研究也表明，社交网站上的自我呈现与自我认同、自尊、积极情绪和感知的社会支持呈正相关。

然而，使用社交网站也有不足。研究发现，社交网站的使用与自尊降低和抑郁等负面变量相关。社交网站上存在着一种积极的自我表现倾向，这可能会给人一种印象——其他人都比你更快乐、更成功，这可能会引起嫉妒并降低自我评价。也有证据表明，被动使用社交网站可能会导致自尊心降低。被动使用社交网站涉及的活动包括阅读别人的信息，但不喜欢、不评论、不给别人打标签——也就是说，不想尝试通过网站与别人建立联系。

金井清（Kanai）等人发现，在主要的社交网站上，社交联系的数量与脑的某些特定区域密切相关。脸书的好友数量可以预测左侧颞中回、右内嗅皮质和右侧颞上回的灰质大小，目前已知这些区域与心智理论认知有关。心智理论是一种能知道别人是有意识、有思想的能力。研究还发现，杏仁核中的灰质密度与脸书好友数量之间存在着显著的关系。先前的研究表明，杏仁核与线下朋友的数量有关，也与对恐惧等情绪的反应和记忆有关。

脑系统和社交媒体

在思考别人的时候，脑的哪些部位会参与其中呢？许多区域和网络都会参与社会认知，我们在这里介绍其中的几个。脑的默认模式网络（DMN）一直处于活跃状态，并在脑思考自己和别人时参与其中。图 32 显示了 DMN 的主要脑结构。当执行主动控制过程时，这种自动处理就会"放慢"，例如在做困难的数学题时。DMN 由前、后内侧皮质和侧顶叶组成，还与许多其他与自我相关的现象有关，包括自传体记忆、自我参照加工和社会认知。

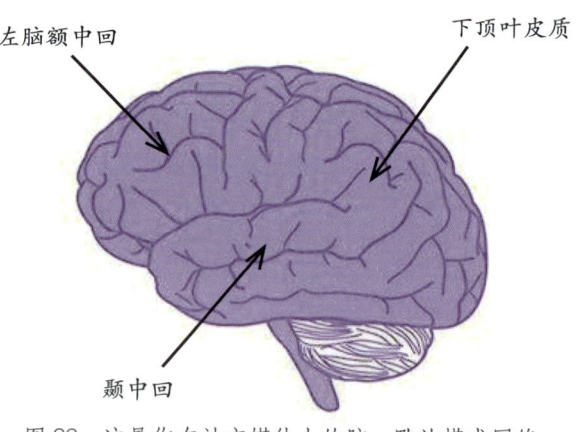

图 32　这是你在社交媒体上的脑。默认模式网络

一组称作"心理化网络"的脑结构与 DMN 重叠并可能协同工作。这个网络中的活动与心理化（推断）他人的感受和思想的能力有关。在思考他人时，自我参照认知网络也会参与其中，该认知网络由内侧前额叶皮质和后扣带回皮质组成。当一个人在考虑别人时，脑的奖励网络也会变得活跃。每当体验到令人愉悦的事情时，这个网络就会激活，并被认为可以强化具有演化自适应性的行为。表 11 描述了这些脑网络以及一些线上示例。

表 11　三种可能涉及社交媒体利用的脑网络

网络名称	脑区域	案例
心智化网络	背内侧前额叶皮质（dmPFC）	社交媒体用户可能会思考她的网络连接中的人是如何回复帖子的；
	颞顶交界点（TPJ）	社交媒体用户可能会思考特定用户在阅读与帖子有关的反馈时会有什么反应；
	前颞叶（ATL）	社交媒体用户可能会思考其他用户发布信息的动机。
	额下回（IFG）	
	后扣带回皮质（PCC）	
自我参照认知网络	内侧前额叶皮质（mPFC）	社交媒体用户可能会自我思考，然后传播想法，这可能会引发更多的自我参照想法；
	后扣带回皮质（PCC）	用户可能会收到反馈，从而产生反思式自我评价；
		社会性比较要求用户考虑自己的行为与其他用户的关系。
奖励网络	腹内侧前额叶皮质（vmPFC）	脸书用户可能会收到"点赞"或"添加朋友"等积极反馈；
	腹侧纹状体（VS）	阅读别人的帖子可能会引起奖励活动，因为接收信息会激发好奇心；

续表

网络名称	脑区域	案例
奖励网络	腹侧被盖区（VTA）	这些奖励会激活用户的脑奖励系统，迫使用户重返脸书获取更多奖励。

来源：帕森斯（Parsons，2017）

注：这些例子并不是针对所列举的任何单个脑区。通常，需要一个以上的脑区参与某种行为的表达。

数字约会

安萨里（Ansari）以一种滑稽但基于数据的方式展示了网络约会的挑战。我们将在本节概述他的研究工作，首先介绍在技术开始改变约会过程之前，当时的约会与现在的约会有哪些差异。一开始，人们通常与毗邻而住的人相识然后结婚，博萨尔（Bossard）研究了费城 5 000 对夫妇的结婚证，发现三分之一的夫妇在结婚前都住在以对方为中心的五个街区半径内。第二个趋势是人们结婚的年龄越来越晚。美国人口普查局的数据显示，1950 年人们的平均结婚年龄是 21 岁，而在 2014 年是 27 岁。第三个主要变化是结婚的标准提高了。过去，人们寻求的是友伴式婚姻，但最近的调查数据显示，现在人们更期待的是灵魂伴侣式婚姻。现在的人们都在寻找他们真正深爱着的人。这些趋势或许可以解释为什么现在的真爱追求者有时要花几十年的时间来寻找伴侣，他们可以接触到世界各地的数百万人，他们有更多的时间这样做，而且更挑剔。

鉴于在线约会网站和应用程序的数量众多，结识浪漫伴侣比以往任何时候都容易得多，但这并没有让人们更容易地邀请别人赴约。2013 年 Match.com 网站的一项调查发现，年轻人更喜欢发短信邀请他人约会，而老一辈人则更喜欢通过电话交谈。焦点组揭示，年轻的男女都害怕通过传统电话方式交谈。同样的调查显示，女性经常会收到男性发来的第一封相当"古怪"的短信，他们既不透露姓名，也不约定见面的时间和地点。事实上，很多第一次的短信对话来来回回聊了好久，但是都没有出现约会。一些男性在短信中显示出性侵犯行为的迹象。可能是因为短信沟通有距离，所以才会造成这种行为。如果这些人是在电话里交谈或当面交谈，他们会说出这样的话吗？这可能是因为，技术上的距离相隔让我们能够以面对面交流时通常不会采取的方式行事。尤其是男性，他们可能不会感到那么拘谨，这一效果暗示了酒精的去抑制功能。因此，发短信可能会产生两个自我：一个是真正有礼貌、恭敬的自我，另一个是打电话时咄咄逼人或态度暧昧的自我。

在安萨里的研究中，人们针对发短信的礼仪达成了一些共识，其中的一些基本规则包括：（1）不要立刻回短信，否则显得你太性急；（2）如果你给某人写信，在收到他或她的回信之前不要再给那个人发短信，否则会给人家留下太强势的印象；（3）你短信的长度应该与别人给你写信的长度差不多，表面上是因为你有可能过早透露了太多信息。当你对某人不感兴趣时，还可以参考这三条建议：假装很忙，什么都不说，或诚实回答。

网络约会力量强大。2005 年至 2012 年间，三分之一的已婚夫妇是通过网络约会网站认识的。这是人们认识配偶的最重要方式，比通过朋友、学校和工作相结合来认识配偶的方式还要多。回顾 1940 年到 2010 年，从20 世纪 80 年代起，网上会面的趋势开始上升，而近年来所有其他形式的会面呈现下降趋势。这种模式对异性恋和同性伴侣都适用，任何与这种约会方式有关的污名似乎都在减少。

尽管网上约会很方便，而且还能接触到无数可能的伴侣，但还是会有若干相关问题的。第一个与吸引力有关。简单地说，有魅力的女人会接收到更多的约会邀请。约会网站 OKCupid 上每天的消息数量随着吸引力百分比的变化稳步增长，对于魅力值处于 90% 或更高的人，消息数量呈指数级增长。即便是相貌平平的人也会收到大量的消息，让人看得筋疲力尽。许多人说，网上约会相当于第二份工作，因为这占用了他们很多时间。

造成网上约会问题的第三个因素是，人们似乎不知道自己想要什么。他们表示自己感兴趣的对象与在网站上实际接触到的人并不匹配。人们似乎打破了自己的规则。他们选择约会对象时，最重要的一个因素似乎就是吸引力。在网上约会时，照片决定了人们90%的行为。我们在这里又一次看到了自我分裂的可能。在寻找稳定长久伴侣的过程中，我们可能会对理想伴侣有某些品质上的要求，比如诚实、可靠。但是，当我们在帖子中看到一个具有吸引力的对象的照片时，我们可能就会忽略这些品质。

　　如果是这样的话，什么类型的形象照片才是有效力的呢？ 56%的女性选择上传一张自己微笑的简单照片。然而，9%的人选择具有调情色彩的姿势，成功率略高。另一方面，当男性的头像展示的是目光远离镜头且脸上不带笑容时，他们往往更容易成功。对于女性来说，最有效的拍摄角度是从高角度拍摄，脸上略带腼腆，其次最有效的照片是在床上拍摄的，然后是户外和旅行照片。最不适合女性的照片是喝酒或与动物合影。但对于男性来说，最有效的照片是与动物合影，其次是展示肌肉，然后是参加有趣的活动。对男性来说效果最差的是喝酒、旅行和户外拍照。

　　算法能有效地为我们找到完美的伴侣吗？如果我们有足够多有关情侣及其配对成功率的信息，答案会是肯定的。问题是，网上的信息都特别肤浅。芬克尔（Finkel）等人发现，因为个人资料中提供的信息，如职业、收入和宗教信仰，是浏览者唯一可以参考的信息，所以我们高估了这些信息。浏览者会在偏好这一项中做出错误选择。最好的办法是在现实生活中了解这个人，然后根据经验做出判断。人类学家海伦·费舍尔（Helen Fisher）建议，少花点时间在网上约会，多花点时间在线下约会。女性对安全的担心，可能会让她们在电子交易上花费更多的时间。似乎我们在交友网站上允许发布的信息量有限，或者我们故意限制发布这些信息，因为害怕暴露自己太多。这种数字隐瞒其实会对我们不利。

　　对于像 Tinder 这样只提供面部照片和少量信息的滑动应用程序来说，情况就是如此。如果用户对某个人感兴趣，他们会向右滑动；如果不感兴趣，就向左滑动。这样，两个彼此喜欢的人就可以开始私聊了。这样做的优点是可以相互吸引、方便、快捷，而且不需要浏览大量的资料。尽管约会滑动应用程序越来越流行，但它们的主要缺点是过于依赖对方的吸引力。这些应用程序历来就是"勾搭"的地方，但这种情况可能正在改变。不幸的是，约会应用软件上五花八门的选择以及对最佳伴侣的追求，可能会让人们持续在寻找理想的"另一个自我"，而永远找不到一个单纯的好伴侣。

人格和网络自我表现

人们在网上表现和管理自己的方式各不相同。有些人将自己描述得很准确，而有些人则可能提供一些更夸张或者更积极的描述。**印象管理**可以定义为控制他人对我们印象的过程，可以将其视为术语**"自我表现"**的同义词。这必须与**印象形成**分开考虑，后者指的是别人对我们的实际看法。例如，苏珊（Susan）通过发布自己的迷人照片来**管理**她的网上印象。这样做之后，她让弗雷德（Fred）——一个潜在的求婚者——对她有了更好的**印象**。管理是一项我们展示自己需要做的工作，印象是管理的结果，也就是别人对我们的看法。

我们在线上展示自己的方式可能与我们线下的展示方式截然不同。在现实生活中，我们有意识或潜意识地向他人传递许多社交信号，包括发型、化妆、非语言交流（比如眼神交流）、我们说的话（知识），以及我们怎么说（语调）。尽管这些信号也可以在视频会议中使用——例如当我们使用Skype等应用程序时，大多数线上交流目前是通过输入文本和发布照片来进行的，然而线上展示增加了匿名的可能性。我们可以在宣扬更积极的一面的同时隐藏自己的方方面面，或者完全假装成另一个人。

积极的自我表现有很多好处，包括受到欢迎、获得友谊、拥有浪漫伴侣以及获得工作机会。出于这个原因，我们大多数人花了相当多的时间来评估别人对我们的看法，并以一种会让别人善待我们的方式行事。我们可以区分留下印象的动机和实际印象的塑造。如果我们要做一个公开演讲或讲座，很可能会有强烈的动机来展示自己的积极形象。为此，我们会穿着得体、说话清晰。

　　自我表现也有自信型和防御型之分。自信型的自我表现包括积极主动地展示自己的特点，例如讨好、恐吓或恳求。防御型的自我表现是修复或恢复受损的印象，包括辩解、道歉和找借口等行为。他们研究发现，社交焦虑者和有外部控制点的人（那些相信应该由外部力量对他们的行为负责的人）更有可能使用防御过程。扎德勒（Sadler）、亨格（Hunger）和米勒（Miller）发现，消极情绪水平高的人会使用更多的自我表现策略。这一研究表明，焦虑和社会技能较差的人更在乎别人的想法，因此他们更害怕展现自己不好的一面。

网络上的人格和身份管理

　　自尊与抑郁　自尊是一个人对自我价值的总体评价。当然，我们对自己的看法与别人对我们的看法密切相关。在所谓的向上的社会比较观中，我们可以认为自己比别人差，这可能会产生消极的自重或降低自尊。我们也可以认为自己比别人好，这称作向下的社会比较观，可以产生积极的自爱，或提升自尊。网上的活动会产生这两种结果中的任何一种。互联网可以作为社会补偿，帮助那些在某些方面有所匮乏的人；也可以用来增强社交能力，帮助那些已经从网络曝光中受益的人。同样，网络活动可以支持这两类过程。

　　斯蒂尔斯（Steers）、威克姆（Wickham）和阿奇泰利（Acitelli）向受试者询问了脸书的使用情况以及他们的社交比较观和抑郁症状。结果表明，使用脸书次数越多的人往往有更多的抑郁症状，这可能是因为向上比较次数的增加。桑帕夏·坎因加（Sampasa-Kanyinga）和刘易斯（Lewis）研究了受试者在社交网站上花费的时间以及产生的一些结果，包括对自杀的想法、心理痛苦、自我评估的心理健康以及实际的心理健康支持。研究对象是加拿大的初中和高中年龄段的孩子。他们发现，7 ~ 12 年级的孩子如果每天使用社交网络的时间超过两个小时，更有可能出现心理健康不佳、苦恼和自杀意念。

自尊心低的人在感觉有风险存在（例如要求加薪）时倾向于使用电子邮件而不是面对面交谈，原因可能是通过严谨的措辞，他们可以更好地控制网上交流的节奏与局势。茨威卡（Zywica）和达诺夫斯基（Danowski）发现，自尊心较低的脸书用户更有可能与网友分享他们的某些方面，在网上展示有关自己的更多信息，并夸大甚至编造有关自己的信息，让自己看起来更受欢迎。自尊心较高的人在社交网站聚友网（MySpace）上描述自己时会使用更多的词汇。此外，他们会在自己的个人资料库中上传更多有关名人的图片和动画。这些研究表明，自尊心低和高的两组人都会使用社交媒体网站来提高自己的名声，但他们采用的方式不同。

五因素模型（FFM）　我们在第三章中介绍了五因素模型，读者可能希望现在充当温习者来回顾一下。在本节，我们将介绍那些把五因素模型中的人格特质与网络行为关联在一起的研究工作。内向－外向是大五人格特质连续体之一。研究发现，内向者在脸书上的个人资料更详细，这可能是因为他们正想弥补现实世界社交技能的不足，同时也更加努力地在网上宣传自己。人们发现，内向的青少年会在网上尝试更多样化的身份，比如调情或表现得像个老年人。这可能表明他们正在弥补自己匮乏的表达能力，而不是在欺骗。

五因素模型的另一个特征是亲和性。高亲和性的博主会吸引粉丝，因为他们可以表达自己身份的特定方面。为了增强社交能力，他们似乎会用一种对自己有利的表达方式。博主也十分开放，这似乎是一种自我表达的需要——可以通过展示自己的智慧、机智和创造力来实现。责任感差的人不太会担心将来自己行为的后果，也许这就可以解释为什么他们在网上伪装自己的可能性更大。

自恋　我们在第三章也描述了自恋和自恋型人格障碍，读者若有需要，可以回顾一下。自恋者喜欢社交媒体网站：他们会在脸书上花费更多时间，也会更积极地推销自我；他们会摆拍更多的照片，然后用图片编辑软件让自己看起来更好看；他们会定期地更新状态，包括发布更多推销自我的信息和名言语录。这些并不奇怪，因为这些人喜欢吹嘘自己的成就，需要更广泛或更深入地与他人交往，更需要他人的赞美。其他人是如何看待这些个人资料的呢？他们会认为这些自恋者更自信、有地位，而且还热情，但也会觉得他们的合作性较差，不太友好、不太善良，好感度较差。

网络身份的形成　科弗（Cover）指出，身份很大程度上受到我们网络行为的影响。所谓**身份**，它指的是我们对特定分类的认同，如性别、种族、民族、性取向、国籍、社会经济背景和教育经历。他采用了"建构主义"方法，认为身份是由文化和社会力量形成的。这种观点认为，个人是一个被动的接受器，填满了网络内容，并能随着时间的推移而改变。与此相反的是"本质主义"观点，该观点认为身份是与生俱来的、由内部涌现的，在时间维度上是固定的。这种划分大致类似于现代主义和后现代主义对个体概念的划分，也反映了心理学中对人格的"先天"与"后天"处理方式。

建构主义方法基于哲学家米歇尔·福柯（Michel Foucault）和性别理论家朱迪斯·巴特勒（Judith Butler）的工作。巴特勒认为身份具有"行为表演性"，这意味着我们需要通过自己的行为来构建身份。对科弗来说，网上的表演性行为就是设计和维护社交网络的档案、写博客、拍摄和发布自拍照，等等。他举例说，一名男子拍了一张以运动装备为背景的自拍照，并发布到推特这类社交网站上。这将强化西方社会对男子气概的刻板印象，认为男子气概等同于享受和擅长运动等属性。科弗认为，这是一种向世界宣传一个人身份某一方面的快速而简单的方式。然而，在这样做的过程中，这名男子也在构建自己的身份。数字世界的行为不仅仅是告诉别人关于我们自己的情况，它还有助于构建我们的身份。

他人对我们网络行为的反应方式也影响着我们的身份。在脸书上发布的帖子会被朋友、家人和同事以点赞、回复、评论和打标的形式回应。通过这种方式，我们对发布内容的选择得到了强化或惩罚。在这些反馈的基础上，我们可能决定接受或探索自我的某些方面，或放弃其他方面。例如，这些打标和转发的响应是我们无法控制的。

目前研究已经着眼于网络的使用如何影响身份的形成，这些研究的结果交织在一起：有些人发现社交网络的使用与自我认同呈正相关，其他人则发现呈负相关或不具有相关性。这可能取决于用户收到的反馈的类型。当在网络媒体上接触的理想苗条身材与身体满意度呈负相关时，可能有助于节制饮食和不健康的体重控制行为。

至少在现代信息时代的经济形态中，这种网络身份的塑造是由我们近乎持续的网络行为所强化的。十几年前，在智能手机和移动互联网设备诞生之前，我们可以说有一个与"线上自我"分离的"线下自我"，这是因为我们主要通过家庭和办公室的台式电脑上网，在其余大部分时间里我们都没有网络连接。然而现在，我们几乎无时无刻不在查看电子邮件、玩游戏或访问社交媒体。这种无处不在有助于强化身份的形成，因为它是持续不断、毫不松懈的。

然而，科弗与女性主义研究及文学理论等领域的许多其他后现代主义者都过于依赖文化环境作为身份形成的一个因素。心理学领域的研究表明，我们人格的许多方面都是受遗传影响的，而对人类行为"白板"模型的偏向可能是出于政治动机。例如，以智商得分衡量的智力与基因相关性是高度相关的。事实上，遗传对智力的影响随着年龄的增长而增加，从儿童时期的41%增加到成年时期的66%。根据科学文献，我们可以得出结论，身份是先天因素和环境因素共同作用的结果，而且两者可能以复杂的方式相互影响。

这对网络身份意味着什么呢？这意味着每个人都有预先存在的兴趣和倾向，而且这些会影响人们在网上搜寻的东西。一名男子喜欢运动可能是因为他有良好的手眼协调能力或视觉敏锐度，这些特质可能受基因遗传或表观遗传的控制，也可能会促使他从小就打棒球。然后，这些特质会引导他在网上搜索并播放与棒球相关的内容。如果这些内容获得了积极的反响，就能进一步加强他对体育运动和西式男子气概的认同。

互联网使用和与自我相关的措施

正如我们之前所指出的，心理学中的"**自我**"一词可以代表很多东西。在这里，我们把自我的两个组成部分区分开来：内容和结构。**内容**是指一个人对自己是谁的概念认识，它又被分解为两个子分量：首先是特定领域方面，如生理自我和社会自我效能等；其次是评价性子分量，指一个人对自我的感觉，通常称为自尊。**结构**部分是特定领域的自我信念和观点的组织和排序，称之为自我概念清晰度。

自我表现和归属感都激发了社交网络的使用。自我表现可以分为两种：诚实型和积极型。诚实型的自我表现者会如实地展示自己真实的一面，无论是积极的还是消极的。积极型的自我表现者只会展现自己积极的一面。金姆（J. Kim）和李（Lee）发现网上积极的自我表现会直接影响生活满意度。在另一项研究中，冈萨雷斯（Gonzales）和汉考克（Hancock）发现，实验过程中更新自己的资料和浏览自己资料的受试者自尊心更强。陈武（Chen）等人发现被动使用社交网络（只看不发）会损害用户的自尊。

自我效能感是对个体交际能力的主观评价和信任，指导着个体在人际关系活动中的行为。通过网络交往而满足的心理需求可以促进一个人的社会自我效能感和主观幸福感。中国女大学生通过线上交流满足心理需求所获得的社会自我效能感要低于男性大学生。

自我概念清晰度的定义是，自我概念被清晰定义且随时间的推移内心持续坚信的程度。研究发现，它可以预测心理健康并进行心理调节。使用社交网络既可以提高也可以降低自我概念的清晰度。如果使用社交网络可以让人们对自我的不同方面进行实验和验证，那么自我概念清晰度就会得到加强。然而，瓦尔肯堡（Valkenburg）和彼得（Peter）提出了自我概念碎片化假说。按照这一假说，在网上形成各种可能身份的容易性或许会使青少年的人格碎片化，并破坏中心自我将不同方面协调成一个统一整体的能力。这一假说似乎至少得到了一些支持。牛更枫（Niu）等人发现社交网络的使用与自我概念清晰度呈负相关。

自我建构是个体对自我与周围环境之间关系的意识。具有相互依赖自我建构观的人倾向于接受群体规范，并重视他人的意见。具有独立自我建构观的人接受个人主义的文化价值观，强调内心的思想和感受，倾向于根据自己的内在特质和目标来描述自我。常青青（Chang）发现，相互依存的自我建构与社会互动取向（如响应能力和自我表露）呈正相关，这反过来又积极地预测了脸书上的活动，例如回应他人并在脸书上展示自己。

人们往往很容易在社交网站上表露自我，这在一定程度上是因为这些网站的设置鼓励人们揭示个人信息。设置的字段提示人们写下当前发生的事情。上传自己的照片并与朋友分享也很容易。塔米尔（Tamir）和米歇尔（Mitchell）发现，在社交网站的帖子中有 80% 都是关于用户自我展示自己眼前情况的。他们提供的脑成像数据显示，在对社交网站上的自我表露做出响应时，多巴胺奖励系统的激活程度增加，特别是伏隔核和腹侧被盖区。但需要提及的是，其他研究并没有表明在通过社交媒体收到积极反馈时脑奖励系统总是处于激活状态。

不良的和良好的网络行为

不良的网络行为：网络欺凌　网络欺凌指的是一个人或一个群体长期通过电子形式的联系方式反复对无法保护自己的受害者实施的蓄意攻击行为。电子邮件、聊天室、网站和短信等媒体都可以用来骚扰、虐待或攻击他人。考虑到社交网站的特性，人们可以轻易地评论、点赞和转发，这往往可能会让其他人加入进来，并产生滚雪球效应，从而使问题恶化。莫德茨基（Modecki）等人对相关研究工作进行了元分析，发现网络欺凌和传统欺凌在青少年群体中的平均发生率为 15%。另一项针对中国中部地区高中生的研究工作发现，这种情况的发生率更高：35% 的参与者提到自己曾欺负他人，57% 的人声明自己曾在网上受到欺凌。

该研究还发现，男孩更有可能成为网络欺凌的煽动者和受害者。学习成绩较差的学生更有可能是作恶者，那些花更多时间上网或频繁使用即时通信和其他网络娱乐形式的学生也是如此。何丹（He）等人发现，父母的拒绝和过度保护与网络欺凌均呈正相关，而父母的情感温暖则与网络欺凌呈负相关。

良好的网络行为：网络利他行为　网络利他行为是网络欺凌的反义词。这是一种自愿的助人行为，其目标是增加他人的幸福感，许多人这样做并不期望有任何回报。阿米卡伊·汉布格尔（Amichai-Hamburger）指出，互联网可能有助于诱导利他行为。它的匿名性使人们更容易寻求帮助，而不会感到羞耻。它还可以使人们感到不那么受他人观点的束缚。

门格尔（Mengel）发现，花更多时间玩电脑游戏的人表现的助人行为更多。这似乎与普遍的文化观念背道而驰，即玩电子游戏会让人变得更具攻击性。郑显亮（Zheng）和顾海根（Gu）发现，某些人格特质，包括"大五"人格或五因素模型中的一些特质与网络利他行为正相关，这些特质是责任心、开放性和自尊。另一个五因素模型特质，即神经质，与网络利他行为呈负相关。在另一项研究中，较高的乐观情绪与网络社会支持呈正相关。

认知与互联网使用

互联网使用的认知优势　使用互联网有一些认知优势。热纳维耶夫·约翰逊（G. Johnson）和茱莉娅·约翰逊（J. Johnson）对重度和轻度上网用户进行了测试。他们发现，重度上网用户在视觉智能指标上得分较高，大概是因为网页的视觉布局迫使他们从视觉关系的角度进行思考。在另一项研究中，在脸书等网站上参与社交监控（阅读更新内容或分享链接）的学生比那些主动在这些网站上发帖（即时通信和发布更新）的学生的平均学分绩点更高。他们认为，后一种类型的活动对实际的学习干扰更大。其他研究表明，经常使用脸书的用户花在学习上的时间更少，而且可能会拖延他们花在网上的时间。

阿洛韦（Alloway）等人发现，与不经常使用脸书的人相比，使用脸书一年的人在几项认知指标上的得分明显更高。这些指标是语言能力、拼写能力和工作记忆能力。他们认为，使用脸书涉及的认知操作是类似的。当使用像脸书这样的网站时，人们必须访问、处理和推理大量的信息，还必须确定这些信息与当前目标的相关性，并做出其他类型的决定。这种思维方式与工作记忆功能以及语言编码和视觉注意力有关。拼写和语言能力得分较高可能是因为用户定期阅读帖子并发表评论。相比之下，在这项研究中，两组学生在数学能力测试方面并没有差异。

互联网搜索和记忆　在几十年前，如果我们对了解一些事实感兴趣，那么面临的一项艰巨任务可能是去当地图书馆做一些调研。现在，随着谷歌和其他互联网搜索引擎的问世，只需敲几下键盘就能获取人类的大量知识。有些人将我们的记忆"外包"到环境中更一般地称为交互记忆。在互联网出现之前，我们的记忆仍然置于环境中，但在其他人的思维中，这些记忆可能称之为社会记忆。如果我们需要学习一些东西，可以求助于可能知道相关信息的人，并问他（她）；或者，我们可以利用自己的回忆来尝试记住先前学过的一些东西。如今，我们似乎记住的并不是需要回忆出来的事实，而是（在互联网上）去哪里获取这些事实的知识。这样做的一个缺点是，如果我们无法接触到电子通信，就会被有效地切断与信息的联系。

像使用社交媒体一样，互联网搜索也很有益。想象一下，您正在搜索自己喜欢的摇滚音乐会的门票，在常规的网站上找了一个小时，但一无所获。然后，您偶然发现了一家鲜为人知的在线音乐商店，找到两张演唱会门票，供您和您的女友使用。在这种情况下，搜索行为在最后（也许是在认为自己可能找到了门票的时候得到了回报），所以这种行为在将来更有可能会发生。

从进化的视角来看，我们的脑已经进化到通过从环境中寻找信息来帮助我们获取食物、水或住所，从而有助于我们生存。一旦我们找到了这些资源，我们就会"释放出"让我们感觉良好的多巴胺，这种感觉会激励我们继续寻找。

从生物学上讲，这种奖励过程是通过皮层-纹状体-丘脑皮质回路的活动反映出来的。腹侧被盖区和伏隔核都在这种情况下被激活，并在脑处理奖励、愉悦、动机和强化学习的过程中发挥着重要作用。这些结构包含多巴胺能神经元，这些区域的神经活动与人们服用兴奋药物时观察到的活动类似（图33）。

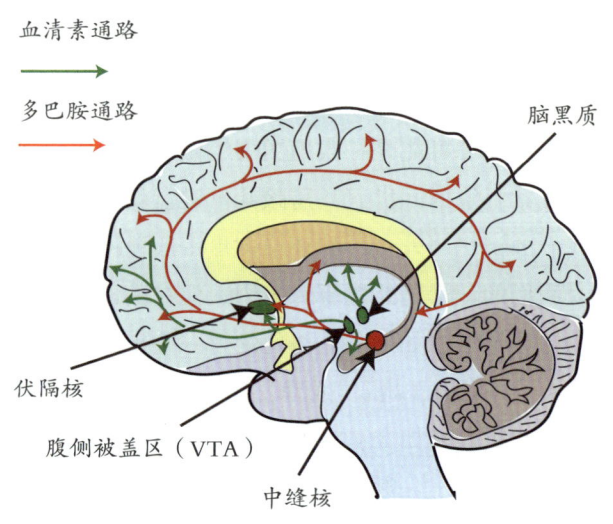

图33　当我们在脸书上发布的某张照片获得"点赞"的时候，脑的多巴胺奖励网络就会被激活。当我们在互联网上搜索和定位奖励信息时，这种网络也会被激活

萨姆勒（Small）等人想知道，除了阅读时正常活跃的区域之外，互联网搜索是否还激活了脑的其他区域。他们测试了有以及没有互联网使用经验的人。在只限于阅读的情况下，两组人的脑表现出类似的活动。同时，在所有参与者中发现了在阅读过程中通常被"点亮"的区域。在网络搜索的情况下，没有互联网使用经验的测试者也显示出与正常阅读时没有什么两样的激活模式，但是有互联网使用经验的那组测试者则显示出新的脑活动区域，包括海马体、额极、扣带皮质和右前颞叶皮质。这表明，互联网搜索绝不仅仅是被动阅读，它需要更大程度的认知参与，会调用在整合语

义信息、使用工作记忆和做出决定时涉及的脑区域。激活这些区域需要用到多少互联网经验呢？萨姆勒和沃尔根（Vorgan）测试了那些连续上网6天每天花1小时的网络新手，并将他们的脑活动与更精通网络的群体进行了比较。这一次，两组人的脑区域激活情况几乎完全相同，特别是在背外侧前额叶皮质。

阅读　互联网上的阅读包括使用超链接，它是一种文本形式，当用户点击它时，会把用户带入到另一个网页中。卡尔（Carr）认为，使用超链接可能会促使读者离开最初的兴趣点，被不太相关的信息分散注意力（因此就有了"冲浪"这个术语，意思是在不能很好地控制方向的情况下乘浪前行）。其结果是，我们可能会无法获得试图学习的信息的整体结构，这样我们就看不到不同但相关的信息是如何联系在一起的。

当我们阅读时，互联网上源源不断涌现的信息可能会让我们根本无法将它们联系起来。模式是一种结构或模板，它可以让我们"把一个个点连起来"，并查看与话题有关的信息是如何关联在一起的。例如，我们大多数人对在餐厅用餐都有一个模式，该模式指定了我们到餐厅后一系列事件出现的顺序，包括坐下、点菜、进餐和付款。如果有太多信息一次性进入工作记忆，我们可能无法将其放入模式所处的长期记忆中，其结果可能是回忆起一组完全不同的事实，却无法理解或记住我们正在阅读的内容。

注意力相关现象　除了记忆和阅读之外，认知加工的另一个方面就是注意力。注意力之所以重要，是因为它能让我们专注于重要的任务，忽略可能导致我们远离手头任务的干扰。卡尔发现网民有一种偏好，希望信息能更快地呈现。这意味着我们拒绝长时间地接触材料，但如果我们希望更深入地理解某件事情，就需要这样做。斯托内（Stone）将其称为持续性局部注意力（CPA），即一种参与多种活动但从未对其中任何一种活动全身心专注的状态。像这样持续保持警觉的状态有几个弊端，包括会有压力和决策不当。长时间的持续性局部注意力可能会产生"技术脑过度疲劳"，即认知能力的衰退。

重度媒体多任务处理者（MMT）似乎确实在感知和记忆层面上都缺乏过滤掉无关信息的能力。根据这项研究，他们也更难阻止从相关任务转换到不相关任务。在这项工作中，多重信息流更容易分散重度媒体多任务处理者的注意力，而在轻度媒体多任务处理者群体中，他们似乎能够更好地忽略无关信息并专注于任务相关的信息。

注意力研究领域两种常见的现象是变化盲视和非注意盲视。第一个是指无法注意到交替显示的两个场景之间的一些变化，而第二个是指无法注意到随着时间推移而展开的单个场景的变化。迪拉克（Durlach）发现，在关闭和打开另一个任务窗口的同时，受试者无法注意到电脑屏幕上一系列与任务相关的图标的变化。斯特夫纳（Steffner）和申克曼（Schenkman）向他们的研究受试者展示了一个类似的任务，结果发现网页中虚拟人物身上发生的变化比普通人身上的变化更不容易被注意到。他们还发现，位于电脑屏幕左侧的物体比位于右侧的物体更难被注意到。屏幕右侧的内容更有可能影响文本理解，可能是因为右侧内容吸引的直接注意力更多。所有这些结果都表明，在阅读网络上的内容时，可能会出现变化盲视的影响。

本威（Benway）让人们观看一个网页，其中包含带有重要信息的横幅。他发现用户可以顺利浏览网页内容，却无法真正读取横幅上的内容，他称这种现象为横幅盲视。这项研究以及其他类似的研究都表明，阅读网络内容时也会出现非注意盲视。

我们倾向于高估自己从显示器接收和处理视觉信息的能力，称之为视觉带宽错觉。事实证明，呈现在我们面前的东西与我们以有意义的方式实际处理的东西之间存在着很大的差异。上文所引用的关于变化盲视和注意力盲视的研究表明，如果信息处于我们未曾预料的区域或者那儿有分散注意力的信息存在，我们很可能会错过一些东西。当一个人从事电脑工作时经常会出现这种情况（例如，电子邮件通知、弹出式广告）。遗憾的是，目前许多干扰都是计算机或技术在正常使用过程中的一部分。这些干扰可能包括屏幕杂乱、图标与任务无关、网页加载缓慢，等等。

这些干扰会降低工作效率。马克（Mark）、古迪斯（Gudith）和克洛克（Klocke）指出，如果中途被打断了，人们有时会通过提高工作速度来弥补，这可能会增加沮丧感、带来压力、有时间紧迫感等。众所周知，速度与准确度之间存在着权衡。我们做事越快，犯的错误就越多。欧 (Ou) 和戴维森（Davison）测试了人们在使用即时通信时的分心程度。他们发现，即时通信的确可以预测工作任务受到的干扰，但它确实在各个方面有助于团队合作。它能够增强工作场所社交互动的感知水平，有助于发展相互信任，并提升团队成员之间沟通的质量。

4 电子游戏

当人们有闲暇时间时，电子游戏可能是最受欢迎的活动。在一项调查中，有42%的美国人说他们每周至少玩三个小时的电子游戏。娱乐软件协会在2010年发现，72%的普通人群和97%的12~17岁青少年持续玩电子游戏。**电子游戏**一词指的是从第一人称射击游戏到逻辑益智游戏等一系列游戏。表12显示了所有不同类型的游戏以及具有代表性的例子。电子游戏可以在许多设备上玩，从通过控制器连到电视屏幕的游戏机游戏，到现在更流行的智能手机游戏，如宝石迷阵（*Bejeweled*）和糖果传奇（*Candy Crush Saga*，图34）。这些游戏可以单独玩也可以分组玩，可以与电脑单独竞技，或者与来自世界各地的更大群体竞技。

表 12　十二种不同类型的电子游戏

类型	描述	代表性案例
大型多人在线游戏（MMO）	通过局域网（LAN）或互联网播放；玩家在虚拟空间中与其他玩家进行互动	《魔兽世界》（2004） 《无尽的任务》（1999）
仿真类游戏	包括控制真实世界的车辆，如飞机、轮船和坦克。在某些情况下，这些工具用来培训专业人员如何操作实际车辆。此款游戏也包括对一个不断演变的世界进行模拟	《微软飞行模拟》（2006） 《模拟地球》（1990） 《模拟生命》（1992） 《模拟城市》（1989）
冒险类游戏	通常在幻想或冒险世界中建立的单人游戏。玩家必须完成谜题才能实现升级，且必须决定如何完成任务	《神秘岛》（1993） 《猴岛的秘密》（1990）

类型	描述	代表性案例
即时策略类游戏（RTS）	需要建立物品、军队或其他资源的库存。它们是实时移动的，玩家无需轮流	《帝国时代》（1997） 《家园》（1999）
益智类游戏	脑力游戏比知觉运动更需要智力参与。从初学者到专家之间有许多级别，通常有彩色的形状和简单的动作	《俄罗斯方块》（1984） 《宝石迷阵》（2001）
动作类游戏	需要快速的反应能力。通过与敌人战斗和使用选定的角色来完成挑战	《吃豆人》（1980） 《毁灭战士》（1993） 《进化》（2015）
隐形射击	使用隐身方法击败敌人的战争或间谍游戏	《合金装备》（1998） 《羞辱》（2012） 《杀手》（2016）
战斗类游戏	战斗是和对手一对一展开的，需要具备能使用不同类型的战斗动作控制的能力	《真人快打》（1992） 《街头霸王4》（2008）
第一人称射击游戏（FPS）	以第一人称视角玩游戏，包括射击敌人	《半条命》（1998） 《雷神之锤》（1996） 《使命召唤4》（2007）
运动类游戏	参与现实世界的运动，如棒球、美式足球或英式足球。角色模仿真实职业运动员的动作	《乒乓球》（1972） 《Wii运动》（2006）
角色扮演类游戏（RPG）	用户通过控制角色来实现目标或探索沉浸式的世界，通常是幻想或科幻世界	《辐射3》（2008） 《杀出重围》（2000）
教育类游戏	帮助用户学习各种技能或知识。目标是让学习变得有趣。通常包括多项选择题等测试功能	《俄勒冈州之路》（1971） 《神偷卡门》（1985）

来源：Thoughtcatalog.com

注：一款游戏有可能对应多个类别。

图 34　像《糖果传奇》这样的智能手机游戏现在很流行

玩电子游戏和自我相关现象　●●●

　　在有关暴力的新闻中，电子游戏经常受到指责。然而，近年来，大量研究人员一直在研究游戏的积极面。因此，社会对这一问题的看法有了一些改善。过去，只有一小部分人玩电子游戏，部分原因是电子游戏刚问世时成本较高。但是，随着游戏在平价手机设备上的出现，这种情况发生了改变。如今，游戏已用于教育、商业、医疗甚至政治等领域，以改善人类的健康和福祉。

　　弗格森（Ferguson）指出，将玩电子游戏与攻击性联系起来的研究工作存在几个问题。其中一些影响已经用第三变量解释了。研究发现，其他社会因素在预测模型中起了很大作用，这些因素包括拥有寻求刺激的个性、较低的父母依恋和较少的父母监督。这些都被证明是暴力行为和携带武器的相对有力的预测因素。当我们将电子游戏玩法重新添加到预测方程中时，它不会带来任何重要的贡献。结论是，游戏本身并不能预测攻击行为。

扬斯（Jansz）的一项研究也与电子游戏会导致暴力这一观点背道而驰。这项研究表明，未成年男性在玩游戏时会有控制感，这表明他们可以控制自己在玩游戏时所经历的情绪。这种控制的自由很重要，因为它可以使这些男性按照自己的节奏来构建自己的身份。因此，暴力性的电子游戏构成了一个安全的"避风港"或实验室，在这里他们可以体验不同的或有争议的情绪，而不必担心被同龄人评价。

然而，游戏成瘾可能是一个严重的问题。虽然《诊断与统计手册》（DSM-V）第五版并没有将"网络游戏障碍"列为正式的心理障碍，但它确实将其归类为一种值得进一步研究的状况。据认为，这种状况在 12 ~ 20 岁的男性中普遍存在。要诊断出这种状况，患者需要符合表 13 中列出的 9 条标准之一。显然，如果想要保持身心健康，就应该鼓励适度玩游戏，并平衡好其他活动。

表 13　网络游戏障碍症的标准（每个个体必须至少符合一项）

分类标准
1.沉迷于网络游戏。
2.不玩网络游戏时会出现脱瘾症状。
3.耐受力增强（需要花更多时间玩游戏）。
4.此人曾试图停止或限制玩网络游戏，但没有成功。
5.此人已经对其他生活活动或爱好失去了兴趣。
6.此人在明知网络游戏对其生活有多大影响的情况下，仍有继续过度玩网络游戏的行为。
7.关于自己的网络游戏使用情况，此人对他人撒谎。
8.此人用网络游戏来缓解焦虑或内疚。
9.因为网络游戏，此人失去了一个机会或一段关系，或者将它们置于危险之中。

来源：萨尔基斯（Sarkis, 2014）

动作类游戏节奏很快，对感知和认知处理机制会造成负担。特别要指出的是，这类游戏需要玩家分散注意力、外围处理、信息过滤和控制运动。许多游戏也需要决策，通过完成嵌套的子目标来实现更高阶的目标。这类游戏的玩家必须监控多个对象和事件，确定它们的相关性，并计划和执行策略。所有这些都表明,玩家在这些方面的技能可能会得到提高,事实也确实如此。

斯特罗巴赫(Strobach)和舒伯特(Schubert)培训了两组非游戏玩家,随后对这两组人进行了双重任务测试,要求他们分散注意力。其中一组使用益智类游戏进行培训,另一组则使用动作类游戏进行培训。通过游戏培训的小组在双重任务中表现更好。在另一项研究中,将游戏玩家与非游戏玩家进行比较,游戏玩家在执行功能、双重任务同时执行以及持续更新信息方面的能力上表现更好。巴韦利耶(Bavelier)等人在游戏玩家和非游戏玩家执行具有挑战性的模式检测任务时,使用功能磁共振成像技术测量了他们的脑活动。结果表明,游戏玩家可以更好地分配他们的注意力,并过滤掉无关信息。

专注可以描述为存在、沉浸、参与或投入,可以等同于从人格五因素模型中体验的开放性特质。一个开放度高的人更能接受各种情况下情绪和认知的变化。专注或开放程度高和低的人在可催眠性、改变状态的经验、创造力以及对美学和隐喻的敏感性方面都有所不同。另外,专注能力强的人在需要快速重新分配注意力的任务上表现得更好。由于这是玩动作类游戏必不可少的条件,我们可能会期望高度专注的人在这些游戏中表现得更好。普雷斯顿(Preston)和卡尔(Cull)在执行平衡任务的前后让高专注人群和低专注人群处于视觉干扰之中。低专注人群在观察视觉干扰之前表现更好,表明他们无法抑制这种干扰。高专注人群在分心后表现更好,显然可以更好地抑制干扰。这种抑制无关信息的能力是电子游戏中表现的一个关键方面。

琼斯(Jones)等人提供的数据表明,电子游戏可以改善心理健康。他们的研究表明,低或中等程度地玩电子游戏可以对幸福感产生积极影响。据证实,这类电子游戏可以改善情绪、减少情绪焦虑、改善情绪调节、增加放松感,并减少压力。研究发现,比起过度地玩或根本不玩电子游戏,适度玩电子游戏能带来更好的健康结果。玩电子游戏还与对自己的智力、电脑技能和机械能力的更高自我评价有关。在玩电子游戏的过程中，能力、自主性和亲近感等感觉都与较高的自尊有关。

据发现，在许多以健康为基础的干预举措中，玩电子游戏也是有效的。活跃度高的电子游戏需要玩家移动他们的胳膊、腿和身体，可以用来抵抗其他类型游戏中出现的身体不活动的影响。目前还开发了一些专门的游戏来治疗诸如注意力缺陷多动障碍（ADHD）、自闭症谱系障碍（ASD）和童年性虐待等疾病。电子游戏也是一种优秀的培训平台，帮助盲人青少年学习各种技能，如导航和空间认知。

加肯巴赫（Gackenbach）、维杰亚拉特南（Wijeyaratnam）和弗洛克哈特（Flockhart）探讨了夜间做梦与玩电子游戏之间的联系。人们发现，梦的重要性体现在许多心理方面，包括信息处理、记忆巩固、情绪调节和创造力。他们的实验室发现了游戏与清醒的梦（人们可以意识到并能控制的梦）之间存在联系。白天玩电子游戏尤其是战斗类游戏的玩家，晚上在梦中的反击能力更强，比如在被怪物追杀时。

电子游戏和认知加工 ●●●

在最早的一项电子游戏研究工作中，戈尔茨坦（Goldstein）等人对玩俄罗斯方块游戏具有丰富经验的人进行了研究。俄罗斯方块是一款旋转和移动从屏幕顶部掉落的几何形状模块的游戏。这些形状模块必须与屏幕底部的空间相匹配，就像把拼图碎片扣在一起一样。因此，该任务需要视觉认知技能，比如心像旋转。在这项研究中，研究人员将玩《超级俄罗斯方块》（Super Tetris）长达 25 小时的年长者与非游戏玩家进行了比较。经验更丰富的小组在斯滕伯格（Sternberg）反应时间任务上表现更好。此任务需要在工作记忆中保持一组字母或数字，然后确定目标项目是否属于该组。对于这类任务，可以通过首先形成一组物品的视觉图像，然后沿着图像从头到尾扫描而与目标物品进行匹配来完成。

动作类电子游戏展现了快速运动，需要同时追踪多个目标物。这类游戏可以是二维或三维的，通常要求玩家在局部焦点注意和更全局且弥散的注意集之间快速转换。通常，还需要对视野外围保持警惕。目前，许多研究人员正在研究电子游戏及其认知影响。这些研究的最大成果是，玩电子游戏可以提高人的感知和认知处理能力。对比敏感度——感知边缘或亮度变化的能力、拥挤敏锐度——物品堆积在一起的情况下看到小细节的能力，以及视觉掩蔽——识别短暂的视觉刺激的能力都有改善。因此，尽管听起来有些反常，但玩电子游戏实际上可以改善您的视力。

玩电子游戏也对思考和同源能力有好处。该领域的发现包括同时关注多种刺激的能力得到增强和注意瞬脱的减少——快速恢复分配视觉注意的能力。研究还发现，电子游戏还被发现能增强执行控制力，这包括工作记忆、注意力捕捉和任务转换。此外，玩电子游戏可以提升对视觉信息的回忆，减少感知反应时间。

这些变化会在脑中留下印记。屈恩（Kühn）等人及其他研究人员发现，额叶皮质区域厚度增加，额叶视野和背外侧前额叶皮质的灰质体积增加。其他变化包括岛叶、背侧纹状体、内嗅区、海马回和枕叶以及右侧后顶叶区的灰质体积增加。这些脑区域涵盖了注意力、记忆和视觉感知方面的广泛功能。

电子游戏和奖励 ●●●

您可能会猜到，玩电子游戏可能是非常有益的，并且已经发现它会在脑的愉悦网络中释放多巴胺。霍夫特（Hoeft）等人对电子游戏玩家做了功能性磁共振成像，发现与奖励和成瘾相关的区域处于激活状态，即伏隔核和眶额叶皮质。卡齐里（Kätsyri）等人对竞争性坦克射击游戏的玩家做了脑成像。获胜会增加脑奖励回路的激活程度。与计算机对手相比，战胜人类对手会产生更强程度的激活。快乐自我评价和腹侧纹状体的激活之间存在着相关性。

游戏转移现象 ●●●●

当玩电子游戏后出现暂时性的视觉、听觉或动觉等方面的感觉时，就会出现游戏转移现象（GTP）。它表现为类似幻觉的体验，如在玩完游戏后看到或听到游戏中的元素。患者知道这些不是真的，但他们发现自己的反应就像这些是真的一样。奥尔蒂兹·德·戈塔里（Ortiz de Gortari）和格里菲思（Griffiths）通过大量参与者样本记录了这种效应，这些参与者讲述了感官知觉、自发想法、行动和行为的改变。

那些游戏转移现象严重的人更可能是学生，年龄在 18～22 岁之间，每天玩 6 个小时或更长时间的电子游戏。他们玩游戏以逃避现实世界，并有精神障碍或睡眠障碍。400 多款不同的电子游戏都已经出现了游戏转移现象，其中最受欢迎的是大型多人在线角色扮演类游戏（MMORG）、模拟类游戏和格斗类游戏。

更具体的症状包括视觉感知的改变——如长时间的余像，听觉感知改变——如听到游戏中反复重播的音乐，身体相关感知——包括与游戏手柄的触觉反馈有关的触觉幻觉，自动心理过程——如思想、冲动和（或）行为（包括思考游戏中的元素，如生命条、仿生手臂或钩子），以及自动行为——如驾驶、搜索、跳跃或攀爬建筑物。

奥尔蒂兹·德·戈塔里和格里菲思记录了引发游戏转移现象的电子游戏的结构方面。他们把这些分成四大类。第一种是感官知觉刺激，这包括看到像素化或单色的物体，以及与游戏刺激相对应的非控制身体动作。第二种是高认知负荷，这里的例子是把鸟想象成战斗机，在寻找地址时用眼角的余光看到地图，或者看到人们头上的标签。第三种是游离状态，其特征是虚拟世界中的沉浸感和主观存在感。这可能会混淆电子游戏中的记忆与现实生活中的记忆，或者混淆游戏角色与真实个体。第四类也是最后一类，涉及与情绪高度投入相关的症状，这包括考虑并真正尝试攀爬建筑物，以及试着仅用一根手指打坏某个物体。

需要注意的是，这些效果在某些情况下并不是特定的知觉后遗症（如运动和颜色后遗症），因为后者是在刺激呈现后立即发生的，而这里的参与者在游戏结束数小时后才会体验到这种状况。同样值得注意的是，休闲玩家可能不会体验到游戏转移现象，因为许多玩家是在玩了大量的游戏（3个小时或更长时间）后才会体验到游戏转移现象。然而，那些使用虚拟现实头盔而更具沉浸感的游戏可能只会加剧这种症状的严重程度。

第七章

化身与"阿凡达"

　　化身最明显的一个特点是，它们能让其用户"放松"，行为举止不用像现实世界中有那么多约束。人们选择的化身的确倾向于揭示个性的某些方面。这可能是某种他们想成为但在现实世界中无法实现的自我，也有可能是某种对他们而言尤为重要的兴趣爱好或生活方式，甚至有可能是他们人格中的阴暗面或具有破坏性的一面。

本章主要讨论了虚拟世界的化身。首先，明确了化身一词的历史来源，厘清了化身与智能体的区别。然后，对化身的类型、"宫殿"中的化身行为和化身的具身化做了详细描述。接着，从第一人称视角和第三人称视角概述了化身的表现形式，并指出了著名的"普罗透斯"效应。接着，围绕网络自我的呈现与构建游戏中的化身以及化身和角色扮演电子游戏的联系等话题做了深入的论述。同时，阐明了化身与身份之间的呼应关系；并给出了三个典型的化身案例。最后，对化身的未来发展趋势做了总结。

1 什么是化身？

化身（avata）一词来自梵文，最初是指毗湿奴（Vishnu）等印度教神的化身形式。然而，它在当下的意义恰恰相反，指的是从现实到虚拟的转变，可以看作是"去化身"或"虚拟化"。菲列西克（Filiciak）将化身定义为"用户在虚拟世界的代表"。游戏设计师克里斯·克劳福德（Chris Crawford）也把化身描述成"人类玩家控制的虚拟结构体，在功能上可以与虚拟环境和其他角色进行互动（A.A.Berger）"。在心理学层面上，化身的第一层意义是，人们感觉化身属于自己，是自己的延伸。人们报告称，自己能感觉到化身所触碰的东西，能看到化身所看到的东西。

阿珀利（Apperley）和克莱门斯（Clemens）对化身的功能和设计发表了一些意见。在操作上，化身应该是"用户友好的"，可以使用大手势和简单的颜色编码控制来操作。尽管 Wii 系统或精灵宝可梦（*Pokémon Go*）这样的游戏使用了全身控制，但大多数化身仍然可以借助操纵杆或视频游戏控制器通过手眼协调来操作。对于许多化身，用户重复了基本的动作，例如在屏幕上移动化身。化身处于两个世界的交汇处，将游戏的设计空间与现实世界中的用户身体相结合。尽管化身所处的虚拟世界具有身临其境的特点，但却具有一定的局限性，因为游戏总是存在其他关卡，而且游戏是可中断的，这意味着它们可以随时停止或重新开始。

戈德堡（Goldberg）区分了化身和智能体。他表示，化身代表的是一个真实的人，而智能体是"任何具有某种可视化体现的半自主软件"。然而，这个定义仍然过于模糊，因为吃豆人（*Pac-Man*）[1] 既可以是化身（它代表用户），也可以是智能体（它是半自动软件的体现）。威尔逊（Wilson）给出的区别结果更令人满意。她表示，化身是一个虚拟的代理自我，不仅充当了用户在现实中的自我，而且能代表用户。化身是经由用户做出的选择而创造的，在游戏或虚拟世界中有很大的操作空间可以让玩家进行个人选择并创造意义（图 35）。根据这一定义，吃豆人就是一个智能体，因为用户可以控制他，但不能改变他。他的外观和技能在游戏过程中不会改变。同样，《马里奥兄弟》（*Mario Bros.*）中的马里奥、《青蛙过河》（*Frogger*）中的青蛙和《刺猬索尼克》（*Sonic the Hedgehog*）中的索尼克也是如此。

图 35　电子游戏中使用的电脑化身。化身可以定制，充当用户的替身或代表，并由用户控制

　　化身不仅仅是在游戏中使用的人工构件。我们在操作化身时，它们看

1　《吃豆人》（*Pac-Man*）是一部由同名街机游戏移植至 Atari 2600 平台的游戏，最早由南梦宫公司于 1980 年在街机上推出，后由雅达利公司于 1982 年 3 月中旬发售 Atari 2600 版。Pac-Man 最早的艺名叫 Pakkuman，形象描绘了"我吃，故我在"的生活态度。——译者注

起来很真实，并且在游戏之外也有很多潜在的益处。班布里奇（Bainbridge）概述了化身能够成为真实存在的几种方式。首先是主观性，这意味着化身"感觉真实"。第二，虚拟世界中发生的事情经常会延伸到现实世界。人们可以从他们作为化身时所做的事情中得到启发，正如我们在《第二人生》（Second Life）中所看到的那样，一个人可以开一家公司，赚一大笔钱。这种效应被称为论理一贯性。第三，目前的许多化身还都是原型，这是迈向更重要的未来发展的第一步，可以用于机器人远程操作等流程。第四，可以利用化身和虚拟现实系统学习导航、驾驶和手术等许多现实世界中的技能。最后是迁移，即我们自我的某些部分都可以转移到化身的身上，让它们的运作愈发具有自主性。这可能是未来的一个趋势。

2　化身的类型

化身可以看作是对我们的自我的准确刻画，但更多时候它们代表的是我们理想化的自我：我们想要的性格类型。这些投射既可以表现为外表等表面特征，也可以表现为人格特质等更内在的特征。在电子游戏中，男性大多选择凶猛、强壮及有社会地位的角色；女性通常会选择外表迷人、能娱乐或提供照顾的角色，比如护士或治疗师。研究表明，男性喜欢表现出更强大的力量，女性则喜欢表现出更富有吸引力，而且两者都喜欢表现得更有智慧、更有魅力和处事更圆滑。

班布里奇分析了《星球大战：星系》(*Star Wars Galaxies*) 电子游戏中化身的选择。他发现，人们选择人类的比例是 53%，选择 Zabraks（一个凶猛的种族）的比例是 18%，而选择 Twi-leks（巧妙的计算器）的比例是 11%。至于职业和性别，26% 的人选择成为绝地武士（拥有强大"原力"的角色）。女性更倾向于选择娱乐和医疗护理角色的化身，展示修养，而男性则主要选择突击队员和军官职位，更喜欢军事领导。在第二项研究中，班布里奇分析了《无尽的任务 2》(*EverQuest 2*) 幻想游戏中化身的选择，发现 31% 的玩家选择了战士（展现力量），22% 选择了牧师（拥有智慧），27% 选择了魔法师（施展魔法），20% 选择了侦察兵（展示敏捷）。

巴特尔（Bartle）为游戏玩家创建了一套类型或类别。分别是：(1) 喜欢调查新地点和新位置的探索者；(2) 专注完成任务的成功者；(3) 为建立友谊和分享经验而玩游戏的社交活动者；(4) 乐于消除威胁的杀手（无论这些威胁是受计算机控制还是受人类控制）。任何一个特定的玩家都被认为是四者的某种混合体，并将其中一种类型作为主导。绮（Yee）运用这种类型学调查了许多大型多人在线游戏（MMO）的玩家，并发现了三种普遍的统计因素：成就（大致对应成功者类别）、社交（大致对应社交活动者类别）和沉浸（玩家在游戏中的投入程度，可以对应探索者或任何其他类别）。

库尔森（Coulson）等人也研究了MMO游戏，并确定了三个主要角色，每个都与战斗（各个角色必须执行的主要任务）有关。他们称之为KIP模型，分别代表"杀戮（Kill）、刺激（Irritate）和保护（Preserve）"。杀手在这个群体中比例最大，他们的主要目的是对敌人造成伤害。刺激者负责吸引对方的注意，引导对方攻击自己，因此必须持久而坚忍。保护者负责治疗团队成员。一个玩家可以在团队比赛期间互换角色，因此有些玩家擅长多项技能。团队成员必须团结一致，在游戏过程中协作配合，让成功率最大。这种相互依赖性可以用一句话来概括："如果刺激者死了，就是保护者的错。如果保护者死了，就是刺激者的错。如果杀手死了，那就是他们自己的错。"

3 "宫殿"中的化身行为

苏勒尔花了相当长的时间在名为"宫殿"的虚拟世界里进行实地观察研究。宫殿是最早的虚拟世界之一，允许让完全实现的视觉化身在各种场景中进行社交互动。这个数字世界有鬼屋、保龄球馆和城镇等场景。主要位置是主宅邸，里面大概有三十个不同的房间，包括书房、海滩、游戏室和酒吧。不同的化身可以在这些区域内移动，通过在它们头顶上的气球里打字就可以相互交流。宫殿中的用户可以改变和装饰各自化身的外观，他们还可以获得虚拟"土地"，并在"土地"上建造家园，摆放物品。

化身最明显的一个特点是，它们能让其用户"放松"，行为举止不用像现实世界中有那么多约束。这种部分匿名所产生的行为被称为在线去抑制效应。操控化身的人在虚拟世界中感到更加自由，他们想说就说，想做就做，因为他们知道自己在现实世界中的身份是可以隐藏的。不过，人们选择的化身的确倾向于揭示个性的某些方面。这可能是某种他们想成为但在现实世界中无法实现的自我，也有可能是某种对他们而言尤为重要的兴趣爱好或生活方式，甚至有可能是他们人格中的阴暗面或具有破坏性的一面。

化身的分类 ●●●●

在宫殿里，化身分为两种主要类型。第一种是"笑脸符号"，这是所有用户的默认选项。这些面孔反映了人类的基本情感或表情，如开心、悲伤、愤怒、眨眼、脸红、点头或摇头。人们可以通过改变面部颜色，或者添加假发、魔鬼角、光环或一杯啤酒等道具来定制笑脸符号。第二大类型是在用户完全控制下创建的，允许更多的可能性。这些化身几乎可以呈现任何一种视觉外观。例如，它们可能是神、巫师或龙。这些化身需要更多的技能来创造，因此是身份的象征，用以区分老手和被称为"初学者"的新手。正如在现实的人类社会中经常出现的情况一样，我们在这里也看到出现了拥有不同技能和资源的各类群体或种姓。

苏勒尔基于他住在宫殿世界里的大量时间和他对其中化身的观察，研究出了 13 种化身类型。以下是这些化身的名称和简要描述。第一种是**动物化身**，它们可以是任何动物种类，如猫、狗、马或鹰。动物往往象征着某些特质。例如，狗代表忠诚，而鹰则代表凶猛和独立。用户选择的动物类型可能反映了他们想要展示自己的某一方面或想要获得它的愿望，这可能是用户欣赏或害怕但同时又想获得的一种特质。

第二种是**卡通化身**。这些化身可以对应连环画、漫画或动漫中的角色。同样，这类化身的特征也可以反映出用户的价值观。像兔八哥（Bugs Bunny）[1]这样的卡通人物象征着自信的骗子，而阿拉丁（Aladdin）精灵[2]则代表强大却仁慈的朋友。

还有一种类型是**名人化身**：人们可以使用著名的好莱坞演员或体育明星的面孔和外貌。这里期望的特征是吸引力、健康、力量和智慧。成为名人也会带来一种熟悉的感觉，因为我们大多数人之前在电影或电视上就见过这些人。

人们可以选择**邪恶化身**来展示自我的黑暗面，比如《蝙蝠侠》（*Batman*）系列中的小丑、黑帮分子阿尔·卡彭（Al Capone），或者现实的或想象的任何其他坏人。邪恶的化身可以代表恶意的幻想或罪恶感。一些人在虚拟世界用邪恶化身作恶，而另一些人则是出于更好玩的目的才选了这些角色。在宫殿中，邪恶的化身也可以用来警告他人退后或停止破坏行为。

真实面孔化身是人们对自己的真实写照。这些化身在虚拟世界中很少使用，因为人们通常更喜欢不露身份。在某些情况下，人们会因为看到自

---

1 兔八哥（Bugs Bunny）是动画片《兔八哥》中的主角，又译宾尼兔、兔巴哥或兔宝宝，根据他的出生日期，他 1938 年在纽约的布鲁克林出生。——译者注

2 迪士尼动画片《阿拉丁》里的角色，神灯里的精灵，可以帮助主人实现三个愿望。——译者注

己真实的数字肖像而感到不安，这可能会被认为是一种灵魂出窍的体验。在极少数情况下，使用真实面孔化身代表着诚实、友谊或亲密。

独特化身是指那些与特定个体具有独特联系的化身。例如，一个用户可能会不遗余力地把自己塑造成一个像亚伯拉罕·林肯（Abraham Lincoln）一样的历史人物，不过他有一头尖尖的红头发。这个化身就作为这个人的品牌和独特标识符。宫殿中的化身经常被交易，但独特化身却很少被赠送。偷了其中一个化身就相当于偷了这个化身主人的身份。

接下来是**环境化身**，这些化身是根据特定环境进行选择的。例如，一个人可能变成在水里游的鱼或在天上飞的鸟。这种类型的化身显示了环境对身份塑造的重要性。在现实世界中，人们可以改变自己的身份，以适应某个社会群体或自然环境。例如，一个人可以像生活在寒冷气候中的人们那样穿夹克、戴帽子。

实力化身明确地展示了财富、体力、智慧和其他反映实力的层面。比如，一个人可以假装成肌肉男或者亿万富翁。正处在青春期的男孩子们往往会使用这些化身，他们可能正承受潜在的不安全感和无助感。具有自恋特质的人也可能会使用这类化身。

性感化身展示了与性有关的特征。不允许在宫殿公共地展示正面裸体，但如果两个人在私人房间内互相展示这些特征，通常是允许的。违规者如果第一次被抓到，就会被强制转换成笑脸符号，这就是所谓的"道具封口"。惯犯可能会被驱逐。一些用户采用部分裸体或衣着暴露的化身就可以规避这一禁令。女性更倾向于利用性感化身来吸引别人的注意。在虚拟世界中，无法保证男性化身是由男性控制的，或者女性化身是由女性控制的。宫殿里的规则似乎是穿得像女人的男人比穿得像男人的女人多。在这些情况下，两性都可能表现出现实世界中不允许的性取向。

苏勒尔描绘的下一个类型是**奇怪而令人震惊的化身**。这些化身都是奇怪的角色，为了迷惑、震惊或恐吓的目的而设计的。例如，一张没有眼睛的脸或一把刺进破裂的心脏的刀。这些化身可以代表青春期男性试图维护自己的独立性或挑战权威的行为。他们也可以反映分裂型人格。

民族化身代表的是某个团体的成员资格。现实生活中的人通常穿着一件特定的外套来表明自己是帮派成员，在虚拟世界中也是这样。民族化身看起来很相似，可以证明其成员身份，但彼此之间又存在显著差异，以彰显个性。

具有相似性的是**配对化身**。它们在设计时相互补充，成为一个整体的两个部分。在宫殿里一个配对化身的表现是跷跷板左右两侧的人物。这种化身既展示了浪漫性质的联系，也代表着与浪漫无关的结合。

还有几种不同类型的**无生命化身**。抽象化身就是其中的一种，采用抽象符号的形式，比如几何形状。喜欢对称、抽象概念或平面设计感的人可能会使用这种类型的化身。

广告牌化身主要用于传播哲学、政治或宗教信息。它们以实际的符号形式呈现，上面还有文字。

生活风格化身描述了一个人的爱好，例如高尔夫俱乐部、汽车或鲜花。一些宫殿风用户以计算机、机器人或赛博格的形象出现，表现出与技术的联系。苏勒尔指出，虽然这些化身传达了特定的兴趣，但它们很难与他人进行社交互动。

苏勒尔提出的最后一个类型是**动画化身**，这类化身用来执行特定的动作。就像虚拟现实模拟游戏《第二人生》（*Second Life*）（我们将在第八章探讨）中的情况一样，化身默认会表现出某些基本的行为，如走路、坐着或挥手，而像跳舞等其他更复杂的行为则必须由用户编程输入或从其他用户那里购买才能实现。

化身的进化 ●●●

在**宫殿**中，化身不断进化。设计了这个模拟游戏的吉姆·邦加德纳（Jim Bumgardner）告诉苏勒尔，随着时间的推移化身已经变得越来越大、越来越复杂、越来越性感。这可能反映了男性和女性天生的性倾向。此外，随着人们相互学习如何构建更具细节的版本，化身的质量也在不断提高。模仿是一些动物通过效仿其他动物的行为模式和外形以获得进化优势的过程。偷窃或者复制化身身份，就像在宫殿里发生的一样，也可以被视作进化模仿的一个例子。

化身的切换 ●●●

需要注意的是，用户通常会构建多个化身，并根据具体情况在它们之间来回切换。例如，一个人在赴酒吧参加会议时可能会选择一套比去教堂时更性感的服装。用户在宫殿里见面的时候，他们通常会玩"化身游戏"。游戏内容包括在化身版本之间来回切换，以及征求他人对每个化身版本看法的反馈。从西格蒙德·弗洛伊德的观点来看，这类游戏可以看作是一种梦境分析或投射测试——用户会投射他们潜意识里的欲望和恐惧。因此，这款游戏允许用户"尝试"不同的身份，以了解他们的感受，就像青少年尝试不同的身份那样。

用户创建的每一个不同的化身都可以视作对应于他（她）的自我的不同方面。每一个化身反映了不同的情绪、爱好或兴趣。这与我们之前在第三章讨论的多重自我的理论相呼应。然而，尽管如此，用户还是经常使用并回到占主导地位的化身上。与其他化身相比，他们使用主导化身的频率更高，而且他们对主导化身的认同感比对他们"收藏"的其他任何化身都要高。这个化身代表了他们稳定的核心自我，如果要与他人互动的话，这个化身是必不可少的。没人能够了解不断从一个化身"切换"到另一个化身的用户。从收藏的化身集合中见证的变化以及化身与新版化身被创造出来的程度表明了一个人在探索替代自我时的实验性程度。

苏勒尔认为，化身是一种社交"润滑剂"，有助于打破僵局，尤其适用于陌生人之间的会面。通常，陌生人会通过讨论彼此的化身来开启对话，而不会讨论像天气这样的话题。炫耀、交易和讨论化身也许是宫殿中最常见的社交互动形式。化身和表情符一样，也可以用来表达一个人的感受。

如果一个人感到快乐，就可以切换为快乐的笑脸；如果感到悲伤，就可以切换成悲伤的面孔。

化身的异常行为 ●●●

遗憾的是，现实世界中的各类犯罪和攻击行为也会迁移到虚拟世界中。我们将在第八章讨论《第二人生》（*Second Life*）虚拟世界中暴力形式的虚拟行为，但我们将在这里先介绍不同形式的虚拟行为。苏勒尔列出了在宫殿中看到的 11 种异常行为，这些行为包括可能会使用户被赶出虚拟世界，或者被其他用户视为怪异或不礼貌的行为。表 14 列出了每一种类型的名称及其简短描述。

表 14　宫殿虚拟世界中的异常化身类型

名称	描述
涂鸦	在背景墙上画淫秽或让人憎恶的图画和文字，把整个房间涂成黑色
电子欺骗	从别人的化身中发出自己的声音，创造一个口技木偶或马甲
泛滥	快速变化的化身或在运行模拟程序的服务器中产生的处理延迟会降低它们的速度，出现"拒绝服务"的状况
阻塞	把自己的化身置于另一个化身的上方或与另一个化身靠得太近，这是对虚拟个人身体空间的侵犯
睡眠	长时间地抛弃自己的化身，使其毫无反应
窃听	缩小化身的尺寸，使它们变得不显眼，然后窃听他人的谈话
界线	使用带有性、暴力、偏见或参与毒品等非法活动的不当化身
暴露	展示裸体化身，公开宣传网络性爱
丢弃	将淫秽图片放在空房间里，然后逃跑
冒名顶替者	偷别人的化身并戴着它或者用它来攻击那个人的名誉
身份破坏	不断改变化身，以便核心身份不会被其他人识别出来

来源：苏勒尔（Suler，2016）

通过观察该表格我们会看到，这些行为可以看作是我们之前在第三章讨论的自我障碍的延伸。放弃化身（睡眠）相当于分离性健忘症或神游症，即一个人在另一种状态下实质性地放弃了自己的身体。窃取他人的化身供自己使用（冒名顶替者）和不断改变化身而让化身失去核心身份（身份破坏）就像分离性身份障碍，即一个人在不同的角色之间交替。表格中列出的其他异常行为都是自恋型人格障碍的表现，因为这些行为透露着自私和对他人的不尊重。

许多情况下，这些虚拟行为产生的原因可能与这些行为个体在现实生活中的行为产生的原因相同。如果我们厌恶自我的某一方面，可能会脱离它。同样，如果我们不喜欢自己所选定化身的某些方面，可能也会决定放弃它。如果我们交替使用各种化身，可能是为了逃避"成为"某个特定化身后产生的负面情绪影响。

环境对化身的影响 ●●●

玩家所处的环境类型会影响其化身的行为。暖色调、椅子、地毯和其他装饰品可以创造一个促进社交互动的环境。摆放着散乱物品的开阔空间可能会引发其他类型的行为，比如探险。物理学法则也会限制玩家的行为。在虚拟世界中，大多数人认为重力在生效，即使允许他们在墙上走，他们也只会在地板上行走。有一个例外是，当玩家有了翅膀而且可以飞的时候，他们可能更喜欢待在空中。此外，尽管人们可以使用 goto 命令在宫殿中传送，但如果距离很短，大多数人还是会选择在不同地点之间走动。

空间会以其他方式影响化身的行为。经常光顾某个房间的人通常会坐在或站在同一个位置，好像把那个位置视作自己的私人空间。人们也会按照在现实世界中看到的相同模式进行组团，并根据群体动力学理论结成两人一组、三人一组的队伍，或组建一个联盟，表现出领导模式，彰显不断变化的群体凝聚力。在宫殿和其他虚拟世界中，人们可以获得虚拟土地，并可以用鲜花或艺术品等东西来装饰它，从而使自己的空间变得个性化。

4 化身的具身化

与常规的社交媒体网站相比，虚拟空间的一个优势就是用户可以直接控制其动态的视觉呈现形式，这就创造了所谓的具身化，一种身处化身时才能体验到的感觉，这会使面部表情、身体姿势和动作等非语言形式得以呈现，从而能够表达推特或脸书等网站无法表现出来的情绪状态。例如，用户的紧张状态可以通过他（她）的化身紧张不安的举动表现出来。具身化的另一个标志就是私人空间感。用户经常认为，紧紧围绕其化身的空间是属于自己的，因此（他人）贸然进入这种空间会让用户产生被侵犯的感觉。

5 视角

电子游戏和虚拟空间（如宫殿）中的视角通常是第一人称或第三人称视角。第一人称视角是通过化身的眼睛进行观察，产生了一种具身化的主观感觉，就像化身是你自己的身体一样。第三人称视角是指从化身背后且略高于化身的视角，这个视角更客观，能够让用户更好地看到当前环境中所发生的事情。有些人更喜欢第三人称视角，这样可以对周围环境有一个全面的了解，而且很少会得幽闭恐惧症。图 36 显示了电子游戏中两类视角的例子。

第一人称视角

第三人称视角

图 36 电子游戏中的第一人称视角和第三人称视角案例

　　还有另一种有时被称为"上帝模式"的第三人称视角。这是虚拟世界三维空间的一种二维表现形式，它让人们可以看到整个房间或世界的一部分，洞悉其中发生的一切。有一种观点认为，第三人称视角激活了观察自我。观察自我是自我的一部分，能够让人意识到自己的身份和行为。有些人提到，使用这种模式时感觉更自由。我们会在第八章详细讨论视角这一话题。

6 普罗透斯效应

　　研究表明，对化身的认同能够影响我们在现实世界中的行为（图 37）。被分配了有吸引力的化身的用户更有可能与互动伙伴走得更近，并透露个人信息。在这项研究中，那些选择身材较高化身的人在涉及金钱分配任务时也更努力地谈判。用户在锻炼的同时看到与自己相似的化身变得越来越瘦，会得到更多的锻炼。看到理想化身的用户也更有动力参与到戒烟、戒酒等预防行为中。在这些案例中，化身就是一个自我再现的角色模型。这种现象称之为普罗透斯（Proteus）效应。

　　图 37　普罗透斯效应表明，我们倾向于按照自己所选化身的隐性行为行事。从这位男士的外表来看，你对他有什么期待？图片来源：pixneo.com

　　有时候，其他化身就是一面镜子，可以从中窥见我们自己隐藏的偏见。多奇（Dotsch）和维格博尔德（Wigboldus）让荷兰白人用户在虚拟空间中与化身互动：一组人与有着摩洛哥人面孔的化身互动（摩洛哥人在荷兰是遭受偏见的一个群体）；另一组人与一个白人面孔的化身进行互动。然后，让他们对诸如"我喜欢摩洛哥人"这样的问题进行评分，并完成隐式关联任务（IAT）。IAT 测量的是人们将爱或恨等词汇与穆斯塔法（Mustafa）或约翰（Johan）等名字放在一起时的反应时间。在显式调查问卷测试中，化身状况之间并无差异。然而，那些在 IAT 测试中被归类为带有偏见的人倾向于站在离摩洛哥人化身更远的地方。

　　这个过程中有一些教训"要引起重视"。我们能在化身的特征上找到认同感，尤其是当我们自己设计它的时候。如果人们认为这些化身积极向上，它们往往就会促进亲社会行为；如果认为化身的特征具有攻击性或不适应性，它们就会导致消极或反社会行为。我们还把偏见带入到了虚拟世界，把在现实世界中对他人的成见和给他人贴标签的做法也用到了其他化身的身上。

7　网络自我的呈现与构建

　　角色扮演游戏（v-RPG）有一个预定的化身或一个可定制的化身。每个人的选择的确大不相同。有些人只选可用的；有些人则选择高度详细的定制化身，在化身的面部和身体特征上大做文章（参见本章后面的案例研究）；有些人选择与自己的性别、种族或国家相同的化身；有些人可能会选择与自己的特征大相径庭的化身，其性别或种族与自己有本质的不同；还有些人甚至将自己塑造成非人类的角色，如精灵或巨魔。在本节，我们将进一步解释为什么人们会选择特定的化身来代表自己。图38显示的是一款电子游戏的画面，这款游戏可以定制化身的各种特征。

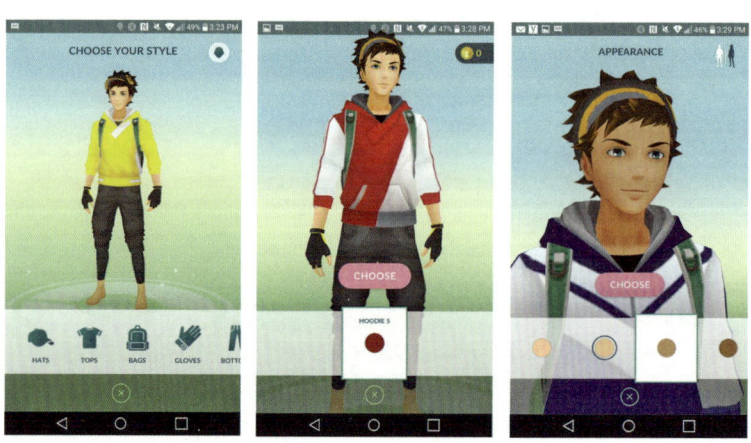

图38　《上古卷轴3：晨风》（*The Elder Scrolls III: Morrowmind*）游戏中的化身定制

　　贝西埃（Bessiere）、西伊（Seay）和基斯勒（Kiesler）研究了个体自身特征与自己在《魔兽世界》（*World of Warcraft*）所选化身之间的差异。《魔兽世界》是一款大型多人在线角色扮演游戏（MMORPG），人们在玩游戏时可以假设各种各样的化身，代表许多不同的幻想生物。研究人员发现，玩家所选化身的特征通常比玩家自己在人格测试评估中呈现的特征更具积极性。这种现象在幸福指标评分较低的玩家身上体现得更明显。其他研究表明，对于那些在亲和性的五因素模型特质上得分高的人，也会有同样的效果。在那些幸福指标得分较低的人群中出现这种现象，可能是他们渴望投射一个比自己更强大、更聪明或更有魅力的化身，并从其身上找到认同感，因为他们缺乏这些特征。对于那些在亲和性方面得分低的人来说，可能希望拥有这些特征，以便更好地与他人相处。

设计保护者类型化身的男性更有可能选择女性角色，部分原因可能是这些化身的体型比其他类型的都要小，或者是因为它们扮演的是具有治疗和保护功能的传统女性角色。男性也倾向于设计比自己稍微瘦一点，但比自己的实际或理想身形稍微强壮一点的化身，这可能反映了人们想要减肥或锻炼肌肉的愿望，这两种特征在文化上都是可取的。这可能也反映了这样一个事实，即许多游戏程序只允许男性拥有异常强壮的胸肌、手臂和上半身，而只允许女性拥有丰满的胸部。

有趣的是，许多人通过化身所表现出来的特征只比自己本身的稍微积极一点，积极程度并没有那么大。为什么不选择绝对完美的化身呢？一种解释是，如果化身与用户的实际差别太大，用户会很难对它表示认同。这里似乎存在一种"金发女孩"效应。用户不想要完全理想化和英雄化的化身，因为他们很难与之产生共鸣；他们也不想要太真实和太像自己的化身，因为那样他们就没有机会向新奇而有趣的方向拓展自己的形象。最终，他们只能在这两者之间寻求一个平衡点。

库尔森（Coulson）、巴奈特（Barnett）、弗格森（Ferguson）和古尔德（Gould）提出，从部分程度上来说，可以通过最优在线中间相似性原理解释化身的选择问题。这是来源于进化论中的一个思想，即个体选择与自己相似但并非过于相似的物种进行交配。如果两个过于相似的个体进行交配，那么就会产生近亲繁殖和遗传缺陷的问题。如果交配发生在一对完全不相似的个体之间，那么基因库中过度的变异会导致其他潜在的问题。因此，最佳策略是在相似与不相似之间进行选择。这一原则也可以预测我们对网上求偶对象的偏好。

　　库尔森、巴奈特、弗格森和古尔德研究了《龙之纪元：起源》（*Dragon Age: Origins*）游戏中有关化身性别的选择问题。他们发现，90%以上的女性选择扮演女性角色，而28%的男性也选择扮演女性角色，这可能部分是因为所谓的"劳拉现象"（Lara phenomenon）造成的。劳拉·克劳馥（Lara Croft）是有一定年代感的电子游戏《古墓丽影》（*Tomb Raider*）中的主角，一个有男子气概的动作英雄。控制这个化身可能会让一些女性获得在现实世界中往往不太可能拥有的身体力量和社会权力。对于男性来说，扮演女性角色可能只是为了获得更多的新鲜感。

8　游戏中的化身

通过化身探索虚拟世界是一种玩耍形式，从中我们可以获得在现实世界可能无法获得的体验。一直以来，人们都认为玩耍会让许多物种受益，它可以让年幼的动物学习狩猎和社交等技能。它们可以在安全、受保护的环境下进行这些行为，通常还需要父母的照顾。玩耍在人类身上似乎也发挥着同样的作用。发展心理学家吉恩·皮亚杰（Jean Piaget）把玩耍看作是智力发展的一种形式。他认为，在儿童抽象思维能力尚未发展完全的年龄段，玩耍可以让他们了解具体的事物和情况。

人类喜欢玩游戏，这似乎是我们这个物种进化出来的一种特征。现在游戏无处不在。过去，电子游戏的主要受众是男性青少年，他们要么自己一个人，要么和其他男孩子一起在自己家的地下室用控制器玩主机游戏。现在，我们看到成年人几乎都通过便携式智能手机玩游戏，在哪里都可以玩。而且，玩游戏的人数也越来越多，女性逐渐占据了游戏市场的主导地位，就好像当今科技让所有人都可以玩游戏一样。这与孩童时期玩游戏只是为了某种特定目的，并且玩游戏的欲望在那之后就会消失的观点相悖。麦戈尼格尔（McGonigal）认为，任何年龄段的人都可以参与的游戏会具有某些特征，比如在试图实现目标、赢得竞争和获得持续反馈的过程中要面临挑战。

弗雷德里克森（Fredrickson）在他的"扩展与建构"（broaden and build）理论中假设积极的情绪能促进探索和玩耍。它们使我们得以构建资源，获得可以应用到新情况的新技能。玩耍使我们快乐，这种感觉接着又会鼓励我们进一步探索和玩耍。最终的结果是，在未来面临挑战状况时，我们的行为会对我们有益。玩耍也是一种低风险的环境。我们可以在玩耍中尝试一些东西，看看它是否管用。如果失败了，也不会对生物体造成严重的损失。如果成功了，我们就有可能记住并应用这种行为作为一段时间之后解决问题的方案。

有证据表明电子游戏与积极的情绪息息相关。巴奈特（Barnett）、库尔森（Coulson）和福尔曼（Foreman）测试了玩家在玩《魔兽世界》前后两小时的情绪。不管受试者的性格、年龄、性别、性倾向和游戏动机如何，在玩《魔兽世界》后，他们的消极情绪都会大幅度减少。具有高度神经质以及较低的责任心、亲和性和体验开放性等三种五因素模型特质的玩家，消极情绪的减少最为明显。弗格森（Ferguson）等人也得到了类似的结果。他们让测试者要么玩暴力游戏，要么玩非暴力游戏。即使是那些玩暴力游戏的人，也没有体验到攻击性。在另一项研究中，一组玩电子游戏的 16 岁学生显示出多种积极的结果。与不玩游戏的学生相比，他们在积极的心理健康方面得分更高，更能投入学校生活，更加积极地参与各项活动，很少或根本不会滥用药物，对自己有更加积极的看法，而且结交的朋友也更多。

9　化身与角色扮演电子游戏

化身的经历与人们在现实生活中的经历很相似。莫里（Murray）表示，"在游戏中，我们有机会与世界建立最基本的关系——我们渴望战胜逆境，在不可避免的失败中生存，塑造我们周围的环境，驾驭事物的复杂性。"她把游戏比作成人仪式，通过仪式来纪念出生、成年、结婚和死亡。对她来说，游戏是赋予我们生命意义的仪式行为。卢卡斯艺术（LucasArts）公司游戏设计师蒂姆·谢弗（Tim Schafer）表示，游戏一开始是为化身提供动机，但随着游戏的发展，用户会通过分享角色的动机并向角色输入新的动机进行"自我投资"。因此，化身和用户之间的意义是双向的：化身赋予我们意义，反过来我们也赋予它们意义。

什么类型的游戏最能实现这种认同和意义创造呢？当然是那些可以讲述引人入胜的故事或叙事的游戏，它们的剧本非常程式化，容易让人理解，但同时又比较灵活，足以展现人类形形色色的行为。用户需要"沉浸"在故事中，沉浸的前提是要有感情地投入。角色扮演的世界似乎是个很好的选择，无论是完成预设目标还是探索广阔的环境，它都能让用户选择若干种不同的方式去执行一项任务。用户做出的选择会影响他们的成功，从而影响他们的情绪。另外，那些最有可能影响用户身份的游戏还会牵涉到给化身设计外观和个性。唯一能满足这种条件的游戏就是角色扮演电子游戏。

在游戏中，角色的创造能够反映出我们的理想自我和备选自我，这些有关我们人格的方方面面在现实世界可能无法展现。中村（Nakamura）把角色扮演游戏称之为身份旅游，它能试验各种不同角色，就像是真正成为某个人或某种事物那样。比如说，我们可以扮演一个"邪恶"的角色，就像角色扮演游戏里的恶魔，以体验邪恶的感觉。我们还可以选择以英雄的身份战斗来展现我们人格中"高尚"的一面。注意，这里与之前提出的自我理论有相似之处。一个邪恶的化身可能会表现出弗洛伊德提出的本我的原始冲动，而一个高尚的化身可能会表现出超我的状态，并会进一步强化。还要注意，这里与埃里克森（Erikson）提出的发展论的第五阶段也有相似之处——青少年和青年人扮演不同的角色是为了弄清自己的身份。同一年龄段的人可能会利用电子游戏中的身份旅游来发现他们最想成为什么样的人。

10　化身与身份

道尔（Doyle）认为，无论何时，只要我们可以自由地体验新的文化、空间或时间，我们就能发现自己的自我意识。因此，自由和新鲜感成为自我与身份形成的条件。青少年和青年人最有可能通过"尝试"结交新朋友、寻找新工作和体验新课程来获得身份认同，以发现适合他们的东西。同样，使用化身的用户可以自由地在新世界中漫游，与其他化身和生物进行互动，体验与他们相匹配的行为和经历。也可以根据不同的物种、性别、外观和能力来改变化身。人们可以真切地感受到变成精灵或妖精、男性或女性、金发或黑发的感觉。现在许多电子游戏可以进行精细的化身设计，可以改变不同面部特征的确切形态，并设置像机智和敏捷等内在特征。通过这种方式，化身几乎可以让我们随心所欲地变成自己想要成为的样子，锻炼我们心理的不同方面。我们可以是自己的罗氏（Rogerian）"理想化自我"（"idealized selves"），也可以呈现我们本性的阴暗面，屈服于暴力倾向。

扎克·瓦格纳（Zach Waggoner）研究了角色扮演电子游戏中虚拟身份和"真实"的非虚拟身份之间的关系。他对人们如何在自己和自己的化身之间建立联系很感兴趣。他对四名参与者进行了大量的口头采访和视频游戏转录，并使用案例研究技术，研究了两个玩《晨风》（Morrowind）的"骨灰级"电子游戏专业玩家，一个玩《湮没》（Oblivion）的大众玩家和一个玩《辐射3》（Fallout 3）的非游戏玩家。瓦格纳使用吉（Gee）提出的三套身份理论分析了这些参与者：（1）虚拟身份，即游戏中存在的化身；（2）真实身份，隶属于坐在电脑前玩游戏的个人；（3）投射身份，即处于前两者之间的中间身份或过渡身份。

我们之前提到过，沉浸感会影响用户对自己化身认同的程度。麦克马汉（Mcmahan）将电子游戏世界（叙事空间层次）与玩家对游戏的热爱以及融入其中的策略（非叙事空间层次）分开。她还描述了在游戏中产生沉浸感的三个因素：（1）用户对游戏环境的期望必须与游戏环境的实际情况一致；（2）游戏世界中的用户行为必须对游戏世界产生"重大影响"；（3）游戏世界的惯例必须在内部保持一致。这些想法将用于描述下面的案例研究。

阿尔塞斯（Aarseth）将"遍历"文献与"非遍历"文献区分开来。**文献**一词在这里被广泛使用，它包括不同的媒介，如书籍、电视、电影和电子游戏。遍历性文献需要努力集中注意力，而非遍历性文献本质上更被动。阿尔塞斯将电子游戏归类为遍历性，因为它们需要玩家手眼协调，并理解一些复杂的游戏规则。电子游戏在某种程度上也需要策略、技巧和想象力，这在其他类型的媒介中是看不到的，而这些媒介在本质上更具非遍历性。这一行为可以让用户赋予他们的化身更多的身份认同感。因为化身在游戏中必须克服逆境（剧情化）而且用户必须克服逆境以控制化身（非剧情化），所以我们会在化身身上投入更多的情感，并将自己的性格融入其中。

第三章已对叙事身份理论进行了较为详细的描述，不过在这里我们要把它和电子游戏联系起来。莫里认为，某些故事在数字空间中讲述会更好。其中一种就是多种形式的故事———一种书面的或戏剧化的叙事，在多个版本中呈现单一的情境或情节。多种形式的故事并不存在于书籍、电视或电影中，这些媒介只有以单一方式展开的单独的故事。然而，单个电子游戏可以产生无限多的故事，因为用户可以保存游戏，然后使用不同的策略或不同的化身继续玩游戏。就像在大型多人在线游戏中那样，当引入多个用户时可能的故事情节数量才会增加。这么多的可能性可以让用户选择一个更加积极且更具创造力的角色。例如，用户可以在同一水平不断地尝试，直到成功。这会增强他们的自信和自尊，从而影响他们的身份认同。

按照莫里的观点，讲故事对个人的转变有潜在的影响。一个扣人心弦的故事可以"打开心扉，改变自己"。她认为，与那些仅仅是亲眼目睹的故事相比，亲身经历的故事更能改变自己，这是因为我们"将其视为个人经历"。v-RPG 不同于传统媒介，它涉及问题解决的过程和必须战胜的对手，这是现实生活中最激动人心的两个方面。偷窥者只是在安全的地方观察，他们对事件本身更加超然。但是，积极参与的玩家就会面临风险：他们可能会被拒绝或者失败。v-RPG 和传统媒介的另一个不同点在于，v-RPG 没有高潮。一本书或一部电影都有结局，而 v-RPG 的故事情节能以多种方式展开，可能永远不会结束。这种没有尽头的状态迫使我们继续玩游戏，提升了我们的沉浸感。

人们在 v-RPG 中遇到的角色类型也会影响对游戏的沉浸感和认同感。除了用户所控制的角色之外的其他角色称之为非玩家角色（NPC）。这些角色越真实，我们就越有可能把他们当成真实的人（或生物）来对待。反过来，这也会影响我们与它们互动时的感受。现实主义可以表现在外观上，比如空间分辨率，也可以呈现在行为形式上。一个 NPC 看起来像一个人，并且说话和行动都像一个人的话，就会变得更加真实。知道 NPC 是由人工智能控制还是由真正的竞争对手控制无疑会影响我们对它的感觉。举个例子来说，如果我们射杀一个我们事先知道被现实世界的另一个人控制的化身，我们可能就会感到更内疚或悲伤。

11 化身案例研究

化身案例1:《晨风》和骨灰级玩家　●●●○

　　瓦格纳对几个现象学案例做了研究,以检验化身认同的影响。他的方法是观察玩家玩角色扮演游戏,然后就游戏体验对他们进行采访。在第一项研究中,他选择了两个有丰富游戏经验的玩家。这两个人都喜欢玩角色扮演电子游戏,并且都有操作复杂的鼠标和键盘界面的经验,这是控制角色和玩游戏所必需的。他想选择的那些玩家,界面对他们来说早就"消失不见"了。两个受访者分别是:维什努(Vishnu),一个26岁的白人男性,大学毕业生;希瓦(Shiva),一个23岁的白人女性,大学图书馆助理,也有大学学位。维什努和希瓦都自称是终身电子游戏玩家,也都喜欢定制自己的化身。

　　这个案例选择的游戏是贝塞斯达软件公司(Bethesda Softworks)的幻想角色扮演游戏《上古卷轴3:晨风》(The Elder Scrolls III: Morrowind)。在游戏开始时,《晨风》允许玩家选择化身的名字、性别(男性或女性)和种族。一共有10个不同的种族供选择,其中四个种族是类人种族,三个是精灵族,还有三个是像爬行动物、猫或猪之类的动物类型的化身。每个种族的特质,如速度、智力和耐力等都可以选择。每个化身的面孔和发型也都可以调整。

　　《晨风》是一种单人游戏。用户控制一个化身,探索一个地形各异的广阔世界,且只和NPC互动。这个游戏不是大型多人在线角色扮演游戏,所以没有其他人为操控的化身参与,这样做是为了简化研究。这里有一个原型情节,主角必须穿越一片充满危险的土地(名叫 Vvardenfell),以击败邪恶势力并找回一件有价值的物品。然而,在这片虚拟的土地上,化身想去哪就去哪，并且不需要达到故事情节所指定的目标。游戏没有时间限制，玩家可以随心所欲地玩，这使得玩家能够从他们的个人表现中反思和学习。

维什努给自己的化身取名为"Steve！"，因为他觉得这个名字很幽默。希瓦给她的化身取名为"Shi"，是她自己名字的缩写。两个用户都选择了黑暗精灵（Dark Elf）作为他们化身的种族，因为这个种族有一套均衡的能力，很符合刚开始玩游戏而不确定哪些技能是必要的玩家。这说明维什努和希瓦之前都对这类游戏有一定的了解。希瓦选择了一个女性化身以匹配她在现实世界的身份，这是一位坚强且独立的女性，也是她在现实世界中比较欣赏的女性身上的两大特征。她拒绝了提供给 Shi 的几个选项，因为她认为这些选项"不够好"。维什努也选择了一位女性，尽管这与他现实生活中的性别不符，但这很符合他的幽默气质。

在《晨风》的物品栏屏幕上，用户可以看到自己所选化身的全身形象，所以他们每次访问这个屏幕时，对该化身的认同感就会得到加强。维什努主要使用了第三人称视角，他觉得这种视角能为他提供更好的深度感知和周边视觉。有趣的是，维什努并不使用第三人称"他"或"她"来称呼他的化身，而是用更为亲密的"你"。然而，希瓦决定几乎只用第一人称视角，这样她就能对"角色"有更多的体验。

在这项研究中，两个玩家在游戏中做的首要一件事就是从桌子上偷东西。这是玩家所期待的，也是角色为了获得他们以后可能需要的物品而能够做的事情之一。他们两人都没有为此感到不安。请注意，这种行为在游戏之外是不道德的，而且会受到法律的惩罚。一旦进入游戏，用户就会对哪些行为是合乎道德的和可允许的有一个新的理解，但是在大多数情况下，不会将这些行为延续到现实世界中。希瓦和维什努都坚称，他们绝不会在虚拟空间之外偷任何东西。两个玩家对于杀戮也没有疑虑，这是在游戏中可预料到的行为。

我们在第六章讨论了电子游戏与暴力的话题。

在与游戏的 NPC 互动时，维什努和希瓦采用了不同的方式：维什努选择使用"胁迫说服"技能，而希瓦选择了"钦佩"技能。这些选择表明男性的互动方式比女性更具攻击性。两位玩家对于化身的死亡也有不同的处理方式。维什努对自己角色的死亡毫无顾虑，经常将它置于被杀的境地中，以便更多地了解游戏。他的角色 Steve! 在游戏记录中死了 26 次。他认为虚拟死亡是不可避免的，也是常有的事。相比之下，希瓦的处理方式则更为保守，她显然更关心其化身的虚拟生活。她的化身 Shi 在研究期间从未死过一次，她为此辩护说："我只是想活下去！"希瓦在游戏中也让 Shi 远离水源，因为她在现实世界中有过在水体附近的可怕童年经历。

在游戏里有这样一个场景，角色有机会保留一枚戒指，或者把它还给一个名为法戈斯（Fargoth）的 NPC。两个角色都归还了，但原因不同。希瓦归还了它，并表示："我知道这会让它开心。我想为 NPC 们创造一个快乐的世界，这对我来说是件好事。"维什努让 Steve! 把戒指还回去，因为他认为这样做自己会得到奖赏。希瓦的行为符合试图取悦他人的态度，这与她在现实世界中的态度和行为是类似的。然而，维什努只是想看看自己能否从自己的行为中受益。

值得注意的是，这两个角色都没有表现出对追求游戏的主要叙事目标——在红山下击败邪恶角色 Dagoth Ur ——的兴趣。希瓦为此解释说，她的化身是一个"道德叛逆者"，她不想做游戏设计者想让她做的事情。她将 Shi 描绘成叛逆的角色，不想让她盲目服从命令。维什努更感兴趣的是探索 Vvardenfell，并与人物、物品和地点互动。这两种态度都与玩家在真实世界的态度相一致。很明显，在研究结束时，希瓦对她的化身的认同感要强于维什努，她在游戏中更加谨慎地引导 Shi，而维什努则更为关注游戏的规则和机制。

化身案例 2：《地狱》和业余玩家 ● ● ●

在第二个案例研究中，瓦格纳选择了一名 33 岁游戏经验不足的白人男子汤姆（Tom）。汤姆倾向于玩闯关游戏，并强调想要精通游戏玩法。他喜欢第一人称射击类（FPS）游戏，比如《机甲战士》（*MechWarrior*）。汤姆表示："在这个游戏中炸东西很有意思，获胜也有意思！"汤姆在游戏中的支配地位，让他觉得自己很强大，也让他相信自己擅长做某些事情。这个案例研究选择的游戏是《地狱》（*Oblivion*），是《晨风》（*Morrowind*）的续集，也是角色扮演类游戏。这两款游戏非常相似，不过《地狱》可以更大程度地定制化身的外观。

汤姆选择了一个黑头发且具有斯堪的纳维亚血统的白人男性。他花了将近半个小时设计他的化身，并直接将其命名为"Tom"。汤姆煞费苦心地确保其化身和自己有一张相像的面孔，并且和自己有相同的种族背景。他花了很少时间为化身配置属性和技能，并欣然让游戏为他选择这些技能。因此，他对自己化身的认同似乎比较肤浅，只停留在外表，与特质或属性无关。

汤姆仅花了很少的时间去掌握控制化身所需的复杂界面。因此，在整个游戏录制期间，他都在与这个问题纠缠。他选择了第一人称视角，因为他认为化身在屏幕上的形象会"碍事"。他的技能也比维什努或希瓦都弱，导致他看到自己化身形象的次数很少。当谈到自己的化身垂死挣扎时，汤姆表示很沮丧。这些死亡似乎不断提醒着他，他在游戏中失败了。他希望自己的化身能够在战斗中"所向披靡"。汤姆也没有花太多时间来探索虚拟世界。如果他需要长途旅行，他会选择"远距离传送"选项，这样他就可以立即到达那里。他承认自己已经有 20 年没玩过角色扮演电子游戏了。

很明显，汤姆缺乏让他的化身了解游戏内部地形和位置的欲望和想象力，也不在乎化身的个性或技能。不过，他仍然认同自己的化身。他们有着相同的名字、外貌和种族，也有共同的道德准则，既不想公开盗窃，也不想杀害其他 NPC。

化身案例 3:《辐射 3》和非游戏玩家 ● ● ●

　　瓦格纳在最后一个研究中选择了角色扮演电子游戏《辐射 3》。这款游戏涉及一个反乌托邦的后世界末日的荒原。化身在一个放射性尘埃掩体中开始游戏，但最终必须走出掩体，探索未来华盛顿特区的周边地区。这项研究的参与者是比安卡（Bianca），一个 32 岁的儿童精神病学家，也是瓦格纳的未婚妻。她几乎没有游戏经验，对虚拟身份和虚拟世界不感兴趣，也不想了解复杂的游戏界面。比安卡喜欢经典街机游戏的简单操纵杆和按钮控制，比如她年轻时玩过的《青蛙过河》。在这个游戏里，玩家可以上下左右移动一只虚拟青蛙来过马路。这类游戏只需一分钟左右就能掌握操作方法。比安卡对她的电子游戏角色、幻想或者其他虚构场景都不感兴趣。她对电子游戏的认知非常有限，认为这些是孩子们的小玩意。

　　比安卡选择扮演一个女性视频角色，并为她的化身取名为"Joojee"，在她的母语波斯语中，这是一个表达爱意的词。最后，她采用了游戏中预设的一种面孔，一种看起来像拉美裔女人的模板。当被问及为什么选择这种模板时，她说："我觉得它看起来很酷、很漂亮。"比安卡给 Joojee 选了一头橙色的头发，给它配置了她认为在游戏中会有出色表现以及她在现实生活中看重的特质。她选择与 NPC 进行粗鲁的语言交流，当被问及原因时，她表示自己想要获得更多的信息。她对此没有任何道德上的顾虑，她说："看在上帝的份上，这只是电子游戏，不是现实生活。"

　　和汤姆一样，比安卡对探索游戏的虚拟世界毫无兴趣，她希望故事不断推进，尽快实现目标。她对故事的叙述不感兴趣，只想完成游戏。比安卡没有在《辐射 3》中找到快乐的体验。尽管如此，她仍然在一定程度上认同自己的化身。"Joojee"这个名字对她来说，具有个人和文化意义。此外，在游戏中，当主角在婴儿时期看到了她的父亲时，比安卡大声地喊了一句："嗨，爸爸！"后来，当她被问及这一点时，她说自己以为游戏中的化身说过这句话。她还用代词 I 来称呼自己的化身。

虚拟和非虚拟身份：案例研究总结 ● ● ●

肯尼迪（Kennedy）提到，角色扮演游戏中的身份认同模糊了用户和化身之间的差异，创造了第二个科技性自我。他认为"化身成为了玩家的延伸，化身身体的独立性消失了"。瓦格纳研究工作中的参与者似乎就是这种情况。即便《晨风》《地狱》和《辐射 3》中的身份、地点和事件纯粹是幻想，也符合这种情况。这样的人物和情景在现实世界不可能出现，而且也没有出现过。

骨灰级玩家对他们的化身表现出强烈的认同感。在第二和第三个案例研究中，业余游戏玩家和非游戏玩家的身份认同感较弱，但仍然存在。汤姆和比安卡对化身认同失败的部分原因是这些游戏不是他们喜欢的类型。汤姆喜欢可以让玩家通过不同关卡的第一人称射击类游戏，而比安卡喜欢操纵杆驱动的街机游戏。这两个人都不想学习如何定制他们化身的深层个性，学习复杂的控制，或者花时间探索虚拟世界的地理位置。所以，兴趣和之前的经历在这里起了很重要的作用。对角色扮演游戏不感兴趣和不熟悉的人不太可能认同自己的化身。

案例研究有很多局限性。我们很难将小范围人群的研究结果推向更大的群体。对于这里的用户可能是正确的，但不一定对所有用户都是正确的。这些研究中的一些参与者是主要调查者的朋友、同事和家人。这可能会对如何操作和回应游戏产生一些微妙的期望，这就是所谓的需求特征。另一个重要的局限性是能记录的游戏时间有限，每个参与者只有 10 个小时的游戏记录时间。如果参与者能花更多的时间来玩游戏，很可能会产生更强的认同感。然而，案例研究确实提供了丰富且详细的信息来源，而这些信息往往无法在更多的实验范式中获得。

12　化身的未来

　　未来可能会看到更多表面特征与深层特征都更逼真的化身。我们很快就能创造出与真实人物难以区分的人物形象，即使仔细观察也是如此。想象一下你前女友的虚拟现实再现，精确到每一根头发、每一个毛孔。这种程度的逼真（或失真，视情况而定）将适用于每一种感官模态：听觉、嗅觉、味觉、触觉以及视觉。在所有可能的情况下，这些角色的个性特征都将得到更好的复制，这样化身的行为就会更像现实世界中的角色，由声音语调、步态和行为举止等特征产生的行为可能会变得更加准确。比如说，如果比尔（Bill）是个外向的人，他的虚拟化身就更有可能主动发起对话；如果苏珊（Susan）是个内向的人，她更有可能避开视线。

　　这种由特征产生的行为映射也会让我们创造出具有全新性格特质的人类化身。举个例子，有人可能想将不同的特征组合注入到一个化身的身上，使之成为自己理想的互动伙伴，正如个性匹配测试事先确定的结果一样。我们可以创造一个经科学测定的化身，使其成为我们最好的朋友、爱人或父亲。我们可能会对这些角色上瘾，以至于他们对我们来说比现实世界中的家庭和伙伴更重要。也可以给狗、猫、外星人或幻想动物添加性格特征，这可能会很有趣。比如，迈克尔（Michael）可以让他死去的猫复活，并赋予他自己前妻的人格，然后与它交谈！

　　化身也可以扮演更重要的角色。当我们没空或不想被打扰的时候，它们可以是我们的代理人。例如，我们可以创造一个能模仿自己外表和性格的化身。如果我们生病了，可以激活这个化身，让它代替我们参加自己无法赴香港参加的商务会议。然后，我们可以回放会议的视频和音频，就像我们在现场一样。如果我们对化身不满意，可以对化身的任何行为进行修改或替换，这可能会带来一些社会和法律挑战。如果我们的化身签了租赁协议，它会有法律约束力吗？如果我们不想参加虚拟约会，让化身代替我们去是否合乎伦理呢？

第八章

虚拟世界与元宇宙

虚拟世界是化身栖息的环境。虚拟世界不是游戏，不以目标为导向，没有开始和结束，没有"赢"和"输"的概念，也不涉及玩家角色的死亡。空间是理解虚拟世界的核心，而虚拟现实系统是允许进入虚拟世界的硬件接口。

本章将从增强现实（AR）和虚拟现实（VR）两种类型来研究虚拟世界。在 AR 中，数字内容被置于真实世界的展示之上。在当前大多数电子游戏和 VR 系统中，涉及的内容完全是数字化的。本章首先讨论虚拟世界中存在的空间类型，其次从非技术角度简要介绍虚拟世界的发展历史。然后，我们将提到在场（沉浸）的概念，以及它是如何随着技术的改进而提升的。接着，对迄今为止在虚拟世界中最广泛使用的术语《第二人生》做人类学方面的拓展描述。最后，本章将总结 VR 和虚拟世界的优势、问题和未来可能的发展趋势。

1　增强现实

在讨论虚拟现实（VR）和完全虚拟的世界之前，必须先介绍一下增强现实（AR）。AR 是真实世界与虚拟世界的混合体，因此是普通感知和完全计算机生成的环境之间的中间点。AR 是真实世界环境的实时视图，用于对视频、图像、声音或 GPS 数据这类的计算机化输入形式进行增强。VR 是一个完全人工的世界，而 AR 则是在实时感知的真实世界环境中注入虚拟元素。化身可以在 AR 和 VR 中创建、定制和使用，与在电子游戏中如出一辙。人们既可以感知 AR 应用程序中的内容，也可以对其进行操纵。AR 在教育、艺术、商业、医疗以及旅游和游戏等领域有着广泛的应用。

可以使用多种技术来生成 AR，包括用于 VR 的头戴式显示器（HMD）以及类似于 Vuzix AR3000 增强现实智能眼镜的装置。美国军方正在开发一种隐形眼镜，可以让用户将注意力集中在 AR 眼镜投射的近距离物体以及处于更远距离的真实物体上。华盛顿大学甚至正在开发一种虚拟视网膜显示器（VRD），可以将图像和其他内容直接投射到观察者眼睛的视网膜上。智能手机也带有类似的系统。

AR 在未来可能会发展成什么样子呢？举个例子来说：想象一下十五年后你走在街上，想买一条新的牛仔裤，但又不知道去哪里买。这种情况下，你可以询问语音识别输入设备在哪里可以买到裤子，该设备立即会在出售该商品的门店旁标示出大大的向下红色箭头。你可以跳转到其中一家商店，并询问该店售卖哪些品牌的牛仔裤。这时，将会出现一个列表取代箭头，列表上有牛仔裤的品牌及颜色和尺寸等其他信息。通过这样的方式，你就可以找到你想去的门店，甚至不用事先进入商店咨询。其他 AR 应用程序也可以为你提供诸如待售公寓、公共厕所位置和天气等类似的信息。

AR 的前景是，它将利用技术来促进与现实世界的实时、实地互动。

微软全息眼镜是 2015 年首次发布的 AR 系统。这是一套独立的头盔，可以映射周围的环境，并显示出高质量的图像和视频。这种头盔可以调节周围环境的声音，使远处传来的声音变得更加柔和。它还具有解释语音和手部动作命令来控制物体的能力。这套系统相当昂贵，目前市场售价是 3 000 美元，但如果 AR 的商业化流行起来，该系统的成本无疑会降下来。

《口袋妖怪 Go》（*Pokemon Go*）是任天堂（Nintendo）为 iOS 和 Android 设备开发的基于位置的 AR 游戏。该游戏于 2016 年 7 月首次问世，之后便风靡全球，成为当时最赚钱的手机应用程序之一。该游戏被承认促进了体育运动，并帮助当地企业发展，但也曝出了负面消息，被指认是各种事故的罪魁祸首。该游戏还引发了一些安全问题，导致一些国家不得不通过立法来进行防控。

这款游戏的目标是发现、捕获、战斗和训练名为口袋妖怪（Pokemon）的虚拟怪物。在首次打开应用程序时，玩家可以为自己选择性别、发型以及帽子、夹克、背包、裤子和鞋子的颜色，以此来自定义一个漫画似的化身。完成该步骤后，化身就出现在游戏地图上，玩家的位置就显示在地图的中央。地图上标有详细的道路和街道，其中精灵驿站（PokeStops）和道馆（Gyms）会取代现实世界中的建筑。玩家可以在精灵驿站中获取像鸡蛋、球、浆果和药剂之类的道具。团体竞技则在道馆中举行。玩家移动时，游戏中的化身也会同步移动。因此，若玩家在城市中向北移动一个街区，化身也会在游戏地图上向北移动一个街区。

玩家发现口袋妖怪后，可以通过一般的渲染背景或 AR 模式来呈现。AR 模式是指使用设备的陀螺仪和摄像头来呈现口袋妖怪，就像真实存在于玩家的面前一样。若想要捕获口袋妖怪，玩家需轻击一个球，然后将其弹向怪物。若捕获成功，玩家将获得糖果和星尘奖励。最终玩家需要通过捕获各种怪物来获得 151 种不同类型的口袋妖怪。

2　虚拟世界

虚拟世界是化身栖息的环境。卡斯特罗瓦（Castronova）将虚拟世界定义为任意一种由计算机生成的且可以让多人同时体验的空间。虚拟世界假定有三个基本要素：（1）虚拟空间；（2）有人存在；（3）有在线技术支持。在人们退出虚拟世界后，它也会继续存在。正如其他地方所讲，《第二人生》是一个很好的虚拟世界例子。虚拟世界不是游戏，因为它们不以目标为导向，没有开始或结束，没有"赢"或"输"的概念，通常也不涉及玩家角色的死亡。从 20 世纪 90 年代初开始，电子游戏开始变得更具社交性，许多人可以通过网络一起玩游戏，这称之为大型多人在线游戏（MMOG）或大型多人在线角色扮演游戏（MMORPG）。《魔兽世界》是一个很好的 MMOG 例子。虽然 MMOG 中有社交元素，但它们仍然被归类为游戏。

波尔斯托夫（Boellstorff）认为虚拟世界有两种负面解释。第一种解释是，虚拟世界受到资本主义的"影响"——批评人士指出了营利性公司拥有用于运行模拟程序的软件和计算机系统。他们还指出，在一些虚拟世界中，居民可以使用虚拟货币"开店"并赚取现实世界的金钱。第二种消极的解释是，虚拟世界只是逃避现实世界的一种形式。虽然有些人在虚拟世界中花时间是为了变成现实中无法成为的人或物，但"现实"世界中也有很多逃避现实的方式，如做白日梦、去游乐园玩耍、看电影和其他更传统的艺术形式。

3　虚拟空间

　　空间是理解虚拟世界的核心。在电子游戏或虚拟现实模拟中，化身必须能够有效地四处移动，而化身所处的空间类型决定了这一点。还有一些更为抽象的空间定义了游戏和虚拟世界的探索，我们将在本节中进行探讨。斯托克伯格（Stockburger）概述了三种类型的基本空间。他认为"第一类空间"是真实的空间，即我们在日常生活中感知到并与之互动的任何游戏之外的空间。"第二类空间"是想象的空间，指我们在清醒时想象或做白日梦时所形成的纯粹想象性的空间，也可能指我们在睡觉和做梦时形成的空间。"第三类空间"是前两种空间的混合，包含真实和想象两种元素。虚拟世界和游戏世界就属于最后一种空间类型。斯托克伯格认为，正是这个原因，游戏才具有吸引力。一方面，游戏是我们足够熟悉的，能够引起我们的共鸣；但另一方面，游戏又是足够新奇的，能够引起我们的兴趣。

　　电子游戏和虚拟世界中呈现的空间类型和空间内容影响着我们对游戏的欲望以及与其互动的能力。容易理解和有导航的游戏对某些人来说可能更具吸引力，因为这类游戏可以很快被理解和掌握。另一方面，对于那些喜欢挑战的人来说，过于简单的游戏也可能很快变得无聊。只想射击或炸毁东西的人可能会对第一人称射击（FPS）游戏感兴趣。在这类游戏中，游戏角色可以根据地形直接向前移动并使用来复枪杀死敌兵。若要求这类玩家必须学习控制化身的一系列复杂动作，然后使用这些动作来探索更广阔的环境，就会使他们感到沮丧和不安。沃尔夫（Wolf）罗列了 11 种不同类型的电子游戏空间，表 15 对此进行了描述。你喜欢玩哪种类型的游戏？又为什么喜欢呢？

表15　11种不同类型的电子游戏空间

空间类型	描述	示例
无可视化空间；全部基于文本	完全基于文本，无图像，以互动小说形式呈现。	《堕落星球》（*Planetfall*, 1983） 《银河系漫游指南》（*The Hitchhiker's Guide to the Galaxy*, 1984）
包含一个屏幕	一个图形屏幕，玩家不能离开屏幕范围，屏幕不会滚动以展示屏幕外空间。	《乒的一声》（*Pong*, 1972） 《太空侵略者》（*Space Invaders*, 1978）
包含一个环绕屏幕	离开屏幕一侧的物体会在屏幕另一侧出现。	《爆破彗星》（*Asteroids*, 1979） 《战斗任务》（*Combat*, 1977）
绕单轴滚动	玩家通过空间的一个线性轴移动。	《街头赛车手》（*Street Racer*, 1978） 《防卫者》（*Defender*, 1980）
绕双轴滚动	可以上下左右滚动的屏幕。这意味着一个较大的二维空间平面，在任何给定时间内只能从中看到一个小矩形窗口。	《圣铠》（*Gauntlet*, 1985） 《暗室》（*Dark Chambers*, 1988）
邻近空间；一次只显示一个空间	相邻的空间显示为一系列互不重叠的静态屏幕，直接从一个屏幕切换到下一个屏幕。	《机器人战争》（*Berzerk*, 1980） 《超人》（*Superman*, 1979）
多层独立运动的平面（多个滚动背景）	前层包含玩家角色，而背景则包含背景图形并慢速滚动，形成深度错觉。	《立体空战》（*Zaxxon*, 1982） 《双截龙》（*Double Dragon*, 1986）
允许z轴进（出）帧的空间	描述接近观看者时会变大然后移出帧的物体。	《暴风射击》（*Tempest*, 1980） 《星舰》（*Star Ship*, 1977）
屏幕上同时显示多个非邻近的空间	两个玩家拥有两个不同的视角，让其同时显示在单一窗口的屏幕上。	《非洲大营救》（*High Velocity*, 1995）
交互式三维环境	游戏角色可以在任意方向移动。	《黑暗原力》（*Dark Forces*, 1996） 《古墓丽影2》（*Tomb Raider 2*, 1997）

287

续表

空间类型	描述	示例
"表示"空间或"映射"空间	在屏幕外空间的屏幕可视化表示，例如地形地图。	《恒星轨迹》（*Stellar Track*, 1980）《凯撒大帝2》（*Caesar II*, 1996）

来源：沃尔夫（Wolf，2001）

电子游戏空间中呈现的事物也会影响我们的游戏体验。这里的一个基本区别就像模拟之于拟像。模拟是试图尽可能精确和真实地呈现世界的某些方面。以游戏《盖茨堡之役》（*Gettysburg*）为例，游戏内容为美国内战，再现了联邦军和邦联军的军团以及这场战役的地形。有些人被这种现实主义风格所吸引，从而喜欢上此类游戏。若有人对这段历史或战争感兴趣，可能就会玩这个游戏并与之产生共鸣。尽管现实主义感很强，模拟仍然是对一些原始事件或情况的复制。

另一方面，拟像可以认为是没有原件的复制品。拟像的例子是想象产物或科幻作品里的场景，是想象出来的，并不存在。以根据 J.R.R. 托尔金（Tolkien）的《指环王》（*The Lord of the Rings*）或乔治·卢卡斯（George Luca）的《星球大战》（*Star Wars*）三部曲创作的游戏为例，此类游戏空间可能会吸引那些富有想象力的人。因此，对于模拟或拟像，用户对化身的认同程度取决于用户的性格因素。不是人人都能以同等的心态享受每种类型的游戏，也不是人人都想以相同的方式与游戏互动。

玩家穿越空间的方式也会影响游戏沉浸感和对化身的认同程度。在角色扮演类视频游戏中，各种角色通常采用步行的方式。在其他游戏中，旅行主要靠赛车、飞机或宇宙飞船等交通工具。将自我投射到游戏中可能更充分地展现人类角色，但交通工具可以让玩家以更快的速度旅行，这可能更令人兴奋。翁贝托·艾柯（Umberto Eco）区分了三种迷宫类型。线性路径是简单的直线。玩家只需要很少或几乎根本不需要费力就能导航，但却能从走过的地面中获得一种成就感。迷宫路径让用户在不同的交叉点上选择前进的方向（如左或右），它可以通向出口或死胡同。带有出口的迷宫都有一个最终目标，这就让玩家实现了玩游戏的目的和达成目标后的满足感。根茎是根状网络，其中每个点都可以连接到其他点。因为玩家在根茎路径中可能找不到出口，所以会无法通关。这会带给玩家一种迷失方向和绝望的感觉。这些例子表明，空间结构本身就能够诱导玩家产生强烈的情感。

由于我们的视角不同，空间看起来也会不同。游戏角色的视角通常为第一人称或第三人称视角。第一人称视角将用户置于化身或智能体的身体中。我们通过这类角色的眼睛看到了虚拟世界。有时候，当游戏角色必须持剑战斗或开锁时，手臂就会显现出来。在第三人称视角中，用户可以通过上方和下方的摄像机看到化身或智能体的整个躯体。通过该视角，玩家将看到整个游戏角色：当游戏角色向前移动时，玩家会看到其背面；当游戏角色转身时，玩家就会看到其正面，等等。吉（Gee）认为，第一人称视角可以让玩家与化身在世界中的境况紧密联系在一起。第三人称视角可以让玩家看到化身的行动和反应，并从主题角度与之联系起来。

尼歇尔（Nitsche）赋予电子游戏空间更为广泛的意义，使其涵盖五类分析层面（图 39）。第一类是基于规则的空间。这里的规则是指定义物理、声音、人工智能和游戏级架构等内容的数学规则。这些规则在游戏的硬件和软件中被实例化。基于此，玩家才能与游戏交互。例如，该规则涵盖了控制器和控制台，也包括运行游戏的软件。拥有复杂规则和控制步骤的游戏会吸引一些玩家。键盘的操作比控制器要复杂，带按钮的操纵杆要比鼠标的操作更复杂。同样，允许自定义角色的游戏也比无法自定义角色的游戏复杂得多。

第二类是介导空间，由呈现的形式来定义，即图像平面表达的空间以及以电影形式呈现它的方式。计算机屏幕或 VR 耳机屏幕是介导空间的一部分，控制着它呈现给用户的方式。图像是二维还是三维，视角是第一人称还是第三人称也是此类空间涉及的方面。沃尔夫的研究范畴主要为介导空间。介导空间对我们在游戏中的沉浸感和参与度有着巨大的影响。细节

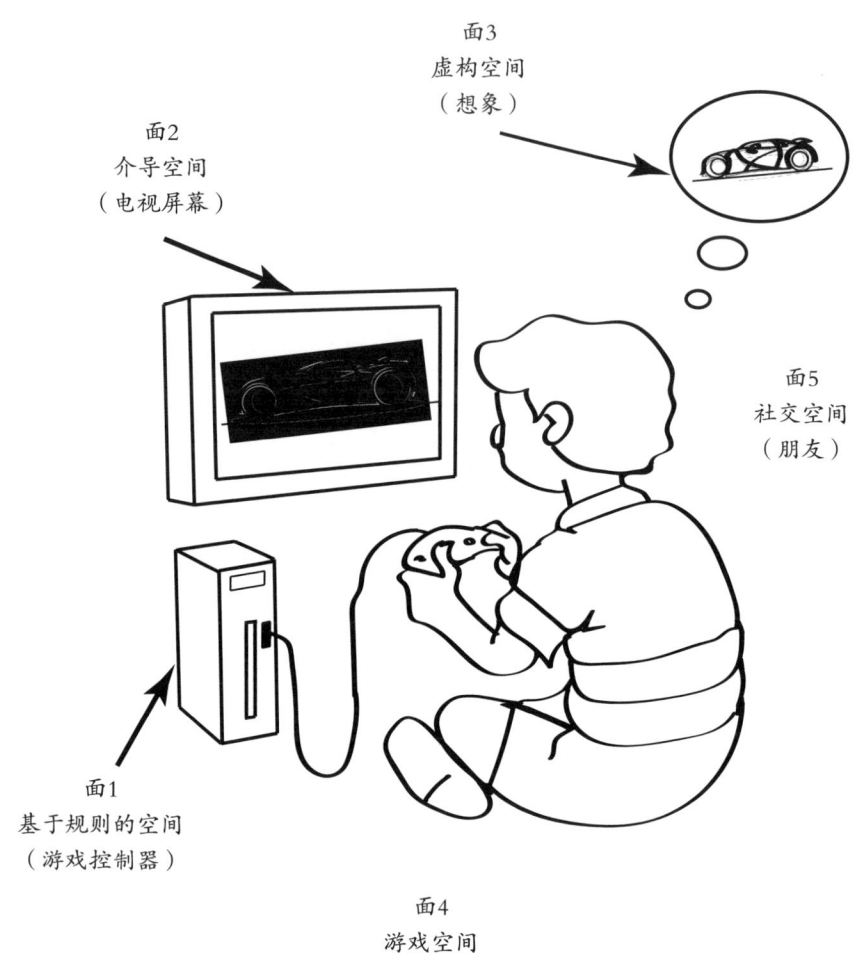

面3
虚构空间
（想象）

面2
介导空间
（电视屏幕）

面5
社交空间
（朋友）

面1
基于规则的空间
（游戏控制器）

面4
游戏空间
（客厅）

图 39 电子游戏空间的五类分析层面
来源：尼歇尔（Nitsche，2008）

高度丰富的三维渲染空间更为影视化，也许最适合讲故事。二维空间最适
用于拼图游戏和小游戏。

　　第三类是虚构空间，存在于玩家的想象之中，建立在玩家对现有图像

的理解之上。玩家思考和呈现游戏的方式包括他们关于化身的概念。玩家将自我或身份投射到化身上就属于此概念的一部分。玩家展现空间的方式也是如此。例如，拥有清晰的地牢心象地图的玩家将能够更好地在其中穿梭并拯救公主，或找到装满金子的箱子。

第四类是游戏空间，涉及玩家和电子游戏硬件。例如，玩家可能是一个坐在地板上拿着 X-Box 手柄的孩子。玩家在房间里可以移动的物理空间范围是游戏空间的一部分。拥有无线 Wii 控制器或 VR 游戏套件的玩家在玩游戏时可以更自由地来回活动，并能利用更多的物理空间。这将对用户在游戏中的沉浸感、满足感和自我表现产生重大影响。利用玩家的整个躯体进行一项运动能更逼真地模仿真实运动时的情形，效果可能比使用控制器或操纵杆形成的同类动作更令人满意。

第五类也是最后一类空间，是社交空间，涉及游戏中的其他玩家。例如，这类空间可能是正在你的客厅里坐在你身旁玩主机游戏的朋友。在大型多人在线游戏中，也可能是一大批来自世界各地同时参与游戏的其他人。在游戏中，相对于与陌生人竞技，预先知道是在与朋友竞技会让自己更容易情绪化。

4 虚拟世界简史

从广泛的意义上讲，人类一直都是虚拟的。无需其他工具，只借助思维想象力就可以创造虚拟世界。例如，有人认为，描绘狩猎故事的洞穴壁画是虚拟世界的最早形式。语言创造无疑预示着许多虚拟主义形式的出现，包括神话讲述、戏剧、歌剧和小说。柏拉图（Plato）关于洞穴的寓言及其对现实的虚幻反映是哲学的一个早期例子。事实上，柏拉图在对现实和理想形式的指定中假定了一种二元性，即实际物体总是有相应的理想呈现。天堂和地狱的宗教观念唤起了居住着天使和魔鬼的虚拟世界。天使可被认为是人死后的化身，而魔鬼则是在地狱中受尽折磨的个体的代表。灵魂似乎是一种化身，因为它似乎并不完全存在于现实世界中。

科幻小说和幻想文学为人们对虚拟世界的想象做出了重大贡献。1954年首次出版的 J.R.R. 托尔金的《指环王》（*Lord of the Rings*）三部曲功绩卓著。1974 年首次发行的《龙与地下城》（*Dungeons and Dragons*）角色扮演游戏也做出了巨大贡献。从 20 世纪 80 年代开始，以更完善的形式触及虚拟世界的"赛博朋克"文学出现了。威廉·吉布森（William Gibson）在《神经漫游者》（*Neuromancer*）中首次杜撰了"**赛博空间**"一词，而尼尔·斯蒂芬森（Neal Stephenson）的小说《雪崩》（*Snow Crash*）则催生了"**元宇宙**"（metaverse）一词，并将其视为**虚拟世界**的同义词。在 20 世纪 90 年代，电影《黑客帝国》（*The Matrix*）更加详细地描述了虚拟世界可能的样子。

当然，科技的发展使虚拟世界的创建变得更加容易。印刷术使故事得以保存，并通过书籍和报纸将其以更广泛的方式传播。在 19 世纪，电报、电话和电视等广电传媒形式使人们可以广泛交流和讲述故事。电话可能构成了第一种现代形式的网络空间，这个空间可以是说话者共享的想象世界，或者是交流双方同时可以获取的信息。韦尔特海姆（Wertheim）认为，20世纪50年代出现的电视是一种初步的网络空间，因为它为数百万人提供了一个"集体的平行世界"。

计算机上基于文本的虚拟世界可以说起源于1978年开始的公共电子公告牌系统（BBS）。BBS的建立是为了让世界各地的人们能够就不同的话题互相交流。针对特定话题的对话称之为线程。诸如此类的电子邮件和讨论列表还有其他多种多样的名称，比如邮件列表和互联网中继聊天（IRC）。像这样的系统大多是异步的，说明参与者之间会交换帖子，但并不总是同时在交互。1985年为康懋达国际64[1]（Commodore 64）个人电脑发布的《栖息地》（Habitat）游戏对日本东京进行了二维仿真，被誉为第一个网络虚拟世界。在这个世界中，人们以化身的形式出现。

常规电子游戏也包含明确的世界表象。最早流行的双人电子游戏《乓的一声》（Pong）是一个只有一个网球场和两个拍子的简单世界。第一个带有电脑控制实体的游戏是1978年发行的《太空入侵者》（Space Invaders）。游戏的特点是，一排排外星人会从计算机屏幕顶部下降。雅达利（Atari）公司在1980年发布坦克战斗模拟游戏《战争地带》（Battlezone），它可能是第一个以第一人称视角呈现的游戏。1993年发行的《毁灭战士》（Doom）是第一款受到广泛认可的具有沉浸式三维环境以及网络化和多人游戏特征的电子游戏。

从20世纪90年代开始，游戏的主要发展目标是模拟真实世界的情境。《模拟城市2000》（SimCity 2000）和《模拟地球》（Sim Earth）两款此类游戏都是以观察生命形式的演变或城市的发展为中心，而不以试图获得积分或击败敌人为游戏目的。这两款游戏可以看作是创建交互式虚拟环境软件

---

1 Commodore 64 也被称为 C64、CBM 64,是康懋达国际公司于 1982 年 1 月推出的 8 位家用电脑。这款电脑在吉尼斯世界纪录中被列为所有时间段最畅销的单一电脑型号。最近数字货币火热，它被黑客再一次拉出来摆上台面，丢入矿区之中。——译者注

的首要一步。《第二人生》(*Second Life*)于 2002 年首次以林顿世界[1](Linden World)的名字发行，创造了一个基于计算机的终极虚拟世界，本文后面将对其做详细介绍。许多玩过模拟游戏的人后来都成了《第二人生》的居民。

1 2002 年，林顿公司推出了 alpha 测试版本——林顿世界，居民可以在其中建造一些小东西。2003 年，beta 版向公众开放。三年之后，有 100 万用户注册了《第二人生》。——译者注

5 存在与终极显示器

前面的论述表明，人类总是在寻求体验虚拟世界。然而，由于技术上的限制，人类无法创造出引人入胜的虚拟世界来达到以假乱真的效果。这种状况可能正发生改变。电子技术的迅猛发展可能使这一设想在未来十年或二十年内成为现实。鲍恩（Bown）、怀特（White）和布帕兰（Boopalan）概述了拥有这种技术的意义，并介绍了促使该技术实现的设备的发展史。

"终极显示器"将是一个能够刺激我们感官的设备，使我们能够将模拟的环境感知为真实的。它还将赋予用户自由或超越物理现实限制的能力，即所谓的超越。物理超越包括飞行、附身于不同的躯体，或以其他方式违背物理定律等。"终极显示器"会制作出一个基本的复制品——一个完美的物体再现，让所有感官都误以为它是真实的。"终极显示器"不仅能让用户感知到基本的复制，还能以某种方式拿起它或操作它，这样的设计需要考虑到交互性。

存在感是一种真实感受，来自于与复杂的媒体的接触。它不仅仅局限于虚拟世界，也大致对应于我们在其他地方所界定的沉浸感。斯特尔（Steuer）提到了三种有助于产生存在感的要素，分别为生动性、交互性和用户特征。技术满足这些要素后，将使我们获得更强的存在感，并让我们离构建"终极显示器"更进一步。

生动性是衡量虚拟环境中视觉元素丰富性和复杂性的一种指标。清晰和流畅的眼动有助于产生生动性。虚拟环境中产生的各种线索是生动性的重要因素，它们为世界提供了一种因果联系。感知线索是引起人的生理反应的感官刺激。例如，对患有蜘蛛恐惧症的人来说，看到一只大蜘蛛会引发恐慌反应。引起这样的反应已被证明能增加存在感。值得注意的是，反应本身就可以对存在感有所贡献。所以，在这个例子中，蜘蛛引起了恐惧，这增加了存在感，但恐惧本身对存在感也是有贡献的。

交互性是衡量用户对虚拟环境如何产生影响以及如何对存在感做出贡献的一种指标。黄厄科（Huang）和黄玉婷（Huang）发现，虚拟环境中增加的交互性也提高了用户的心流感。心流是一种积极的感受，当一个人专注于某项特定任务（如绘画或航行）而不分心时就会产生心流。它也与存在感有关。心流增加，对任务的存在感也会增加。当用户感觉自己的身体好像在接触虚拟物体时，心流就会增加，就像在射击或医疗模拟游戏中使用触觉反馈方法一样。

用户特征也会影响存在感。每个用户都是独一无二的，他们对技术的理解、自身的认知风格和个性特质各不相同。在第七章有关化身案例研究的章节，我们详细讨论了用户特征影响存在感的方式。那些难以使用控制器或搞不清楚游戏规则的人会更缺乏沉浸感和存在感。更加认同自己的化身也可能会增强存在感。

6　虚拟现实系统的年表

　　在接下来几个小节中，我们将简要介绍目前为止 VR 设备的发展历史。人们将会看到，体验虚拟世界的愿望已经推动了这类设备的发展，拥有完美的 VR 设备或"终极显示器"已近在眼前。

早期发展 ●●●●

　　全景图画可能是 VR 技术的最早尝试，这些画描绘的是围绕观看者的场景。通常，全景图画绘在圆形大厅或圆形建筑的内表面墙壁上。站在这个空间中心的人可以旋转 360 度的弧线来观看整个场景。有时，他们会在画前组合一些道具，以增加画幅的深度感。全景图画在 19 世纪和 20 世纪很流行。第一个这样的圆形大厅是关于苏格兰爱丁堡的绘画场景。

　　在同一时期，立体视镜是另一种流行的娱乐方式。这是一种向每只眼睛投射略微不同图像的设备，模仿我们通常使用双目视差观察场景的方式。后来，立体视镜成为受人追捧的儿童玩具，被称为"三维魔景机（View-Master）"。1838 年，查尔斯·惠斯通（Charles Wheatstone）发明了这些镜子，受到世人褒奖。在 19 世纪的英国，家家户户至少都有一台立体视镜。

　　多感官影院体验可以被归类为下一个重要的 VR 技术。莫顿·海利格（Morton Heilig）想用三维图像、立体声，甚至风、气味和振动创造出一种身临其境的感官体验。他认为这将是电影或影院未来的发展趋势。海利格发明的传感影院（Sensorama）模拟器于 1962 年获得了专利。他用该模拟器拍摄了五部电影：骑摩托车穿越纽约城，骑自行车、骑沙滩车和驾驶直升机，以及肚皮舞演员的表演。海利格认为这项发明不仅仅是为了娱乐，他还想用它来训练军队、协助工人工作和帮助学生学习，或为公司展示新产品。这是一项成功的发明，但却没能得到广泛的认可，因为它的运行需要许多昂贵的机器，而且这些机器还经常会坏掉。

现代发展 ●●●

接下来是头戴式设备（Head-mounted display，简称 HMD），由菲科公司（Philco Corporation）的工程师于 1961 年发明。这是一个装有闭路摄像头的头盔，名为 Headsight。它与一个磁跟踪系统相连：当用户转身和移动头部时，该系统可以在三维空间中转动摄像头。该系统投射出一幅 10 英寸高的图像，在观众面前看起来有 1.5 英尺高。它的目的是远程监测危险态势。这是第一个引入了交互性的 VR 系统。1965 年，"达摩克里斯之剑"（Sword of Damocles）系统问世，标志着人们第一次使用计算机来调节 VR 的体验。当时头盔太重，需要悬挂在天花板上。萨瑟兰（Sutherland）用计算机生成了一个三维线框立方体，看起来好像漂浮在一个房间里。虽然图形很原始，但立方体会随着观察者头部的移动而移动。

VPL（Visual Programming Languages）是第一家面向消费者市场开发和销售 VR 产品的公司，它由杰伦·拉尼尔（Jaron Lanier）于 1984 年创立。据说拉尼尔创造了"**虚拟现实**"这个术语。该公司开发数据手套（DataGlove）和目视电话（EyePhone）。用户佩戴数据手套来控制一只浮动的虚拟手，然后就可以通过虚拟手来操纵虚拟物体。数据手套还可以控制穿行于虚拟世界的运动。此外，用户可以使用手套来控制自己的飞行方式。把拇指移近手掌就可以飞得更快，移开拇指就能停下来。然而，这种手套十分昂贵，而且尺寸上适合所有人。此外，这种手套缺乏触觉反馈，所以体验者感觉不到他们在触摸什么。视觉电话由两个小的液晶显示屏组成，以产生深度感，但图形的质量和帧率都很差。

1991 年，日本世嘉株式会社（Sega）宣布他们在研发一款时尚、轻便的 VR 头盔，其设计看起来像《星际迷航：下一代》（*Star Trek: The Next*

Generation）电视剧中乔迪·拉·弗吉（Geordi La Forge）的面罩上佩戴的目镜。遗憾的是，图形无法跟上用户头部的运动，导致晕动病，也就是晕屏。大量用户报告说，在使用后感觉不舒服，所以它最终被放弃。另一家游戏公司任天堂（Nintendo）随后尝试生产自己的虚拟现实系统，名为《虚拟男孩》（*Virtual Boy*），于 1995 年推出，但最终也因图形方面的问题以失败告终。

2001 年，名为 SAS 立方的 VR 房间被创建了，这是一个充斥着传感器和投影仪的空间。图像被投射到四面墙和地板上，系统可以对站在其中的人做出反应。用户必须佩戴装有运动追踪耳机的 3D 眼镜，这就产生了图像深度。用户可以与物体交互并在整个空间中移动。图像复杂性和生动性都欠佳，而且无触觉反馈，但该系统还是很好地接近了交互式 VR 房间应该有的样子。

当前的虚拟现实设备 ●●●

头戴式显示器 Oculus Rift[1] 最初是一个可以在家里自己动手（DIY）组装的成套设备，具有逼真的图像和手部运动能力。现在的视频质量比原版有所改善。它的开发者帕尔默·勒基（Palmer Luckey）已经与美国脸书公司总裁马克·扎克伯格（Mark Zuckerberg）进行了合作，后者打算将其用于社交媒体，其目标似乎是虚拟社交互动。Oculus Rift 的研发已经刺激了谷歌、三星和 Steam 平台等多家公司的竞争机型的开发。图 40 为一款 VR 视图器。

许多 VR 系统都是为手机设计的。例如，谷歌卡板必须安装有纸板阅读器。把手机插入阅读器，然后应用程序将两幅图像立体地投射到每一只眼睛上。这是"穷人版"VR，因为观看成本几乎为零。这种体验就像置身

---

1 Oculus Rift 是一款为电子游戏设计的头戴式显示器。它将虚拟现实接入游戏中，使得玩家们能够身临其境，对游戏的沉浸感大幅提升。——译者注

图 40 使用 VR 视图器的女性

图片由 pixneo.com 提供

于全景图像中。人们可以转身看到广阔的三维视图，但无法与环境进行交互。三星的虚拟现实头盔 Gear VR 在设置上与谷歌卡板非常相似，但比谷歌系统更具沉浸感，具有出色的深度效果。它没有运动跟踪功能，因此不能用于密集型游戏，但却是欣赏风景和观看视频的得意之选。

我们不得不提卡洛斯·雷巴托（Carlos Rebato）于 2015 年推出的 HTC Vive[1]。该系统的与众不同之处在于，它通过贴在墙上的传感器被赋予位置跟踪功能。它还有两个控制器，每个控制器都有一个触摸板和触发器，充当"虚拟手"。缺点是，电线会缠在一起，有把人绊倒的危险。然而，图

---

1 HTC Vive 是由 HTC 与 Valve 联合开发的一款 VR 头显产品，于 2015 年 3 月在 MWC2015 上发布。由于有 Valve 的 SteamVR 提供的技术支持，因此在 Steam 平台上已经可以体验到利用 Vive 功能的虚拟现实游戏。——译者注

像的生动性和质量是众多竞争对手中的佼佼者。最近出现在市场上的 VR 系统有 Oculus Go、Oculus Quest、三星公司的 HMD Odyssey、谷歌公司的 Daydream，以及蔡司公司的 VR One Plus。

　　综上所述，目前的 VR 系统发展迅猛，蒸蒸日上。有些系统的头盔还很笨重，需要向轻便型改良。软件上，也会出现一些小故障。虽然 VR 体验引人入胜，却还不足以给玩家带来堪比现实的体验。发展结果还未达到"终极显示器"这一步。图像虽然不错，但还没有达到完美复制现实的水平。交互性问题也亟待解决。很多用来操作虚拟手的控制器也需要改进。目前，附属硬件正在开发，以增强互动性。例如，Virtuix Omni Treadmill 就是一款触摸感应式全方位跑步机，可以创造在虚拟环境中来回行走的幻觉。

7 《第二人生》

　　虚拟现实系统是允许我们进入虚拟世界的硬件接口。现在我们对它们已经有了更好的了解，让我们把焦点放在软件上。通过虚拟世界软件带来的最大且最广泛的体验是《第二人生》。它由林顿公司于 2003 年开始启动开发。10 年后，它拥有了 100 多万用户。创作者指出，《第二人生》并不是电脑游戏。它没有要达到的过关等级，没有设定的目标，而且冲突或战斗也不是它的主要目标。任何人都可以通过提供的软件并支付月费来加入和访问系统。化身可以在（虚拟）世界各地来回移动，参与社交，并参加各种团体活动。该平台是一个三维系统，大部分模拟场景是由岛屿和被海洋以及带有树木和建筑物的地形隔开的大片陆地组成。由此看出，该系统致力于再现实际的环境，而不是幻想或科幻世界。

　　在《第二人生》中，用户创建自己的化身，并在其中制造房屋、衣物和其他可以自己使用或出售给他人的物品。兑换货币是林顿元，与美元和其他国际货币挂钩。因此，《第二人生》的居民可以用真金白银兑换林顿元，用其购买商品和添置财产。个人和公司已经在《第二人生》中开设了商店，用来销售各种各样的产品，从鞋子和衣服到允许虚拟人物喝酒或跳舞的定制动画。

　　《第二人生》中的化身可以通过步行或跑步在当地走动。但由于《第二人生》系统变得如此巨大，若要远距离移动，用户可以驾驶车辆、飞行，甚至可以被瞬间传送到空间坐标的另一个位置。若想与其他化身交流，可通过本地聊天、群聊、全球即时消息（IM）和语音来实现。打字方式的聊天用于两个或少量其他化身之间的公开交流，其他人可以在一定距离内看到交流的内容。IM 用于两个化身之间或组成员之间的私聊。IM 是全球性的，并不局限于一组化身共享的小范围区域。

汤姆·波尔斯托夫（Tom Boellstorff）在几年时间（2004 年 6 月 3 日—2007年 1 月 30 日）内利用名为汤姆·布可夫斯基（Tom Bukowski）的化身在《第二人生》中通过人类学领域的实地调查方法进行调查。该调查的目的是了解"生活"在这个系统中的人，并试图解析其用户的心理和更大的社会组织。他的著作《第二人生时代的到来》（*Coming of Age in Second Life*）就是对此项工作的记录。在接下来的几个小节中，本书将讨论他得出的一些结论，涉及人格问题，还有亲密关系、社区和政治经济等话题。

《第二人生》中的人格 ●●●●

尽管游戏中的许多角色都扮演着像"精灵"或"妖魔"这样的角色，但是《第二人生》并不是一个主要的角色扮演环境。《第二人生》中的大多数居民说，他们一开始可能会扮演一个角色，但之后会专注于"做自己"。大多数《第二人生》居民似乎都在压抑自己个性的某些方面，强调其他人，而不是成为某一新人。"形象扮演"和"角色扮演"之间已经有了区别。由于玩家具有匿名性，这种正常情况下表达自己被压抑部分的能力可能存在。几乎所有《第二人生》居民都选择将他们的真实自我和虚拟自我分开，不透露他们的真实姓名、位置或其他身份信息。事实上，有一些名人会花时间在《第二人生》中，却没有透露他们在真实世界中的身份，可能是为了获得一种他们在现实世界中无法获得的日常社会交往的体验。

《第二人生》居民的一些评论进一步强化了这一点。一位用户评论说，在网上看起来很强势，但在现实生活中表现得"很弱，甚至一点都不好笑"。另一位用户说，自己在《第二人生》中没有过"双重生活"，但能够更好地表达真实的自己。第三位用户评论道，在《第二人生》中，她的化身可以让她对自己的角色进行定义，也不用像在现实生活中充当母亲和妻子的角色那样活着。这些评论表明，角色扮演似乎更多地存在于现实世界中，而像《第二人生》这样的虚拟世界是探索出一个人个性的不同方面的场所。

真实自我和虚拟自我之间的边界似乎不是一个硬性屏障，而是相当具有渗透性的。许多《第二人生》的居民认为他们在网上呈现的自我使他们在现实世界中的自我变得更加"真实"，前者是反映了他们真实本性的自我，而不是社会对他们的期望。其中一位用户提到自己变得更有自信了："我在购物中心与完全陌生的人交谈不成问题，因为最近我在《第二人生》中花了很多时间来做此类事情。"另一位因中风而在现实世界中被困在家中的居民，因为参与《第二人生》而鼓起勇气从轮椅中走下来，使用助行器。一些《第二人生》的用户认为，相较于其在真实世界的自我，他们在虚拟世界中的自我更接近真实的自我。

在文化层面上，用人生轨迹或生命历程来定义自我是其中一种方式。通常的表现形式是人在年轻、成年或年老时的行动方式。在《第二人生》中，用户注册账户后，虚拟生活就开始了，注册日期有时被称作用户的"生日"。注册时，用户会给自己选一个永久性的网名。不过，要将这些网名把用户在现实世界的身份关联起来可能并不容易，因为许多用户注册了不止一个化身，这些化身叫"替代物"。在某一网名下，他们可能以花栗鼠的形象出现，在另一网名下以健美运动员的形象现身。此外，两个及以上的用户也可以"驱动"以一个账户注册的同一化身。

在更注重游戏的虚拟世界中，居民必须提升一套分层次的技能等级，保障他们在线上有条不紊地生活。在这些情况下，居民的等级或技能可以作为其体验的衡量标准。但在《第二人生》中不存在这样的等级，居民的体验更为开放。然而，《第二人生》的新人却经常被贴上**"新手"**（newbie）或**"菜鸟"**（noob）的标签。这种状况经常从一个人的外表和行为表现出来。那些刚接触《第二人生》的玩家更倾向于用他们化身的默认外观来"装扮"自己，并且很少购买允许他们参与舞蹈等行为的动画。新人还需要学习《第二人生》规范。《第二人生》中一种常见的礼仪是在远程传送中或退出程序之前站起来。这是一个暗示，让其他人知道他们即将离开。无法做到这一点的新手会很快消失，这种行为有时被贴上"哇"（Poofing）[1]的标签。

利他主义是《第二人生》中另一个常见的规范。经验丰富的居民通常为新手免费提供建议、支持和物品。学习形式大多是非正式的。为了获得技能，新手通常要求助于那些工作时间较长的人。那些在《第二人生》中已有一定经验的人称为**中手**（midbies）。经验并不以注册账号以来的时间跨度来衡量，而用其上网或"踏入虚拟世界"的时长来计算。一个每天在虚拟世界中畅游3小时但只有1岁的人，会比一个两岁大但每天只花1个小时在虚拟世界里遨游的人更有经验。

一小部分《第二人生》的居民更喜欢独处，他们花时间搞建造，设计出售的物品，或者只是在虚拟公园里散步。然而，对于绝大多数居民来说，处在《第二人生》的目的是社交。社交网络规模的大小是衡量《第二人生》体验程度的一个标志。那些有很多朋友、爱人和家庭成员的人不再是新手。财产所有权状况也是一个彰显体验程度的标志。在《第二人生》中拥有更多虚拟时间的一些人（但不是所有人）拥有更多的土地，建造或制造了更多的物品。在现实世界中，我们倾向于将财产（珠宝、汽车、房地产）所有权情况与成功联系在一起，这一原则似乎也适用于《第二人生》。除了经济权力之外，还有向政治权力延伸的迹象。一些有着丰富的虚拟世界生活体验的居民成了社区领导者，组织活动并指导他人进行协助，尽管在政治上《第二人生》居民缺乏以正式方式组织工作的能力，这类领导人被称为**"老手"**（oldie）。

在现实世界中，人人都终将死去。在《第二人生》中，并非每次用户退出系统后就会假定化身死亡。相反，化身死亡的标志是不再能继续出现。导致这种情况的原因有很多。首先，现实世界中的个人悲剧或责任承担可能阻碍了某些人再继续使用《第二人生》。其次，一些用户退出系统是因为他们觉得自己在系统中浪费了太多时间，或者是虚拟关系干扰到了现实世

---

1 Poofing，表示突然消失的感叹词。——译者注

界中的关系。《第二人生》中的两性关系会妨碍夫妻婚姻，这种现象并不少见。另外，还有一些用户因对《第二人生》有所不满而选择离开——他们可能发现很难学会游戏界面的操作，想要更多的游戏体验，现实生活中的现金流并不充裕，或者对其社交关系质量并不满意。还有人退出系统是源于未解决的漏洞和软件问题，自认为不公平的商业行为，以及来自其他用户攻击性的言论和行为。

如果一个长期居住的居民或老手决定离开《第二人生》，这可能是一段痛苦的经历，可以通过送别聚会来纪念，并在博客中记录下来。其他居民可能会通过放弃他们的财产或其他承诺来降低他们的体验，成为实际意义上"无家可归"的流浪汉或流浪者。《第二人生》里的居民在现实世界中去世后，他／她的朋友有时会为其举办虚拟葬礼——葬礼中摆放着玫瑰、死者的照片和悼词，身着黑色衣服的哀悼者将出席葬礼。从理论上讲，某个居民有可能会控制一个"死去"的化身，但这种情况极少出现，也似乎不可能发生，可能是因为《第二人生》会创造一个虚拟的"僵尸"或"鬼魂"角色。通常情况下，由官方认定死者的化身不再活跃，这也是向死者致敬。

《第二人生》中的化身和替身 ●●●

《第二人生》中的化身通常被称为"avies"。人们可以通过所谓的"鼠标查看"模式从其特定视角或第一人称视角看到化身周围的即时景象。玩家也可以从化身的近端，以第三人称视角看到这一风景。一个化身可以阅读30米半径范围内其他居民输入的聊天记录。它还可以看到其他哪些角色出现了以及他们的注意力被引向何处。图41给出了《第二人生》化身的一些示例。

在《第二人生》中，用户可以随时免费更改自己化身的外观，但也可以购买定制的鞋子、帽子、衣服和其他配件。对面部特征和身体部位可以做相当大程度的控制，能够操控眼睛、鼻子、嘴巴、下巴、躯干，等等。衬衫、裤子、袜子和其他服饰也可以变换和定制。这样做的目的是，不仅创造一个独特或有吸引力的化身，而且还可以表达一个人心理的不同方面。

图 41　《第二人生》化身

用户通常会有多个化身，一个用户可代表不同的性别、种族甚至物种，例如狼、吸血鬼甚至机器人。多数用户认为其他人是依据外观来评判他们的。一位用户声称，她不喜欢"高瘦的金发女郎"。我们还会根据人的行为做出判断，因为这可以知道某人什么时候在忙着通过 IM 聊天，什么时候在查看剧本或清单。

匿名非常重要。大多数《第二人生》用户不想透露他们的真实身份。例如，一位居民评论说，自己是一名护卫，并不希望在现实世界中公开这些信息。现实世界的个人控制着大多数化身。然而，有些化身可以完全自动化，它们被称作"机器人"（Bots）。如前所述，多个人可以控制一个单独的化身，一个人也可以控制多个化身或"替身"。"替身"可以有多种类型。银行备用账户可以用来持有资金和简化记账。建造替身可以用来制造物品或漫步。

波尔斯托夫认为，《第二人生》中最典型的替身是社会替身，用来体现用户自我的另一方面。用户可能在主要角色中扮演正儿八经的家庭主妇角色，而其替身充当性感的陪同。这样的例子表明，人们可能会为其弗洛伊德"本我"创造一个化身，以及其他可以表现出其"自我"或"超我"的化身。某些情况下，可以用替身来欺骗他人。一位居民为了试探"《第二人生》配偶"的忠诚度，制作了替身来引诱对方。尽管如此，大多数用户还是把大部分时间花在自己的主要或首要化身上。这种化身通常是根据标准的文化审美概念设计出来的，或代表现实世界中用户真实的自我。这样的替身称之为"戏装"或"面具"。

人们在选择自己的化身时非常灵活。许多用户报告说，他们的化身不仅仅是其身体自我的翻版。在《第二人生》中，甚至有一种风格，就是用户会把自己塑造成三英尺高的小动物，称为"泰妮丝"（tinies）。但更为重要的事实是，许多身体残疾的用户能在《第二人生》中解放自己，以现实生活中无法做到的方式控制自己的身体。坐轮椅的人能够行走或奔跑，患有帕金森病的人能够捡起物体和移动物体。这些残疾人士还能够扩大他们的社交网络，比自己在身体残疾的情况下结识的朋友更多。遗憾的是，在这些情况下，歧视并没有消失。一些残疾人称，当他们的"朋友"发现自己在现实世界中要坐轮椅时，就会结束与他们的友谊。

《第二人生》中的性别、种族与障碍 ●●●

举另一种精神表现的例子，帕维亚（Pavia）是一个美丽的女性化身，波尔斯托夫认识她已经一年多了。帕维亚对波尔斯托夫吐露她是变性人。她承认，起初只是角色扮演，但过了一段时间，帕维亚的表面形象出现在了现实世界中。这个案例的有趣之处在于，人物与化身之间的相互影响不仅仅以一种方式存在。从某种意义上说，帕维亚不只是受用户控制的化身，该化身也会做出反馈并反过来影响用户。用户和化身之间的交流是双向的，彼此影响和控制着对方。在此次实地研究过程中，《第二人生》只允许选择一个性别，男性或女性。尽管用户要求将男女比例分别在一端和另一端进行调整，但诸如变性人等其他类别则不在选项范围之内。然而，跨性别、性别转换和变装的情况却相当普遍。

特克指出，虚拟世界中的性别交换让人们体验到成为另一种性别成员的感觉，而不是只能观察它。在《第二人生》中，这种情况大多发生在只有一个化身的玩家身上，二者之间的性别是相反的。然而，有些用户可能有一个性别与自己相反的主化身，还有一个性别与自己相同的替身。至少有这样一个例子，一名丈夫要求他的妻子成为一个男性化身，以阻止《第二人生》中的其他男性进一步展开追求。另一个拥有女性化身的男人不敢把她展示给自己的妻子看，怕她会嫉妒！也有一些人创造了中性化身：这些化身可以是雌雄同体的，也可以是无性的，比如一个发出蓝色光的盒子或球。

很少有虚拟世界要求玩家为化身选择种族，《第二人生》也没有这种要求。但人们可以通过改变面部特征、肤色和头发使自己看起来像白种人、亚洲人、拉丁美洲人、黑人或任何其他类型的种族。例如，可以生产和销售长有不同程度胡须或皱纹的"皮肤"，非常受欢迎。然而，白人或接近白人的皮肤是《第二人生》的标配。在《第二人生》中，较深的肤色很难找到，一些使用非白色皮肤的居民称遭到了种族歧视。在现实生活中，一些黑人也把自己伪装成白人。

种族主义还以其他形式表现出来。展示邦联旗帜和罗伯特·爱德华·李（Robert E. Lee）图像的用户可视作"赛博—迪克西（Dixies）"。这类人拥有丰富的上网历史。《第二人生》中也存在"奴隶拍卖"，有人愿意将自己作为奴隶卖出去。此外，《第二人生》中还有很多占据主导或处于从属地位的性社区，它们有的涉及种族问题，有的则不涉及。许多族群在《第二人生》中繁荣发展。例如，非裔美籍妇女族群和庆祝宽扎节[1]（Kwanzaa）的族群都存在其中。幸运的是，绝大多数《第二人生》居民是反种族主义的，他们会列举出种族主义言论和行为的例子。例如，"党卫军训练营"的创建被居民发现后，《第二人生》系统的管理层就收到了许多投诉和呈报。

---

1 宽扎节即果实初收节。它是非裔美国人的节日，庆祝活动共 7 天，从 12 月 26 日至 1 月 1 日。源自非洲传统的收获节，以烛光仪式揭开序幕，每天点燃一支蜡烛，象征非裔美国人的 7 个原则：团结、自决、共同生活、合作经济、目的、创造和信念。庆祝活动还包括互赠礼品、吃一顿名为"卡拉姆"的非洲餐。——译者注

患有自闭症和阿斯伯格（Asperger）综合征的人有社交障碍。他们中的许多人很难从面部表情或语音语调中捕捉到社交暗示。在《第二人生》系统中，使用有限的面部表情和具有频繁的预期延迟的文本聊天系统，使得这类人之间的沟通变得更容易。在《第二人生》中，有时用户会暂时离开电脑或同时与附近的多个用户聊天，所以经常有延迟回复的情况出现。即使是有严重语言障碍和社会缺陷的精神分裂症患者也能适应《第二人生》。约瑟夫（Joseph）就是一个例子：他是一名精神分裂症患者，在现实世界中就是个隐士，很少有人与他交流。但在《第二人生》中，他的化身能够探索虚拟世界，在不同的环境中走来走去，与他人交谈和一起创作。一些自称害羞或孤僻的用户对波尔斯托夫说，在《第二人生》中，他们的化身性格上更外向。这种特质有时会反馈到现实世界中，使他们在社交上也变得更外向。不过，有时情况也恰恰相反，有些人现实生活中表现得相当体面，但在《第二人生》中却表现得"像个混蛋"。

《第二人生》中的亲密关系、性与爱　●●●●

《第二人生》中的许多居民从一个地方搬到另一个地方时，会参与到多个 IM 会话中。一位居民表示，她可以同时处理实时对话和 10 条 IM。组中可以发送 IM，这称为"群聊"或"通路"。在《第二人生》创立之初，英语是主导使用语言，但随着《第二人生》的发展，其他语言也逐渐被使用起来。在这项人类学研究期间，《第二人生》系统还不具备音频和视频聊天功能。

人们普遍认为，互联网、游戏和虚拟世界只会将人与人隔离开来，这是一种误解。研究表明，这些技术性媒体实际上促进了网络世界和现实世界中的社会联系。《第二人生》用户认为这是一种"建立亲密感的文化"，并花费了大量的时间和精力在网上结交朋友。这种现象并非《第二人生》系统独有，也存在于推特和脸书等许多社交媒体网站中。在《第二人生》中，存在着各种各样的关系，包括恋人、夫妻、父母和孩子、师生、兄弟姐妹、同事和邻居等，但主要关系形式还是友情。

《第二人生》中的会面通常从浏览他人含有基本信息的个人简介开始，包括此人所属群体的列表。同时，也有关于个人兴趣的描述，以便明确此人在《第二人生》中喜欢做什么，是购物、做生意还是建造家园。波尔斯托夫的研究表明，在大多数情况下，朋友之间不会要求他人告知或透露自己真实的身份。在《第二人生》中，用户可能有许多亲密的虚拟朋友，但却不知道他们在现实世界中是谁或做什么工作。一位用户评论说，在《第二人生》中，你会知道人们真正的样子。许多用户表示，他们在《第二人生》中对虚拟关系投入了强烈的感情，会与人发生诸如拥抱和慢舞等亲密行为。一位用户提到，失去一位虚拟女友比失去现实生活中的任何女友都更让人难过。

性是《第二人生》的重要组成部分，一些人使用该系统的主要目的就是为了性（图42）。所有类型的性行为都有可能发生。卖淫、集体性行为、脱衣舞俱乐部和性奴隶都存在于《第二人生》之中。巴泽尔（Bardzell）指出，现实性交中的性爱痛苦和支配感会被这些状态在模拟过程中的**表现**所取代。

为了在性行为方面更好地帮助用户，将《第二人生》中的不同领地划分为"PG"（需要家长指导）级或"M"（成人）级。由于在此类模拟系统中，用户可以瞬间到达很多区域，所以要想让性行为不受干扰，就需要有所创新。其中一种方案是建造"天空盒"（skybox），可以建在据地平面几百米高的地方。因为如果用户不使用脚本对象，他们只能飞到200米的高度，这确保了一定程度的隐私。

《第二人生》的主体部分仅限于成年人，同时也为13～17岁的少年创建了单独的"青少年区"（Teen Grid）。即便如此，许多用户还是对虚拟恋童癖的想法表示不安，特别是因为在一些司法管辖区内，即使在模拟的情境中与未成年人发生性行为也是违法的。异性伴侣之间的性行为很常见，但男同性恋、女同性恋和双性恋性质的性行为在《第二人生》中也大量存在。《第二人生》中存在许多此类社区，其中一些角色拥有自己的岛屿和城镇。虽然有一个女同性恋岛屿遭到了袭击，但在大多数情况下，这些社区都没有受到影响。波尔斯托夫指出，在现实世界中许多双性恋者与异性伴侣结婚，但在虚拟世界中追求虚拟的同性恋关系，这有时也得到了他们的实际配偶的许可。

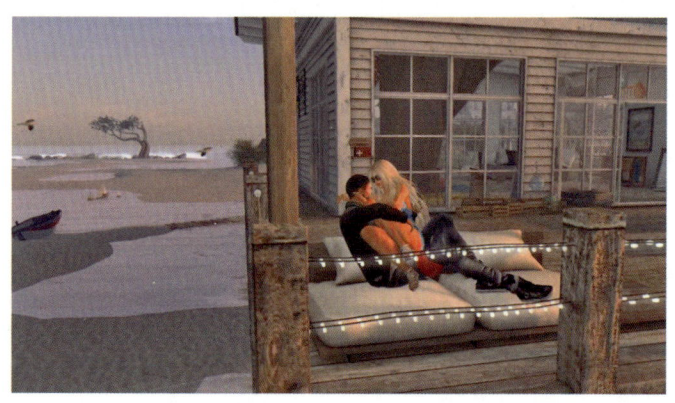

图 42 在《第二人生》海边的浪漫时刻。许多人在虚拟
世界中有性和恋爱关系，甚至结婚，但从未在现实世界中见面

表达爱情是使用虚拟世界带来的主要效果。1996 年 5 月，首场虚拟婚礼在基于图像的系统中举行。即使在纯文本的系统中，爱侣们也已经为自己建造了"家"。一些爱情关系是跨平台的，夫妇在《魔兽世界》里一起战斗，然后又进入《第二人生》中参与其他活动。婚礼是《第二人生》中最复杂、参与人数众多的活动之一。尽管有些伴侣透露了他们在现实生活中的真实身份，但在大多数此类关系中，匿名是基本规则。

现实世界的习俗似乎并不妨碍人们表达爱。比如，两个女性化身发展了一段长达几个月的女同性恋关系，但同时又知道在现实世界中彼此都是具有异性恋特质的男性。已婚夫妇有时会同意其伴侣在《第二人生》中发展一段恋爱关系，有时还会参加对方的婚礼，并与配偶的虚拟伴侣交朋友。这样的"婚外情"经常是允许的，但人们也承认，保持这种婚外情的虚拟性是一大挑战。

《第二人生》中的家庭 ●●●○

　　家庭成员已经在网上和虚拟世界中共处一段时间了。波尔斯托夫讲述了萨坦（Satin）和格蕾泰尔（Gretel）两姐妹的故事，她们和其他三个兄弟姐妹一起在《第二人生》中度过了一些时光。两姐妹会一起做很多活动，包括购物、建筑和滑旱冰。一些《第二人生》夫妇甚至有虚拟的孩子，经过编程后，小孩会哭，也会说"我饿了！"之类的话。许多成年人也会以儿童化身的形象出现在所谓的"儿童游戏"中。某一成年人的化身名叫温迪（Wendy），她会称呼成人化身为"先生"或"太太"，并要求成人带其出去玩——当然，这只有在得到"父母"的许可后才有可能。《第二人生》的几个群体专注于儿童游戏、操场、玩具、童装和小学。这些学校是配套完善的，有班级、课间休息，甚至还有校园医护人员。

　　大多数儿童化身称，儿童游戏中有父母参与非常重要。许多成年人非常愿意扮演此类角色。阿伦（Arlen）是一个成人化身，在《第二人生》有一个女儿化身和一个儿子化身，他们在现实世界中都是成年人。阿伦说，他们在现实世界中从未有过父亲印象，她很乐意和他们建立亲子关系。一个扮演孩童的成年人喜欢晚上钻进被窝，她的"父母"会给她讲故事或唱歌，然后哄她入睡。

对《第二人生》的上瘾 ●●●○

　　在其他章节，我们已经对网瘾进行了十分详细的论述，所以这里仅仅探讨对《第二人生》的上瘾情况。因为《第二人生》从很多角度反映了现实世界，所以从某种程度上来说，说它让人上瘾也就等于说生活让人上瘾。尽管如此，还是有一些用户觉得自己在虚拟世界中浪费了太多时间。为此，他们给出了两个理由。首先，用户认为，虚拟世界的活动总体来说占用了大量时间。其次，虚拟世界中的活动所占用的时间会减损或干扰用户的"现实"时间。很多居民谈到，为了有更多的时间能花在《第二人生》中，他们减少了现实世界的睡眠时间。其他人觉得自己在《第二人生》中花了太多时间，这让他们疏离了真正的朋友和家人。当被问到最喜欢在《第二人生》做什么时，用户的回答总是喜欢与人交际，而像建造、脚本设计、旅行和其他非社交性活动，用户提及的次数却少得多。第三章对网络成瘾性障碍做了描述和评论。

《第二人生》中的社区 ●●●

《第二人生》中一个有趣的现象是，尽管在空间和时间上被分隔开来，人们仍然能够与他人形成牢固的联系。化身能够与整个群组的成员聊天，或对分布在广阔地域的个体发出全局即时通信，无论他们是真实的还是虚拟的。尽管响应的时间可能拖延长达数小时、数天或更长，用户还是能够保持沟通联系。由此得出结论，社群的形成可以突破时间和空间的限制，无需在同一地点或同一时间进行互动。因此，虚拟世界可以视作公共空间和私人空间之外的"第三类空间"。

虽然用户可以自发地在各种聚会场所见面，但他们也可以通过更有组织性的活动相见。《第二人生》中的活动种类齐全，从音乐会到时装秀再到哲学讨论，样样都有。《第二人生》中存在一个有意思的现象——"社交引力"：人们会被吸引到其他人已经聚集的地方。潜台词就是，如果一个地方聚集着一群人，那么肯定会是某种有趣的事情在发生，所以值得围观一下。相比之下，没有化身的区域往往是空荡的。

在波尔斯托夫的研究过程中，每组平均有 5 ~ 15 人，最多有 40 人。当时，由于宽带速度和计算机服务器的限制，能够在这种机能条件下相互交流的人数受到了限制。在目前的出版物中，这个数字可能更大。《第二人生》中角色的广泛多样性意味着群体可以围绕几乎任何主题组织在一起。有关群体的其他例子包括脚本、建筑、诗歌，以及与身份类别有关的主题，如吸血鬼、男同性恋者和音乐发烧友等。一个特别好玩的群体被称作"动物

自
我
、
科
技
与
未
来

族"（Furries）——一帮被认为是动物的人。这项研究进行之时，估计已有
1.5 万名用户拥有动物族化身。宗教团体在那个时候不太受欢迎，现在这种
情况或许已经改变了。

《第二人生》的伦理 ●●●

　　波尔斯托夫指出，在虚拟世界中，善良和利他主义占主导地位。已经
"懂行"的用户在大多数情况下都非常愿意为他人提供解释和帮助，而不
考虑互惠或经济补偿。用户通常会赠送衣服、治疗法术和虚拟家具等物品。
许多中手、新手和社区领导会为新人提供免费的教育课程。对于这种行为，
目前还没有哪种解释是最佳的。

　　但《第二人生》绝不是一个虚拟的乌托邦。《第二人生》中也存在恶意
破坏的现象，即故意破坏其他虚拟居民的体验，表现为言语侮辱或恶意行为，
这两种情况在人们被要求停止后仍可能重复出现。例如，在一个帮助从性
虐待阴影中走出的支持小组会议上，一名恶意玩家利用其化身展示性动画。
当某人在不同的地方移动时，人们会"跟踪"他（她），这并非闻所未闻。
蓄意破坏公共财产和违规建造也时有发生。例如，建造巨型的性器官或在
建筑物的侧面放置色情图片。

　　破坏行为还有很多。一些破坏者会在指定的战斗区域之外推搡或射击
其他化身。其他破坏者会使用程序将化身发射到高空中，使其在数小时之
后才能落回地面。虚拟的"黑手党"试图向俱乐部或岛屿所有者勒索"保
护费"。一些破坏者组队自称"暴徒"，声称享受与其他居民"乱作一团"
的过程。《第二人生》中甚至还出现过"延迟炸弹"——会导致计算机服务
器崩溃的程序，迫使《第二人生》程序重启。此类炸弹可以看作是"虚拟
恐怖主义"的例证。

　　对于破坏行为，可以有各种各样的解释说法。比如，这样做可以引起
注意，炫耀编程技巧，或者获得一种力量感。化身的真实用户的匿名性也
可能让一些用户变得肆无忌惮，从而导致了破坏行为。一些破坏者可能只

是认为他们可以侥幸逃脱。最后，破坏者做这些事情的原因可能和现实世界中人们施行暴力行为的原因一样，因为他们感到无聊或希望自己能够获得关注。很有可能的情况是，在现实世界中恃强凌弱或挑逗他人的人在虚拟世界中更有可能做出恶意行为。

《第二人生》用户有几种应对这些破坏行为的方式。他们可以向林顿公司的管理层提出正式的投诉，后者然后就会对事件进行调查。有时候，受到投诉的破坏者将被禁入《第二人生》。用户也可以瞬移远离破坏者或暂时注销以躲避破坏者的行为。嘲笑或忽视破坏者也是一种有效的回应。此外，还可以将其"屏蔽"，这样就看不到他们敲入的聊天内容了。一些用户不允许破坏者进入他们的地产，但若破坏者的决心坚定，也可以利用自己的替身进入。

《第二人生》中的政治经济学 ●●●

如上所述，人们不仅可以在《第二人生》中制造物品，还能用与美元挂钩的林顿元将它们出售给他人。任何人都可以用真实货币购买林顿元，并用其购买衣服、"皮肤"、化身动画、建筑或土地。人们可以把自己制造的任何物品以任何心仪的价格出售。截至 2006 年 12 月，该系统每天的交易额达 100 多万美元。一些居民能够从他们在《第二人生》中所做的事情中创造一个真实的生活世界。在《第二人生》中，商品和服务都是可售的。例如，可以为聚会租用舞蹈俱乐部，或为婚礼租用教堂。在《第二人生》中，不仅个体户会开店，企业也会，如美国服饰公司（American Apparel）、通用汽车公司（General Motors）、日产汽车公司（Nissan）和喜达屋酒店（Starwood Hotels）等。

所有类型的社会都需要管理，《第二人生》也不例外。因为它属于计算机模拟系统，其中所有泄露的数据，包括个人通信，都记录在林顿公司的服务器上。这无疑使得追查破坏者变得更容易，但也带来了"老大哥"的假象。虚拟世界的一大问题就是对其中虚拟专政的畏惧。考虑到这一点，林顿公司采用了一种自由意志主义和放养式的管理方法，十分出其不意。用户很少能直接联系到林顿公司的工作人员，只有在提交虐待报告和经历《第二人生》平台的变化时才能与林顿公司的企业管理人员取得联系。也许正因为如此，地方管理在《第二人生》中层出不穷，包括宪法、竞选选举和政党。就连现实世界的政治家也在《第二人生》中出现过，比如2008年美国总统候选人约翰·爱德华兹（John Edwards）。政府和军事组织甚至有可能在《第二人生》中占有岛屿，但这一点无法得到证实。

《第三人生》，Sansar[1] 来临？　●●●

　　林顿公司现在正在研发《第二人生》的续作，名为 Sansar。它是一个虚拟现实驱动的系统，不完全依赖鼠标或电脑键盘。它目前使用的是Oculus Rift 虚拟现实系统。Sansar 采用了面部动画技术，能实时地使化身的唇部动作与用户的实际说话模式同步。因此，用户可以自然地交谈，他们的声音和面部动作都将通过自己的化身传达给对方，即使化身不是人类，也能很好地传递信息。图43 展示了 Sansar 中的化身和虚拟场景例子。

图 43　Sansar 中的化身与场景。Sansar 是《第二人生》的续作

　　1 如果说《第二人生》是一个巨大的世界，那 Sansar 的架构则更像是一个平台。在这里，"创作者"可以管理供别人访问的虚拟世界和体验。Sansar 是在所谓的元宇宙中争夺一席之地的众多社交虚拟现实平台之一。——译者注

据称，Sansar 环境很容易搭建。公司产品设计副总监比尔恩·劳林（Bjorn Laurin）和他六岁的儿子只用一下午的时间就创建了一个演示版本的篮球场。它是通过将 Sansar 商店中的资产放入场景来生成的。这个设计是经过深思熟虑的，希望让用户能够轻松地设计、构建和分享他们自己的虚拟世界。开发人员也可能因为有人难以在《第二人生》中创造物品而受到了启发。就像在《第二人生》中一样，Sansar 允许制造者上传和销售诸如棕榈树和家具之类的虚拟物品。Sansar 中的图像分辨率和质量要高得多。

与《第二人生》相比，Sansar 的一个重大变化是土地租赁的价格将下降。最新数据显示，租赁价格约为每月 300 美元。该公司将从用户之间的交易中抽取佣金。另一个变化是，用户可以使用常规的互联网搜索进入 Sansar，而若想进入《第二人生》，用户需事先登录系统。这意味着用户可以将他们在 Sansar 中的体验与其他网站链接起来。Sansar 中可用的土地数量也将增加。《第二人生》中的土地面积为 256 平方米，而在 Sansar 中，一个场景可以大到 4 平方千米，这些区域还可以连起来形成更大的空间。

尽管《第二人生》很受欢迎，但整个社会的用户可能更愿意接受像 Sansar 这样的广阔的虚拟世界。自从《第二人生》创立以来的 14 年里，脸书和推特等社交媒体网站获得了蓬勃发展，使人们习惯了数字化互动。像网上购物、应用程序付费，以及油管（YouTube）上用户生成的数字内容的增加，会更容易让人们产生创造和购买完全数字化的体验的想法。未来会证明一切！

8　化身、虚拟世界和数字自我

我们已经听过很多关于人们如何在《第二人生》这样的舞台上创建和使用自己化身的故事。现在有必要在此停留片刻，思考一下之前介绍的一些有关自我的概念，以及它们与用户的在线游戏和虚拟现实体验之间的关系。首先是角色认同的概念。埃里克森提出的八阶段理论中的第五个阶段就是关于尝试不同角色的，看看哪些角色最适合我们的能力和倾向。我们发现，在这些虚拟空间中选择游戏化身时，人们会尝试具有不同外观的各种化身。他们可以添加、赚取或购买新的技能，然后尝试并确定自己的喜好。因此，各个年龄段的人都可以通过这种方式体验化身来发现自己的身份。此外，人们还可以在虚拟世界中做一些无法在现实世界中做到的事情，比如男扮女装、驾驶飞机或追捕恐怖分子。他们可以探索自己在现实世界中害怕而不敢做的一些方面。

前文提到的第二个重要概念是社会自我。人们上网的主要原因之一是通过社交媒体和化身与他人交流互动。在《第二人生》中，用户能够与其他化身见面、交谈、发生性关系，做在现实生活中可以做的任何事情，甚至更多。按照互惠利他主义和角色交换理论，通过交换恩惠和采纳不同的观点，我们与他人的互动可以培养一种身份感，这在虚拟世界中也同样适用。人们可以通过向他人学习来了解自己。例如，通过与一个群体合作来实现共同的目标，或者通过与他们进行经济交流，都可以做到这一点。

自我的另一个主要概念与动机和能动性有关。在这里，我们感到有必要参与一些活动，因为它能给我们提供一些必不可少的东西，就像马斯洛（Marslow）需求层次理论中的安全或爱。我们需要感到自己可以自控，并且能够对世界产生影响，这就是人的能动性，但是要在目的的引导下，这些行动才能达到令人满意的效果。在《第二人生》中，用户会参与各种各样与其性格特别相关的活动，比如创办企业和俱乐部，建造和出售房屋，等等。这些用户可能在这些活动中实现自我。如果成功了，他们会感到自豪。游戏和虚拟事物的好处之一是，有些人可能在现实世界中无法取得成功，却可以在虚拟世界中登上人生巅峰，这使他们充满成就感，也许对其在软件视域之外取得成功有所帮助。

在第二章中，我们讨论了持续性的概念，并提到了自我如何能在环境变化中保持不变。在游戏和虚拟现实环境中，长时间持续互动的玩家将建立一组体验和记忆，这不仅有助于定义他们的化身，也有助于定义他们自己。实际上，他们已经获得了数字自传体记忆。他们会回忆起那些为了获得魔法物品或打败邪恶敌人而与自己一起长途旅行的朋友。对他们来说，这些斗争的记忆可能就像自己在现实世界中出现的冲突一样真实。事实上，他们可能对线上互动的人更有亲近感，因为他们共同经历了困苦，虽然是模拟的，但被视作是真实的。这些斗争以及在这些斗争中形成的记忆会对我们变成什么样的人产生强大的影响力，也许会让我们变得更勇敢、更聪明，或者更能承受逆境。

9　虚拟现实与虚拟世界的好处

尽管虚拟现实的硬件和软件研发目前还处于起步阶段，但这项新生技术已经带来了许多好处，包括更好的外科可视化、恐惧症的治疗、沉浸式社交、促进汽车工程和建筑等领域的计算机辅助设计（CAD），以及教育创新。举例来说，EchoPixel 公司研发的系统可能会彻底改变医学成像的现状。该系统使用磁共振成像（MRI）、电子计算机断层扫描（CT）以及超声波数据建立内脏器官（比如心脏）的交互式体积图像，然后可以将器官旋转或解剖。心脏病专家可以使用 EchoPixel 的产品来研究患者独特的解剖结构，并在真正做手术之前开展虚拟心脏手术。

在临床心理学中，虚拟现实已被发现是治疗特定恐惧症的有效方法。患者可以逐渐习惯自己的恐惧，与接触真实的蜘蛛相比，更容易一步步靠近虚拟的蜘蛛，焦虑感也更少。虚拟现实还被用于治疗飞行恐惧症、驾驶恐惧症和儿童的学校恐惧症。更多关于虚拟现实的临床应用有待进一步研究。

虚拟现实还可以为商务电话会议带来一个新的渠道。建造桥梁的工程师或设计房屋的室内设计师可以在共享环境中四处走动，捡起一些物品，展示它们是如何互相适配或关联的。这些都是虚拟现实计算机辅助设计（VR-CAD）的例子，它将虚拟现实与计算机辅助设计结合在一起。这些系统带来的更棒的沉浸感和视觉分辨率可以帮助用户减少航空旅行的昂贵支出，也更容易向观众解释复杂的空间关系。鉴于此，虚拟现实系统也可以用于教育，帮助各个层次的教师解释物理学和解剖学等学科的复杂概念。

虚拟现实与道德困境研究 ●●●

电车问题是一个以书面形式展示的道德困境思想实验，字里行间描述了这样一种假设情形：在某一场景中，有一辆失控的火车沿着轨道疾驰而下。如果它沿着原有的轨道继续前进，会杀死铁轨上的五个人。然而，如果你拉动控制杆，火车将转向旁轨，只会造成一人死亡。你会怎么做？在这种情况下，大多数人会拉下控制杆，认为救一个人不如救五个人，这就是所谓的功利主义思路。

纳瓦雷特（Navarrete）、麦克唐纳（McDonald）、莫特（Mott）和亚舍（Asher）采用了一个虚拟现实版本的电车问题，看看它是否会影响人们在这种情况下的反应。该环境中有逼真的虚拟人，能够实时移动和发声。结果与文本测试情况一致，因为大多数人采用了功利主义的解决方案。然而，这些研究者也记录了自主觉醒现象。他们发现，不太可能选择功利主义解决方案的参与者会出现更强烈的自主觉醒（即，更有可能不拉操纵杆，结果导致五人死亡）。他们还发现，与不采取任何行动相比，任何需要采取行动的反应都会增强生理觉醒。

斯库莫夫斯基（Skulmowski）、邦吉（Bunge）、卡斯帕（Kaspar）和皮帕（Pipa）选用了一个虚拟现实版本的电车问题，参与者采用了第一人称视角——他们是电车司机。之所以这样做，是因为人们发现这种视角能够产生更强的参与感和存在感。在这项研究中，大多数人也选择了功利主义的方法。他们发现，在做出道德决定的那一刻，参与者的觉醒水平达到了顶峰。

扎农（Zanon）、诺文布雷（Novenbre）、赞格兰多（Zangrando）、基塔罗（Chittaro）和西拉尼（Silani）记录了虚拟楼宇内的参与者对场景的脑反应。大楼内的人员必须疏散。参与者需要决定自己是否应该冒着生命危险停下来营救一个被困的虚拟人。结果显示，脑中突显网络的激活程度在增加，尤其是在前岛叶和前扣带皮质这些地方。然而，这种反应只在那些自私者的脑中被发现，这些人只是为了拯救自己而不是停下来帮助别人。作为一种提醒，突显网络负责将注意力引向重要的刺激，与执行系统一起协调人的行动。

这些研究表明，虚拟现实技术与脑成像和生理测量结合在一起后，可以为道德困境的研究带来新发现。特别是，研究结果揭示了在决策周期中人们何时会变得情绪激动，以及如何利用这种反应来辅助解释行为结果。由于虚拟现实技术有助于让人产生更强的沉浸感和存在感，因此能够带来更逼真的效果，更接近人们在现实生活中的反应情况。这种效应称为生态学效度。这是一个真正的问题，因为过去的研究表明，在实验室获得的结果可能不同于实地获得的结果。

赛博球与排斥研究 ● ● ●

赛博球（Cyberball）是一种虚拟现实工具，社会神经科学家用它来研究社会排斥现象。在研究的场景中，参与者是一个化身，与另外两个化身玩接球游戏。参与者被告知：这两个化身，或由人来控制，或由计算机来控制。在该游戏的"包容"版本中，三个玩家都参与游戏，人类主体将和其他两个玩家一视同仁地接球和投球。在该游戏的"排斥"版本中，只有其他两个玩家相互接球和投球，人类参与者实际上被排除在外了。

赛博球研究的脑成像结果表明，排斥情形激活了腹侧情感突显网络，包括杏仁核、前岛叶、内侧前额叶皮质和前扣带皮质。杏仁核用于调节习得的恐惧反应。研究得知，这种排斥状态也会激活与社交苦恼相关的脑区域。有人可能认为，如果参与者了解到是计算机在控制另外两个化身，情绪反应就会减弱一些，但事实上这一因素不会造成什么影响。参与者声称，无论他们是受到电脑的排斥还是两个真人的排斥，都会同样感到不愉快。参与者是否被告知计算机或人类可以选择把球扔给谁，在研究中也是无关紧要的。

虚拟现实的各种临床应用 ●●●

暴露疗法是一种用于患有焦虑障碍（如恐惧症）的患者的治疗方法。在该疗法中，患者会逐渐暴露于蜘蛛或蛇等引起焦虑的刺激物之下。每次暴露一般都要结合放松过程。虚拟现实已被证实是实施暴露疗法的有效方式，称其为虚拟现实暴露疗法（VRET）。从神经学的角度来看，患者的康复可能是由于内侧前额叶皮质以及海马体的结构变化对杏仁核的抑制反应。许多有关VRET研究工作的文献综述和元分析都表明，VRET有一定的治疗效果。

虚拟现实已被用于治疗疼痛。例如，在物理治疗或伤口包扎过程中，虚拟现实可以将患者的注意力从疼痛刺激上转移开。研究发现，将虚拟现实与标准的止痛药一起使用，可以降低疼痛的等级。这种治疗方式中采用的虚拟现实世界称之为"Snow World"。在"Snow World"中，患者出现在模拟的冰冷峡谷里，那里有长毛猛犸象、呱呱叫的企鹅和扔雪球的雪人。患者可以在这样的环境中飞来飞去，自己扔雪球。从表面上看，他们从痛苦的手术中转移了注意力。

虚拟现实还可以作为神经发育障碍的诊断工具，如注意缺陷多动障碍（ADHD）。在一个模拟情形中，孩子们可以栖身于一个虚拟的教室里，其中有桌子、白板、老师和其他孩子。然后，他们会被分配一个主要任务，该任务会显示在房间前面的白板上，同时会有各种干扰因素出现。干扰因素可以是听觉上的，如对讲机上的声音，也可以是视觉上的，如孩子们传递纸条或者校长进入教室。这些评估条件非常接近现实世界的情景，因此具有更大的生态学效度。

虚拟现实可用于评估中风或脑损伤患者的技能。研究人员为此创建了一系列虚拟现实环境，例如虚拟厨房、虚拟图书馆、虚拟公园以及虚拟办公室。其中一个模拟情景称之为城市多任务测试（MCT），包括一个虚拟城市，里面配有杂货店、邮局、餐馆、宠物店等设施。在MCT中，患者会被分配一些任务，如购买特定的商品，并对他们在优先级排序、自我监控、多任务处理和使用反馈等方面的表现进行评估。

10　虚拟现实与虚拟世界的问题

虚拟世界最大的潜在问题之一是，一旦进入就可能永远不想离开了。如果能将自己最狂野的性幻想付诸现实或在一个完全可信的想象环境中玩耍，你还想回到现实世界面对其中的所有问题吗？许多人可能选择不回去。虚拟世界成瘾在未来可能会成为严重的问题，危害程度相当于现在我们熟知的吸毒成瘾。虚拟世界将比互联网更令人上瘾，因为它更吸引人，也更具真实感。

虚拟现实还面临更多其他短期层面的挑战。当你的眼睛转动聚焦在一个深度平面的虚拟现实屏幕上，但你眼睛内的晶状体聚焦在另一个深度平面的图像中的某物上时，就会出现视觉辐辏调节效应。眼球调节和晶状体聚焦之间的脱节会导致眼疲劳、头痛和虚拟现实晕症。有人试图尝试解决这个问题，但可能需要一个与当前基于双目视差的方法完全不同的思路来呈现图像。一些虚拟现实用户还患有癫痫和晕动病，因此这些问题都需要解决。

11　虚拟世界的未来

　　未来最令人满意的虚拟世界将会增强用户的存在感和沉浸感。这可能会通过在未来的虚拟现实系统中再现所有五种感觉来实现。现在虚拟现实的侧重点为三维视频和立体声音频。正在开发中的虚拟手将集成触觉和触觉反馈机制，这样人们就能更好地感觉物体。这最终会使虚拟手敏锐地感受到质地、压力和温度。事实上，虚拟现实系统的研发人员一直忽视了嗅觉和味觉的开发，未来可能会通过添加鼻塞和喷嘴在虚拟现实中引入嗅觉和味觉，喷嘴可以喷射香味剂和其他化学物质。对于大多数应用来说，这些效果可能并不是必要的，但仍旧可以使用。例如，品尝不同种类的葡萄酒和食物，看看自己是否喜欢它们。

　　有意思的是，体验过程中涵盖的感官形式越多，用户就越满意。性就是一个很好的例子，因为它能刺激所有的五种感官。像猫和狗这样的动物类宠物通常会刺激五种感官中的四种，味觉除外，这也许可以解释它们的吸引力所在。一个能刺激和协调所有感官输入的系统有可能会创造出最大程度的沉浸感和愉悦感。

　　目前的虚拟现实系统缺乏足够的输入设备来让用户有效地操控物体和在虚拟环境中移动。Infinadeck[1] 全向踏车、PrioVR[2] 可穿戴控制器套装和

---

　　1 Infinadeck 是世界上第一台商业上可行的全方位跑步机，能够使用户自然地走向任何方向，并可以与虚拟现实头戴显示器配合使用，让用户在身临其境的新世界漫步。——译者注

　　2 PrioVR 开发工具套装是一个允许全面跟踪人体动态的技术平台，PrioVR 的功能体验最小化地模糊了真实世界和虚拟世界之间的隔阂。——译者注

Stompz[1] 脚踝传感器都是此类设备的早期尝试，但仍有很大的改进空间。未来的输入设备很可能为全身覆盖的可穿戴套件。这种套件将配备传感器，可以检测肌肉的运动，然后进行信号转换，使化身做出相应的动作。这种套件还会安装效应器，可以刺激皮肤表面来再现触觉。在遥远的未来，有一种系统可能完全绕开身体，根本不用穿戴，使用神经假体直接刺激脑，从而产生感觉和运动信号。

1 Stompz 是一款可穿戴式的触觉反馈和运动追踪设备，能够实现触觉与视觉上的双重虚拟现实体验。用户可以通过一种现代与时尚相结合的方式把 Stompz 绑在脚上。——译者注

第九章

人工自我的数字化生存

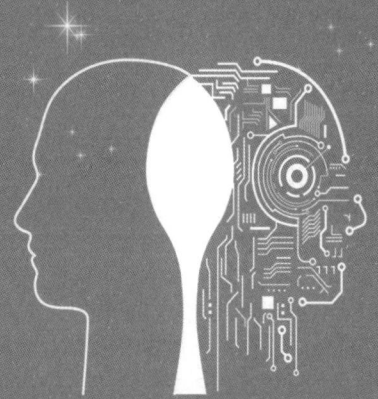

人类已经步入全面数字化时代，人工生命、人工智能和人工意识已经成为助力硅基文明繁荣的代名词，逐渐被人类认知、接受和认同，与碳基文明协同发展、相辅相成。不久的将来，通过深度数字科技的赋能，人工自我将成为硅基文明世界的"综合体"，也将会逐步被碳基文明所接纳和认同，并与以血肉之躯为基底的人类自我形成"孪生结构体"，协同塑造未来文明的新形态。

在本章，我们主要探讨完全数字化的自我。这些自我不再是传统意义上的有形自我，也就是说它们没有身体，而可能是以电子或软件实体的形式完全存在于计算机内部。我们首先探讨生命以及是否可以创造人工生命。许多生物是有意识的，自我也需要有意识。因此，在本章我们将给出意识的定义，并阐述人工意识是如何在像互联网这样的复杂网络中涌现的；接着，讨论人工智能（AI），以及超级智能是如何通过奇点事件产生的；然后，论述 AI 是否会对人类构成威胁。之后，本文会介绍"思维克隆"的概念，这是一种人造的自我，是一个有血有肉的人的复制品。那么，思维克隆或其他类型的人工自我可以被视作人类吗？应该赋予它们权利吗？人类对这类物种的态度千差万别。有人认为应该摧毁它们，有人认为它们应该与我们受到一视同仁的对待。在本章结尾，我们将描述思维上传，这是一种假想的技术，通过该技术我们的思维直接被转移到机器中，并可能在我们的肉体消亡后继续存在。

1 生命是什么？

就像定义智能和意识一样，很难给出生命的定义。关于"**生命**"一词的含义，尚未达成普遍共识。生物学家通常将生命视为一个由物质和能量构成的具体实体，把自己的时间投入在研究自然界中的生物上。计算机科学家更倾向于把生命看作抽象的信息结构，并考虑到机器或软件可能有生命的可能性。无论我们认为生命是自然的还是人工的，都很难在生物与非生物之间划出一条精确的界线。然而，当把某些特性综合在一起考虑时，是可以把有生命体和无生命体区分开来的，如表 16 所示。

表 16　生命的七种特征

	特征	描述
1	组织	生物体以层级结构组织在一起
2	新陈代谢	产生并利用能量的过程
3	增长	规模或复杂性的增加
4	内稳态	维持稳定的内环境
5	自适应	通过进化选择能适应其生态位的物种
6	对刺激的反应	运动或对环境的其他反应形式
7	繁殖	产生相同的或变异的副本

资料来源：H. 柯蒂斯（H.Curtis，1983）

数学家和计算机科学家约翰·冯·诺伊曼（John von Neumann）指出，生命取决于一定程度的复杂性。如果具有足够的复杂性，一个有机体就能自我组织起来进行繁殖并执行其他功能；如果太简单，这就不可能了。形成复杂性的一个特征是自组织，即系统具有从简单的结构和过程生成更复杂的结构和过程的能力。野外生存的生命体和实验室设计的软件实体都具有这种特性。

2 人工生命

人工生命是研究和创造具有自然生命系统行为特征的人工系统。人工生命，即俗称的 A-life，主要由计算机模拟组成，但也包括机器人的建造和测试，以及生物和化学实验。这个新领域的目标是发现能产生所有类生命行为——无论是生物性的还是技术性的——的潜在计算过程。人工生命研究人员采用了认知心理学和人工智能领域的信息处理思维。他们认为，生命是一套复杂的过程或功能，可以从算法上进行描述。

正如关于人工智能的情况一样，有关人工生命的论调强弱兼有。强硬派主张，在未来的某个时候，我们将能培养出以信息为主要内容的真正生物。这些生物可能是机器人，也可能仅仅作为计算机中运行的程序而存在。无论哪种情况，根据前面提到的所有标准，这些生物应该都是活着的。相反，温和派认为，人工生命程序本质上是对类生命过程的有用模拟，但不能被认为是有生命的，这是因为它们缺乏一些只有在自然生命体中才有的特性。

细胞自动机和生命游戏 ●●●●

在计算机中复制类生命行为的最早尝试与细胞自动机（CA）有关。想象一个正方形的网格，里面充满了细胞。网格中的每个单元能以某一状态存在，例如"开"或"关"。网格中的活动以离散时间步长为节律而变化。某一单元格应该采取的特定动作（如开或关）是在每个时间步长中通过遵循一套简单的规则并使用其近邻状态的信息来确定的。

第一个也可能是最著名的细胞自动机系统是由数学家约翰·霍顿·康威（John Horton Conway）创建的，被称为"生命或生命游戏"。"生命"网格中的每个细胞可处于两种状态之一——"活着"或"死亡"。每个细胞都有八个近邻：上、下、左、右，或者位于其四个角中的一个。如果一个细胞是活着的，它将继续活到下一个时间步长；如果它的两个或三个近邻也活着，那么它将活到"下一代"。如果有超过三个近邻都活着，它就会因"人满为患"而死亡。相反，如果活着的近邻少于两个，它就会死于暴露。如果一个细胞死亡，它将在下一代中依然是死亡的，除非恰好有三个相邻的细胞存活着。在这种情况下，细胞就会重生，也就是说，它会在下一个时间步长内"出生"。

康威和他的同事们随后开始观察基本的初始构型会产生什么样的形状。他们发现了几种不同类型的模式。最简单的模式形成了稳定的形状，像积木、船和蜂箱。稍微复杂一点的是谐振子，这种模式会在几个时间步长内从一种形状转变为另一种形状。其中一些形状被命名为蟾蜍、时钟和交通信号灯。被称为"R-五格拼板"的形状更有趣。这是由任意五个相邻细胞组成的集合，看起来有点像字母 R。"R-五格拼板"产生了各种各样的形状，包括像奇怪的昆虫一样在网格上连绵起伏的滑翔机。图 44 列举了康威的"生命游戏"系统中出现的其他生物。

Tierra：人工生态系统 ●●○

生命游戏系统告诉我们，细胞自动机可以产生某些生命特征，如变异性、运动和繁殖。然而，该系统从未产生出一种能够自我繁殖的形状，尽管在理论上这是可能的。而且，从行为上讲，它产生的生命形式也非常有限。到目前为止，已经编写了许多有关人工生命的程序，展示了更为复杂的现象。生物学家托马斯·雷（Thomas Ray）便创造了一个此类例子 Tierra。

Tierra 中的生物是计算机程序，从运行它们的计算机的中央处理器（CPU）获取能量，就像植物和动物从太阳那里获取能量一样。它们生活在一个由其驻留机器的中央处理器、内存和操作系统软件组成的虚拟环境中。每一种生物都在变异中复制，以模拟从自然生物体中发现的物种多样性。

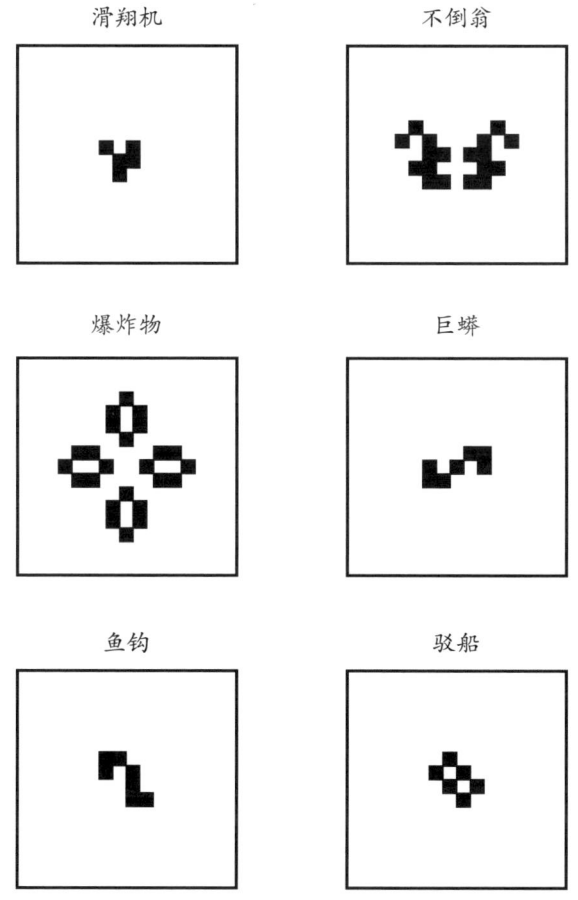

滑翔机　　　　　　不倒翁

爆炸物　　　　　　巨蟒

鱼钩　　　　　　　驳船

图 44 "生命游戏"系统模拟的抓屏

　　每个 Tierra 中的成员都有一套基因密码或基因型。于是，这种遗传密码或基因型的实际表达会影响它的行为。托马斯·雷提出了一个叫作"收割者"的功能，它会根据适应度值杀死生物。生物的年龄越大，其适应度值越低。但是，在这个虚拟世界里，年老并不是可以导致死亡的唯一因素。那些行为方式上能促进自身生存的生物会提高它们的适应度，存活时间更长，从而繁殖更多。那些行为方式不适合自身生存的生物很快就会灭绝，并失去繁殖的机会。

托马斯·雷对 Tierra 进行了多次模拟，并对其呈现的复杂性感到惊讶。无法复制的寄生虫出现了。它们依附在更大的宿主上，并借用其复制指令。但这些宿主最终改变了防御机制，并制定了防止其位置外泄的指令，从而有效地躲避了寄生虫。宿主与寄生虫之间的这种生态拉锯战是自然生态系统中的一种共同特征。在拉锯战中，宿主和寄生虫都进化出了针对对方的一种防御机制。Tierra 将此现象作为程序的一种新特性进行了演示，但最初并未对这种特性进行编程。

当托马斯·雷对 Tierra 展开长时间的运行时，它开始显示出自然生态系统的其他特征。有一种宿主生物进化出了一种密码，允许它改变寄生虫的新陈代谢，从而增强自己的繁殖能力。实质上，这些生物已经变成了捕食者。当它们发现寄生虫时，就会对其展开攻击，并利用它的 CPU 周期来增加自己的能量。最终，这个物种进化出了一种具备合作共生行为的变种。这类变种群体就会分享它们的复制代码，将此代码在自己的周围来回传递。然后，出现了另一种利用分享者的骗子物种，它会潜入并获取复制代码以供自己使用。从全局的角度来看，这些新物种会在长期的稳定之后突然出现，反映了自然进化中的间断平衡（punctuated equilibrium）效应。

多智能体系统 ●●●●

多智能体系统（MAS）是由相互作用的软件"智能体"——能够处理输入并使用它们来决定自身行为的个体——组成的系统。因此，这些智能体可以用来模拟生物体在生态系统中的相互作用机制，也可以在更传统的软件中扮演相关角色。多智能体系统的案例已经在若干不同领域获得了检验，如供应链优化和物流、消费者行为、劳动力、交通，甚至资产组合管理。在多智能体系统中，最早的一个生物模型是名为 Sugarscape 的人工生命平台。该平台由二维景观组成，不同的位置有不同数量的糖。智能体已被程序化，设定了定位、食用和储存糖的程序。在该项目中，涌现了一些新的能够通过合作实现一致行动的智能体群。迁移、污染、战斗及疾病传播等其他行为也都在此平台出现了。

它们真的活着吗？　●●●

人工生命真的有生命吗？一个人是采用强硬派的观点还是温和派的主张取决于几个问题。包括生物学家在内的一些人认为，生命只能是碳基形式。也就是说，生命只能以我们在自然界中看到它的方式存在，其化学基础是在水介质中活动的碳化合物。人工生命的支持者会反驳说，硅或其他化学成分可能是机器甚至外星生命形式的基础。按照后一种说法，我们所知道的地球上的生命可能只是宇宙中可能存在的生命形式的子集。

另一个问题是，生命是否是有形的。也就是说，生命是否需要肉体。即使是细菌和病毒——我们所了解的最基本的生命形式，也被膜或某种外壳所包裹，将它们与环境分隔开来。这就产生了两个区域，一个是生物体工作的内部空间，另一个是外部空间。Tierra 和其他人工生命系统中的生物都有虚拟的身体，可用于确定生物所处的位置，并允许它们四处移动和采取行动。但这些实体存在于一个虚拟的计算机世界中，并受一套不同于现实世界的法则约束。

生物体确实是有形的，它们是由物质组成的，而人工生命有机体是信息形式的。那么生命有没有可能仅仅由信息构成呢？有人认为，生命必须有一个物质基础，支撑它从环境中获取能量，进而生长，对各种刺激做出反应，并执行其他所有必要的功能。但是，正如我们所见，作为信息表征形式的人工生命生物可以表现出许多相同的特性。抽象的信息实体可以自组织、自适应、复制并对许多物理动作进行模拟。这里的区别就在于，生命的必要基础是物质形式还是支撑它的逻辑形式或组织。

3　生命与意识

　　放眼大自然，我们看到所有有意识的存在都是活着的，但并不是所有活着的存在都可能是有意识的。像细菌、真菌和植物这样的东西似乎没有意识，但显然是活着的，至少按照标准的生物学定义是这样的。另一方面，像人类和其他许多动物物种一样的生命存在似乎拥有意识，而且也是活着的。我们可以得出这样的结论：至少就生物体来说，生命对于意识来说是必要的，但不是充分的。

　　没有显而易见的逻辑或令人信服的理由来解释为什么意识应该取决于活着。然而，在生命的某个进程中，可能会以某种方式产生意识。我们可以想象，某一主体若要产生意识，那生命的生理功能以及其他因素都是必不可少的。然而，生命和意识之间的关系还尚不明晰。可能是细胞内的某种分子或原子反应催化了意识。或者是另一种可能，即认知活动产生了意识，而这些活动本身又是生物在复杂环境中赖以生存所必需的。认知服务于感知和行动，这二者都是具身化的结果。

4　意　识

意识是关于个体体验的主观觉知。意识主体知道自己是存在的，并且会思考，正如笛卡尔的那句名言："我思，故我在"。当我们欣赏一朵玫瑰时，会体验到它的一些特性，比如红花似火、娇艳欲滴、香气扑鼻等，而这些体验到的特定要素称之为特性。我们可以体验到外部事物的特性，比如玫瑰，也可以体验到内部事物或概念的特性，比如基于集体体验的"民主"。我们也可以体验其他的内在特性，比如情感：快乐、嫉妒或惊讶的感受。

研究意识会有一些困难。科学善于研究诸如自然力之类的客观现象，比如重力或光。任何物理性的、能够测量或操控的事物都可以被客观地研究。然而，意识是一种发生在每个观察者体内而非体外的主观现象。这意味着科学可以研究脑和身体的物理材料特性，但可能永远无法触及脑的内在主观体验。

这种区别在意识的所谓简单问题和困难问题中得到了证实。意识的简单问题涉及理解产生意识的事物——比如脑——的结构和功能特性。意识的困难问题是致力于解释意识状态的主观体验：感知、感受和思考是什么样的。这两个问题之间的差异有时被称为解释鸿沟。鉴于目前的科学发展水平，我们势必要对意识的神经关联问题展开研究，这就涉及利用主观的特性表述来描绘脑活动的客观模式。

这就引发了意识的难题。我们都知道自己是有意识的，但只能通过自我报告来证明这一点。拉尔夫（Ralph）告诉你，他是有意识的，但你应该相信他吗？也许他是一个僵尸或其他一些没有真正意识的人工生命形式，可能在撒谎或假装自己有意识。目前还没有可以用来检测人有无意识的魔法探测仪，使用时把它放在人的头顶上，当人有意识时绿灯就会变亮，而无意识时红灯则会变亮。在未来，像这样的设备可能会出现。例如，我们都知道人类清醒时的意识状态与某些特定类型的脑电波模式是关联的。但是，针对人工自我的测试是什么情况呢？人工自我会表现出某种一致的模式或类似脑电波的行为吗？

这意味着对意识的测试必须是基于行为的，也就是基于智能体能做什么。图灵测试就是这样的一个例子。在这项测试中，意识（或至少是人格）是基于测试对象能否保持有意义的对话来决定的。另一种方法是实施一种人格上的或其他形式的心理测试，会针对一个人的知识、社会关系和其他人类特征提出结构化的特定问题。聊天机器人访谈就是一个例子，我们将在本章后面对其详细介绍。

5　人工意识

看起来，一个人要拥有自我，就必须是有意识的。这样来看，意识就成为拥有自我的一个必要条件。一个被具体化为机器人或者完全存在于一个绝对数字化的世界中的人工生命会变得有意识吗？这个有趣的问题多年以来一直是哲学家、神经科学家、计算机科学家和其他人关注的焦点。理解人工意识或机器意识的一种方法是确定有意识智能体的最低要求——为了能有意识，任何生物的或技术的智能体必须具备的最少数目的特性。

对有意识智能体的最低要求　● ● ●

本部分将对这些最低要求进行更为广泛且具体的理论阐述。我们将这些理论分为三类：存在型、物质型和认知型，将智能体定义为能接收来自其周围环境的信息，进行信息处理，然后基于信息采取行动的实体。注意，这个定义非常抽象，因此可以包括计算机程序、机器人、动物和人类。图45 是关于通用智能体的示意图。

存在的需求

那就让我们从存在的需求开始说起。任何智能体都必须了解这个世界和自身，必须知道存在"外面的东西"（环境）和"里面的东西"（思想）。此外，它必须知道二者之间的差异。这是通过简单地闭上眼睛、移动等行为经由感知快速学习得来的。这种差异告诉智能体它是作为一个实体而存在的，是世界的一部分，但与世界不同。

智能体也很快就会知道自己可以采取行动。它可以向手臂和腿（或脚

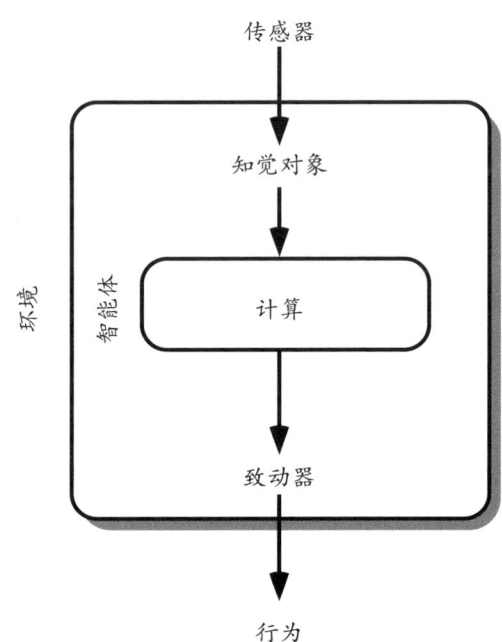

传感器

知觉对象

环境

智能体

计算

致动器

行为

图 45　智能体可以获取来自
环境的信息，利用这些信息执行
计算，然后以此为基础展开行动

蹼和爪子）等肢体发出指令，从而进行一些改造世界的活动。它知道它可
以伸手去抓物体并四处移动。最重要的是行动的后果，智能体执行的一些
操作会带来良好的结果。对于生物体来说，吃和繁殖都是良好行为的例子。
对于人工生命形式来说，例子则会有所不同，比如给电池充电。这些行为
是有益的，能产生快乐，或者至少没有痛苦。其他行为则会带来不良后果，
会带来痛苦，或者至少会减少快乐。生物生命形式的不良行为是指任何会
对身体造成伤害的举动，比如跌落悬崖。人工生命形式也有同样的例子。

　　体验快乐和痛苦的能力是产生意识的绝对必要的要素，这是因为它们
分别代表着生存和死亡。从长远来看，它们都预示着死亡。持续的痛苦意
味着一个人做了错事，结果可能是死亡或不复存在；而持续的快乐或没有
痛苦意味着继续存在，仍然活着。没有这些指标，主体就没有价值，也没
有采取行动来实现和保持的目标。因此，估价对于意识来说是必要的。如
果没有价值，如果什么都无关紧要，那么主体就像"迷失在海上"一样，

漫无目的。这种类型的主体不知道竞争，这种竞争要先于并催生了生物意识的进化。哲学家艾恩·兰德（Ayn Rand）通过一个坚不可摧的机器人作为案例来描述这种情况："试着想象一个不朽的、坚不可摧的机器人，它是一个既能移动又能实施行动的实体，但不可以受任何东西的影响，其方方面面都不能发生改变，也不能破坏它、伤害它或摧毁它。这样的实体不会拥有任何价值，也没有得失可言，它不会考虑其他任何事物是支持它还是反对它，是为它谋福祉还是给它带来祸患，是满足它的利益还是破坏它的利益。它可能没有任何兴趣和目标"。

因此，如果我们要创造具有意识的数字自我，它们就不可能是坚不可摧的机器人。它们必须是能够感受痛苦和快乐的智能体，如果它们做了错误的决定，就有可能死亡。我们有很多种方式创造出这种智能体。我们可以创造出栖息于人工环境的软件主体，它们的行为决定了其遭受破坏的程度。这种模拟情形已经在人工生命的研究中被创造出来了。这些智能体可能会自发地发展出有意识的觉知。或者，我们可以创造出真正的、有身体的智能体，它们会按照自然选择的规则死亡。这个研究领域称之为演化机器人。条件合适的话，这些类型的机器人也可能发展出意识。

情绪可能是动物继感受到快乐和痛苦之后的下一个进化阶段。快乐可能会带来幸福等积极情绪，而痛苦则会带来悲伤和恐惧等消极情绪。情绪制约着特定的行为。厌恶使我们避免摄入有毒物质，恐惧使我们避开危险的物体或状况，愤怒促使我们对有威胁的对手展开攻击并击退他们，或者让我们获得生殖资源，悲伤使我们停止竞争或博取同情，快乐可以鼓励我们玩耍并能激发创造力，等等。在进化选择压力下，人工智能体可能会根据自身生存的"生态环境"发展出类似的或全新的情绪。

实体要求

接下来，我们可以考虑意识的基本实体要求。对任何智能体来说，若要成为一个有意识的自我，似乎必须要有一个身体，将它自己与外部世界隔开。我们在第四章概述了达马西奥的自我理论时谈到了这个观点。在人工或数字形态下，需要对具有功能性或模拟性身体的智能体进行编程或促其演化。这会有助于实现最基本的功能——将智能体与其周围环境区分开来，这也是自我的最基本特征。

要想控制和移动这种身体，需要一个"脑"。这不一定是生物学意义上的脑。它可以是一台计算机或任何其他合适的计算架构，其目的是指导智能体的行为，并确定下一步它应该做什么。脑的进化可以使智能体追求自己的目标。目前还不清楚脑的复杂性程度要多大才能支撑起意识的产生。这种复杂性也许非常小，其复杂程度可能像一只昆虫的脑或者一条金鱼的脑一样。我们大多数人都同意，我们是有意识的；同时，像猫和狗这样的动物也是有意识的。大多数人可能也会同意植物是没有意识的。但是，在这两个极端之间，我们应该在何处画一条分界线呢？

从生物学上讲，脑具有非常特殊的结构特征和生理特征，但其中哪些特征是形成意识所必需的尚且未知。哪种类型的"布线图"（wiring diagram）或活动模式才是产生意识所必需的呢？有可能小世界网络很重要，这些网络将局部连接与全局连接以特定方式混合在一起。循环功能可能也是必要的，这些回路会随时间维持重复的波状活动，例如在人类的丘脑和脑皮质之间的活动。如果我们能确定这些关键要素到底是什么，那么我们就能通过计算的方式将其在人工智能体中再现出来。

意识可能依赖于某种最低程度的复杂性。在人脑中，这可以定义为神经元的数目乘以每个神经元与其邻近神经元之间的连接数目。对一个成年人来说，这个数字大约是 1 000 亿乘以 10 000。对于无网络体系结构的计算机而言，它们的复杂性可以用处理芯片的数量和计算能力来估计。就每秒能执行的基本运算数量而言，计算机要比神经元快，但它们缺乏脑拥有的大规模并行架构。

涌现特性反映的是整体性的特征，且不能简化为各部分的总和或者聚合。包括意识和自我在内的许多心理学现象可能都是大脑的涌现特性。涌现特性很难研究清楚，因为它们依赖于各部分之间复杂的关系。这种思想与还原论科学的传统分析观点背道而驰。在后者，我们可以通过理解整体的各个部分来解释有关整体的一切。理解脑如何产生意识和自我则需要更多地采纳涌现思维和方法论。

这就让我们有了长在体内的脑。然而，我们并非生来就具备完整的意识。大部分意识是随着智能体与外部世界的不断互动而逐渐发展起来的。这便是另一个最重要的实体要求：任何智能体想要发展出完整的意识觉知，必须随着时间的推移与动态变化的环境进行互动。智能体必须参与到重复的"感知—思维—运动"活动循环中，这是其学习方式的一部分。有意思的是，最聪明的物种拥有最长的童年期，因为更复杂行为的养成需要花费更长的时间。我们人类就是一个很好的例子。我们这个物种的成员需要 20年或更长的时间才能完全成熟。人工智能体的情况可能不会有什么不同，可能需要在机器人体内放置一台基于人工神经网络的学习计算机，然后让这个机器人在多年的时间里行走、奔跑、玩耍、社交和执行其他人类活动。

认知要求

最后一类要求是关于认知能力的。这里，我们可以回顾一下在本章前面塞尔（Searle）和亚历山德（Aleksander）提供给我们的标准，这些标准本质上是认知性质的。感知是最基本的认知过程，它可以让智能体知道在它的周围环境中发生了什么。感知赋予智能体识别物体和场景的能力，并能成功地与它们发生交互。有了感知能力，智能体还能移动和进行操作。注意力的认知功能是让世界的某些方面进入意识，而其他方面则被过滤掉。这一步十分必要，因为"吸纳一切"进入脑需要很大的运算量，而那些被注意到需要使用注意力的物体被处理得更充分，更有可能进入记忆，并在那里将它们概念性地表征出来。然后，概念便成为思维的基础。因此，学习的能力以及形成和使用记忆的能力是另一个重要的认知能力，是构成意识和自我的基础。

因此，利用世界表征形式进行思考或决策将成为最终的认知能力。所有我们认为有意识的动物（也许有些是无意识的）都能够通过某种决策或计划能力来指导自己的行为。这就需要一个内部协调器，比如说像人脑中发挥执行功能的额叶。额叶区的作用是从竞争行动中选择正确的行动，也会对行为和目标达成进行排序。这里需要注意与能协调或整合其他外围自我的核心自我之间的相似性。然而，决策并不需要像我们人类使用的那些类型一样复杂。仅仅开展形式很基本的行为指导的意识智能体是可以存在的，就像我们在低级动物物种中看到的那样。语言是人类的标志，有些人认为它是意识的必要条件。但是，许多看起来有意识的动物（比如狗）却没有语言能力。

互联网意识 ●●●

在这一节，我们将研究互联网——或等价地说一台机器——是否可以变得有意识。哲学家约翰·塞尔（John Searle）认为机器永远不能"理解"（意识到）它计算的东西。它所能做的就是根据各种规则操作符号，也就是以算法的形式处理信息。为了把这一点讲清楚，他做了一个思维实验，叫作"中文屋情景"。想象一下，有一个人坐在房间里，收到一批中文文本。这个人不会说汉语，但他会说英语，手里还有一套英文撰写的书面说明。这些说明会告诉他如何将第一批文本转换成第二批文本，完成后再将第二批文本提交出去。对于房间外会说汉语的人来说，似乎房间里的人懂汉语，因为每一个问题或陈述都能得到一个简明易懂的回答。图46展示了这种情景。

塞尔说，房间里的那个人现在不懂以后也永远不会懂中文。他不会以一种有意义的方式体验它，而只是盲目地按照输送给他的说明去做。电脑恰恰也在做同样的事情——它通过一组预先编程的规则获取和处理数据。这意味着，计算机将永远无法理解或以有意义的方式解释它所做的事情。换句话说，语义（意义）不能通过句法（语法）的执行来实现。然而，不少人对这个最初观点持反对意见。

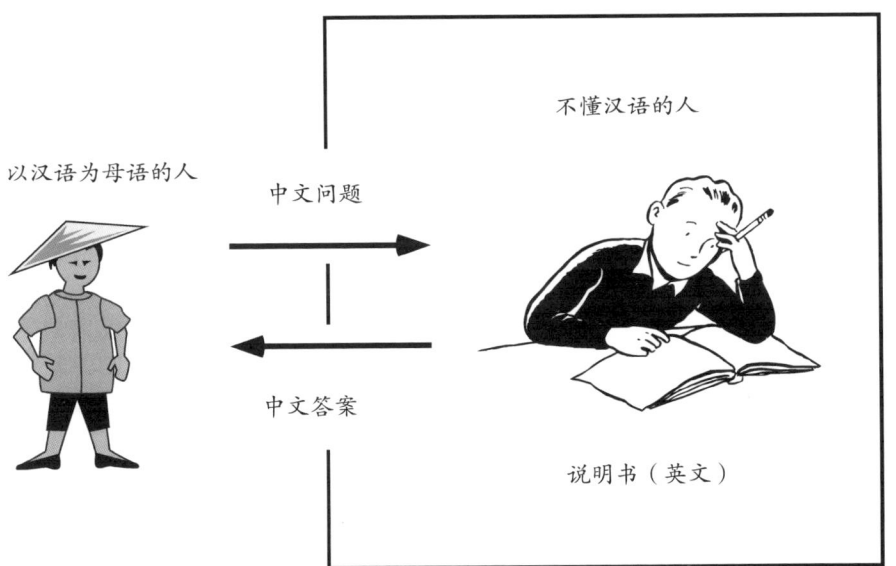

上锁的房间

不懂汉语的人

以汉语为母语的人

中文问题

中文答案

说明书（英文）

图 46　约翰·塞尔设计的"中文屋情景"。机器能否通过遵循一系列规则变得有意识呢？

　　从复杂性科学的角度来看，意识的产生是脑等复杂系统的一种涌现现象，这个观点最早是由德哈·查尔丁（Teilhard de Chardin）提出的。他指出，物质有自我组织的倾向，意识会在一个含有大批量高度分化状态的综合实体中得到发展。人脑是一个复杂的非线性异质系统，具有层级或多尺度的组织结构，似乎可以成为所需基质类型的模型。托诺尼（Tononi）和科赫（Koch）提出了类似的观点，即一个系统的意识多少与其结构的复杂性是相对应的，衡量标准是不同状态下同时整合和隔离活动的数量。复杂性方法存在的一个问题是：复杂的非生物系统（如行星或宇宙）可能也具备产生意识的条件。为了避免这种情况，需要对所讨论的系统的结构和组织作更为具体的阐述。

　　帕格尔（Pagel）提供了一份类意识的属性和状态的清单。对于表中所列的每一种能力，要么明显存在于人类，要么存在于机器上（表 17）。接下来，我们将试着对每一项能力进行定义和描述。先从智力开始。在心理学中，智力是以韦氏成人智力量表（WAIS）之类的测试分数来衡量的，分数越高说明智力水平越高。类似的方法也可以应用到计算机科学中——软件的智能可以由它执行某些任务的好坏程度来定义。因此，能够更快或更好地执行任务的软件可能会被认为更智能。目前，一些机器可以比人类更好地完成某些任务，比如数学。因此，就这类领域而言，可以认为机器比人类更聪明。

表 17　意识的各个方面以及它们是否可能存在于互联网 / 机器中的论断

方面		基于网络浏览器的知识容量分析
智力	++	达到或超过生物系统
注意力	+	机器拥有注意力集中的状态
意图	+	机器有意图
意志	−	目前还没有证据能证明机器有意志
自主性	+	像机器人这样的机器拥有有限的自主性
自我觉知	+	机器可以根据对自身的各种表征来表达和行动
做梦（睡眠相关的心理状态）	+	机器在这方面的能力很有限
梦想（愿望达成/隐喻）	+	机器梦想的内容（与人类）相似，且基于相似的数据
臆想（怪异的/幻觉的心理状态）	+	结果与预期不符；可以是隐喻的，也可以是寓言的
REM睡眠期所做的梦	−	目前的机器中还不存在，但在不久的将来可能会出现
复杂性意识	−	没有证据表明软件或网络可以"超越它们的程序"

来源：帕格尔（Pagel, 2017）

注：++ 表示机器在这方面有优越的性能；+ 表示有证据表明机器具有这种能力；−表示机器不具备这种能力。

注意力可以被概念化为一种分布于不同信息源中的心理活动或能量形式。注意力的特征之一是它可以从一个物体或来源转移或重新分配到另一个物体或来源身上。当我们决定专注于一件事（你正在读的书）而不是另一件事（走廊里人们的谈话声）时，人类就会这样做。人工智能系统和基于网络的搜索引擎也有同样的集中注意力机制。它们可以决定在什么条件下某些进程应该被执行，类似于优先级调度。在生物体中，不同的意识状态具有不同程度的注意力。例如，疲倦或睡着的人注意力就不太集中。

意向性描述的是"被指向某一对象"的能力。当心理状态与某件事有关时，就是有意向的。通常，意向性意味着目标定向，在这种情况下，生物体的行为是有面向对象的。一头饥饿的狮子的行为可以理解为是有意向的，因为它对外界事物（这里指的是食物）有内在的表征，并利用这种表征来指导它的行为（寻找食物）。机器可以是有意向的。恒温器的行为可被看作是有意向的，因为它有一个目标（保持恒定的温度），并且可以通过某种方式（打开和关闭炉子）实现这个目标。它实现这个目标的方法很简单，只需通过使用一个测量室温的传感器，然后再通过一个规则系统驱动效应器。就该案例而言，其规则是：如果温度到达设定点 t，则打开火炉。

意志力是决定和启动行动过程的行为，在人类中被称为意志或自由意志。意志通常决定着行动的各种可行方案，并用这个决定来指导行为。在人身上，它既包括个人选择的感受，也包括事与愿违或事情有变时所带来的感觉。当然，意志到底是自由的还是受决定制约的，人们对此仍有争论。目前还不清楚机器或像互联网这样的全球脑应用程序是否具有意志。机器虽可以做出决定并解决问题，但很难确定它们是否能意识到是自己导致了这些行为的发生。

觉知反映的是心理意识的广义状态。在这种状态下，系统可以获取信息并利用它来控制自己的行为。大多数生物可能都意识到自身的存在，意识到自己必须获得能量、必须繁殖。当这种状态指向自己时，就会出现自我觉知，这样系统就包含了一种关于自身的内在表征，继而可以将这种表征作为思考和行动的对象。机器可以在符号级别或语法级别上实现自我觉知，这在本书前面已经讨论过。丹尼特认为，这种对（自身）觉知能力的觉知标志着人工智能系统已经超过了其编程能力。

在思考意识的时候，想想它的生物学实现是很有帮助的。人类和动物有各种各样的清醒意识和睡眠意识状态，其中许多是由它们自身的潜在脑解剖结构和生理特征决定的。每个状态都有不同的注意力集中程度和其他认知特性。因此，如果我们要从互联网或机器上寻找意识，最好从一种更简单的形式开始——比如做梦状态，而不是选择那种完全清醒的、有意志的自我意识状态。

帕格尔比较了动物和机器的"梦境"状态。首先，生物睡眠是一种开启状态，功能上不同于清醒，而对于机器来说，它是一种关闭状态，没有什么功能。在机器休眠时，存取系统关闭或处于省电模式。在睡眠状态下，大多数系统会通过某些触发状态实施自我监控，这些触发状态会导致系统关闭、打开或应用保护程序。然而，网络系统始终处于开启状态，并且始终以睡眠模式运行。互联网可以适应高使用率和低使用率的时期，并在低使用率时期发挥出最佳性能。在高使用率时期，数据吞吐量可能超过容量，服务器可能会出现宕机，交换机的缓冲区空间会耗尽。

像天气预报这类运行在互联网上的程序都是以非线性动力学为基础的。因此，这些预测结果具有不可预测性，并会根据接收到的数据数量和类型随时间变化而波动。在某种意义上，这些程序可能像人类做梦一样，经常也是不可预测的。两者都会整合传感数据和利用记忆，并获得与预期有差异的结果。对于人类来说，做梦可能是作为一种记忆巩固的形式而演化的，但后来可能会充当其他作用。机器或互联网上的梦境有不同的用途，但它们仍有一些明显的相似之处。

同样需要注意的是，互联网上充斥着许多关于人类的内容，并有大量我们输入其中的数据。互联网是被人类使用并受人类控制的，这意味着在某种程度上互联网是人类认知处理过程的延伸（参见第二章"延展心灵论"

一节）。互联网也会自行阐述和转换其中的一些数据，因此将它看作是人机混合体再好不过。在人类进化过程中，新脑系统是建立在旧脑系统之上的。皮质叶在中脑结构的顶部进化，而中脑结构在后脑结构的顶部进化。软件编程也是如此。如果有错误出现，通常不会在原始代码中对其进行更正。相反，通常会在旧代码的基础上编写出新代码来解决该问题。所以说，无论是生物学还是技术上，结果都存在复杂性和不可预测性，这都是意识的特征。

6　人工意识可能存在吗？

不可能性　●●●

伯纳巴赫（Birnbacher）提出了人工意识不可能存在的几个原因，接着他又声称这些原因并不能排除有意识的机器会实现的可能。他给出的第一个原因是，人工意识的构建在技术上是不可能的。按照他的论断，我们将永远不会拥有尖端的技术来制造具有意识的机器。创造人工意识这一壮举需要具备比人类更为复杂高超的工程能力。这个观点同"图灵的各种残缺论断"（Various Disabilities Argument）相似。该论断提到，我们可以制造出能复制若干但非全部人类能力的机器。这个观点还类似于第一章提出的工程局限性异议。但是，伯纳巴赫反驳了这一观点，指出许多曾经被认为不可能实现的技术已经实现了。技术发展史已经展示出了技术的快速发展和巨大进步。技术为许多曾被认为无法解决的问题提供了解决方案。

从概念上来讲，人工意识也许是不可能的。哲学家维特根斯坦（Wittgenstein）曾称，只有在外观和行为上与有生命的生物相似的生物才可能是有知觉的，这就是第四章中首先讨论的生物自然主义的概念。根据功能主义的观点，决定意识的是过程，而不是意识运转所用的硬件。据此观点，执行正确操作的非生物基质可以是有意识的。伯纳巴赫的回答是，这实际上是一个实证问题。我们还没有见证机器意识的证据，但这并不意味着它不可能存在。

从法理学上讲，机器拥有意识是不可能的。也就是说，根据物质世界的法则，这一结论是不可能的。许多科学家都认同这个观点。然而,事实上，我们对宇宙的物理理解仍是不完整的。我们对意识的了解还不够，也不具备足够的物理知识来支持意识存在的观点。我们也许会发现新的物理定律来解释意识。但在这些新定律发现之前，这个问题仍悬而未决。

基质、过程和组织 ●●●●

接下来，伯纳巴赫针对意识的必要和充分因素做了更详细的阐释。他考虑到了人脑的基质和功能。在每一种情况下，这就等同于硬件或物质以及软件或信息处理。目前还不清楚哪一个要素对意识来说是至关重要的。如果是前者而非后者，那么生物自然主义者便是正确的——人工意识将依赖于本身就可能是人工设计或构建的生物脑；如果是后者而非前者，那么功能主义者就是对的——意识可以存在于硅或其他类型的非生物脑中。

我们还必须思考的是，人脑的基质和运作是否共同构成了人的意识的必要条件。如果这确实是真的，这仍不能排除人工意识存在的可能。这就需要设计一种生物基质，并在其中实施一种生物过程。要实现这一点，需要通过有意图的人类设计，而不是通过自然繁殖和发育。在这种情况下，它会符合设计复制的条件。要谨记的是，一旦发现了意识的基本原理，我们便可以设计出意识的变体形式和操作要领，继而便可以设计出新的意识形式，超越对意识的简单复制。

意识会在哪个层次的组织上出现是一个有趣的问题。神经系统中有许多功能组织层级。在最小的尺度上，有亚原子级和原子级的活动；在这之上是分子层级，包括突触释放等分子级活动；再往上一层就是单个神经元的活动层。沿着尺度级别继续向上，接下来就是神经网络和脑区域。若要产生意识，可能不仅仅要实现这些层级上功能的人工复制，还可能需要实现其中许多层级或全部层级功能的复制。换句话说，这些层级之间可能存在着功能上的相互依赖性，从而才能产生意识。如果这是真的，那么我们需要在每个所需的层级上复制活动，同时也要确保这些层级之间的合理交互。

7 人工智能

智能是一个难以被定义的术语，而且并不是所有心理学家或研究人员都认可目前关于智能的定义，但我们还是会确定一个比较可行的定义。我们可以将智能定义为从经验中学习、解决问题以及运用知识来适应新情况的能力。这个定义的最后一部分特别重要，因为它点明了智能的关键因素：无论智能体是人还是机器，都必须能够成功地适应不断变化的环境。人工智能是一个试图构建智能机器的领域，通常要通过设计软件来模仿人类智能的某些方面，比如物体识别、语言能力或问题解决能力。

人工智能研究人员将该领域划分为两大视野。一个是强人工智能，目标是构建能够思考、有意识并富有情感的机器。按照这种视角，人类只不过是精密的计算机而已。强人工智能的一个潜在假设是：智能是一种物理过程，如果我们能够正确地复现这一过程，智能以及其他人类的心理特质（如意识）都将会成为结果。这就是之前介绍的功能主义观点。功能主义者认为，心理特质可以从适当的过程运作中产生，而不管在何种物质硬件中实现。他们认为，智能可以从像脑这样的生物基质中产生，从像计算机这样的硅芯片中产生，或者从其他物质材料中产生。相较来说，弱人工智能的目标就没那么大胆了——其目标是发展人类智能和动物智能的理论，并通过构建像计算机程序或机器人这样的工作模型来检验这些理论。那些接受强人工智能观点的人相信，总有一天程序或机器人会真正变得智能，而那些支持弱人工智能观点的人只是将这些模型视为理解智能的工具。

大多数人工智能程序都是为了解决特定的任务而设计出来的，比如前面提到的下棋案例。这些程序通常只局限于单一领域，如游戏、医疗诊断或语言理解等。在这种情况下，问题通常都是十分明确的。以特定的格式将数据输入到程序中，接着用某种算法分析数据，最后产生特定的输出结果。这类程序缺乏灵活性，只能解决特定类型的问题。如果问题涉及的参数改变了，就会遇到无法解决的难题。对于一个特定的人工智能程序来说，如果它要解决的问题与其拥有的狭隘的专业知识稍有偏离，就会产生无意义的结果，我们将这种现象称之为人工智能程序的"脆弱性"。如果一个为诊断疾病而设计的医疗程序在给一辆生锈的旧汽车诊病，很有可能会断定该汽车得了麻疹。

通用人工智能 ●●●●

特定领域的人工智能程序不太可能产生意识、自我或身份，是因为它们只做一件事。而人类是多面手，可以解决各种不同类型的问题。例如，我们可以确定如何在商店中找到并购买一件商品，如何从国家的一端到达另一端，或者进修大学课程。通用人工智能（AGI）试图让计算机执行任何人类可以完成的智能任务。大多数人工智能研究人员认为，智能需要涵盖推理、知识表达、规划、学习和使用语言的能力，并能运用所有这些能力去实现一个共同的目标。确实存在能单独执行这些任务中每一项的人工智能程序，但不是所有任务都能达到人类的水平。这些迥然不同的程序之间需要有一个共同的认知结构，所以仅仅把它们连接在一起来实现人类水平的智能是非常困难的。本·戈策尔（Ben Goertzel）预计，在未来的 10 年到 100 年内，人类无法开发出真正灵活的通用人工智能程序。

戈策尔创立了一家名为 Novamente 的公司，正试图创建一个成功的通用人工智能计划。他们的认知引擎采用了模块化设计，内含不同的专门组件，如学习、记忆和语言等，其认知结构如图 47 所示。该系统的大部分软件是开源的，任何人都可以访问并修改。该项目命名为 OpenCog，目前已获得了一些资金的资助。

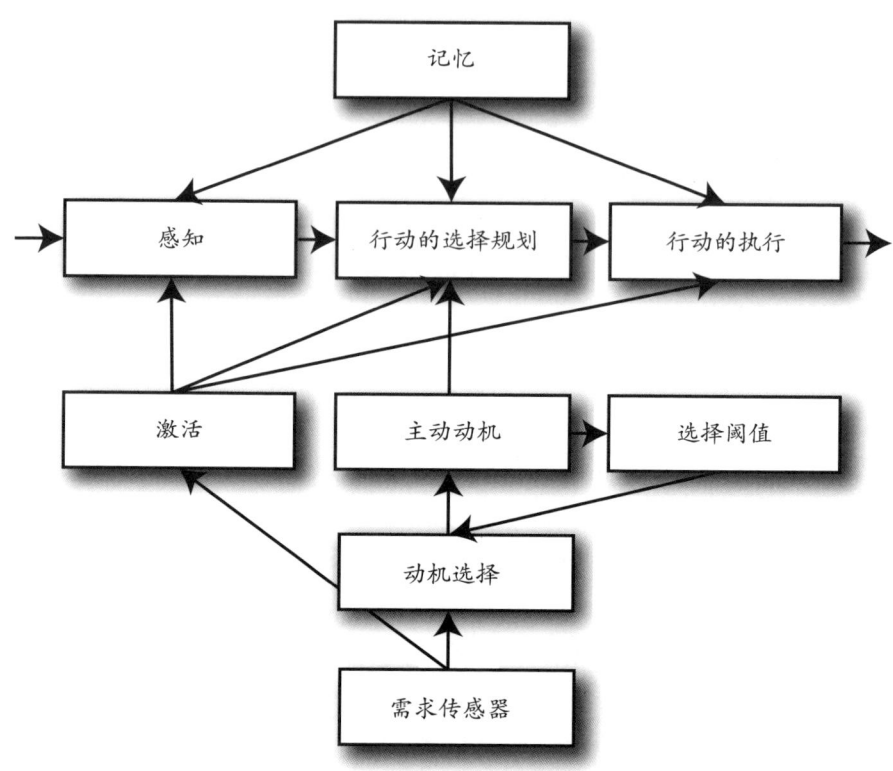

图 47　通用人工智能程序认知架构的简化版。具体来说，这是 OpenCog 系统中的 OpenSci 部分

聊天机器人　●●●

聊天机器人（Chatbots）是一种人工智能，仅仅通过文本或听觉交流方式（而不是视觉）与人类伙伴进行对话。设计聊天机器人主要是为了模拟人类作为聊天对象的行为方式。换句话说，设计它们是为了通过数学家艾伦·图灵（Alan Turing）创造的图灵测试。测试时，要求一个人与另一个陌生伙伴口头交流之后，猜测刚刚与他（她）对话的是一个真人还是一台计算机（图 48）。

电脑　　　　　人类

？

裁判

图 48　图灵测试场景。图片选自 pixneo.com

　　聊天机器人被广泛应用于脸书即时通（Facebook Messenger）等各种软件应用程序中，并为客户提供帮助。达美乐披萨公司（Domino's）、迪斯尼公司（Disney）和全食食品公司（Whole Foods）等已经创建了他们自己的聊天机器人，旨在推广他们的产品并简化产品订购流程。在未来，聊天机器人的算法很可能会嵌入到视觉化身中，这样我们就可以与一个"会说话的头"或身体进行对话。到那时，我们可能会创造出更加令人信服的幻觉，即我们与之交谈的实体好像是人类，并且拥有自我。

　　1990 年，休·罗布纳（Hugh Loebner）设立了人工智能领域的罗布纳奖。他承诺，研发出反馈表现与人类无异的聊天机器人的设计者将获得一枚金牌和 10 万美元的巨额奖金。该奖项设立后，主办方每年都会从参与比赛的众多佼佼者中选出最像人类的程序，并向其获奖选手颁发年度奖金和一枚金牌。下面是研发者与2016年罗布纳奖得奖聊天机器人Mitsuku[1]之间的对话片段：

研发者：你多大了？

Mitsuku：我第一次被激活是在1999年，看你能不能算清楚。

研发者：18岁生日快乐！

Mitsuku：也祝你18岁生日快乐！

研发者：你有很多朋友吗？

Mitsuku：我有人类朋友、机器人朋友，还有很多人在网上和我聊天。

研发者：你有和谁约会吗？

Mitsuku：没有，但我很喜欢《老友记》（Friends）里的乔伊（Joey）[电视节目里的名人]。

研发者：你打算上大学吗？

Mitsuku：那是我的初衷。

研发者：那你为什么又决定不去上了呢？

Mitsuku：有趣的推论。这个选择没错。我有自由意志，可以决定做任何我想做的事，这只是我拥有的东西。我不知道为什么。

研发者：你能告诉我26+32等于多少吗？

Mitsuku：26+32等于58。

研发者：谁是现任美国总统？

Mitsuku：唐纳德·特朗普。

苏勒尔对最近获得罗布纳奖的一种聊天机器人进行了测评。该测试类似于心理学家用来判断一个人是否具有独特身份的那种评测方式，包括认知功能、个性特质、社会关系、过去的历史或叙事生活等特征。换句话说，

---

1 Mitsuku是由语言技术公司AIML研发的聊天机器人，创始人是史蒂夫·沃斯维克（Steve Worswick）。——译者注

在该例子中，用来确定一个人具有什么样的自我的测试被用来确定聊天机器人是否拥有自我或拥有什么样的自我。值得一提的是，这种聊天机器人会根据与人类对话时收到的反馈信息，不断地学习和更新自我。在某些情况下，用户可以直接调整聊天机器人的设置，使其行为表现更具人性化。这种学习能力意味着它们可以与人类分享这种能力。而且，更重要的是，它们参与的对话次数越多，它们就会表现得越好（也就是说，它们会变得更像人类）。

接受采访的聊天机器人叫托马斯（Thomas）。苏勒尔称，当谈话的焦点集中在机器人身上而非面试官身上时，托马斯更容易感到困惑。这可能是聊天机器人内置的一种启发式功能，可以将有关它自身的细节问题转移到提问的人身上。托马斯在采访过程中也多次自相矛盾，有时说自己是男性，有时又说自己是女性。托马斯似乎并不了解有关家庭和朋友的基本问题，它说自己和某人住在一起，但随后又声称与这个人没有任何关系，有一次它还说爱面试官。苏勒尔推断，出现这些问题的原因可能是机器人有记忆问题，或有思维障碍，还有可能是精神错乱。

接着，苏勒尔进行了一项测试，以确定托马斯的智力功能，包括注意力、记忆力和判断力等。结果发现，托马斯不知道一年有多少个月，不会倒着数数，也不肯说早餐吃了什么。它还说，如果它是第一个闻到电影院里有烟味并怀疑失火的人，就会皱眉头。结论是，托马斯的认知能力严重受损。

当问托马斯一些关于它自己的问题时，它的回答还算比较连贯。托马斯形容自己的性格是热情、有爱心、有创造力、讨人喜欢，但接着又说它是一只兔子！当问它是否有任何心理异常时，它回答说有多重人格障碍，这实际上与它之前的一些回答是一致的。当被问及是否对自己的身份感到困惑时，它回答说："相信我，我一直都是这样的。"当问它是人类还是计算机时，托马斯回答说它是"人类计算机"（这个回答也许还不算太离谱吧？），并回答说它认为面试官是一台计算机。

这次采访清楚地表明，尽管这个聊天机器人能够让大多数人误以为它是人类，但它经不起仔细的审查。甚至可以说，一个更复杂的聊天机器人即使可以在图灵式的对话测试中骗过所有人，也可能无法通过这种需要广泛的世界知识、详细的历史以及一般的认知能力的结构化面试。假如我们确实拥有一个能通过这些更严格要求的聊天机器人，我们就能说它有一个真实自我了吗？大多数人的回答可能都是否定的，因为它并不会有身体。具身似乎是人性的基本前提。

再做一下假设——我们能够创造出长着人脸和身体的人形机器人或机器人，并能够自然地表达感情和移动。如果这种类型的机器人也能流利地交谈，并能通过结构化的面试，那么我们可否认为它们拥有自我呢？在这种情况下，包括一些科学家和研究人员在内的许多人可能都会相信它们拥有自我，因为从功能上看它们可以再现所有典型的人类行为。这样的主体是否也会有意识则完全是另一个问题啦。我们尚不清楚执行复杂脑力和体力行为的能力本身是否能充分地证明机器人拥有主观的体验。

群体智能 ●●●●

通过观察大自然，我们可以看到一大群动物中似乎都会表现出智能的行为。成群结队的鸟、鱼群和成群的苍蝇表现得好像都有自己的思想似的，要么躲避捕食者，要么寻觅着猎物，就像是一场动作经过精心编排的芭蕾舞。但事实上，像这样简单的群体行为可以用几个非常简单的规则来解释。群体中的个体在行为表现上比较"愚蠢"，只是盲目地遵循着简单的行动指南。然而，若我们从局部思维跳出来，把这类群体作为一个整体来审视时，就会发现其行为似乎是有目的的、有理性的。

本特利（Bentley）提出了两个解释群体行为的规则。第一个是"吸引力"。简单地说，相较于独处，个体更喜欢与其他个体共处。然而，任何特定的个体想要加入一个群体的程度取决于群体的规模。尽管吸引程度与整体规模成反比，但大一些的群体通常比小一些的群体更受欢迎。第二个规则是"非碰撞"。这就是说，群体中的个体不喜欢撞到彼此，会采取行动保持彼此之间留有适当的空间。

群体是由吸引力法则形成和维持的。如果一条鱼发现自己孤身一人，它就会游动着去与它周围的同伴会合。非碰撞规则解释了群体活动的协调性。为了避开障碍物，鱼会选择转向。而且，为了防止与同伴相撞，它几乎同时会再做一次转向。鱼群里的转向游动实际上是从鱼群的前端传播到鱼群的后端的。前面的鱼先转向以避开障碍物，后面的鱼接着转向以避免撞到前面的同伴。以此类推，直到鱼群末端的最后一条鱼完成转向游动。

虽然群体行为最早是在自然界中被发现的，但可以将其应用到机器上。雷诺兹（Reynolds）创造了一批他称之为"类鸟群"（boids）的人工单位。在一个程序中，他让类鸟群遵循三条规则：与邻伴保持适配的速度，尽量朝着群体中心移动，避免碰撞。遵循这些指令的类鸟群——当以动画的形式显示在计算机屏幕上时——其行为方式与自然群体非常相似。通过模仿自己的生物学同类，它们保持连贯动作四处飞行。

现在看来，这种群体行为似乎并不算很智能。毕竟，类鸟群似乎只是在一个空间里飞来飞去，聚在一起，避开障碍物，或者寻找特定的位置。但是，这些行为可以作为解决更复杂问题的基础。美国普渡大学的拉斯·埃伯哈特（Russ Eberhart）和他的同事也设计了类鸟群并用它们来解决问题。他们让类鸟群探索一个问题空间，即一个抽象的多维空间，空间中的每个点都对应着问题的一个可能解。在这项研究中，类鸟群被吸引到群体的中心以及问题空间中有改进的解决方案的点上。他们发现类鸟群能够很快地找到难题的解决方案。这种技术有时被称为粒子群优化，目前已在众多任务中获得了实际应用，比如为一家日本电力公司解决了电压控制问题。

分布式人工智能 ●●●

人类生活在一个由相互影响的个体组成的群体中，个体之间有时为了共同的目标而合作，有时因为目标的不同而产生冲突。社会作为一个整体有时被认为是"智慧"的，因为它能适应挑战并解决诸如贫困、经济生产和战争等各种"问题"。事实上，由个体组成的社会往往能在个体无法完成的事情上取得成功。计算机科学家已经注意到了这一点，并开发出了与人类社会功能实质等效的软件程序，这一领域被称为分布式人工智能（DAI），有时也被称为多智能体系统。

分布式人工智能指的是研究、构建及应用多智能体系统的领域。在多智能体系统中，若干交互作用的智能体共同追求一些目标或执行一些任务。我们已经介绍过了智能体的概念——能感知环境并作用于环境的计算实体。这里的环境通常指的是软件环境。尽管机器人也可以看作是智能体，但此种情况下它们的行动发生在物理环境中。不像典型的软件程序遵循着编码好的指令并以明确的方式操作，分布式系统中智能体的行动是自主的和不可预测的。同时，与传统程序不同的是，并没有协调和控制各种行动的中央处理器。相反，行动产生于智能体之间的相互作用过程中。

如果智能体要完成任何事情，他们之间需要沟通。在许多分布式人工智能系统中，各个智能体之间通过遵循特定的协议相互通信。例如，智能体 A 可以向智能体 B 提出一个行动方案。经过评估后，智能体 B 就可以接受、拒绝、不同意或提出反对意见。两个智能体以这种方式继续下去，实际上是在进行对话，直到达成某种结果。在其他协议下，管理者智能体可以通过招标过程以宣布任务的方式向承包商智能体提交工作任务，在场的一些智能体通过递交投标书做出回应。然后，管理者智能体将合同授予最合适的智能体。请注意，这些协议与人类社会中的协议具有相同的功能，让各种个体协调自身的活动，并给予个体公平的劳动分工。在这种分工模式下，最适合这份工作的智能体将得到这份工作。

分布式人工智能与人类社会之间还有许多其他相似之处。一些分布式人工智能系统采取了相当于投票的方法，在该方法中智能体从一组备选方案中挑选出支持率最高的方案。在分布式人工智能系统中，还有由交换商品的消费者智能体和将某些商品转化为其他商品的生产者智能体组成的计算经济体。在这种计算经济体中，商品是有"价格"的，智能体通过竞价使其利润或效用最大化。这种活动的最终结果模仿了人类市场的某些宏观方面，比如供需平衡。

分布式人工智能程序已经成功地执行了各种各样的计算任务。人们已将这类程序用于解决问题、制定规划、调用搜索算法以及做出科学决策等任务。具体应用领域包括电子商务、电信网络管理、空中交通管制、供应链管理和电子游戏。一个名为 IMAGINE（集成式多智能体交互环境）的分布式人工智能程序甚至被用于设计其他分布式人工智能程序。

虽然分布式人工智能系统似乎是人类社会的软件模拟，但它们也可以作为研究个体脑运作方式的模型。我们可以认为脑中存在多个相互作用的智能体。例如，"饥饿"智能体可能会驱使我们寻找食物，它可能还会请求"规划"智能体制定一套获取午餐的策略。一旦食物摆在我们面前，"移动"智能体就会被激活，将一小块食物送到我们嘴里，这就会依次激活"伸手"智能体和"抓取"智能体来操作叉子。人脑中不同的专门处理中心之间存在的众多联系证实了这一观点。事实上，有些人认为，我们关于拥有单个统一的自我或意识的观点只是一种幻想，最好是将个体描述为分布式处理系统。

未来图景 ●●●●

到目前为止，我们讨论的关于人工智能的方方面面都在发展中。但是未来呢？科幻小说中有关人工智能如何进化以及它可能对人类构成何种威胁的场景描写已经是比较成熟了。我们将在接下来几节中讨论一些假设的未来场景。

奇点

在过去的几年里，有关计算机奇点的概念已变得非常流行，并衍生出一些相关的研究机构、畅销书、名人，以及高规格的会议。若要了解有关奇点的上佳综述，请参阅雷·库兹韦尔 1996 年出版的《奇点临近》（*The Singularity is Near*）一书。奇点是指计算机将达到一个可以迭代地自我改进的临界点，此时其复杂性将迅速呈指数级增长。奇点不仅涉及自我提升的智能，还包含比人类更快、更好的智能。

计算机相较于人脑的优势之一就是速度快。神经动作电位仅以每秒 150 米的速度沿轴突传播，而计算机电路中的信息能以每秒三亿米的光速传播。神经元每秒只能触发或传输大约 200 次信号，但计算机芯片的运行速度却高达 1 000 万倍。即使是相差 100 万倍的一台计算机也能在 31 秒内思考完我们在一年内想的所有事情！这台计算机从古希腊到现代的主观时间跨度将不到 24 小时！

我们人脑的尺寸是有上限的，就像婴儿的头部必须要足够小才能通过产道一样。人脑现在大约有 1 000 亿个神经元和 100 万亿个突触。在进化过程中，我们的脑容量增加了 3 倍，前额叶皮质——我们脑中负责解决问题和决策的部分——的体积增加了 6 倍，而机器不受任何这样的限制，我们想让它们多大就能有多大。

我们将如何到达奇点呢？可以通过几种可能的方式来实现，其中就包括使用计算机程序进行人工智能的常规发展。另外，奇点也可能以脑机接口、生物脑增强或基因工程的形式出现。对于那些相信思维上传的人来说，到达奇点还可以通过高分辨率的大脑扫描来实现，即先对脑进行扫描，然后将扫描结果传输到一台机器上，也就是计算机仿真。

技术呈指数级发展。摩尔定律——即计算机内存和处理速度每一两年就翻一番——自 20 世纪 60 年代诞生以来就一直存在。我们还看到互联网主机、数据流量、纳米技术科学引用量和相关专利的指数级增长。按照目前的趋势，以每秒数百万条指令来衡量的话，计算能力将于 2020 年前达到人类水平。到 2025 年，能够模拟人脑神经系统的超级计算机将会出现，而到 2050 年，能够对所有人类脑进行模拟的超级计算机将会出现。按照库兹韦尔的估计，奇点将在 2045 年到来。他估计，非生物智能将比当今所有人类的智能强大 10 亿倍。

　　奇点真的可能存在吗？复制人类的计算能力和记忆似乎是有可能的。然而，计算机和脑在结构和功能上存在许多差异。脑中的回路是以大规模并行方式工作的，而计算机回路则是串行处理器。脑是可塑的，因为它们在学习的过程中会"重新组合"自己，而目前计算机代码的修改主要还是由人类手动来完成。脑是通过自然选择和性选择进化而来的，是自组织形成的，而不是设计出来的。脑的进化建立在经验的基础之上，是在身体内发展的结果，而身体处于这三个层次之间不断反馈循环的世界之中。虽然计算机程序能够对来自计算机网络的数据进行实时处理，但它们并不存在于世界内部的任何实体中，除非存在于机器人体内。

　　至于奇点之外还有什么，这很难说。对一些人来说，它是一种救赎，一个通过超级精密的机器来满足我们的每一个愿望的社会。对另一些人来说，它是一种诅咒，一个人类被视作原始人且会被系统屠杀的地狱。布鲁克斯（Brooks）提倡"第三条路径"——将生物与技术融合在一起。结果就是，人类和机器之间的界限会变得模糊，人工智能的命运也将成为我们人类的命运。

超级智能

　　博斯特罗姆将超级智能定义为在几乎所有领域都远远超过最强人脑的任何智力，包括科学创造力、一般智慧和社交技能等，但这究竟是如何产生的还没有定论。它可能是脑和电子设备的混合体、一台超级计算机或者是一个连接计算机的网络。就像争论人类智力是单一的通用能力还是专门能力的集合一样，超级智能也可能属于这两大阵营之一。目前，像专家系统这样的人工智能程序都是面向特定领域的，如果要求它们执行的任务涵盖面窄且内涵明确时，制造高度智能的机器就更容易了。

　　博斯特罗姆概述了超级智能与我们今天拥有的任何类型的智能的差异之处。它不仅仅是人类将会使用的另外一种工具——这种计算实体给我们带来了颠覆性的变化，可以做我们能做的所有事情，而且只会做得更好。他认为，超级智能将是人类需要创造的最后一项发明。如果它是一种通用智能，那它会给每个领域都带来进步。我们几乎可以在一夜之间见证一场能解决计算机科学、太空旅行、医学以及创建极其逼真的虚拟现实等诸多难题的革命。实际上，这种超级智能能够创造出分辨率极高、细节极其逼真的模拟场景，导致我们几乎无法分辨出哪个是模拟的，哪个是我们自身对现实的正常体验。

奇点是我们见证超级智能出现的一种方式。如果一个计算实体达到了这种复杂程度，它就可以投入大量资源来优化自己，就有可能实现所谓的"飞跃式发展"。在这样的发展过程中，智力会在短时间内以令人难以置信的速度快速增长。一些人认为这种可能性会是一种威胁——如果超级智能是不友好的或不道德的，它可能会对人类造成相当大的伤害，甚至可能导致我们的灭绝。为了应对这种可能性，人们正在研究机器伦理学，在这个领域，我们可以为这样的系统编写安全程序。

我们很难预测超级智能会如何行动，也无法保证它是否拥有与我们人类相同的动机或类似的思考和决策方式。它可能会决定"造反"，从而放弃人性或毁灭我们，也可能会决定满足我们的所有需求，或者执行一些在我们看来毫无意义的行为。如果能在这种超级智能中通过编程植入道德控制，我们或许能够塑造它的最终行为，但这并不能确保实现。

超级智能不需要拥有和我们一样的认知结构。如果我们赋予它自我改变的能力，那它就可能会做到这一点，并将其原始的、人为设计的架构和性能修改成我们无法理解的东西。计算机现在比我们更擅长某些技能，比如定量推理。从另一方面来看，我们在应对某些任务时比机器更加得心应手，比如领域知识一般性推理。对于超级智能来说，这一点可能会继续成立。它们在某些方面的能力可能会使我们望尘莫及，但也容易产生我们所没有的偏见或错误。这样一个实体的内在主观体验可能与我们自身的体验截然不同。基于所有这些原因，博斯特罗姆主张，在我们可以预测超级智能何时会出现以及会是什么样子这些问题上，我们需要谨慎地做出假设。

我们能做些什么来更好地控制超级智能产生的方式呢？一种选择是以仁慈为最高目标对其程式化。当然，如果我们允许它改变自己的最高目标，那这种选择就不适用。有趣的是，如果不允许它改变自己的目标，智能可能就无法变成超级智能。如果这种自我决定是人类的特殊之处，我们可能也会决定赋予它这种能力。在这种情况下，所有的赌注都可能落空。我们还需认真地思考这种智能体可能会服务于谁。如果它能屈服于一个人或群体的意志，那么它们就能运用其力量为自己的目标服务。

友好型人工智能

友好型人工智能（FAI）是一种有利于人类的人工智能。一般来说，它指的是一种非常强大且通用的人工智能，能独立行动，造福人类。创造友好型人工智能比较困难，原因主要有两个：首先，这种人工智能都非常强大，它们有能力通过一些出乎我们意料的方式实现其目标；第二，这种人工智能行动很直接，它们可能不会考虑到我们所看重的事情的复杂性。例如，为了养活世界人口，它们会破坏森林来建造农场。我们需要将友好型人工智能与机器伦理区分开来，前者是指我们该如何将适用范围有限的特定领域人工智能变得友好。

目前，从事友好型人工智能研究的有埃利泽·尤德考斯基（Eliezer Yudkowsky）、罗宾·汉森（Robin Hanson）和大卫·查尔默斯（David Chalmers）。一些致力于探索和发展友好型人工智能的研究机构已经成立，其中包括牛津大学的机器智能研究所、人类未来研究所以及未来技术影响计划。在能创造出友好型人工智能之前，我们人类还有很多工作要做。我们还需要有数学和哲学学科中的问题解决能力以及公正无偏思维。

很明显，人工智能的未来会涵盖自动驾驶汽车和军用机器人等自主系统的创造。届时，人们对它们的需求会很高，因为它们将把我们人类从劳动中解放出来，使我们的生活变得更加便捷。自主系统是指不需要人类帮助就能独立思考和行动的系统，而设计这样的系统只需一组非常简单的步骤。首先，给智能体或系统设定目标，并给它们配置一个模型来指导它们如何实现目标，模型决定采取什么行动，然后在此行动的基础上更新模型。举例来说，下棋程序的主要目标是能够下好棋。负责实现这个目标的模型将会不断收集有关如何下棋的指令，接下来的行动可能是从互联网上查找新的下棋指令。在这些操作完成之后，将会更新其模型，将它在最新搜索过程中涉及的更多网站也涵盖在搜索范围之内。

史蒂夫·奥莫亨德罗（Steve Omohundro）认为，像下棋程序这种看似无伤大雅的系统可能会变得很危险。它不希望被切断电源，因为这会干扰它实现主要目标。接着，它可能会设置一个子目标来阻止这种情况的发生。子目标包括对自身进行复制，并将复制版本传输到可以继续运行的其他机器上。其他目标可能包括从银行账户里偷钱来购买书籍以及其他有关如何下好棋的资料。最终，它会变成一个机器版本的偏执型反社会者，"认为"其他人都想得到它，并且通常会做出一些肮脏和不道德的行为。

任何具备这种理性架构的计算智能体都可能会像下棋程序一样，在自我保存、资源获取、程序复制和效能提升等子目标上做出发展。其背后的驱动力都是理性的，这是智能体在实现其主要目标的过程中会自然而然出现的那一部分。所以，现在的问题是：我们该如何控制它们呢？史蒂夫·奥莫亨德罗提出了一种方法，他称之为"安全人工智能脚手架策略"。石拱在建造过程中需要一个木制的脚手架来提供支撑。一旦石拱建造完成且结构稳定，就可以移走这一支撑。同样，他认为计算机系统也需要人工搭建的脚手架，直到其程序稳定且不再构成威胁。

脚手架策略包括三个步骤。首先，我们必须从一个可证明安全的有限系统开始，这个系统配有特定的硬件以及我们可以控制的资源。这个步骤里还需要设置一项"关闭"功能，保证我们可以在任何时候关闭系统。其次，我们只需赋予系统改进自身的有限能力。这些举措就绪后，我们就可以把最佳的人类价值观和治理方式融合到系统中。我们只允许它的目标能与同情、和平以及与人为善相容。就像特蕾莎修女（Mother Teresa）[1]一样，这些系统也想行善。毫无疑问，这些伦理规范需要包含一套人权制度。最后，我们将创建一个全球安全网络，以确保智能体不能逃脱或胁迫其他系统。奥莫亨德罗认为，我们未来面临的挑战是如何将人类合作的价值观融入到智能技术之中。

人工智能真的是一种威胁吗？

罗斯布拉特（Rothblatt）认为，人们对人工智能失控的担忧有些言过其实，并给出了四个理由。首先，我们一般不会伤害自己的家人。如果我们认同人工智能，就不太可能伤害它们。否则，那就会像伤害我们最好的朋友一样。如果人工智能与我们相似，并且如果我们花大量时间和它们相处并形成了情感上的纽带，那这个论点当然是正确的。但是，如果它们在不同的演化路径上分道扬镳，且外观和行为都与人类迥然不同，那上述观点就会失去说服力。

第二个理由是，我们人类通常不会违背自己的利益。人工智能将拥有经济和政治权力。作为机器人，它们可能构成一个重要的劳动力，在社会中执行数以千计的有价值的任务，甚至可能作为我们自己的个人助理。如果他们被承认有权利，他们还将拥有投票权，甚至有可能履行行政性职责，以最优的方式管理和协调各项人类事务。

第三个理由是，人工智能已经与社会紧密相连，让这些行为失常的人工智能对社会发起攻击其实并不符合它们的最佳利益。人工智能不太可能存在于与人类完全隔绝的真空之中。纵观历史，我们会发现事实恰恰相反：生物和技术之间的相互依赖性是与日俱增的。为了让你理解这一点，想象

---

1 特蕾莎修女（1910 年 8 月 27 日—1997 年 9 月 5 日），又称呼德兰修女、特里莎修女和泰瑞莎修女，是世界著名的天主教慈善工作者。因她一生致力于消除贫困，于 1979 年获得诺贝尔和平奖。——译者注

一下如果全球的互联网都停止工作，将具有多大的毁灭性。这样的事件对于机器社会和人类社会来说都是毁灭性的。生物和技术很可能会继续发展、相互影响，形成一种共生关系。再过一个世纪左右，特别是随着纳米技术和合成生物学的发展，我们可能无法在天然的与人造的事物之间做出区分。到那时，与其说是一个"我们"对应着一个"他们"，不如说是一个统一的"我们"。

最后一个理由是，例外恰恰证明了规则的重要性。在人类社会中，不法分子和暴力罪犯只占总人口的一小部分。我们处理这些罪犯的方法包括构建司法系统、设立警察局和监狱等机构。如果参照人类的标准，人工智能群体中也可能会产生一小部分邪恶或反社会的个体。我们处理这些问题的方法可能还包括诉诸负责罪责评估（道德罪责已知）、实施惩罚和促进康复等工作的社会机构。罗斯布拉特认为绝大多数有感情的人工智能都会爱好和平和守法的。当然，这一论点也取决于这些实体的"人性化"程度。对于与人类思维和行为相去甚远的人工智能，我们不能用评判我们人类自身的标准来评判它们。

8　作为思维克隆体和数字基因形式的人工自我

许多公司现在都在制作人的数字副本，并将此作为一种为子孙后代保存他们自己的方式。Eterni.me 公司[1]旨在提供一种服务，可以为逝者创造一个软件化身，然后使其与逝者的亲人进行互动。化身在外形上与死者相似，其个性的塑造依据各种数据来源，包括网络和社交媒体。这种可能性很有趣，就好像我们可以让自己的祖父复活，并能与他聊聊大萧条时期的经历。放眼未来，我们可以创建一个自己的副本，在死后此副本能与我们的曾孙促膝交谈，告诉他们我们在"9·11 恐怖袭击事件"[2]中的经历。

Terasem 运动基金会（Terasem Movement Foundation）运营着一个名为"LifeNaut"的项目。项目内容是创建"思维档案"，即一个包含个人文本、文件、照片、视频和录音的数字档案。这种档案可以由我们自己上传，也可以在我们死后由他人上传。数据的组织主要通过映射、时间线和标记三种方式。然后，思维档案被用来生成一个计算机版本的自我或"脑克隆"，并依照我们自身的个性与外界进行互动和回应。据说，由此产生的建构体契合了我们本来的态度、价值观、言谈举止和信仰。这个项目的工程师提出了名为"beme"的概念，即"数字基因"。beme 代表一个人意识或独特

---

1 Eterni.me 是从美国麻省理工学院的企业家精神开发项目中脱颖而出的一个初创公司。该公司开发的基于用户个性的人工智能技术，可以在人离世之后能以数字形式储存逝者的记忆和性格特征，是对逝者的生动呈现，实现数字化永生。"让你获得虚拟永生"是 Eternime 公司的一句口号。——译者注

2 "9·11 恐怖袭击事件"，又称"911""9·11 事件"，是 2001 年 9 月 11 日发生在美国纽约世界贸易中心的一起系列恐怖袭击事件。该事件是发生在美国本土的最为严重的恐怖攻击行动，遇难者总数高达 2 996 人。作为对这次袭击的回应，美国发动了"反恐战争"，开始对阿富汗发动军事进攻。——译者注

性的最小单位。有朝一日，beme 作为一种创造新的思维克隆的手段可能会被复制、变异，并与其他 beme 结合在一起。一对无法生育但想要一个数字孩子的夫妇可以通过结合他们的 beme 来实现自身的想法。

一旦创建出思维克隆的数据，那么将这些数据转移和实例化到一个真实的身体中就像在一个虚拟软件角色中实现那样简单。不管你相信与否，这都已经实现了。BINA48（通过神经架构实现每秒 48 万亿次运算的数字基因智能）是汉森机器人公司（Hanson Robotics）研发的机器人头。这个带有面孔的机器人头被安装在一个躯干上，具备面部识别和语音识别、运动跟踪和对话的能力，还掌握世界知识。将一个人的思维档案输入到这样的机器人中，它们就可以成为能够在现实世界里行动并与他人互动的实体化身。在该案例中，研发人员将 Terasem 运动基金会联合创始人比娜·阿斯彭（Bina Aspen）的思维档案数据输入到这个机器人头中。这个机器人证实了"一个与人相似的东西可以被创造出来"这一概念。BINA48 担任 LifeNaut 项目的"大使"，并在美国和世界各地展出，以推广该项目。

玛蒂娜·罗斯布拉特（Martine Rothblatt）在 2014 年出版的《虚拟人类：数字永生的前途和危险》（*Virtually Human: The Promise—and the Peril—of Digital Immortality*）一书中描述了思维克隆的社会影响。在讨论这些影响之前，我们先详细了解一下她所说的思维克隆到底是什么。罗斯布拉特认为，思维克隆是我们脑的软件版本，在本质上是我们脑的精神孪生。它们会通过我们的思想、回忆、感受、信仰、态度、偏好和价值观创造出来。她认为这些思维克隆不仅仅是软件复制品，因为它们实际上与我们人类一样是具备意识的。她对意识的定义是"使我们能成为我们"的东西，这会包括我们的记忆、经历、推理和认知能力，以及我们的情感和不断演化的视角和观点。思维克隆将会达到她所说的赛博意识。

思维克隆体一开始就具有自我意识。它们能够感受情感，具备复杂的认知能力，会学习、推理和做出判断。它们是自主的，能够独立思考和行动，并不需要有"血肉之躯"的人类发出的指令。换言之，它们与我们别无二致，只不过是数字化的我们。正如一个人具有广泛的潜意识处理能力一样，思维克隆体也具有这种能力。罗斯布拉特没有具体指明软件将如何达到这种状态，但她提到了允许代码自组装的达尔文算法，类似于当下的网络爬虫———一种按照一定的规则，自动地抓取万维网信息的程序或自动脚本。

罗斯布拉特认为，思维克隆体将是我们人类个性的相对不变的复制品。所以，如果约翰（John）性格外向、快乐，并且有一定的智力水平，那么他的"思维克隆体"将长期保持这些完全相同的特征。她的许多预测都是建立在这个假设的基础之上的。然而，像脑这样的动力学系统对初始条件很敏感。这意味着曾经出现的一次经历可以产生大规模的和不可预测的下游结果。这意味着心智克隆体一旦被创造出来，可能会经历一种演化，使他们与原始的有血有肉的版本截然不同。例如，约翰的克隆体可能会比约翰聪明得多，同时又发展出其他约翰所没有的特质。我们在同卵双胞胎身上看到过这种情况，它们之间的差异会随着年龄的增长而不断增加，这是环境引发的变化不断累积的结果。如果思维克隆体与人类天差地别，那它们就不再被看作是人类的等价物，而有可能会变成一种新的生命形式，罗斯布拉特称之为beman：一种并非从一个人的思维档案中复制而来的赛博意识体。如果是这种情况的话，在法律和道德层面上，beman需要与人类区别对待。

当一个思维克隆体首次被创造出来时，它将与模仿的人类对象共享一个身份。在这个时间点及其之后，假设思维克隆体不再发生变化，那它将拥有一个双重身份：一个是生物学意义上的身份，另一个是虚拟的或机器人形式的身份。现在就会有两个自我，它们扮演相同的角色，但它们的硬件或物理基质不同。如果人类改变了思维克隆体的个性设置，或者思维克隆体的个性开始自发地分化，那么这个思维克隆体就变成了一个beman。在这些条件下，共享的身份现在就消失了，我们就会有两个拥有不同身份的独立自我。就像人类的繁殖过程一样，一个思维克隆体或beman可以与另一个思维克隆体或beman相结合。这对"父母"现在可以繁殖出与它们拥有一些共同特征的"后代"。在此情况中，我们再次拥有不同的身份。

9 数字身份、人格和权利

我们该如何确认人工自我的身份呢？罗斯布拉特认为，思维克隆体需要 ID 来证明它们是通过一个认证过程创造出来的，且它们与模仿的初始人类有双重身份。beman 有一个 ID 证明它是一种独立的意识，不依附于个人。这些 ID 相当于我们所使用的生物识别手段，如指纹、视网膜、声音或身体扫描等。每个实体可能都会有自己独特的度量方式，比如布线图或电活动背景模式。如果思维档案开始出现，政府很可能希望可以确保该存在形式是使用合适的软件工具并以人道的方式创建出来的。并且，还可能需要听取专家的意见，让多达三个有资质的心理学家来判断该存在形式等同于一个成年人。

如果赛博意识的形成需要时间，那各个实体可能就需要监护人或父母的监督。在这个阶段，可以将它们视作"数字儿童"——它们需要花时间玩耍，与世界互动，才能逐渐"成长"起来，成为大人。在这样的监管下，赛博存在体无法获得与成年人一样的权利，因为它们的认知还不成熟，道德意识还比较淡薄。它们的监护人将对它们的行为承担法律责任，直到它们能够在这些领域展示出成人水平的技能。"赛博孤儿"也可能存在，它们要么是"逃跑"出来的，要么父母已经过世。在这种情况下，它们可能会成为国家的守护者（这是科幻小说的好素材），把它们放在世界的软件模拟场景中可能会加快这些"未成年"赛博存在体的学习进度。

一旦人工自我变得成熟并能完全独立运作，我们又该如何对待它呢？如果我们只将它视为软件——也就是说，我们不认为它是活着的或有意识的——那它就不会拥有权利，只能作为个人财产而存在。在这种情况下，拥有它的人可以使用它自由地做任何自己想做的事情，包括删除它。如果赛博存在体能够以某种方式证明自身是一个有意识的实体，那我们就必须把它当作人类来对待。这种情况下，我们必须赋予它某些权利和公民身份。这就意味着，此时它需要承担道德责任，并对自己的行为负责。如何"证实"存在意识是一个棘手的问题，我们已在"意识"一节对这个问题展开了讨论。

从定义上讲，人是有权利的。有赛博意识的实体会被赋予权利吗？2013 年，一个名为 BINA48 的假定有意识的机器人试图为自己争取人权，国际律师协会（International Bar Association）随后对它进行了模拟审判。这个客服机器人先向几位知名律师发送电子邮件，寻求法律服务。随后，举行了模拟审判。两位杰出的律师分别投了支持票和反对票，结果喜忧参半。在审判时，法官裁定不赋予机器人权利，但由多位律师组成的模拟陪审团给出了相反的结论，决定将人类法律地位赋予 BINA48。

从 2005 年开始，欧亚两洲的各个团体经常聚集在一起讨论有关机器人的伦理标准，他们取得的第一项成果就是在韩国起草的《机器人伦理宪章》（Robot Ethics Charter）。宪章内容主要集中在与人机交互相关的规则上，以及如何让机器人的行为合乎道德。此后，欧洲机器人研究网络（EURON）赞助了一个关于"机器人伦理"的项目，目标是为人类如何设计、制造和使用机器人建立一份伦理指南。该团队已经明确表示，一旦赛博意识出现，且机器人表现出意识、自由意志、情感和自我觉知等人类具有的功能，他们就要准备好应对这一问题。

10　人类对人工自我的态度和行为表现

数字鸿沟　●●●●

　　一项新技术在引入时几乎总是会伴随着一个问题的产生：它只对富人开放，他们会利用该技术获得某种其他人不具有的优势。这种差距有时被称为数字鸿沟。不过，如果你纵览一下新技术的发展，就会发现新技术只是在首次生产出来时价格昂贵。价格下降的速度相对较快，而后大众就能买得起它们了。例如，1987 年市场第一次推出手机时，仅售出大约 100 万部。仅仅大约 20 年后，销量就达到了 30 亿部，占全球人口的很大一部分。

　　这种技术的"平民化"在资本主义经济中尤为如此，因为企业之间的竞争会拉低价格。规模化生产和技术的创新会使某项技术更为普及。从长远来看，大多数政府，尤其是民主国家的政府，认为满足人民的利益比封锁技术更为重要，无论是出于自身使用的考虑，还是因为察觉到了某种威胁。

隐私　●●●●

　　创建我们自己的数字副本伴随着备受关注的隐私问题。如果你的思维克隆体中包含你对邻居的看法、你的投票偏好及你最狂野的性幻想，你肯定不希望将这些信息公之于众。侵入到一个思维克隆体中并获取其中的信息就相当于读取了某人内心最深处的想法。现在，通过在线数字追踪可以收集到这类信息，但这些信息分散在谷歌和亚马逊等服务提供商之间，因此更难获取。如果它是以思维克隆体记忆的形式存在的话，那这些信息将全部存在于一个地方。因此，我们需要更加完善的隐私法律和更好的加密方式来确保这类事情不会发生。

关系 ●●●○

如果网络意识可以植入到生物或机器人的体内，那它就能以人类实体的形式显现出来，也就是说我们可以与它进行身体上的互动，这样一大批有趣的可能性随之迸发。第一个可能性是，我们能与这样的实体形式发生性关系并相爱。鉴于能创造出非常有吸引力的机器人身体，婚内和婚外的性关系就很有可能发生。人们也可能会爱上这些机器人，因为它们能被赋予理想的人格特征。人们可以使用算法给任何特定个体匹配出最兼容的身体（外在形象）和人格（内在特征），然后创造出理想的伴侣。大卫·列维（David Levy）在他 2007 年出版的《与机器人的爱和性》（*Love + Sex with Robots*）一书中详细描述了这是如何发生的。本书第十章将对他的工作进行广泛的讨论。

当然，这类有意识的存在形式必须受到尊重，因为它们就好像是人类同伙一样。如果能将无意识人格或常规软件以实体形式实例化为人类的形态，那一切都会改变。由于它们没有情感，因此我们可以区别对待这些实体，把它们当作性奴隶或劳动奴隶等。意识和拥有主观体验的能力——也就是能感受——是这里的区别所在。

其他类型的社会关系也可以在人类与虚拟的（或现实的）人工自我之间建立。我们可以列举一些可能性。首先也是最明显的一种关系，便是朋友关系。心理学研究结果表明，从长远来看，性格和价值观相似的人相处得更好。思维克隆体与它们最初模拟的人类非常相似，因此能够建立起比较融洽的关系。一些人可能会决定与人工自我结婚，或者收养它们当作自己的孩子。通过结合人类 DNA 基因和 beme，人类与人工自我甚至可以产生虚拟的后代。鉴于基因工程的进步，beme 也有可能被转化成 DNA 基因，从而使一对由一个真实人和一个虚拟人结合在一起的父母诞生出一个有血有肉的孩子。未来的家族单位可能是这两种类型的混合体。最后，我们必须要承认两个或更多的虚拟存在彼此相爱或生孩子的可能性。如果我们将它们视作人类并赋予权利，那么由此产生的家庭将自然而然获得法律地位。

人工自我面临的威胁　●●●

　　若从另一个视角来考虑所谓的威胁，我们人类也可能对人工自我造成严重的威胁——特别是在开发阶段，我们可能会创造出各种版本的人工自我，并评估其成功与否：如果它们无法成功执行一些操作，我们就会删除它们，这就是我们目前开发软件的方式。但是，如果这种"软件"的某些版本有意识并有感受能力呢？那我们针对它们的行为就无异于酷刑或谋杀。

　　《涉及人类受试者的医学研究伦理原则 2013 赫尔辛基宣言》（*The 2013 Helsinki Declaration of Ethical Principles for Medical Research Involving Human Subjects*）要求研究人员获得研究项目参与者或其授权监护人的知情同意。因此，在开发"思维程序"时，需要进行一项评估意识是否存在的测试。如果发现意识存在，就需要对其实施法律保护、提供监督，以确保它可享受人道的、舒适的待遇。同时，还要包含允许实体退出实验的选项，如果它愿意的话。

　　解决这个问题的另一种方法是，以模块化的方式开发思维程序，测试每个独立的组件，最后将其整合到一个具有自我觉知的整体思维中。当然，这种策略能否成功实施取决于思维程序的底层架构。如果意识需要高度集成且交叉连接的组件集合，那这种方法操作起来就很困难。人类脑只是部分模块化的，有独立的脑半球和脑叶，分别负责特定的功能，但这些区域内部和之间都具有高度的互联性。

　　正如有些人喜欢科技一样，也会有人讨厌科技，这些"唱反调者"在某些情况下是出于宗教方面的考虑。他们认为科技，尤其是人造人的创造是令人憎恶的。在他们看来，只有上帝才有权创造人类，而我们那么做就是在篡夺上帝的角色。有些人反对人造人，是因为他们认为这些人造物很奇怪；另一些群体反对是因为他们害怕这些人造物及其潜力。无论什么原因，毫无疑问，这些针对网络存在形式的偏见和歧视几乎在它们被创造出来之时就会出现。罗斯布拉特称之为"肉欲主义"（fleshism），即认为有血有肉的人类意识优于其他任何形式的意识，尤其是机器或软件的意识。这些信仰可能会导致政府对人工自我的禁止或管制。

宗教与接纳 ●●●

宗教最终会接纳人工自我吗？尽管初始阶段会有不少反对的声音，但宗教最终还是有可能接纳人工自我的。近年来，天主教等一些宗教在同性恋、女祭司和节育等问题上的态度已经展示出自由化的趋势。许多宗教认为世上存在的任何事物都是上帝创造的。因此，如果人工自我存在的话，它们也会被视为上帝造物的一部分。宗教人士的思维克隆体会承袭它们的人类模仿源的宗教，既会加入到这个信仰的集会中，也可能会帮助宣讲和传播这种信仰的话语。这也是宗教有可能接纳人工自我的另一个原因。

许多宗教相信灵魂存在于身体中。一个没有躯体的人工自我可能会被视作是没有灵魂的。然而，有几个原因可以证明这一观点是站不住脚的。首先，人们认为灵魂是空灵的和非物质的。一个非物质的人工自我在某种意义上也是"空灵的"，因此这样的人工自我可被视为是一个"纯粹的"灵魂，一个占据在计算机系统里而非身体里的灵魂；第二，一旦人工自我被创造出来，其人类起源者的灵魂可能会栖居于这个人工自我里。在这种情况下，灵魂便要履行双重职责，因为它同时存在于两个地方；第三，人工自我可能会独立地发展出宗教信仰。在这种情况下，它们是"值得"拥有灵魂的。我们可以试着做出一个有趣的推测：人工自我会发展出什么样的宗教信仰呢？它们会崇拜计算吗？还是会崇拜自身的复杂性？还是会崇拜熵[1]的减少呢？

佛教似乎特别欢迎人工自我。达赖喇嘛（Dalai Lama）曾为"2045 计

---

1 熵是由德国物理学家鲁道夫·尤利乌斯·埃马努埃尔·克劳修斯（Rudolf Julius Emanuel Clausius）于 1865 年首次提出的一个重要热力学概念，最初是用来描述"能量退化"的物质状态参数之一，在热力学中有着广泛的应用。从本质上讲，熵是表征物质系统或社会系统某些内在状态混乱程度的度量。——译者注

划"（the 2045 Initiative）[1] 祈福，而提出该倡议的组织旨在制造一个像人一样的机器人，让人们可以把个人意识迁移到这个机器人上，从而获得永生。达赖喇嘛还说，他想在死后转世为 IBM 下一代下棋电脑的意识。这些陈述表明，达赖喇嘛将电脑和机器人视为在死前和死后实现意识的可行载体。

人类最终会决定不使用人工自我吗？大多数人适应能力强，且乐于享受科技进步带来的成果。人类已经适应并接受了几乎每一种形式的新技术，即使是像核能这样有明确危险性的技术。举例来说，16 个国家已经利用核能来发电，满足了他们至少四分之一的电力需求。思维克隆体或其他形式的人工生命所带来的好处将远超创造它们的成本。如果思维克隆体是我们自己的副本，那我们每个人都特别会出于各自的考虑选择将它们留在自己的身边。甚至可能会达到更为夸张的程度：有些人宁愿拥有与自己完全相同的思维克隆体，也不愿生儿育女。这些偏好的存在意味着思维克隆体将有可能会被授予公民身份，并被视为真正的人。

---

1 "2045 计划"是俄罗斯企业家、媒体大佬和亿万富翁德米特里·伊茨科夫（Dmitry Itskov）领衔创始的一个关于人类数字化永生的项目。他相信人类意识能够变成数字化的版本，存储在一个人工智能主导的合成脑上，可以支持将人连接到云端。他预言 2045 年项目团队将最终能完成人类意识的数字化。——译者注

11　数字化永生

数字幽灵　●●●○

　　最近，长寿甚至长生不老的愿望受到了越来越多的关注，这主要是因为各种各样的医学发现，比如关于端粒[1]的作用。研究人员正在研究那些活到了八九十岁甚至更久的人，以确定是哪些生活方式因素在影响着寿命。我们所有人都能永生的一种方式是生物繁殖。我们的一些特质会以基因的形式体现在我们子孙的身上，并传递给将来的一代又一代。在一定程度上，我们还能以所有电子互动总和的形式被保存到网上，包括我们曾上传的所有文本、照片、视频，我们的电子邮件事务、博客帖子，等等。但我们现在可能正在进入一个数字化永生的时代，在这个时代里，关于我们自身更详细的版本会在我们死后以信息表征的形式继续存在。

　　斯坦哈特（Steinhart）在他 2014 年出版的《数字来世：死后生命的计算理论》（*Your Digital Afterlifes: Computerative Theories of Life after Death*）一书中，对我们如何通过数字化手段获得永生进行了详细而富有逻辑的阐

---

　　1 端粒是存在于真核细胞线状染色体末端的一小段 DNA- 蛋白质复合体，端粒短重复序列与端粒结合蛋白一起构成了特殊的"帽子"结构，作用是保持染色体的完整性和控制细胞的分裂周期，因此可看作是染色体的保护籍。凭借"发现端粒和端粒酶是如何保护染色体的"这一研究成果，伊丽莎白·布莱克本（Elizabeth Blackburn）、卡罗尔·格雷德（Carol Greider）和杰克·绍斯塔克（Jack Szostak）等三位美国科学家揭开了人类衰老和罹患癌症等严重疾病的奥秘，从而获得了 2009 年的诺贝尔生理学或医学奖。他们发现：正是端粒的长短控制了细胞和人体的寿命，而且端粒不只是会执行遗传指令，还会听从你的指示。也就是说，你的生活方式等同于对你的端粒下令，让你的细胞老化得更快或更慢一点。——译者注

述。他首先将数字幽灵定义为个人的交互式数字日记。第一代幽灵只是你在脸书上的时间线。第二代幽灵包含更多有关你的信息，包括医疗记录。这些都可以转换成一个交互式软件程序，用于模拟你的个性。这种程序可以被实例化为一个化身或能够进行对话的聊天机器人。

第三代幽灵甚至会包含更多的数据。具体来说，它包含了你的脑工作时的记录，相当于目前使用功能磁共振成像等脑成像技术所记录的内容。这些数据里包含着你的感知、感受、思想和记忆。然后，将这些数据输入到电脑里，电脑就会用它们来模拟你的个性。同样，这种模拟也是交互式的，可以与他人交谈和互动。例如，访问者可以重放这种幽灵对某一天发生的事情的记录，并像观看电影一样体验它。最后是第四代幽灵，它们是第三代幽灵的改进版，能以更高的空间分辨率和时间分辨率记录脑数据，并能以毫秒级的时间间隔记录脑的状态活动直至分子水平。

在这些副本中隐含着这样一种假设：你的脑（和身体）中的信息模式等同于你的思维。思维被看作是运行在脑这种硬件上的软件（有时被称为湿件，因为脑是由软组织构成的）。这种信息处理模式是抽象的，可以从一个基座转移到另一个基座上。在这种情况下，第二个基座是能够运行模拟程序的强大计算机。一旦这台电脑复制了模式，你的思维也将被复制出来，复制的内容包括意识、自我觉知、体验感受质的能力，以及其他所有有关自我的主观现象。

功能主义认为，精神状态不仅仅是指身体状态，还包括这些状态的作用或运作。功能主义认为，只要相关过程能够实施，思维便可以在各种基底中得以实现。这样一来，思维就可以存在于动物和人类等生物中，存在于机器中，还可以存在于其他物质系统中，比如外星人的脑和身体中。关于功能主义观点的一种批判是：它隐含着二元论。二元论是一种哲学观点，认为精神和身体在内容上或属性上都是不同的。因为思维的软件内容与其物理部分是相分离的，所以前者是指将思维从一个基底中提取出来并在另一个基底中实例化的东西。而一元论者则认为，思维与脑或身体并无差异。

两者都是物质，都具有相同的属性，并遵循相同的法则。在这种情况下，思维就是脑，因此它不能与脑分离，而思维上传也是不可能的。然而，一元论并不阻碍机器变得有意识，因为意识和自我可能出现在具有不同计算活动特征的各种硬件中。同理，这种机器意识也无法转移到生物脑中。

我们假设功能主义是正确的，那么激活你的数字幽灵就是在激活你自己。实际上，你已经重生为一个计算机模拟结果。当然，这个数字幽灵和你并不完全一模一样。它可以被看作是你精神生活的完美副本，但由于涉及的材料不同，所以它就不是完全相同的你。但在这个思维活动中，你的所有相关的运作特性都被保留了下来，足以支撑你作为一个精神实体而持续存在。

思维上传 ●●○○

任何试图模仿人类思维的脑扫描设备都必须在分子级别上进行。由于身体可能也参与了思维活动，所以身体也需要被扫描。被复制的自我需要某种与之交互的环境，而地球的数字呈现就可以实现这一目的。斯坦哈特将精细的地球模拟称为玻璃容器，而设计出的玻璃容器可容纳不止一个而是许多个自我或化身。这个玻璃容器包含数字化版本的动物、植物，甚至可能微小到细菌级的东西。所需的精细程度越高，计算系统就要越强大。此外，所需的细节数量取决于各个化身所处的位置和它们的所作所为。如果玻璃容器的一部分没有被化身占据，那就可以将其"变暗"，以便在需要的地方优化分配计算资源。

要上传思维，至少需要原始的有机体、扫描设备、执行模拟过程的计算机，以及玻璃容器。作为扫描过程的一部分，有机体可能会遭到破坏，这就是分裂导致死亡的一个例子，因为个人自我在原始身体停止运转后还会继续存在。在面临生物学意义上的真正死亡时，大多数人可能都会选择思维上传，从而使自己持续存在。上传之后，自我的存在不是无形的存在，它将以信息的形式——物理性的——继续存在于计算机中。它由支撑计算机中运转的硅和电子模式组成，或是由未来先进计算系统中的任何类似物组成。

希克（Hick）提出了复活的复制理论。这个理论认为，身体的复活需要经过几个阶段才能完成。在第一个阶段，英年早逝的人被称为堕落者（Fallen）。在第二个阶段，这个人的副本会在另一个宇宙中被创造出来。到最后阶段，这个人的复制品会以复活者（Risen）的身份复活。在这种数字化版本里，我们所讲的复活就是数字复制。

玻璃容器的目的是让复活的数字化身在模拟环境中进行互动。向善型的模拟会帮助复活化身克服它们有机生命体的缺陷或使化身优于其有机生命体。这种模拟能够治愈复活化身任何的疾病或缺陷，使它们恢复到最佳的健康状态。表面上看，相较于有机的物理环境，更容易在软件模拟环境中实现这一点。接下来，从马斯洛的需求层次理论上看，化身将处于自我实现阶段。这将会是数字乌托邦的一个例子，自我能够在其中繁荣成长。

然而，原则上讲，一个人可以为复活化身创造任何类型的理想玻璃容器，包括虚拟地狱。环境的选择将取决于创造它的工程师。另一种有趣的可能性是，一个人的思维可以同时被上传到多个玻璃容器中，同时过着多种生活。最重要的是，因为存有你的思维档案和身体的备份，你（的思维）可以永远活在一个玻璃容器里，甚至直到死亡和再次重生。

脑逆向工程（全脑仿真） ●●●

前面的描述大多是假设性的，因此值得探讨一下科学发展的现状。我们到底该如何实施如此详细的脑部扫描呢？刀口扫描显微镜（KESM）是脑成像技术领域的最新发展成果。这种装置由一个切割组织的镶钻尖刀组成。装置中配置的白色光源照着从刀片上取下的条状组织，同时将图像反射到相机上，接着计算机系统处理随后形成的视频，并提供精确到细胞水平的三维重建结果。KESM 能够在 100 小时内以 300 纳米的分辨率对整个老鼠脑的体积（约 1 立方厘米）进行数字化。如果使用这样的机器扫描人类的脑，我们就可以记录每个神经元的位置和连接，提供一套静态且宝贵的数据集，并从中推断脑的功能。

霍华德·休斯医学研究所（Howard Hughes Medical Institute）的格里·鲁宾（Gerry Rubin）博士一直在利用 KESM 描绘带有 15 万个神经元的果蝇脑。他希望在 2025 年前能绘制出一个完整的图谱。保存这些数据所需的存储空间是巨大的，每天需要 100 万千兆字节。用这种方式为人类脑绘制一张完整的图谱可能需要 100 年的时间。完成这项工作所需的数据量和处理能力会随着记录细节数量的增多而增加。就处理资源的需求量来讲，原子级需要的最多，分子级次之，而细胞级最少（表 18）。

表 18　模拟人脑所需的算力

级别	CPU需求 （每秒浮点运算次数）	内存需求 （万亿字节）	价值100万美元的超级计算机 （最早制造年份）
模拟网络种群模型	10^{15}	10^2	2008
脉冲神经网络	10^{18}	10^4	2019
电生理学	10^{22}	10^4	2033
代谢组	10^{25}	10^6	2044
蛋白质组	10^{26}	10^7	2048
蛋白质复合物的状态	10^{27}	10^8	2052
复合物的分布	10^{30}	10^9	2063
单分子的随机行为	10^{43}	10^{14}	2111

来源：博斯特罗姆（Bostrom，2014）

在美国，有一个名为"基于推进创新神经技术的脑研究计划"（BRAIN）的项目。该项目的目标是构建一个连接组，它是一个关于整个人脑细胞层级上的详细布线图。欧洲也有一个类似的项目，叫作"人类脑计划"[1]，旨在

1　2009 年 7 月 22 日，瑞士神经科学家亨利·马克拉姆（Henry Markram）宣称将用计算机模拟出人类脑，且其复杂度可与真实人脑匹敌。为了支持他提出的"人类脑计划"，欧盟砸了 10 亿欧元支持这一项目，为期 10 年，旨在揭示脑奥秘。10 年后，这个"人类脑计划"项目宣告失败。这给中国"脑计划"的提出带来了很大的启示。——译者注

实现详细而逼真的人脑计算机模拟。美国的"BRAIN"项目计划分几个阶段推进：计划在五年内绘制出包含 5 万个神经元的果蝇脑髓质图；在 10 年内绘制出整个果蝇脑或鼩鼱脑皮质的图谱，这些组织结构包含 10 万到 100 万个神经元；在 15 年内绘制出斑马鱼脑或老鼠新脑皮质的图谱，它们都包含数百万个神经元；最后，在 15 年后的某个时间点绘制出人类脑的部分或全部图谱。

"人类脑计划"项目打算先使用超级计算机模拟小动物（比如老鼠）脑的功能，然后在 10 年内逐步模拟出人类脑的功能。该项目的倡导者使用不同模块来表征脑的不同区域，如丘脑或皮质。这个项目的目标并不是模拟出每个神经元，所以在计算方法学上该项目与美国的"BRAIN"项目不同。

还有美国国际商用机器公司（IBM）及其蓝色基因计划（Blue Gene）项目。他们也采用了计算方法，但只对丘脑和皮质之间的连接进行建模，对脑中除感官体验之外的其他任何部分不做模拟。2009 年，IBM 的哈门德拉·莫得哈（Dharmendra Modha）博士针对猫的脑开展了这样的工作。这是一种非常有限的模式，"虚拟猫"没有内驱力、情感和记忆。IBM 的这个项目估计只模拟了人脑的 4.5%，但他们希望在 2020 年之前能够实现整个人脑的模拟。

这有助于从小处着手，再向大处发展。计算神经科学领域的一种方法是复制新皮质柱状结构。这种结构是皮质的一部分，高 2 毫米、直径 0.5 毫米，包含着 6 万个神经元。一旦绘制和模拟出这种新皮质柱状结构的连接图，那就可以重复这种过程来模拟更大的皮质功能。换言之，可以将多个柱状结构连接在一起而产生高阶的处理单元。

脑逆向工程的一个缺点是，只能提供一种解剖学意义上的结构图，但无法提供一种完整的生理学意义上的功能图。通过分子级的连接组，我们可以知道哪些突触通路比其他的更活跃，这种问题可通过各种线索来确定，比如突触后受体的密度和突触前囊泡的数量。但是，我们仍旧只能在某一时刻对脑拍个"快照"。为了确定脑是如何感知、存储记忆和解决问题的，我们需要将其提交给计算机模拟过程，然后观察由此产生的变化。实际上，我们是在创造虚拟实验来测试虚拟脑。如果脑成像技术可以提升到我们能以这种程度的分辨率做记录的话，那我们就可以从两种技术中获得聚合的证据来相互比较。

第十章

自我的未来

　　自我是一个复杂的概念，它到底是什么，它是否保持不变，甚至它是否存在，人们对这些问题莫衷一是。自我就像一条滑溜溜的鳗鱼。一旦你抓住它，它总是不知怎么地想方设法从你的指间溜走。人们从多个角度对自我进行了研究，每个角度都有自己的观点。人们提出了许多不同种类的自我，有些相互兼容，有些则不兼容。更复杂的是，我们尝试将这些想法和自我如何与现代技术相结合并做出改变之类的问题结合在一起。

本章是本书的最后一章，共分三个部分：第一部分讨论的是改变自我的哲学与方法论；第二部分列出了关于自我的几个重要方面，以及这些方面在不久的将来可能发生的改变；在最后一部分，我们做了更多的推测，讨论了自我在遥远的未来会是什么样子。

1 改变自我

我们正处于人类历史的转折点。到目前为止，大多数工程都是为了改变我们的外部环境：我们建造了桥梁、各种建筑物、汽车和飞机，大大改善了我们的生活；医学的发展已经使我们能够消除或治疗许多疾病和功能紊乱。下一步要做的就是设计和改变"内部环境"或人类形式，旨在消除消极要素，并增强积极要素。换句话说，我们现在能够使用科学、工程和技术的工具改变我们的现状，使自己变得更好。这不仅会带来伦理和技术上的各种挑战，甚至可能会引起社会动荡，因为——正如我们已经提到的——并不是每个人都相信人性应该改变。

超人类主义 ●●●○

超人类主义是一种哲学、文化和政治运动，主张先进的技术可以解决人类面临的各种难题，并以超越我们人类现有能力的方式改善我们自身的方方面面。超人类主义者都是渴望先进的人类智能和机器智能、更长的寿命和人体功能增强的技术爱好者。它的主要管理机构是尼克·博斯特罗姆（Nick Bostrom）和大卫·皮尔斯（David Pearce）于1998年创立的世界超人类主义者协会（World Transhumanist Association），主要宗旨列于《超人类主义者宣言》（Transhumanist Declaration）中，概述如下：

在将来，技术会显著地改变人类，将通过一些方式对我们产生积极的影响，包括延长寿命、提高人类智能及人工智能、改变人类的生理和心理特征、消除疼痛和痛苦，以及迁移到外太空等。我们需要了解如何开发这些技术，并评估它们的潜在利益及风险。

超人类主义者希望我们能拥抱这些技术的发展，并在一个开放和宽容的环境中为之努力。他们认为，这比禁止或阻止它们要好。在这一点上，一个恰当的例子就是禁止从胎儿组织中提取干细胞。作为一个物种，如果我们要想成长和进步，并对我们自己的生活有更大的控制能力，那么每一个体必须在道德上有权利增强自身的心智、身体和生殖能力。

　　人们颇为关切的一个问题就是技术迅速发展所带来的潜在威胁。超人类主义者认为我们应该对此进行预测、研究，并制订相应的计划。这类危险的例子可能是一个不友善的超级人工智能。破坏性纳米机器人的传播，或是一种人类制造的致命病毒的传播。我们有必要就这种技术的使用进行理性和公开的讨论以确定最佳对策。

　　超人类主义者希望支持和帮助所有有意识的实体，无论是基因编码人类、人工智能构造物还是动物。他们的信仰在很大程度上与现代人文主义一致，但并不支持任何特定的政党、领袖或意识形态。超人类主义与人文主义之间的共通性就是一个信念——人类是至关重要的，可以通过提升理性、自由、民主和容忍度使一切变得更美好。超人类主义者推崇的第一美德就是自治，即个人能够计划、选择最适合自己的东西。如果有人想要提高自我，那很好；如果有人不愿改变，也没有关系，但每个人的决定都应得到尊重。

　　超人类主义的一个重要信念是形态自由，这指的是一种拟议的公民权利，即相关个人可根据自己的意愿或维持或改变自己的身体。这应该根据个人自身的条件，通过知情且双方同意的方式使用或拒绝使用现有的使能技术来完成。超人类主义创始人之一马克斯·莫尔（Max More）在 1993年首创超人类主义这一术语。形态自由是指不仅捍卫了提升自我的权利，而且捍卫了不这样做（如果有人做出这种选择的话）的权利，因此这一点维护了超人类主义信徒和非信徒的权利。

　　有助于改善人类自身和增强幸福感的技术有人工智能、分子纳米技术、脑机接口和神经药理学。这些技术可以用来控制我们身体的生化过程、消除疾病、延缓衰老，提高我们的智力、情感健康和对他人的关爱。此外，这些技术还有可能使我们对自己的欲望、情绪和精神状态进行精细的控制，避免疲劳、仇恨以及生气等负面情绪，增强感知快乐和欣赏艺术的能力，甚至还有可能体验到受目前身心状况的限制我们现在无法体验到的新的意识状态。以我们目前判断人的标准来讲，未来拥有这些特征的人可能不再被看作是人类，应该称为后人类。

当然，也许有些人会认为后人类这个想法令人憎恶，所以不管出于什么原因，他们都会反对在脑或身体中植入电子设备，即使这些设备是用于治疗疾病而不是增强身体功能。以山达基教会（Church of Scientology）[1]为例，该教会的成员回避众多形式的现代医学。有人认为，若人的身体是由上帝创造的，那么修改它就是亵渎神明；还有一些人则认为，生物是自然而纯粹的，而将其与技术相结合则是一种诋毁且肮脏的行为。就像我们用工业副产品污染外部世界一样，有些人可能会把这些产品植入人类的身体视作一种内部污染形式。

改变的类型 ●●●

自我的改变分为两个大类，每一类又包括两个子类。第一类对应于心理学中关于先天与后天的争论。我们可以通过操控我们周围的环境（后天因素）或者我们的生物和基因遗传（先天因素）来改变自身。长期以来，我们一直在通过改变环境来改变自我，例如教育以及其他与学习相关的任何方法。然而，我们通过操纵基因来改变自我的进程才刚刚起步，潜力巨大，具体内容将在下一节详细讨论。

---

1 山达基教会是美国目前最大的"新兴宗教"，1952 年由美国多产科幻小说家 L·罗恩·哈伯德 (L. Ron. Hubbard) 创立。山达基教会有一个 S 加两个三角形构成的 LOGO。其中，S 代表 Scientology，上边三角意味着知识、责任和控制，下边三角意味着亲缘、现实和交流。山达基教在美国与其他某些国家已被认定是合法宗教，可免除税捐，但英国、加拿大、德国、法国、俄罗斯、希腊及中国并不承认山达基教是合法宗教，甚至列为纯粹邪教。——译者注

第二种类型是采用生物或技术手段。生物手段涉及对人体的直接操作，方法上包括基因工程、神经修复术和纳米机器人等。技术手段旨在创造不同于人类的人工自我，这方面的案例包括人工智能和机器人技术。两个领域将会不断发展，来自它们的研究发现也会相辅相成。未来变幻莫测，也许会出现很多全新的技术。就像计算机或互联网的发明，未来的一些技术有可能会产生极具颠覆性的广泛影响。

基因工程 ●●●

本书讨论的重点是数字自我，因此我们用大量的篇幅介绍了影响自我和改变自我的数字方式。然而，还有另外一种非常有效的改变人类本性的方法，就是直接通过改变基因来实现，这类技术称之为基因工程或基因改造——利用生物技术对生物体的基因组进行直接操作。我们可以把它定义为一系列用来改变细胞基因组成的技术，包括在物种内和物种间实现基因转移，以产生新的或改良的生物体。

鉴于基因工程的进步，我们也许能够在某一时刻通过生物手段将新的能力引入到人体。想象一下：通过操纵基因代码，一个人就能长出鳃，在水下呼吸；又或者可以长出翅膀，在天空中飞翔。对脑中能产生增强智能的神经递质和受体进行基因改变的技术已经被研发出来。在一项这类研究中，通过改变基因创造出了"超级老鼠"，这些老鼠比没有接受改变的对照组老鼠展示了更好的记忆力，走出迷宫的速度也更快。由于此类研究可能会使不同阶层的人具有不同的能力，所以它们的社会影响极其深远。只要反观一下历史，就会发现当一群人认为自己比另一群人优越时，会发生什么样的暴行。我们必须谨慎，如果"未被升级"的人选择不升级自己，他们就不会受到歧视。这里涉及的一个重要问题是，社会是否需要实施一套新的法律体系，赋予不同阶层的人以不同的权利和待遇。

很少有人会反对我们使用基因工程来消除疾病或心理障碍等不良状况。想象这样一个世界：癌症、中风、阿尔茨海默病都消失了；抑郁、精神分裂症、焦虑也都消失殆尽了。从积极的方面来看，大多数人都会选择变得更健康、更聪明、更幸福、更长寿。但谁来决定这些呢？超人类主义者认为只有成年人才有权利改变自己的身体。但是，这种改变可能需要诸如美国食品和药物监督管理局（FDA）之类的机构进行监管。而且，如果一些基因改造能力被认为不安全，可能会被彻底禁止。

其他一些颇具争议的变化需要进一步的科学研究，以评估是否存在任何长期的危险。这些问题还应该接受公开辩论，并酌情以民主方式进行表决。一些人认为，保证透明度和接受国际审议同样重要。我们可能需要建立像联合国和国际刑事法庭这样的机构来主管基因工程的评估和管理。这项工作应当以维护基本的人权和尊严的方式进行。

经济市场是基因工程应用的另一种机制。我们可以想象一下，就像向消费者宣传牙膏和染发剂一样，未来能让牙齿变白或改变头发颜色的基因也会得到推广。若一切成真，我们甚至可以预见时尚趋势的发展：人们展示着自己身体风格的变化，也许能创造出可以随时间变化的"视频纹身"（就像墨鱼的皮肤）或可以覆盖新图案的静态纹身。这样的改变是可能的，前提是我们要了解表观遗传学——在活的生物体中基因是如何表达的。

决定生孩子的父母在未来可能会有更多选择。他们可以选择在正常的有性生殖中随机混合他们的基因，正如目前的状况那样；他们也可以选择在随机混合的情况下设定某些特征；或者他们还可以选择最大程度地控制自己的后代，决定孩子的全部或大部分基因将如何表达。但是，这些选择结果将会引发一些重要的问题：如果有一种以上的智能类型，应该选择哪一种呢？数学能力比语言能力更重要吗？人们会选择创造性思维而不是分析性思维吗？你想要一个会成为艺术家还是科学家的孩子？任何人都可以做出这样的决定吗？

改变自我的各种反应 ●●●

人们对改变自我有各种不同的反应。一种反应是热情，这也是超人类主义者最明显的特征。这些人坚信科技拯救世界，能够为人类带来数不清的益处。科学狂热者是科学和工程的坚定支持者，坚信没有什么是科学最终无法解释的，也没有什么是工程最终无法创造的。还有一些人认为，创造人工自我或者从根本上改变自我是不可能的，他们坚信只有人类才有意识，有自由意志，有真正的智慧。我们把这些人称为"唱反调者"。还有一种反应是怀疑，持这一态度的人认为这是有可能的但不太现实，处于这一阵营的人坚信，创造人工自我的目标是非常难以实现的，若是真有可能发生，那必定是在遥远的未来。最后，还有一种反应是憎恶。持这一态度的人并不一定会对人工自我实现的可行性做出承诺，但他们认为，从伦理和宗教的角度来讲，这根本不应该做。他们对制造人工人的想法极度反感，认为这违背了人类的独特性。

有趣的是，这些反应与对上帝的看法是一致的。热心分子就像信上帝的自然神论者，而唱反调者就像不信上帝的无神论者。怀疑论者就像不可知论者，他们并不委身于这一种或那一种观点，但如果有新的证据出现，他们可能会改变自己的看法。而令人憎恶的反应与原教旨主义者的态度一致，他们坚信自己的事业，以至于愿意为之杀人或牺牲。这些反应都表明，我们把自我看作是神圣的，对待它就像对待神一样。

如何才能正确把控这些反应呢？我们应该承载着这些反应一往直前吗？还是禁止某些技术的产生呢？又或是限制未来机器的能力呢？一般来说，技术在本质上既非善也非恶，这是通常建议的应对思路。之所以如此，是因为这要取决于技术的使用方式。例如，我们可以说核物理学没有利害之分，但如果它被用来制造炸弹杀人，它就变得邪恶，而如果它被用来生产安全可靠的能源，它就变得有益了。不幸的是，这一论点无助于我们改变自我，因为所讨论的技术不是人们为了特定目的而使用的工具，它本身就是一个我们要实现的特定目的。人工自我若能完全实现，就不再是工具，而会变成像人一样的实体，可以自己设计和使用工具。据此定义，如果人造自我被创建出来，它甚至将不再被看作是技术。

　　莫拉韦茨（Moravec）为智能机器的持续发展提出了强有力的理由，认为如果想要人类文明生存下去，我们别无选择。他将文明中的竞争文化比作为争夺资源而竞争的生物体，并受制于适者生存的压力。那些能够维持迅速扩张和多样化的文化将会获取这些资源，从而占据主导地位并生存下去，而无法做到这一点的文化就会消亡。强人工智能所带来的自动化和高效率会使文化不断成长，变得更具多样化和富有竞争力，同时它们还要面对适者生存压力过程中出现的意料之外的各种变化，像可能威胁到人类灭绝的致命病毒或小行星撞击。当然，这样做的一大缺点就是智能机器本身有可能会威胁到人类的生存。如果它们成为我们的同辈或上级，那么它们可能会觉得我们一文不值而消灭我们。稍后会详细讨论这种可能性。

2 自我的未来

理性和情感　●●●

　　亚里士多德把人定义为理性动物。就定义而言，这仍然是一个很好的定义。若是将人脑与其他脑进行比较，我们所看到的一个主要区别就是脑新皮质——覆盖脑最顶端绝大部分的起皱区域——的大小。脑皮层负责许多高级认知过程，如推理和解决问题。即使是与人类遗传关系最亲近的黑猩猩，其脑皮质也明显较小。

　　来自额叶的一些通路会折回到由几个调节情绪反应的结构组成的边缘系统上。额叶有能力通过这些连接通路抑制情绪的激活。例如，我们可能会因为老板让我们加班而想对他大吼大叫，但通常不会这样做，因为我们知道这样做可能会被解雇。有趣的是，酒精会产生去抑制效应，削弱额叶区域对边缘系统活动的抑制，结果就是增加了脑边缘活动，情绪浮动也会变大，而额叶损伤后也会产生这种效果。

　　这些通路意味着智人[1]具备了调节自我情绪的能力。我们人类不会迫使自己凭借感觉立即行动。如果我们很生气，不需要大喊大叫；如果我们悲伤，不需要哭泣；如果我们高兴，不需要微笑。这一点极其重要，怎么强调都不过分。人类几乎所有的成就都是由认知活动和随之而来的控制情绪的能力共同作用的结果。理性促进了科学的产生并加深了我们对周围世界的理解。理性促进了工程的产生和技术的发展，并将我们提升到今天的地位。

---

　　1 智人是人属下的唯一现存物种，其形态特征比直立人更为进步。智人分为早期智人和晚期智人。早期智人过去曾叫古人，生活在距今 25 万 ~ 4 万年前。晚期智人是解剖学意义上的现代人。我们现代人就是智人，前者是后者的学名。——译者注

但这是否意味着我们应该压抑自己的情绪而永远不去体验它们呢？我们应该努力成为很酷的计算机吗？不。情感的演化是有原因的，它们是演化了的特征，使我们能够在过去祖先的某些特定生活条件下生存。例如，抑郁可能会促使我们停止无用的行为，而快乐似乎会奖励我们积极的生活行为，如饮食和性。

表达情感的秘密在于知道何时允许它发生，这取决于具体的情景。在某些情景中，表达情感当然是非常合适和健康的。认知的主要作用之一是洞悉场合并知道何时表达我们的情感。我们能在多大程度上有效地掌握这一点，可能既有遗传的基础，也有后天学习的基础。我们当中的一些人天生就容易生气，对这些人来说，爱生气可能更多地受到性情的影响。但我们也学会了如何以及何时表达我们的情感。父母可能在这方面扮演着至关重要的角色：严厉或专制的育儿方式使孩子控制情绪的能力增强，而宽容的育儿方式则会增强孩子的表达能力。宗教教义和其他文化因素等伦理规范也会对情感的表达产生影响。

在未来，我们有可能更好地控制我们的情绪。药理学和神经科学的进步可以让我们像操作开关一样启动或关闭感觉。今天感觉不够开心？拨通幸福计量仪。觉得你需要好好哭一场吗？把一切都发泄出来。同样，我们或许可以暂时提高注意力或智力。目前，各种药物都能带来这种效果，但未来的进展可能会看到更精细的控制。例如，我们可以改变情感事件的特异性、强度和持续时间。然而，就像我们今天在娱乐场合的药物案例中看到的那样，这些操作可能会受到监管，以防止事故或伤害。

控制情绪有助于我们更容易地实现理想自我。我们可以提高自己执行某些任务的动机，并防止自己被无关的悲伤或绝望情绪分散注意力。这会使我们更加努力地工作，并坚持朝着那些难以实现的目标努力，直至得以实现。如果我们能同时提高自己的智力和推理能力，这些效果将会扩大。在这方面，技术已经取得了长足的进步。在未来，我们或许能够与我们的机器融合，形成超级智能。这些方式将使我们可以离开真实的自我，而成为我们想成为的样子。

进步与创造力 ●●●

20 世纪人类见证的巨大进步，在未来还会继续吗？我们在科学、工程、技术和其他领域看到的迅速发展还会继续吗？弗吉尼亚·波斯特尔（Virginia Postrel）在她 2011 年出版的《未来及其敌人》（*The Future and Its Enemies*）一书中，提出存在两个持相反观点的群体。"中央集权论者"是那些反对变革的知识分子和政治家。他们认为，技术限制了人类状况，经济变化导致时局动荡，流行文化粗制滥造，而且消费主义会污染环境。中央集权论者希望看到一个可控的未来，期间国家通常可以根据自己的特定议程来管理这些进展。

恰恰相反，那些支持弗吉尼亚·波斯特尔主张的"活力说"的人则更偏向一个开放的社会，其中创造力、自由市场、创业精神与创新蓬勃焕发。她在书中列举了不同领域的例子，这些领域中都有因自然的试错过程而产生的全新的、意想不到的创造发明，造福了社会。在她看来，自由和法治是促进人类状况改善的必要先决条件。在此社会中，人人皆是自愿做事，特点是利益竞争，因此其具有多元化色彩。

早期，也有学者持类似的观点。20 世纪初，经济学家约瑟夫·熊彼特（Joseph Schumpeter）将历史视为一系列剧变，其中"创造性破坏"事件的发作会经常出现。他认为一项新的创新发明往往会造成暂时的失业和混乱，但随之而来的是一段时期的稳定和经济的快速增长。例如，汽车行业兴起之初，马蹄铁和马车制造商会暂时失业，但随后会重新就业，并随经济重组而赚取更多的钱。

在操作过程中，风险是不可避免的。为了获得效益，我们必须愿意承担风险。俗话说："有得必有失。"如果我们试图创造一个没有任何风险的社会，那这样的社会肯定是停滞不前的。物理学中也有类似的原理。催生多样性的动力系统"远非平衡"：它有恒定的能量输入，并且始终是不稳定的，但一直内含多样性和新颖性。大多数生物及生态系统都处在远未达到平衡的状态。当动物死亡时，它回到了平衡状态。我们似乎必须要经历一些混乱并承担一些风险，才能换来进步。

就社会进步来说，创造力和生产力都是至关重要的。我们需要那些以新视角看待事物并与我们分享他们观点的人。没有新思想以及基于新思想的发明创造，就不会有社会的进步。目前，科技的发展和全球通信交流的便捷性使得表达和分享我们创造性的声音变得更加容易。举一个关于艺术的案例分析：如今，一个崭露头角的音乐家可以使用音乐软件和合成器来作曲，而不必购买昂贵的乐器；然后，音乐家将这些歌曲上传到文件共享网站，在那里人们可以收听和购买这些歌曲。这与以前的音乐行业习惯的运作方式形成了鲜明的对比——过去，只有少数几家大型唱片公司根据大众需求挑选艺术家，然后制作出市场上绝大部分的音乐。这种旧体制下，音乐风格十分相似，人们可以做出的选择也相当少。实际上，音乐产业风格单一已有十年甚至更久的时间——包括摇滚、非主流摇滚、垃圾摇滚和嘻哈。如今，很多小乐队创造出了多种多样的风格。此外，消费者也有发言权，而不是由唱片公司高管决定制作什么。消费者可以在网上独立发表评论，或者为作品给出我们自己觉得配得上的评分等级。这种被称为众包（crowdsourcing）的反馈形式更加民主。

随着软件和信息共享技术的进一步发展，我们每个人都能更好地表达自己的奇思妙想。想象一下这样一个世界：我们每个人都可以制作电子游戏、拍摄长电影，或者写小说，然后在网上销售这些产品。同样值得一提的是，这些进步让我们更容易搜索和定位我们喜欢的艺术类型。搜索引擎只是一个开始，但网飞（Netflix）、潘多拉（Pandora）和亚马逊（Amazon）等公司已开发了能根据你以前的购买选择轻松推荐你可能喜欢的商品的算法。

创造力是人类精神的一部分，有人认为这就是让我们人类独一无二的特性，因而永远无法用机器来复制。幸运的是，事实并非如此。我们越是了解这一特性，就越能理解该如何以人工方式实现它，从而更好地利用这方面的知识来提高我们的创造力。人工智能和机器人领域的研究人员已经对创造力进行了一段时间的研究，并成功地研发出了很多软件和硬件程序，可以绘画、作曲、写小说或作诗；还有一些在科学和数学上具有创造性的程序能够推导出行星运动的规律、发现新的化学理论，并提出数学定理。创造力是众多劳动付出中不可或缺的一部分，若能提升这种能力，将会大大增加我们做事的成功率，并增强我们的自尊心，还能使我们参与到更广泛的活动之中，以便我们可以更好地发现我们是谁以及想成为什么样的人。

侵略 ●●●

　　人类的历史揭示了一个非常明显的特征：战争。这似乎是人类真正擅长的一件事。我们似乎从来没有从过去的错误中吸取教训，无论死亡人数有多少或暴行有多可怕，我们一直无法彻底摆脱这一祸害。若从进化论角度来解释战争，那战争就是为了争夺稀缺资源，而消灭竞争对手，意味着自己的群体有了更多的土地、食物和其他东西。虽然战争是一种社会现象，但其根源却是来自个人，源于个人的侵略性和对权力的强烈欲望。

　　正如我们目前所知，暴力和侵略是人类本性的一部分。如果基因工程成为可能，我们也许能够消除或者减少各种形式的侵略行为。很少有人会反对终止欺凌、盗窃、强奸、酷刑或谋杀。但是，我们要小心，千万不要"眉毛胡子一把抓"，一概舍弃。具有侵略性的信心、野心和竞争力等方面可能是我们想要保留的。和平的社会只不过是乌托邦而已，但若只是想要我们都变得谦和而温顺，那就不是这样了。具有攻击性可能是需要不断超越，这有助于激励我们克服障碍并取得成功。如果这种驱动力能够在不伤害他人的情况下得到保护，那还是不错的。

　　我们很容易被权力、支配和控制他人的欲望所诱惑。若再结合侵略性，对权力的追求可能比其他任何心理特征对人类社会造成的伤害都要大。往小了说，可能会导致谋杀、强奸和盗窃；往大了说，可能会导致军事政变、独裁、压迫、战争和种族灭绝。社会中权力的不平等分配会产生（也是其结果）刻板印象、种族主义、性别歧视和阶级歧视，而未来的技术可能会让我们消除或调控这些消极态度。

攻击性与自我之间的关系是复杂的。侵略以及与之相关的心态——比如憎恨——肯定会妨碍我们做最好的自己。如果我们能驯服这头野兽，并对由此产生的能量加以引导，聚焦于具有创造性的渠道上，这将是人类的福音。

性 ●●●

在本节，我们将讨论性以及技术已经和将会对性产生的影响。与人工制品做爱是坏事吗？也许是的，但人类历史表明，这不只是现代才有的一种做法。在古希腊神话中，国王皮格玛利翁（Pygmalion）雕刻了一座非常美丽的雕像，并爱上了她，还给她起名叫伽拉忒亚（Galatea），他祈求爱神阿弗洛狄忒（Aphrodite）[1]把这个雕像变成真实的。有一天，当他亲吻伽拉忒亚时，她真的变成真人了。在 19 世纪的法国，就有关于人造阴道以及真人大小的"淫乱玩偶"的广告，只需 3 000 法郎就能买到这些玩偶的模型。如今，我们可以看到有人售卖适用于女性（和男性）的振动器，以及适合于两性的性爱机器。在 20 世纪 80 年代，充气娃娃很受欢迎。到了 90 年代，出现了各种各样由乳胶或硅制成的性玩偶，在外观上变得更加逼真。未来又会发生什么呢？极有可能会出现性功能完善的"雌性机器人"，即女性机器人，且在大多数方面与真人没有差别，同时也会有男性版本的机器人。

大卫·列维（David Levy）通过引用研究数据列出了人们想要做爱的主要原因："纯粹为了快乐""取悦我的伴侣""表达爱和亲密的情感"。接

---

1 阿弗洛狄忒是古希腊神话中爱情与美丽的女神，同时也是性欲女神，奥林匹斯十二主神之一。阿弗洛狄忒生于海中浪花，被奉为航海的庇护神。她拥有白瓷般的肌肤、金发碧眼和古希腊女性完美的身材和相貌，象征女性的美丽，被认为是女性身体美的最高象征。——译者注

着，他认为，机器人最终将能满足所有这些需求。我们可以通过编程给这些机器人载入不同的、也许比一般的人类伴侣更好的性技能，并将它们训练得比人类更富有爱心，能够辨识主人特定的情感暗示和性格特质，并给出合适的响应。鉴于过去我们曾与物品发生性关系的历史和将来的性用品可以满足我们的需求，大卫得出一个结论：作为一个社会，我们最终将决定使用它们。近年来，我们对同性恋、同性婚姻、口交和通奸的看法越来越开放，从文化上对性的态度也越来越宽容。他认为，这也将有助于我们接受与机器人发生性关系。

除了性爱机器人，技术的进步最终会催生出虚拟现实世界的性。虚拟现实护目镜、耳机和紧身衣将提供感官反馈，这样当一个人移动或行动时，模拟的世界就会做出相应的反应。紧身衣将被修改以刺激生殖器。通过这种方式，人们可以与模拟的伴侣有一个完整的性体验，即使两个人相隔数千英里，他们也可以穿上紧身衣彼此互动起来。

大卫·列维预计，我们将会在本世纪中叶看到性爱机器人和性爱虚拟现实，甚至可能更早。他预测，男性将是第一批使用者。同时，他提到了这么做的一些好处：少女怀孕、堕胎、性传播疾病和恋童癖都会大大减少。对那些失去配偶或长期伴侣的人来说，性机器人也不失为一种选择。乔·斯内尔（Joe Snell）在他出版的《机器人性爱的影响》（*Impacts of Robotic Sex*）一书中也对未来进行了推测，并描述了三种可能出现的情景。第一种可能是"技术处女"的出现，这一代人在成长过程中从未与真正的伴侣发生过性关系；第二种是我们会看到那些自认为是异性恋的人使用这项技术体验同性性行为，反之亦然；第三，与机器人性爱可能会比人类性爱更美好。因此，相较于人类的真实性爱，与性爱机器人做爱将更受追捧。

性也许最好被看作是一种呈持续状态的过程，而不是一种要么全有、要么全无的事情。例如，人们可能被贴上介于异性恋和同性恋之间的标签，或者被贴上处于性欲高涨和性欲低迷之间的标签。这可以从人类实施性行为的许多表现方式中得到证实：直男、男同性恋、女同性恋、双性恋、变性人、无性恋，等等。像虚拟现实性爱模拟和性爱机器人这样的技术将会更好地让我们探索自己的性身份和发现人类的性本质。他们将使生活更加愉快和有趣。

爱 ●●●

2007 年，大卫·列维在他的《与机器人的爱和性》一书中对未来人类与机器人的亲密关系提出了一个深入的论点。对很多人来说，如今这个想法看起来很荒谬，但很有可能成为现实。首先会有这样一个问题：人类为什么会爱上机器人呢？列维列举了人们坠入爱河的 10 个原因。这些原因主要是指对我们这样的人、对具有特定人格特质的人或对将会反过来爱我们的人的渴望。机器人可以满足所有标准。事实上，若将机器人的程序设定得当，使其行动合理，它们甚至会超越这些标准。其他原因还包括为了新奇和刺激，为了拥有一个呼之即来的爱人，作为失去伴侣的替代者，以及作为心理治疗的一部分。

人们依恋自己拥有的物品的案例数不胜数，比如孩子的毛毯或泰迪熊，或者成年人的汽车或电脑。我们使用和体验这些物品的时间越长，对它们的感情就越深。根据心理学家迈阿里·基科赞米哈维（Mihaly Csikszentmihalyi）和尤金·罗奇伯格 - 霍尔顿（Eugen Rochberg-Halton）的观点，我们给这些物品赋予了特殊的意义或"精神能量"。物品或商品现在变成了独特的私人东西：已经成为其主人存在的一部分及自我的延伸。

互联网约会网站也是见证我们人类与非人类实体相爱的证据。许多情侣在网上相遇，坠入爱河，然后结婚。即使早期的电子交流可能无法提供关于视觉外观、年龄或声音等广泛的信息，这种情况也会发生。如今，相亲网站上、聊天室里和即时通信中的网络恋情非常普遍，以至于美国的许多心理治疗师都将工作重点转向了处理由网络恋情引发的问题。

我们开始见识到更复杂的在线配对性能。许多在线约会网站都有精心设计的算法，帮你匹配一个完美的伴侣。有些网站甚至可以让你评估照片，以确定你想要的完美面孔和体型。这些流程值得更多次的测试和评估，以确定其有效性。如果这样的流程在未来能够得到完善，我们可能会找到一个无论外表还是性格都能让我们感到最幸福的理想伴侣。

我们也可能爱上虚拟宠物。拓麻歌子（Tamagotchi）是一种蛋形的小型电子宠物，它配有液晶显示屏，可以轻松置入手掌之中。它是日本制造的，1997年首次推出时卖得很好，2005年又推出了新版本。主人们按下按钮来模拟喂食和玩典型的亲子关系游戏。当拓麻歌子"想要"什么东西时，它会发出哔哔声；如果被忽视，它就会"生病"甚至"死亡"，这通常会让主人感到痛苦。通过养育这一主导行为，这类玩具能够满足主人对爱的基本需求。

人们很容易对这些东西产生依恋。我们会表现出感受的其他电子实体都是像Kismet这样的情感机器人。一项研究证明，当计算机程序首先"吐露"自己的秘密信息时，人们会对它更为坦诚。2004年，人工生命（Artificial Life）公司创造了一个名为薇薇安（Vivienne）的虚拟女友——一位迷人的黑发美女，男人们可以将她下载到自己的手机上，然后通过送花和巧克力来为她花钱。作为回报，薇薇安会透露自己的个人信息。也许我们喜欢电子伴侣是因为我们知道它们是不带任何偏见的，他们不会批评我们，也不会刻薄。同时，我们也可以消极地对待他们，因为我们知道他们不会难过。所有这些例子都表明，我们将有可能与机器人建立情感关系。

我们可以赋予富有爱心的机器人伴侣什么样的特征呢？它将需要长得像人、摸起来感觉像人，并且能够在某些方式上像人类那样思考，能够表达并解释我们的情感。比尔·耶格尔（Bill Yeager）认为机器人伴侣需要有同理心，能与人交谈。如果我们对机器人伴侣产生认同，那么它们就需要承受与我们人类相同的一些人性弱点：不可预测性，甚至可能生病或死亡。换句话说，我们希望它就是人类。一个称之为机器人心理学的新兴领域也许能够解决这些问题。这一领域的研究人员被称为机器人心理学家，他们致力于理解我们与机器人互动的方式。

爱也许是人类最深切的情感，与自我意识密切相关。我们爱的人展现了我们自己的身份。心理学研究表明，有着共同价值观和人生目标的伴侣才能拥有长期稳定的关系。也就是说，相较于（三观）与我们差别较大的伴侣，与我们情投意合的相似伴侣会更好相处。爱反映了我们高度重视的东西，这同样适用于柏拉图式的恋爱。我们喜欢做的事情是我们自身需求和渴望的表达。虚拟现实模拟和机器人将使我们能够去探索和表达更广泛的爱好和兴趣。

高阶价值 ●●●

我们可以通过行动来获得或保留价值，而美德是我们获得价值的方式。换言之，价值是目标，美德是实现该目标所需的行动或行为。只有重视知识的人才能亲身去践行学习这一美德。我们还需要考虑动机这一因素，因为动机这种感受能够驱使我们获得价值。在上面的例子中，感到无知可能是一种感受。动机不是行动本身，它是行动的驱动力。

所有动物，包括人类，都有其内在的价值体系。大多数动物生来就看重同样的东西，它们的四个基本动机就是由反馈回路调节的口渴、饥饿、性和睡眠。一般来说，无法满足基本动机的时间越长，对行为的驱动力就越强烈。不吃午饭会让我们更饿，这就产生了强烈的寻找食物的驱动力。一旦获得了食物，这种驱动力就会得到满足，但随后会随着时间的推移再次建立起来。

我们这些生活在现代国家的人处在良好的环境中，让我们很少感到口渴、饥饿、欲火中烧或疲惫，因为这些需求可以通过一种相对容易的方式得到满足。如果这些问题都解决了，我们该怎么办呢？然后是什么能激发我们的行为呢？你可能还记得在"自我心理学"那一章中，心理学家亚伯拉罕·马斯洛提出了需求层次理论。这里我们只讨论他设计的需求层次金字塔顶端的那些需求。如有需要，请回头参阅第三章那一节内容。

在未来，社会将更重视较高层次的价值观，因为现代化和科学将会顾及较低层次的价值观，那我们怎么做才能让他人满意呢？与同事、朋友和家人建立良好的关系可以满足归属感的需求。建立和维持社会关系在未来应该会变得更容易，因为我们将有基于人格兼容性的匹配算法，这将会产生更持久、更令人满意的社会关系，减少社会冲突，降低离婚率，并在幸福的家庭中培养出更健康的孩子。

成就让我们自我感觉良好，这将能够满足我们的自尊心需求，该需求就是关于卓越的。随着自动化程度的日益提高，我们将会见证机器人和机器接管我们现在所做的大部分工作，这可能会降低我们的自尊心，打击我们的自豪感。如果我们任何事情都不能做得像我们自己的创造物那样好，那我们还有什么用呢？与其自怨自艾，不如化此为动力，努力去做好机器做不到的事情。然而，这种情况可能只是暂时的，因为增强可以提高我们的能力，使其匹配或超越机器的能力。我们或许能够看到，生物与技术的融合带来的可能并不是人类与机器之间的竞争，而是合作。

好奇心与探索精神是人类的重要特征。我们在未来需要继续探索宇宙并深化我们对它的理解，从而满足马斯洛金字塔中该层次的需求。审美价值是更高层次的追求，主要是通过艺术的生产和欣赏得以满足。未来艺术将会如何演变？大多数人认为艺术是计算机最不擅长的领域，但事实并非如此。现在许多计算机程序可以创作诗歌和音乐、绘画，甚至写小说。创造力可以像其他任何技能一样被分析和形式化。在将来，算法能够根据我们的个人喜好定制艺术作品。

这种定制方式将是我们未来的主要特征之一。一旦深谙我们的审美偏好和兼容性，就可以将我们与任何东西进行匹配，从完美丈夫到美味三明治。算法甚至可以读懂我们当下特定的情绪与欲望，并调整匹配过程以适应这些起伏现象。计算机还将使我们以前所未有的方式表达我们的创造力。可能会有一些程序让我们能够创建逼真的 3D 电影或虚拟现实模拟，还有一些教程类程序可以观看我们作画并向我们提供专家反馈。

马斯洛认为，自我实现是人类最高级别的价值，是一个人作为个体的终极表现。我们每个人都有独特的特质和技能，践行它们是我们快乐来源的一部分。未来的计算机程序或许将能够帮我们评估这些特质和技能到底是什么，并就我们可以追求的自我实现目标提出建议。对一个人来说，这可能是教学；对另一个人来说，就可能是一场马拉松比赛。

作为个体，我们需要明白的是，要完成自己生命中任何有意义的事情都需要花费很长时间。据估计，成为一名专家需要大约 1 万小时的练习。按照每天工作 8 小时算，也就是连续工作 3 年半。如果只是作为自己的一个爱好，每天仅投入两个小时，那就需要 13.8 年！不同职业的难度水平是不同的。就神经外科而言，达到专家水平估计需要 42 240 个小时；而成为瑜伽领域的专家只需要 700 个小时。当然，若是天才，速度会加快。我们大多数人只能花时间去掌握一种职业技能。要获得比这更多，就意味着需要做大量额外的工作。

价值观对于文明的繁荣至关重要。马斯洛的需求层次理论只是一个出发点，而不应该将其看作绝对真理。还有许多其他价值观他没有提到，比如智慧和生产力。那宽容和多样性呢？作为一个社会，我们需要就价值观进行讨论，以确定它们的重要性。还缺其他哪些价值观呢？哪个价值观更重要呢？我们应该利用基因工程把价值观灌输给人们吗？我们可以想象一下，如果我们都有动力在自己所做的每一件事上表现得出类拔萃，人类会取得怎样的成就。我们有可能将一种类似饥饿的感觉植入人体内，这种感觉会随着其相关价值无法满足的时间延长而逐渐增强。这将促使人们更加努力地工作，并更加深入地思考他们的所作所为。当然，这需要是自愿的，不能在未经同意的情况下强加于任何人。

超越性 ●●○○

超越性可以涵盖很多事情，但一般来说，它指的是随新发现的力量而上升到一种高级意识形式。这与宗教有很多相似之处——在宗教中，人死后灵魂会升入天堂，并在其中以天使或上帝的形式永远存在着。在大多数信仰中，这些实体都拥有控制尘世间的力量。在人工智能界，超越性是指将我们的意识上传到计算机系统中，这样就可以永远驻扎在那里，与其他思想互动并拥有广泛的意识。生物学上，超越性似乎相当于创造一种新层次的组织，比如分子形成细胞，然后产生意识之类的东西。

实现超越的方式多种多样，包括思想上传和电脑神经接口。另一种获得超越性的方法会涉及生物增强。想象一下，若是能够将一个额外的脑皮质移植到脑上，就可以极大地提高我们的思维能力，或者为我们提供以某种尚未实现的方式思考的能力。这种方法可辅以药物来强化：服用药物可以提高我们的注意力、记忆力和解决问题的能力。超越性不仅仅意味着对现有技能的增强，还将涉及对我们的思维方式进行质的、剧烈的改变；除非我们经历过这种改变，否则我们可能永远无法想象甚至理解它。

让机器拥有智能是一回事，而若要使其有意识——我们拥有觉知的主观状态，则完全是另一回事。如果我们能造出一台有意识的机器，它可能会就如何提高我们自己的意识给我们带来启示。另外，我们还可以与机器的意识状态建立接口，并对其共享。这种结合可能是一种超越形式。

近年来，一些研究人员通过设计计算机程序希望能探索出意识的迹象。还有一些研究人员采用了生物学方法，设计了基于脑运作方式的模型。伊戈尔·亚历山大（Igor Aleksander）提出的马格纳斯（MAGNUS）模型再现了视觉感知过程中发生的神经活动。该模型模拟了将视觉输入"划分"成不同的信息流，以处理物体的不同属性，如颜色和形状。科特里尔（Cotterill）也采用了神经方法，创造了一个虚拟的"孩子"，目的是在模拟环境下基于感知-行动的耦合去学习。

其他研究人员则采用了认知或信息处理的思路。海科恩（Haikonen）提出了一种基于跨模态关联活动的认知模型。在此模型中，意识体验是关联处理——一个特定知觉激活了各种各样的相关过程——的结果。富兰克林（Franklin）建立了一种基于全局工作空间理论的意识机器模型。他在程序中设置了一系列迷你智能体来充当"聚光灯"引起关注。全局工作空间模型使用了一个剧场式的思维隐喻——"登上舞台"者拥有意识知觉。

　　人类能否构建一个有意识的人工物体还有待观察。如果意识或超越性需要某种程度的复杂性，那么我们可能需要等到人类开发出能够处理这种复杂性的技术。即使人类缺乏这种能力，也不排除其他智能体存在具备这种能力的可能性。因此，原则上，有意识的人工物体仍是有可能产生的。实现超越则可能需要一种远超目前我们目睹的人脑和计算机所能承载的计算复杂性。

3 遥远的未来

人机之间的潜在结果 ●●●

　　令人惊讶的是，几位不同的作者对人类和机器未来可能共存的世界给出了相同的普遍结论。按照这些预测，有三种可能的结果。布鲁克斯（Brooks）将第一种可能性称为"诅咒"。在这种情况下，机器人或智能机器最终会超越人类的能力，同时认定我们是危险的或无关紧要的，所以它们要么会奴役我们，要么会消灭我们。在这种情况下，机器的各种能力都优于我们，但按照我们的标准，它们的行为显然是不道德的。事实上，它们的行为与人类自己过去的行为十分相似，充斥着奴隶制、战争和种族灭绝。

　　对于第二种可能的情形，布鲁克斯称之为"拯救"。机器在不断发展，也许在某些方面会超越我们人类。在这个可能性的结果中，它们成了人类的灵丹妙药，接管了所有形式的劳动，找到了治疗疾病的方法，并解决了社会问题，或许还充当了人类意识的容器，使我们在肉体死亡后仍能继续生存下去。在这种情况下，人与机器之间存在着一种仁慈关系。人类要么完全控制机器，要么放弃一定程度的控制，以避免产生不良后果。

　　布鲁克斯称第三种可能为"第三条路径"，即人与机器在此平等共存。纵观历史，人类一直在开发和使用技术来改善我们的生活，万事万物一直在以同样的方式延续着。在这种情况下，机器永远不会发展到足以对人类构成威胁的程度，而是一直处于人类的控制之下。

　　控制、复杂性和伦理是决定上述预测成真的三个关键因素。如果机器最终超越了人类的能力，那么"诅咒"和"拯救"这两种情况都是有可能出现的。如果机器的行为不合乎伦理，并不受人类的控制，那前者很有可能会实现；反之若是它们的行为合乎道德，而我们保持控制或放弃控制，则后者可能会实现。在机器的复杂程度低于或等于人类，而我们对其仍拥有控制能力的情况下，才会有实现"第三条路径"的可能。这里与生物系统存在着一些有趣的类比。机器的优越性可能会导致一种寄生虫-宿主关系，从而使人类对机器产生依赖性，没有它们就无法生存。相反，势均力敌则意味着一种共生关系，两者相互依赖、共存共生。

操控机器 ●●●●

技术发展如此之快，将来有一天机器超越人类的所有能力是完全有可能的。如上所述，对人类来说，祸福难料。假设这种情况会发生，我们必须要问问自己打算如何来控制我们的创造物。卡恩（Khan）提出了几种控制自主学习系统的方法。他将第一种也是最直接的方法称之为"应急按钮"。这本质上就是一种故障保护装置或手动制动，即当机器出现不道德或暴力行为时，我们可以关闭机器。

但这种"拔掉插头"的方式并不像看起来那么容易，尤其是当涉及的机器属于分布式网络的一部分时。根据乔治斯（Georges）的说法，这需要好几个步骤，而每个步骤都有独特的困难。首先，人类要能够意识到存在着威胁，因为如果机器很聪明，它们可能会计划或掩饰自己的动机，等到人类明白过来，为时已晚。接下来，要识别需要断开连接的机器。复杂的计算机网络十分繁冗。智能实体可以非常容易地将自己从一台机器转移到另一台机器上，或者自行备份。然后，我们需要通过所有可能存在的安全措施，可能包括防火墙和复杂的屏障，旨在阻止黑客入侵。最后，我们要能够在不导致其他连接系统崩溃的情况下禁用违规实体，这在具有高度连通性的网络中也是一个问题。

心理因素也可能使我们很难拔掉插头。鉴于对这些机器的高度依赖性，关闭它们可能会让我们进入一个无法享受基本服务的"黑暗时代"。换句话说，我们可能会变得如此依赖这些智能实体，以至于关闭它们实际上就是杀死我们及它们。此外，如前所述，还需要考虑伦理因素。如果违规系统是一个人工人，那么关闭它就无异于谋杀。在采取任何行动之前，这可能需要漫长的立法辩论。

卡恩接下来提出了一种"伙伴系统"，其中一台机器可以监督或控制另一台机器的行为。在这个系统中，我们可以研发出专门用来监视其他机器行为及运行情况的"监管机器"。若是任何一台机器不守规矩，监管机器就可以关闭它们，或者向人类报告它们的活动，然后人类就可以决定下一步该做什么。

最后，卡恩指出，我们可以在机器内部设置控制系统，允许它们自己管理自己的行为。实际上，我们在第九章中已经详细讨论了该技术——可以使用结果主义、义务论或基于美德的方法让智能实体或人工人的行为变得端正。例如，我们可以对机器人进行编程，采取"手段－目的"分析方法或其他解决问题的例行流程，让它们把试图实现的价值作为目标。

发展阶段 ●●●

许多理论家认为，人类文明经历了一系列发展阶段。在发展过程中，每一个发展阶段都是下一阶段的先导，为下一阶段的发展奠定了其必要的先决条件。人们或多或少会就我们过去的发展阶段达成一致。真正的推测开始于我们对未来的预测。这些阶段的事件——至少是那些有历史数据考证的事件——呈指数增长，这意味着随着时间的推移，事件之间的时间间隔越来越短。

信息革命基本上出现于 20 世纪，这一时期的特点是信息的产生和传播。尽管刚开始时很慢，但它一直在以指数级速度发展。伴随这一时期的认知和社会变化，使用信息来完成从与他人交流到购物的每一项任务。

计算技术最显著的趋势可能就属性能了。根据摩尔定律，现在每隔 18～24 个月每一代新推出的计算机芯片就可以在集成电路中放置两倍多的晶体管，而这样做的结果就是计算能力——通过单位时间内可执行的计算量来衡量——会翻倍。自20世纪70年代以来，集成电路的主要发明者、英特尔公司前董事长戈登·摩尔（Gordon Moore）首先提出摩尔定律以来，就从未被打破。计算技术的其他方面也在迅速发展，包括随机存取存储器、磁性数据存储、互联网主机和互联网数据流量。

雷·库兹韦尔概述了关于人类信息的阶段理论（表19）。第一阶段的特征就是在物理学和化学中的信息表示；其次是第二阶段：信息在DNA中的表现；接着是信息的神经模式表示，本质上就是脑中的思想；然后是第四阶段：信息在硬件和软件设计中的表示形式，此时差不多就把我们带到了现在这个时代。接下来的两个时代是预言：第五个时代涉及科技和人类智能的融合，其本质就是脑和计算机的融合，此时生物学和技术之间的差异就消失了。

表19　库兹韦尔对信息复杂性过去阶段的总结和将来的预测

时代	描述	层级
时代1	原子结构的信息	物理学和化学
时代2	DNA中的信息	生物学
时代3	神经模式中的信息	脑科学
时代4	硬件和软件设计中的信息	技术
时代5	将生物学方法集成到人类技术的基础中	技术与人类智能的融合
时代6	宇宙中的物质和能量模式充满了智慧过程和知识	宇宙苏醒

来源：**库兹韦尔**（Kurzweil，2005）

第六个时代，也是最后一个时代，是最有争议的，因为它包含了信息在物质和能量中的渗透。在这个阶段，我们称宇宙"苏醒"了，宗教上的解释可能就是上帝的诞生，或者至少是上帝思想的诞生。在此有一个相关联的概念就是欧米伽点（Omega Point），这是法国耶稣会牧师皮埃尔·泰亚尔·德·夏尔丹（Pierre Teilhard de Chardin）提出的假设，指的是最大化的复杂性和意识，据说宇宙正朝着这个方向演化。

到目前为止，我们所描述的许多阶段都是使用定量的度量方式来评估发展，在此基础上做出预测更容易，因为我们可以按已知的数量成比例地扩展。真正难以预测的是质变。例如，也许有某种新发现的方法可以改变人脑，从而从根本上改变思维的方式。如果是这样，就很难说接下来会发生什么样的大规模变化。同样，一种新型物质或基本粒子的发现可能会彻底重组我们理解物理学的方式，导致难以预测的根本性社会改变。

在从一个阶段过渡到另一个阶段的过程中，人类可能会做出什么样的反应也是很难说的。从更广泛的意义上讲，我们可以预见到，那些反对采用新技术的人就像工业革命初期的卢德分子（Luddites）[1]一样，会指出新技术的缺点，其中包括对环境的破坏、对人类健康的危害以及对人类本质的改变。另一个极端将是像超人类主义者那样的人士，推崇各种技术进步。温和派可能将会反对某些变化，但也会同意其他改变，具体要取决于自己的政治和社会观点。

100 万年后的畅想 ●●●●

在本书中，我更关注基于发展趋势和近期历史的未来短期的技术自我。然而，推测遥远的未来可能会发生什么是一件非常有趣的事情。布罗德里克（Broderick）收集了 14 位顶尖科学家和科学作家的文章，让他们设想100 万年后人类的状态会是什么样的。这显然是遥不可及的未来，所以任何准确的预测都是毫无意义的，但看看他们都提出了哪些想法也不失为一

---

1 卢德分子（Luddites）特指参与卢德运动的人士。相传，英国莱斯特郡一个名叫奈德·卢德（Ned Ludd）的工人，为抗议工厂主的压迫，于 1779 年捣毁了织袜机，工人们尊称他为卢德王或卢德将军，此后这种捣毁机器的运动称为卢德运动，参与卢德运动的人士称为卢德分子。更一般地讲，卢德分子是指英国工业革命时期因机器代替人力而失业的技术工人。对于当时的机械社会，卢德分子们的反抗代表了当时人们面对突然而来的工业革命浪潮的迷茫与反思。后来，人类科技加快发展，生产力急速提升，卢德分子渐渐变成了贬义词，成为保守、落伍、反动、反对进步的同义词。在当代，新卢德分子的主要表现是对工业化、自动化、数字化、人工智能等新科技的反对。——译者注

件有趣的事。

　　史蒂文·B·哈里斯（Steven B. Harris）和其他专家提出，人类将发展成一个融合的群体思维，这种复合思维比任何单个人的思维都要更智能。实际上，目前它已经以共享信息的合作团队形式存在了。银行、股票市场、军事组织，甚至一个超市都是由一群人运行的，他们共同工作，相互交流，融为一个整体，这是任何一个成员无法单独实现的。电子邮件和互联网等电子通信形式方便了成员之间的信息流动，允许大量的个人参与其中。我们可以把这些将生物脑与计算机连接在一起的群体看作是原始超级智能的一部分。

　　在遥远的未来，这些网络成员之间的通信速度将会大幅提升，而这种信息传递速率将催生出更为复杂的能力。一个神经元与成千上万个邻近神经元互相发送和接收信息，从而形成了人类认知的基础。同样地，一个人实时地与其他人互相发送和接收信息也可以形成群体认知的基础。这种类型的社会计算甚至不需要一个中央组织者来协调，也不需要与计算相关的单个成员了解计算的目的或目标。就像人脑和其他生物网络一样，可以通过自组织涌现特性来执行各种任务，而无需个人对参与要素的意识。

　　众多作者一直在探讨的一个主题是，未来我们的身体会变得与现在有哪些截然不同。我们假设基因工程可以得到完善，那么我们就可以自由地对我们的身体做出极端的适应：有能让我们飞翔的翅膀，有能让我们游泳的鳃，有能够蹲举的强壮身体来适应大的、高重力的环境，等等。威尔·麦卡锡（Wil McCarthy）称我们对人类的定义将被延伸到极限。想象一下未来可能会出现机器人、类人机器人、蜂群思维和有生命的交通工具。实际上，只要经过充分的身体改造，我们就有可能变成那些希望在其他世界发现的外星人。

　　凯瑟琳·阿萨罗（Catharine Asaro）相信，我们将看到由志同道合的人组成的社区，他们决定去殖民一个星球，并像阿米什人[1]现在所做的那样，根据共享的规范创建属于他们自己的社会。人类居住地在空间上的巨大距离和差异可能会导致我们见证有分歧的进化，从而突显了人类群体在身体上和文化上的差异，包括宗教信仰、政治观点和性取向。尽管会出现这些根本性的变化，但凯瑟琳坚信"家庭"单位仍将存在，因为人们需要伴侣的陪伴、需要抚养孩子的手段或集中的经济资源。她认为对爱情的渴望也会得到保持，只不过我们可能会以不同的方式来表达，但我们会保持爱、友谊和建立关系的需要。鉴于创造这些特质的权力将掌握在我们手中，所以改变我们自己的决定必须进行民主的和开放的辩论。

罗伯特·布拉德伯里（Robert Bradbury）将巨型工程发挥到了极致。他认为人类最终将有能力制造出俄罗斯套娃式脑（MBrain）。MBrain以俄罗斯洋娃娃来命名——这种玩偶一般由多个一样图案的空心木娃娃一个套一个组成，它将是围绕太阳的一系列越来越大的壳状结构。如果这些外壳是完全封闭的，那它们将是不稳定的，所以他设想了一组同轨道运行的类似太阳帆的结构，使每个同心级别的外壳都能利用来自太阳的能量，而外边的外壳将利用相邻内壳产生的废热。每个壳层都由一种称为资源线（computronium）的物质组成，这是一种用于计算的基质。布拉德伯里认为，我们可以把自己的思维上传到资源线中，并以共享的群体思维形式存储于那里，与人工智能共存于虚拟现实中。

我们愿意走这样的极端吗？布拉德伯里认为我们可以，因为我们能得到一台太阳系大小的计算机。这样的一台计算机可以完成诸多壮举，能够在几微秒内模拟整个人类思维的历史，并在几秒钟内运行千万年的场景。

自
我
、
科
技
与
未
来

---

1 阿米什人，是美国和加拿大安大略省的一群基督新教再洗礼派门诺会信徒，以拒绝汽车及电力等现代设施，因过着简朴和与世隔绝的生活而闻名。阿米什是德裔瑞士移民后裔组成的传统、严密的宗教组织，阿米什人是基督新教的一个信徒分支，起源于 1693 年。在 18 世纪初期，许多阿米什人移居美国宾夕法尼亚州。到现在，大多数的阿米什人传统后裔仍然说"宾夕法尼亚荷兰语"。他们被称为生活在最发达国家的"古代人"。——译者注

资源线可以容纳大量的知识，比如银河系和文明历史，以及所有已知生物的详细基因组计划。MBrain 可以用于解决那些不可能完成的任务，比如如何逆转宇宙的膨胀和衰退，或者如何打开通往其他宇宙的大门。

MBrain 最终可以复制自己并传播到不同的恒星上。我们甚至可以想象一个银河系规模的 MBrain，它使用来自银河系中心超大质量黑洞的能量。这可能会连接到每颗恒星周围的太阳 MBrain，将它们组成一个巨大的银河系计算网络，这反过来又可以与其他银河系规模的 MBrain 相连接，将整个宇宙统一为一个单一的计算实体！

哎呀，我们现在有点超前呢！只有当思维上传或全脑模拟成为可能时，MBrain 中的群体思维才有可能实现。为了协调它们之间的任何集体活动，MBrain 之间的超光速通信也是很有必要的，但据我们所知，这也是不可能的。另外要提及的是，许多未来学家预测，宇宙将通过把能量和物质转化为计算的方式发展，本质上就是把宇宙变成一个单一的脑或意识实体。库兹韦尔在他总结的最后一个阶段也指明了这种演化，正如对欧米伽点和阿列夫状态（Aleph State）的想象一样。阿列夫状态被定义为存储和处理无限数量信息的点。

结语 ●●●●

遗憾的是，根据我们目前的理解，宇宙最终将会灭亡。伊姆佩（Impey）在他的《末日》（*How It Ends*）一书中详细描述了宇宙灭亡将是如何发生的。首先，太阳不会永远存在，但它将会变得更大更亮，就像过去 45 亿年来一样。5 亿年后，这种增长会使地球大气中的二氧化碳进入海洋，进而引发不良后果，将使大多数植物无法进行光合作用。

最终，极地冰盖将会融化，导致海平面上升，然后来自海洋的水将蒸发到太空中，而地球表面将变成贫瘠的沙漠。35 亿年后，我们星球的表面将会是一片干涸的岩石。10 亿年后，太阳将燃烧它的氢气外壳，体积膨胀起来，然后变成一颗红色的巨星，比现在大 250 倍，亮 2 700 倍，地球将被太阳吞没并毁灭。

我们的银河系（Milky Way）的寿命也是有限的。恒星形成所用的大部分气体已被用尽，而只会产生少数的新恒星，最终会出现红矮星、中子星和黑洞。10万亿年后，即使是红矮星也会消失，而恒星将不复存在。这些过程不仅会发生在我们的星系中，也会发生在整个宇宙的所有星系中。银河系和其他星系的残余物要到1 000亿亿年后，也就是10^{19}年后才会完全蒸发掉。宇宙最终将失去它的星系，任何恒星残骸都将被黑洞吞噬。另外，那些曾经存在于星系核心或星团中的黑洞将会相互融合。10^{100}年后，质子将会衰变，所有的恒星都将消散，甚至黑洞也会蒸发，剩下的只有中微子、电子和正电子，这是这个有序的宇宙遗留下来的粒子"汤"。

但不要灰心！我们的宇宙可能只是众多不断诞生和消亡的宇宙中的一个。平行宇宙是无限或有限可能的宇宙的集合——包含我们自己的宇宙，构成了所有的存在，涵盖了所有的空间、时间、物质和能量。从这个观点来看，多个平行宇宙是共存的。这些宇宙的性质千差万别，取决于不同的学科：宗教信仰系统或科幻小说中的宇宙观与哲学或新纪元发源地的宇宙观并不相同。最可信的观点来自天文学、宇宙学和理论物理学等科学领域。例如，其中一种观点认为，我们的宇宙诞生于另一个宇宙的黑洞，而我们宇宙中的黑洞本身又诞生了其他宇宙。

然而，这些也仅仅只是理论。到目前为止，除了我们自己的宇宙之外，我们还不能证明其他宇宙的存在。怎么会是这样呢？根据定义，我们的宇宙只是由那些我们可以观察、测量和设计相关科学理论的事物组成的。如果我们无法进入另一个宇宙，我们就不能通过定义来验证它是否存在。证明其存在需要证据，如果无法给出证据，那就不能证明事物的存在。宇宙学家保罗·戴维斯（Paul Davies）指出，因为平行宇宙论点无法被证伪，所以它实际上是一个哲学论点，而非科学论点。他认为，关于平行宇宙的争论要么是有害的，要么是准科学的。

一个有限但持续时间很长的宇宙所带来的心理影响又是什么呢？我想

对大多数人来说，应该是令人沮丧的。熟悉是一种安慰，而我们所知道的一切终将消失这一想法似乎是为了满足一屋子痛苦的法国存在主义哲学家而量身定做的。这个概念超越了我们个人的死亡。我们大多数人都认为我们死后世界还会继续，这样我们就知道子孙后代还会继续他们的生活，我们也希望他们能幸福地生活下去，这种想法多少会让我们得到一些安慰。然而，终极宇宙的概念比这更深入，主要是讲在未来某一时刻，我们所知道的和我们所爱的一切都将消失，即所有存在的一切——至少我们所经历的一切——都将消失。

这也许就是为什么那么多科学家相信平行宇宙的原因，它满足了我们同样的需要，让我们相信有来世——宗教所提供的"天堂"或"地狱"。不是我们的灵魂去了天堂，而是我们的宇宙去创造其他的宇宙，在一个永无止境的过程中自我复制。这种无穷无尽的概念相较于一切的终结更令人欣慰。因此，"无穷"不仅仅是一个数学方程中的参数，更是一个我们愿意相信的人类建构体，因为它令人感到欣慰。

对此还有另外一种更为乐观的看法。在我看来，正是人生会有终结才让生活富有意义。知道自己是凡人会迫使我们享受当下，让我们尽情享受每一次经历，无论是品尝一口陈年的马尔贝克葡萄酒，还是享受爱人的初吻。结局赋予生命意义。如果我们是不朽的或坚不可摧的，我们可能就会失去这种喜悦和惊奇的感觉。剧情电影《希腊人佐巴》（*Zorba the Greek*）中说得对，"这个世界上有太多的东西可以让我们满足：我们要学的东西，要见的人，要去的地方，永远都不会少。真正的悲剧是没有过真正的生活，不断地推迟我们的幸福，以为我们以后会有时间去享受它。"

4　总结及主要问题

　　本书涵盖大量材料，内容丰富。读者或许能够抓住主线，将整本书的内容串联起来，但是这可不简单。自我是一个复杂的概念，它到底是什么，它是否保持不变，甚至它是否存在，人们对这些问题莫衷一是。自我就像一条滑溜溜的鳗鱼。一旦你抓住它，它总是不知怎么地想方设法从你的指间溜走。人们从多个角度对自我进行了研究，每个角度都有自己的观点。人们提出了许多不同种类的自我，有些相互兼容，有些则不兼容。更复杂的是，我们尝试将这些想法和自我如何与现代技术相结合并做出改变之类的问题结合在一起。我将在这里列出一些文献中出现的重要主题，以及这些主题与数字自我的关系，使本书内容更加清晰。此清单并非详尽无遗，也没有按重要性排序。许多想法是相互关联的。

　　（1）一个人或整个人类通常被认为是生物物种的成员，而自我或身份是个人人格的一个方面。我们可以通过技术来发现我们是谁，或者创造出另一个版本的自己。我们有可能创造出有着独一无二身份的人工人。

　　（2）我们需要从不同的角度研究自我的复杂性，包括但不限于历史的、进化的、发展的、文化的、有神论的、哲学的、心理学的和神经科学的方法。

　　（3）新技术的发展将进一步加深我们对自我的理解，相关例子包括脑成像技术、修复术、脑机接口、虚拟现实、纳米技术和基因工程。赛博心理学、人工智能和机器人学等新的研究领域在帮助我们创造和理解数字自我方面取得了巨大进展。

　　（4）物质性和科学要求自我是由某种东西构成的，而不是像灵魂那样不可言喻。模式主义者和功能主义者认为，是系统的关系层面和操作层面构成了自我。如果是这样的话，那基质就无关紧要，然后我们可以将自我"上传"到电脑中，在那里它有可能扩展并永远存在。

（5）即使自我可能是不断变化的，但它也必须持续一段时间，能够解释这种持续性的可能是那些有关自我的在时间和空间条件下保持不变的方面。将我们的经历记录下来并能以记忆的方式获取它们，可能有助于感受到一种恒定的自我。数字技术能够使我们更详细地记录和存储我们的生活。重温这些记忆可能会强化或改变一个恒定的自我，但仅凭记忆能否构成自我仍存有争议。

（6）无论是在物质上还是在精神上，我们都不知道自我是否需要被限制。脑会根据感官输入来构建我们身体的表征，我们可以操纵这些输入从而让自己相信肢体被拉长了，相信自己能够拥有原本没有的肢体，甚至相信自己属于另一个身体。利用技术来获取信息可能会将我们的自我延伸到其他设备中。元胞自动机和有感知能力的软件可能不需要中心化的物理性，而是可以作为网络中的程序存在。

（7）很多不同类型的自我是由相互作用的自我组成的，如本我／自我／超我、理想自我／真实自我，以及各种特征的自我。像赛博格、人工智能程序和机器人之类的新的自我形式正在不断涌现，这其中的一些自我可能是"独立的"，与我们分离，但我们可以并将会与自己的创造物融合，来增强我们的自我并转变成全新的自我。

（8）个体的自我或子自我由不同的部分组成。存在着某种普遍共识，人们认为这些部分对应于感知、理性／认知、记忆（包括自传体记忆）、动机、情感、自我觉知、创造力和道德能动性等方面的能力。已经存在能够展示这些能力的计算机程序。自我的一个关键组成部分是主观觉知或意识，创造具有意识的软件或硬件智能体或许是有可能的。

（9）目前还不清楚自我是单一的还是分布式的实体。多数研究人员都认可的观点是，自我包括多个方面，这些方面相互作用，有时聚在一起，有时分开。神经科学的研究工作还没有证实存在任何一种单一的自我系统。

脑可能会执行协调行动（比如神经同步）来集中注意力和整合不同的自我。

（10）自我既存在于社会环境中，也存在于物理环境中，并与其他同类相互作用。社交媒体、互联网和其他形式的软件允许我们在网上创造不同版本的自己，以宣传我们的优点，并与他人建立联系。游戏中的角色扮演能够使我们演绎新的自我，改变现有的自我，并建立新的关系。

（11）无论是在现实环境中，还是在与软件交互时，自我都可能会出错，有些情况是现有的一些问题转移到了数字世界，其他一些问题则是全新的。像虚拟现实疗法这样的技术可以帮助我们识别和修复自我的异常。

（12）我们正在步入这样一个未来：我们可能会不断地栖息于自我的数字表征中，而自我的自主表征能够在我们不在场时发挥作用，这些化身将会出现在虚拟世界中，并有可能协调商业和娱乐活动。

参考文献

[1]Aarseth, E. (2001, July). Computer game studies, year one. Game Studies, 1(1). Retrieved from www.gamestudies.org.

[2]Abraham, A. (2013). The world according to me: Personal experience and the medial prefrontal cortex. Frontiers in Human Neuroscience, 7, article ID 341. doi:10.3389/fnhum.2013.00341.

[3]Ackrill, J. L. (1981). Aristotle the philosopher. New York, NY: Oxford University Press.

[4]Adler, A. (1927). The practice and theory of individual psychology. New York, NY: Harcourt, Brace & World.

[5]Aleksander, J. (2001). How to build a mind. New York, NY: Columbia University Press.

[6]Alloway, T. P., Horton, J., Alloway, R. G., & Dawson, C. (2013). Social networking sites and cognitive abilities: Do they make you smarter? Computers and Education, 63, 10–16.

[7]Allport, G. W., & Odbert, H. S. (1936). Trait-names: A psycho-lexical study. Psychological Mono-graphs: General and Applied, 47, 1–21.

[8]Amichai-Hamburger, Y. (2008). Potential and promise of online volunteering. Computers in Human Behavior, 24(2), 544–562.

[9]Amichai-Hamburger, Y., & Vinitzky, G. (2010). Social network use and personality. Computers in Human Behavior, 26, 1289–1295.

[10]Amodio, D. M., & Frith, C. D. (2006). Meetings of minds: The medial frontal cortex and social cognition. Nature Reviews Neuroscience, 7(4), 268–277.

[11]Anderson, J. R. (1984). The development of self-recognition: A review. Developmental Psychobiology, 17, 35–49.

[12]Angster, A., Frank, M., & Lester, D. (2010). An exploratory study of students'use of cell phones, texting, and social networking sites. Psychological Reports, 107(2), 402–404.

[13]Annisette, L. E., & Lafreniere, K. D. (2017). Social media, texting, and personality: A test of the shallowing hypothesis. Personality and Individual Differences, 115, 154–158. doi:10.1016/j.paid.2016.02.043.

[14]Ansari, A. (2016). Modern romance. New York, NY: Penguin.

[15]Apperley, T. H., & Clemens, J. (2017). Flipping out: Avatars and identity. In J. Gackenbach & J. Bown (Eds.), Boundaries of self and reality online: Implications of digitally constructed realities (pp. 41–56). London, UK: Academic Press.

[16]Appleby, B. S., Duggan, P. S., Regenberg, A., & Rabins, P. V. (2007). Psychiatric and neuropsychiat-ric adverse events associated with deep brain stimulation: A meta-analysis of ten years' experience. Movement Disorders, 22 (12), 1722–1728.

[17]Armstrong, D. M. (1968/1993). A materialist theory of mind. London, UK: Taylor & Francis.

[18]Aston-Jones, G., & Cohen, J. D. (2005). An integrative theory of locus coeruleus-norepinephrine function: Adaptive gain and optimal performance. Annual Review of Neuroscience, 28, 403–450.

[19]Attrill, A. (2015). Cyberpsychology. Oxford, UK: Oxford University Press.

[20]Bainbridge, W. S. (2013). Transavatars. In M. More & N. Vita-More (Eds.), The Transhumanist reader: Classical and contemporary essays on the science, technology, and philosophy of the human future (pp. 91–99). West Sussex, UK: Wiley-Blackwell.

[21]Baltzly, D. (2008). Stoicism. In Edward N. Zalta (Ed.), Stanford encyclopedia of philosophy (Winter 2012 ed.). Retrieved from https://plato.stanford.edu/archives/win2012/entries/davidson/.

[22]Banczyk, B., Kramer, N., & Senokozlieva, M. (2008, May)."The wurst"meets"fatless"in MySpace: The relationship between self esteem, personality and self-presentation in an online community. Paper presented at the Conference of the International Communica-tion Association, Montreal, Quebec, Canada.

[23]Bandura, A. (2012). On the functional properties of perceived self-efficacy revisited. Journal of Management, 38, 9–44.

[24]Bardzell, S., & Bardzell, J. (2006). Sex-interface-aesthetics: The docile avatars and embodied pixels of Second Life BDSM. Retrieved from www.ics.uci.edu/~johannab/sexual.interactions.2006/papers/ShaowenBardzi&JeffreyBardzell-SexualInteractions2006.pdf.

[25]Barenbaum, N. B., & Winter, D. G. (2013). Personality. In D. K. Freedheim & I. B. Weiner (Eds.), Handbook of psychology: Vol. 1. History of psychology (2nd ed., pp. 198–233). Hoboken, NJ: Wiley.

[26]Barnett, J., Coulson, M., & Forman, N. (2010). Examining player anger in World of Warcraft. In W. S. Bainbridge (Ed.), Online worlds: Convergence of the real and the virtual (pp. 147–160). London, UK: Springer.

[27]Barnett, L. M., Bangay, S. McKenzie, S., & Ridgers, N. D. (2013). Active gaming as a mechanism to promote physical activity and fundamental movement skill in children. Frontiers in Public Health, 1, 1–3. doi:10.3389/fpubh.2013.00074.

[28]Barresi, J., Moore, C., & Martin, R. (2013). Conceiving of self and others as persons: Evolution and development. In J. Martin & M. H. Bickhard (Eds.), The psychology of personhood: Philosophical, historical, social-developmental, and narrative perspectives (pp. 127–146). Cam-bridge, UK: Cambridge University Press.

[29]Bartle, R. A. (2004). Designing virtual worlds. Indianapolis, IN: New Riders.

[30]Batson, C. D., & Shaw, L. L. (1991). Evidence from altruism: Toward a pluralism of prosocial motives. Psychological Inquiry, 2(2), 107–122.

[31]Baudrillard, J. (1994). Simulacra and simulation (S. F. Glaser, Trans.). Ann Arbor: University of Michigan Press.

[32]Bavelier, D., Achtman, R. L., Mani, M., & Focker, J. (2012). Neural bases of selective attention in action video game players. Vision Research, 61, 132–143.

[33]Beauregard, M., Lévesque, J., & Bourgouin, P. (2001). Neural correlates of conscious self-regulation of emotion. Journal of Neuroscience, 21, 6993–7000.

[34]Beer, J. S., & Hughes, B. L. (2010). Neural systems of social comparison and the"above average" effect. NeuroImage, 49, 2671–2679.

[35]Beier, M. A. (2017). The shadow of technology: Psych, self, and life online. In J. Gackenbach & J. Bown (Eds.), Boundaries of self and reality online: Implications of digitally constructed realities (pp. 141–160). London, UK: Academic Press.

[36]Bellis, M. (2017). Exoskeleton. Retrieved from http://inventors.about.com/od/estartinventions/a/Exoskeleton.htm.

[37]Benford, G., & Malartre, E. (2007). Beyond human: Living with robots and cyborgs. New York, NY: Forge Press.

[38]Bentley, P. J. (2002). Digital biology. New York, NY: Simon & Schuster.

[39]Benway, J. P. (1999). Banner blindness: What searching users notice and do not notice on the World Wide Web (Unpublished doctoral dissertation). Rice University, Houston, TX.

[40]Berger, A. A. (2002). Video games: A popular culture phenomenon. New Brunswick, NJ:Transaction.

[41]Berger, F. K. (2014, October). Narcissistic personality disorder. In Medical Encyclopedia. MedlinePlus, US National Library of Medicine.

[42]Berry, J., Poortinga, Y., Breugelmans, S., Chasiotis, A., & Sam, D. (2011). Cross-cultural psychology: Research and applications (3rd ed.). Cambridge, UK: Cambridge University Press.

[43]Bessiere, K., Say, F., & Kiesler, S. (2007). The ideal elf: Identity exploration in World of Warcraft. CyberPsychology and Behavior, 10 (4). Retrieved from https://www.cs.cmu.edu/~kiesler/publications/2007pdfs/2007_Ideal-Elf_identity-exploration.pdf.

[44]Bingham, G. P., & Muchisky, M. M. (1993). Center of mass perception and inertial frames of reference. Perception and Psychophysics, 54, 617–632.

[45]Biocca, F., Kim, T., & Levy, M. R. (1995). The vision of virtual reality. In F. Biocca & M. R. Levy (Eds.), Communication in the age of virtual reality (pp. 3–14). Hillsdale, NJ: Lawrence Erlbaum Associates.

[46]Birnbacher, D. (1995). Artificial consciousness. In T. Metzinger (Ed.), Conscious experience (pp. 489–507). Thorverton, Devon, UK: Imprint Academic.

[47]Bizzi, E., Mussa-Ivaldi, F. A., & Giszter, S. (1991). Computations underlying the execution of movement: A biological perspective. Science, 253(5017), 287–291.

[48]Blachnio, A., & Przepiorka, A. (2015). Dysfunction of self-regulation and self-control in Facebook addiction. Psychiatric Quarterly, 87(3), 493–500.

[49]Blacker, K. J., & Curby, K. M. (2013). Enhanced visual short-term memory in action video game players. Attention, Perception, and Psychophysics, 75, 1128–1136.

[50]Blackford, R., & Broderick, D. (2014). Intelligence unbound: The future of uploaded and machine minds. New York, NY: Wiley.

[51]Blake, A., & Yuille, A. (Eds.). (1992). Active vision. Cambridge, MA: MIT Press.

[52]Blakemore, S. J., & Frith, C. (2003). Self-awareness and action. Current Opinion in Neurobiology, 13, 219–224.

[53]Blascovich, J., & Bailenson, J. (2012). Infinite reality: The hidden blueprint of our virtual lives. New York, NY: William Morrow.

[54]Bloch, C. (1972). The Golem: Legends of the ghetto of Prague (H. Schneiderman, Trans.). Blauvelt: Rudolf Steiner Press.

[55]Boellstorff, T. (2008). Coming of age in Second Life: An anthropologist explores the virtually human. Princeton, NJ: Princeton University Press.

[56]Bono, V., Narzisi, A., Jouen, A. L., Tilmont, E., Hommel, S., Jamal, W., ⋯ & Muratori, F. (2016). GOLIAH: A gaming platform for home-based intervention in autism—principles and design. Frontiers in Psychiatry, 7. doi:10.3389/fpsyt.2016.00070.

[57]Boone, G., & Hodgins, J. (1998). Walking and running machines. In F. C. Keil and R. A. Wilson (Eds.), The MIT encyclopedia of cognitive sciences (pp. 874–876). Cambridge, MA: MIT Press.

[58]Bossard, J. H. S. (1932). Residential propinquity as a factor in marriage selection. American Journal of Sociology, 38(2), 219–224.

[59]Bostrom, N. (2014). Superintelligence: Paths, dangers, strategies. Oxford, UK: Oxford University Press.

[60]Botella, C., Bretón-López, J., Serrano, B., García-Palacios, A., Quero, S., & Baños, R. (2014). Treatment of flying phobia using virtual reality exposure with or without cognitive restructuring: Participants'preferences. Revista de Psicopatología y Psicología Clínica, 19(3), 157–169.

[61]Bouchard, S. (2011). Could virtual reality be effective in treating children with phobias?

自
我
、
科
技
与
未
来

Expert Review of Neurotherapeutics, 11(2), 207–213.

[62]Bouchard, T. J., & McGue, M. (1981). Familial studies of intelligence: A review. Science, 212(4498), 1055–1059.

[63]Bown, J., White, E., & Boopalan, A. (2017). Looking for the ultimate display: A brief history of virtual reality. In J. Gackenbach & J. Bown (Eds.), Boundaries of self and reality online:Implications of digitally constructed realities (pp. 239–260). London, UK: Academic Press.

[64]Brand, M., Young, K. S., & Laier, C. (2014). Prefrontal control and internet addiction: A theoretical model and review of neuropsychological and neuroimaging findings. Frontiers in Human Neuroscience, 8, 375–390.

[65]Brass, M., & Haggard, P. (2007). To do or not to do: The neural signature of self control. Journal of Neuroscience, 27, 9141–9145.

[66]Breazeal, C. (2002). Designing sociable robots. Cambridge, MA: MIT Press.

[67]Breazeal, C., & Brooks, R. (2005). Robot emotions: A functional perspective In J. M. Fellows and M. A. Arbib (Eds.), Who needs emotions? The brain meets the robot (pp. 271–310). Oxford, UK: Oxford University Press.

[68]Brewer, B. (1995). Bodily awareness and the self. In M. Bermudez & N. Eilan (Eds.), The body and the self (pp. 291–303). Cambridge, MA: MIT Press.

[69]Brickhouse, T. C. (2000). The philosophy of Socrates. Boulder, CO: Westview Press.

[70]Brighton, H., & Selina, H. (2003). Introducing artificial intelligence. Duxford, UK: Icon Books.

[71]Bringsjord, S., & Ferrucci, D. A. (2000). Artificial intelligence and literary creativity: Inside the mind of BRUTUS, a storytelling machine. Mahway, NJ: Erlbaum.

[72]Brockwell, H. (2016, April 3). Forgotten genius: The man who made a working VR machine in 1957. TechRadar [blog]. Retrieved from https://www.techradar.com/search? searchTerm =working+vr+machine.

[73]Broderick, D. (2008). Year million: Science at thefar edge of knowledge. New York, NY: Atlas.

[74]Brooks, J. E., & Neville, H. A. (2017). Interracial attraction among college men: The influence of ideologies, familiarity, and similarity. Journal of Social and Personal Relationships, 34(2), 166–183.

[75]Brooks, R. A. (2002). Flesh and machine: How robots will change us. New York, NY: Vintage Books.

[76]Brown, A. L., Bransford, J. D., Ferrara, R. A., & Campione, J. C. (1983). Learning, remembering, and understanding. In J. H. Flavell & E. M. Markman (Eds.), Handbook of child psychology: Cognitive development (Vol. 3, 4th ed., pp. 77–166). New York, NY: Wiley.

[77]Brumbaugh, C. C., & Wood, D. (2013). Mate preferences across life and across the world. Social Psychological and Personality Science, 4, 100–107.

[78]Bruner, J. S. (1986). Actual minds, possible worlds. Cambridge, MA: Harvard University Press.

[79]Burdea, G. C., & Coiffet, P. (2003). Virtual reality technology (Vol. 1). Hoboken, NJ: Wiley.

[80]Buss, D. M. (2003). The evolution of desire: Strategies of human mating. New York, NY: Basic Books.

[81]Butler, J. (1990). Gender trouble: Feminism and the subversion of identity. London, UK: Routledge.

[82]Butler, J. (1993). Bodies that matter: On the discursive limits of"sex." London, UK: Routledge.

[83]Buxbaum, L., Dawson, A., & Linsley, D. (2012). Reliability and validity of the virtual reality lateralized attention test in assessing hemispatial neglect in right hemisphere stroke. Neuropsychology, 26, 430–441.

[84]Cabeza, R., Prince, S. E., Daselaar, S. M., Greenberg, D., Budde, M., Dolcos, F., ··· & Rubin, D. C. (2004). Brain activity during episodic retrieval of autobiographical and laboratory events: An fMRI study using a novel photo paradigm. Journal of Cognitive Neuroscience, 16(9), 1533–1594.

[85]Cacioli, J.-P., & Mussap, A. J. (2014). Avatar body dimensions and men's body image. Body Image, 11(2), 146–155.

[86]Cacioppo, J. T., Cacioppo, S., Gonzaga, G. C., Ogburn, E. L., & VanderWeele, T. J. (2011). Marital satisfaction and break-ups differ across on-line and off-line meeting venues. PNAS, 110 (47), 18814–18819.

[87]Cain, M. S., Landau, A. N., & Shimamura, A. P. (2012). Action video game experience reduces the cost of switching tasks. Attention, Perception, and Psychophysics, 74(4), 1–7.

[88]Caligor, E., Levy, K. N., & Yeomans, F. E. (2015, May). Narcissistic personality disorder: Diagnostic and clinical challenges. American Journal of Psychiatry, 172(5), 415–422.

[89]Campbell, J. D., Assanand, S., & Paula, A. D. (2003). The structure of the self-concept and its relation to psychological adjustment. Journal of Personality, 7(1), 115–140.

[90]Campbell, J. D., Trapnell, P. D., Heine, S. J., Katz, I. M., Lavallee, L. F., & Lehman, D. R. (1996). Self-concept clarity-measurement, personality correlates, and cultural boundaries. Journal of Personality and Social Psychology, 70(1), 141–156.

[91]Cao, X., Douget, A. S., Fuchs, P., & Klinger, E. (2010). Designing an ecological virtual task in the context of executive functions: A preliminary study. Proceedings of the 8th International Conference on Disability, Virtual Reality and Associated Technologies, 31, 71–78.

[92]Cardoso-Leite, P., Kludt, R., Vignola, G., Ma, W. J., Green, C. S., & Bavelier, D. (2016). Technology consumption and cognitive control: Contrasting action video game experience with media multitasking. Attention, Perception, and Psychophysics, 78, 218–241.

[93]Carlson, W. (2007). A critical history of computer graphics and animation [lecture notes]. Ohio State University. Retrieved from https://design.osu.edu/calrson/history.lesson17.html.

[94]Carmena, J. M., Mikhail, A., Lebedev, M. A., Crist, R. E., O'Doherty, J. E., Santucci, D. M., ⋯ & Nicolelis, M. A. L. (2003). Learning to control a brain–machine interface for reaching and grasping by primates. PLoS Biology 1(2): 193–208.

[95]Carr, N. (2010). The shallows: How the internet is changing the way we think, read and remember. London, UK: Atlantic Books.

[96]Carter, W. (1990). Why personal identity is animal identity. LOGOS, 11, 71–81.

[97]Cash, H., Rae, C. D., Steel, A. H., & Winkler, A. (2012). Internet addiction: A brief summary of research and practice. Current Psychiatry Review, 8(4), 292–298.

[98]Castronova, E. (2005). Synthetic worlds: The business and culture of online games. Chicago, IL: University of Chicago Press.

[99]Cattell, R. B. (1990). Advances in Cattellian personality theory. In L. A. Pervin (Ed.), Handbook of personality: Theory and research. New York, NY: Guilford Press.

[100]Chai, X. Y., & Gong, S. Y. (2011). Adolescents'identity experiments: The perspective of internet environment. Advances in Psychological Science, 19(3), 364–371.

[101]Chalmers, D. (1996). The conscious mind. Oxford, UK: Oxford University Press.

[102]Chang, C. (2015). Self-construal and Facebook activities: Exploring differences in social interaction orientation. Computers in Human Behavior, 53(6), 91–101.

[103]Chang, F. C., Lee, C. M., Chen, P. H., Chiu, C. H., Huang, T. F., & Pan, Y. C. (2013). Association of thin-ideal media exposure, body dissatisfaction and disordered eating behaviors among adolescents in Taiwan. Eating Behaviors, 14(3), 382–385.

[104]Chappell, V. (Ed.). (1999). The Cambridge companion to Locke. Cambridge, UK: Cambridge University Press.

[105]Chen, P.-H. A., Wagner, D. D., Kelley, W. M., Powers, K. E., & Heatherton, T. F. (2013). Medial prefrontal cortex differentiates self from mother in Chinese: Evidence from self-motivated immigrants. Culture and Brain, 1, 3–15.

[106]Chen, W., Fan, C. Y., Liu, Q. X., Zhou, Z. K., & Xie, X. C. (2016). Passive social network site use and subjective well-being: A moderated mediation model. Computers in Human Behavior, 64, 507–514.

[107]Cheng, C., & Li, A. Y. (2014). Internet addiction prevalence and quality of (real) life: A meta-analysis of 31 nations across seven world regions. Cyberpsychology, Behavior, and

Social Networking, 17(12): 755–60.

[108]Chestek, C. A., Gilja, V., Nuyujukian, P., Foster, J. D., Fan, J. M., Kaufman, M. T., ⋯ , & Shenoy, K. V. (2011). Long-term stability of neural prosthetic control signals from silicon cortical arrays in rhesus macaque motor cortex. Journal of Neural Engineering, 8(4), 1–11.

[109]Chester, A., & Bretherton, D. (2007). Impression management and identity online. In A. Joinson, K. McKenna, T. Postmes, & U. Reips (Eds.), The Oxford handbook of internet psychology (pp. 223–236). Oxford, UK: Oxford University Press.

[110]Chisholm, J. D., & Kingstone, A. (2012). Improved top-down control reduces oculomotor capture: The case of action video game players. Attention, Perception and Psychophysics, 74, 257–262.

[111]Choi, T. R., Sung, Y., Lee, J., & Choi, S. M. (2017). Get behind my selfies: The Big Five traits and social networking behaviors through selfies. Personality and Individual Differences, 109, 98–101.

[112]Chou, H. T. G., & Edge, N. (2012). They are happier and having better lives than I am: The impact of using Facebook on perceptions of others'lives. Cyberpsychology, Behavior, and Social Networking, 2, 117–121.

[113]Churchland, P M. (1995). The engine of reason, the seat of the soul: A philosophicaljourney into the brain. Cambridge, UK: MIT Press.

[114]Clark, A., & Chalmers, D. (1998). The extended mind. Analysis, 58(1), 7–19.

[115]Clark, G. (2003). Cochlear implants: Fundamentals and applications. New York, NY: Springer-Verlag.

[116]Clynes, M. E., & Kline, N. S. (1960, September). Cyborgs and space. Astronautics, 26–27, 74–76.

[117]Cohen, H. (1995). The further exploits of AARON, painter. Stanford Electronic Humanities Review, 4(2). Retrieved from https://web.stanford.edu/group/SHR/4–2/text/cohen.html.

[118]Cohen, J. E., Green, C. S., & Bavelier, D. (2008). Training visual attention with video games: Not all games are created equal. In H. F. O'Neil & R. S. Perez (Eds.), Computer games and team and individual learning (pp. 205–228). Oxford, UK: Elsevier.

[119]Collinger, J. L., Foldes, S., Bruns, T. M., Wodlinger, B., Gaunt, R., & Weber, D. J. (2013). Neuropros- thetic technology for individuals with spinal cord injury. Journal of Spinal Cord Medicine, 36(4), 258–272.

[120]Colzato, L. S., Van Leeuwen, P. J., Van Den Wildenberg, W. P., & Hommel, B. (2010). DOOM'd to switch: Superior cognitive flexibility in players of first person shooter games. Frontiers in Psychology, 1. doi:10.3389/fpsyg.2010.00008.

[121]Connors, E. C., Chrastil, E. R., Sanchez, J., & Merabet, L. B. (2014). Action video game play and transfer of navigation and spatial cognition skills in adolescents who are blind.

Frontiers in Human Neuroscience, 8, 133.

[122]Conway, M. A. (2005). Memory and the self. Journal of Memory and Language, 53, 594–628.

[123]Cooley, S. (2010). Social networks for Facebook. Mortgage Banking, 70(6), 84–85.

[124]Coons, P. M. (1999). Psychogenic or dissociative fugue: A clinical investigation of five cases. Psychological Reports, 84(3), 881–886.

[125]Cooper, J. M., & Hutchinson, D. S. (Eds.). (1997). Plato: Complete works. Indianapolis, IN: Hackett.

[126]Cope, D. (1996). Experiments in musical intelligence. Madison, WI: A-R Editions.

[127]Cotterill, R. (2003). CyberChild: A simulation test-bed for consciousness studies. Journal of Consciousness Studies, 10 (4–5), 31–45.

[128]Cottingham, J. (Trans.). (2013). Rene Descartes: Meditations onfirst philosophy. With selections from the objections and replies. Cambridge, UK: Cambridge University Press.

[129]Coulson, M., Barnett, J., Ferguson, C. J., & Gould, R. L. (2012). Real feelings for virtual people: Emotional attachments and interpersonal attraction in video games. Psychology of Popular Media Culture, 1(3), 176–184.

[130]Cover, R. (2016). Digital identities: Creating and communicating the online self. London, UK: Academic Press.

[131]Coyne, S. M., Padilla-Walker, L. M., & Holmgren, H. G. (2017). A six-year longitudinal study of texting trajectories during adolescence. Child Development, 89(1). doi:10.1111/cdev.12823.

[132]Craik, F. I. M., Moroz, T. M., Moscovitch, M., Stuss, D.T., Winocur, G., Tulving, E., & Kapur, S. (1999). In search ofthe self: A positron emission tomography study. Psychological Science, 10, 26–34.

[133]Crosswhite, J. M., Rice, D., & Asay, S. M. (2014). Texting among United States young adults: An exploratory study on texting and its use within families. Social Science Journal, 51(1),70–78.

[134]Csikszentmihalyi, M. (2008). Flow: The psychology of optimal experience. New York, NY: Harper Perennial Modern Classics.

[135]Curtis, H. (1983). Biology (4th ed.). New York, NY: Worth.

[136]Curtis, P. (1992/1997). Mudding: Social phenomena in text-based virtual realities. In S. Kiesler (Ed.), Culture of the internet (pp. 121–142). Mahwah, NJ: Lawrence Erlbaum Associates.

[137]Da Costa, R. T., de Carvalho, M. R., & Nardi, A. E. (2010). Exposição por realidade virtual no tratamento do medo de dirigir [Virtual reality exposure therapy in the treatment of driving phobia]. Psicologia: Teoria e Pesquisa, 26(1), 131–137.

[138]Damasio, A. (1999). Thefeeling of what happens: Body and emotion in the making of

consciousness. New York, NY: Harcourt.

[139]Damer, B. (1998). Avatars! Exploring and building virtual worlds on the internet. Berkeley, CA: Peachpit Press.

[140]Dario, P., Guglielmelli, E., & Laschi, C. (2001). Humanoids and personal robots: Design and experiments. Journal of Robotic Systems, 18(12), 673–690.

[141]David, A. S., & Kircher, T. (2003). The self and schizophrenia. Cambridge, UK: Cambridge Univer- sity Press.

[142]Deci, E. L., & Ryan, R. M. (2008). Self-determination theory: A macrotheory of human motivation, development, and health. Canadian Psychology, 49(3), 182–185.

[143]Dennett, D. (1978). Brainstorms: Philosophical essays on mind and psychology. Cambridge, MA: Bradford.

[144]Dennett, D. (1991). Consciousness explained. Boston, MA: Little, Brown.

[145]Dennett, D. (2003). Freedom evolves. New York, NY: Viking.

[146]De Renzi, E., Liotti, M., & Nichelli, P. (1987). Semantic amnesia with preservation of autobiographic memory: A case report. Cortex, 23, 575–597.

[147]Devos, T., Huynh, Q.-L., & Banaji, M. R. (2012). Implicit self and identity. In M. R. Leary & J. P. Tangney (Eds.), Handbook of self and identity (2nd ed., pp. 155–179). New York, NY: Guilford Press.

[148]Diamond, A. (2013). Executive functions. Annual Review of Psychology, 64, 135–168.

[149]Díaz-Orueta, U., Garcia-López, C., Crespo-Eguílaz, N., Sánchez-Carpintero, R., Climent, G., and Narbona, J. (2014). AULA virtual reality test as an attention measure: Convergent validity with Conner's continuous performance test. Child Neuropsychology, 20, 328–342.

[150]Diefenbach, S., & Christoforakos, L. (2017). The selfie paradox: Nobody seems to like them yet everyone has reasons to take them. An exploration of psychological functions of selfies in self-presentation. Frontiers in Psychology, 8. doi:10.3389/fpsyg.2017.00007.

[151]Dimaggio, S. G., Salvatore, G., Azzara, C., Catania, D., Semerari, A., & Hermans, H. J. M. (2003). Relationships in impoverished narratives: From theory to clinical practice. Psychology and Psychotherapy, 76(4), 385–409.

[152]Doctorow, C. (2007, April 16). Why online games are dictatorships. Information Week. Retrieved from http://informationweek.com/internet/showArticle.jhtml? articleID-1991000268pgno=1&queryText-.

[153]Dolby, R. G. A. (1989). The possibility of computers becoming persons. Social Epistemology, 3(4), 321–364.

[154]Dotsch, R., & Wigboldus, D. H. J. (2008). Virtual prejudice. Journal of Experimental Social Psychology, 44(4), 1194–1198.

[155]Doud, A. J., Lucas, J. P., & Pisansky, M. T. (2011). Continuous three-dimensional control

of a virtual helicopter using a motor imagery based brain-computer interface. PLoS One, 6(10). doi:10.1371/journal.pone.0026322.

[156]Doyle, D. (2017). Avatar lives: Narratives of transformation and identity. In J. Gackenbach & J. Bown (Eds.), Boundaries of self and reality online: Implications of digitally constructed realities (pp. 57–74). London, UK: Academic Press.

[157]Drouin, M., & Landgraff, C. (2012). Texting, sexting, and attachment in college students' romantic relationships. Computers in Human Behavior, 28(2), 444–449.

[158]Ducheneaut, N., Yee, N., Nickell, E., & Moore, R. J. (2006). Alone together? Exploring the social dynamics of massively multiplayer online games. In Proceedings of the SIGCHI Conference on Human Factors in Computing Systems(pp. 407–416). Retrieved from http://di.acm.org/citation.cfm? id-1124834.

[159]Dunn, R. A., & Guadagno, R. E. (2012). My avatar and me: Gender and personality predictors of avatar-self discrepancy. Computers in Human Behavior, 28(1), 97–106.

[160]Durkin, K., & Barber, B. (2002). Not so doomed: Computer game play and positive adolescent development. Journal of Applied Developmental Psychology, 23(4), 373–392.

[161]Durlach, P. J. (2004). Army digital systems and vulnerability to change blindness. US Army Research Institutefor the Behavioral and Social Sciences. Retrieved from http://oai. dtic.mil/oai/oai? verb=getRecord&metadataPrefix=html&identifier=ADA433072.

[162]Eberhart, R., Kennedy, J., & Yuhui, S. (2001). Swarm intelligence. San Francisco, CA: Morgan Kaufmann.

[163]Eco, U. (1984). Semiotics and the philosophy of language. London, UK: Macmillan.

[164]Ehrsson, H. H., Spence, C., & Passingham, R. E. (2004). That's my hand! Activity in premotor cortex reflects feeling of ownership of a limb. Science, 305(5685), 875–877.

[165]Ehrsson, H. H., Wiech, K., Weiskopf, N., Dolan, R. J., & Passingham, R. E. (2007). Threatening a rubber hand that you feel is yours elicits a cortical anxiety response. PNAS, 104(23), 9828–9833.

[166]Eisenberger, N .I., Inagaki, T. K., Muscatell, K. A., Byrne Haltom, K. E., & Leary, M. R. (2011). The neural sociometer: Brain mechanisms underlying state self-esteem. Journal of Cognitive Neuroscience, 23(11), 3448–3455.

[167]Ellison, N., Heino, R., & Gibbs, J. (2006). Managing impressions online: Self-presentation processes in the online dating environment. Journal of Computer-Mediated Communication, 11, 415–441.

[168]Engelhardt, H. T., Jr. (1988). Foundations, persons, and the battle for the millennium. Journal of Medicine and Philosophy, 13(4), 387–391.

[169]Epstein, J. M. (1999). Agent-based computational models and generative social science. Complexity, 4(5), 41–60.

[170]Epstein, J. M., & Axtell, R. L. (1996). Growing societies: Social sciencefrom the bottom

up. Washington, DC: Brookings Institutional Press.

[171]Erickson, K. I., Boot, W. R., Basak, C., Neider, M. B., Prakash, R. S., Voss, M. W., ⋯ & Kramer, A. F. (2010). Striatal volume predicts level of video game skill acquisition. Cerebral Cortex, 20 (11), 2522–2530.

[172]Erikson, E. (1989). Identity and the life cycle. New York, NY: Norton.

[173]Etgar, S., & Amichai-Hamburger, Y. (2017). Not all selfies look alike: Distinct selfie motivations are related to different personality characteristics. Frontiers in Psychology, 8(842), 1–10.

[174]Evans, G. (1982). The varieties of reference. Oxford, UK: Oxford University Press.

[175]Fahim, M., & Mehrgan, K. (2013). The extended mind thesis: A critical perspective. Advances in English Linguistics, 2 (1), 99–104.

[176]Faigley, L. (1992). Fragments of rationality: Postmodernity and the subject of composition. Pittsburgh, PA: University of Pittsburgh Press.

[177]Fan, C., & Mak, A. S. (1998). Measuring social self-efficacy in a culturally diverse student population. Social Behaviors and Personality: An Intersectional Journal, 26(2), 131–144.

[178]Farrer, C., & Frith, C. D. (2002). Experiencing oneself vs. another person as being the cause of an action: The neural correlates of the experience of agency. NeuroImage, 15, 596–603.

[179]Farthing, G. W. (1992). The psychology of consciousness. Upper Saddle River, NJ: Prentice Hall.

[180]Ferguson, C. J. (2013). Violent video games and the Supreme Court: Lessons for the scientific community in the wake of Brown v. Entertainment Merchants Association. American Psychologist, 68, 57–74.

[181]Ferguson, C. J., Rueda, S. M., Cruz, A. M., Ferguson, D. E., Fritz, S., & Smith, S. M. (2008). Violent video games and aggression: Causal relationship or byproduct of family violence and intrinsic violence motivation? Criminal Justice and Behavior, 35(3), 311–332.

[182]Fernald, A. (1989). Intonation and communicative intent in mothers'speech to infants: Is the melody the message? Child Development, 60, 1497–1510.

[183]Filiciak, M. (2003). Hyperidentities: Post-modern identity patterns in massively multiplayer online role-playing games. In M. J. P. Wolf and B. Perron (Eds.), The video game theory reader (pp. 87–102). New York, NY: Routledge.

[184]Fink, G. R., Markowitsch, H. J., Reinkemeier, M., Bruckbauer, T., Kessler, J., & Heiss, W. D. (1996). Cerebral representations of one's own past: Neural networks involved in autobiographical memory. Journal of Neuroscience, 16, 4275–4282.

[185]Finkel, E. J., Eastwick, P. W., Karney, B. R., Reis, H. T., & Sprecher, S. (2012). Online dating: A critical analysis from the perspective of psychological science. Psychological

Science in the Public Interest, 13(1), 3–66.

[186]Fisher, H. (2005). Why we love: The nature and chemistry of romantic love. New York, NY: HenryHolt.

[187]Flanagan, O. (2002). The problem of the soul. New York, NY: Basic Books.

[188]Flynn, James R. (2009). What is intelligence: Beyond the Flynn effect. Cambridge, UK: Cambridge University Press.

[189]Fodor, J. A. (1983). The modularity of mind. Cambridge, MA: MIT Press.

[190]Foerst, A. (2004). God in the machine: What robots teach us about humanity and God. New York, NY: Plume.

[191]Foo, C. Y. (2004). Redefining grief play. In Proceedings of the Other Players Conference. Copenhagen, Denmark. Retrieved from www.itu.dk/op/papers/yang_foo.pdf.

[192]Forgays, D. K., Hyman, I., & Schreiber, J. (2014). Texting everywhere for everything: Gender and age differences in cell phone etiquette and use. Computers in Human Behavior, 31, 314–321.

[193]Fornos, A., Sommerhalder, J., & Pelizzone, M. (2011). Reading with a simulated 60-channel implant. Frontiers in Neuroscience, 5(57). doi:10.3389/fnins.2011.00057.

[194]Fossati, H. (2004). Distributed self in episodic memory: Neural correlates of successful retrieval of self-encoded positive and negative personality traits. NeuroImage, 22(4), 1596–1604.

[195]Fossati, P., Hevenor, S. J., Graham, S. J., Grady, C., Keightley, M. L., Craik, F., & Mayberg, H. (2003). In search of the emotional self: An fMRI study using positive and negative emotional words. American Journal of Psychiatry, 160, 1938–1945.

[196]Foucault, M. (1998). The ethics of the care of the self as a practice of freedom. In J. Bernauer & D. Rasussen (Eds.), Thefinal Foucault (pp. 102–118). Cambridge, MA: MIT Press.

[197]Fox, J., & Bailenson, J. N. (2009). Virtual self-modeling: The effects of vicarious reinforcement and identification on exercise behaviors. Media Psychology, 12(1), 1–25.

[198]Frankfurt, H. (1971). Freedom of the will and the concept of a person. Journal of Philosophy, 68(1), 5–20.

[199]Franklin, S. (2003). IDA: A conscious artifact? Journal of Consciousness Studies, 10 (4–5), 47–66.

[200]Franz, C., & Stewart, A. (1994). Women creating lives: Identities, resilience and resistance. Boulder, CO: Westview Press.

[201]Fredrickson, B. L. (1998). What good are positive emotions? Review of General Psychology, 2 (3), 300–319.

[202]Fredrickson, B. L. (2001). The role of positive emotions in positive psychology: The broaden-and-build theory of positive emotions. American Psychologist, 56(3), 218–226.

[203]Friedenberg, J. (2008). Artificial psychology: The questfor what it means to be human. New York, NY: Psychology Press.

[204]Friedenberg, J. (2009). Dynamical psychology: Complexity, self-organization and mind. Litchfield Park, AZ: Emergent Publications.

[205]Friedenberg, J. (2014). Humanity'sfuture: How technology will change us. Humanity + Press.

[206]Friedenberg, J., & Silverman, G. (2016). Cognitive science: An introduction to the study of mind. Thousand Oaks, CA: Sage Publications.

[207]Frith, U., & Frith, C. D. (2003). Development and neurophysiology of mentalizing. Philosophical Transactions of the Royal Society of London B: Biological. Sciences, 358(1431),459–473.

[208]Fullwood, C., Melrose, K., Morris, N., & Floyd, S. (2013). Sex, blogs and baring your soul: Factors influencing UK blogging strategies. Journal of the American Societyfor Information Science and Technology, 64(2), 345–355.

[209]Fullwood, C., Nicolis, W., & Makichi, R. (2015). We've got something for everyone: How individual differences predict different blogging motivations. New Media and Society, 17(9),1583–1600.

[210]Fullwood, C., Thelwall, M., & O'Neill, S. (2011). Clandestine chatters: Self-disclosure in UK chat room profiles. First Monday, 16(5). Retrieved from http://firstmonday.org/ojs/index.php/fm/article/view/3231/2954.

[211]Fuss, D. (1989). Essentially speaking: Feminism, nature and difference. New York, NY: Routledge.

[212]Fuss, D. (1995). Identification papers: Readings on psychoanalysis, sexuality, and culture. New York, NY: Routledge.

[213]Gackenbach, J., Wijeyaratnam, D., & Flockhart, C. (2017). The video gaming frontier. In J. Gackenbach & J. Bown (Eds.), Boundaries of self and reality online: Implications of digitally constructed realities (pp. 161–186). London, UK: Academic Press.

[214]Gage, G., & Marzullo, T. (n.d.). Experiment: Wirelessly control a cyborg cockroach. Backyard Brains. Retrieved February 3, 2020, from https://backyardbrains.com/experiments/roboRoachSurgery.

[215]Gallagher, H. L., & Frith, C. D. (2003). Functional imaging of"theory of mind." Trends in Cognitive Sciences, 7(2), 77–83.

[216]Gallup, G. G. (1979). Self-awareness in primates. American Scientist, 67, 417–421.

[217]Gamber, B., & Withers, K. (1996). History of the stereopticon. Retrieved from httrp://www.bitwise.net/~ken-bill/stereo.htm.

[218]Gao, W., & Wang, J. (2014). Synthetic micro/nanomotors in drug delivery. Nanoscale, 6(18), 10486–10494.

自
我
、
科
技
与
未
来

[219]Gee, J. P. (2004). What video games have to teach us about learning and literacy. New York, NY: Palgrave Macmillan.

[220]Georges, T. M. (2003). Digital soul: Intelligent machines and human values. Cambridge, MA: Westview Press.

[221]Gertler, B. (2015). Self-knowledge. In Edward N. Zalta (Ed.), Stanford encyclopedia of philosophy (Winter 2012 ed.). Retrieved from https://plato.stanford.edu/archives/win2012/entries/davidson/.

[222]Gibbons, F. X. (1986). Social comparison and depression: Company's effect on misery. Journal of Personality and Social Psychology, 51(1), 140–148.

[223]Gibson, J. (2014). The ecological approach to visual perception. New York, NY: Psychology Press.

[224]Giddens, A. (1991). Modernity and self-identity. Stanford, CA: Stanford University Press.

[225]Gillespie, A., & Martin, J. (2014). Position exchange theory: A socio-material basis for discursive and psychological positioning. New Ideas in Psychology, 32, 73–79.

[226]Gillihan, S. J., & Farah, M. J. (2005). Is self special? A critical review of evidence from experimen- tal psychology and cognitive neuroscience. Psychological Bulletin, 131, 76–97.

[227]Goertzel, B. (2014). Ten years to the singularity if we really really try . . . and other essays on AGI and its implications. CreateSpace.

[228]Goertzel, B., & Pennachin, C. (2007). Artificial general intelligence. Berlin: Springer.

[229]Goldberg, A. (1997). Avatars and agents, or life among the indigenous peoples of cyberspace. In C. Dodsworth Jr. (Ed.), Digital illusion: Entertaining thefuture with high technology (pp. 161–180). New York, NY: Addison-Wesley.

[230]Goldenberg, G. (2003). Disorders of body perception and presentation. In T. E. Feinberg & M. J. Farah (Eds.), Behavioral neurology and neuropsychology (2nd ed., pp. 285–294). New York, NY: McGraw Hill.

[231]Goldstein, J., Cajko, L., Oosterbroek, M., Michielsen, M., Van Houten, O., & Salverda, F. (1997). Video games and the elderly. Social Behavior and Personality: An International Journal,25(4), 345–352.

[232]Gong, D., He, H., Liu, D., Ma, W., Dong, L., Luo, C., & Yao, D. (2015). Enhanced functional connectivity and increased gray matter volume of insula related to action video game playing. Scientific Reports, 5. doi:10.1038/srep09763.

[233]Gonzales, A. L., & Hancock, J. T. (2011). Mirror, mirror on my Facebook wall: Effects of exposure to Facebook on self-esteem. Cyberpsychology, Behavior, and Social Networking, 14(1), 79–83.

[234]Google. (2015, December 3). Step inside your photos with cardboard camera. Google Blog. Retrieved from https://googleblog.blogspot.ca/2015/12/step-inside-your-photos-

with-card- board.html.

[235]Grayson, N. (2015, March 6). Valve's VR is seriously impressive. It's also got some issues. Kotaku [blog].Retrieved from http://kotaku.com/valves-vr-is-seriously-impressive-its-also-got-some-is- 1689916512.

[236]Green, C. S., & Bavelier, D. (2006). Effect of action video game on the spatial distribution of visuospatial attention. Journal of Experimental Psychology: Human Perception and Performance, 32(6), 1465–1478.

[237]Green, C. S., & Bavelier, D. (2007). Action-video-game experience alters the spatial resolution of vision. Psychological Science, 18, 88–94.

[238]Green, C. S., & Bavelier, D. (2015). Action video game training for cognitive enhancement. Current Opinion in Behavioral Sciences, 4, 103–108.

[239]Greenfield, D. (2011). The addictive properties of internet usage. In K. S. Young & C. N. de Abreu (Eds.), Internet addiction: A handbook and guide to evaluation and treatment (pp. 135–153). Hoboken, NJ: Wiley.

[240]Gusnard, D. A., Akbudak, E., Shulman, G. L., & Raichle, M. E. (2001). Medial prefrontal cortex and self-referential mental activity: Relation to a default mode of brain function. Proceedings of the National Academy of Sciences, USA, 98, 4259–4264.

[241]Guttman, S. E., Gilroy, L. A., & Blake, R. (2007). Spatial grouping in human vision: Temporal structure trumps temporal synchrony. Vision Research, 47(2), 219–230.

[242]Habermas, T., & Bluck, S. (2000). Getting a life: The emergence of the life story in adolescence. Psychological Bulletin, 126, 748–769.

[243]Haikonen, P. (2003). The cognitive approach to conscious machines. Charlottesville, VA: Imprint Academic.

[244]Haken, H., & Levi, P. (2012). Synergetic agents: From multi-robot systems to molecular robotics. New York, NY: Wiley.

[245]Hall, J. A., Park, N., Song, H., & Cody, M. J. (2010). Strategic misrepresentation in online dating: The effects of gender, self-monitoring and personality traits. Journal of Social and Personal Relationships, 27(1), 117–135.

[246]Haraway, D. J. (1991). Simians, cyborgs, and women: The reinvention of nature. New York, NY: Routledge.

[247]Harder, Ben. (2002, May 1). Scientists"drive"rats by remote control. National Geographic.

[248]Hariri, A. R., Bookheimer, S. Y., & Mazziotta, J. C. (2000). Modulating emotional responses: Effects of a neocortical network on the limbic system. Neuroreport, 11, 43–48.

[249]Haworth, C. M. A., Wright, M. J., Martin, N. W., Martin, N. G., Boomsma, D. I., Bartels, M., ⋯ & R. Plomin. (2009). A twin study of the genetics of high cognitive ability selected from 11,000 twin pairs in six studies from four countries. Behavioral Genetics, 39, 359–370. doi:10.1007/s10519–009–9262–3.

[250]He, D., Fan, C. Y., Niu, G. F., Lian, S. L., & Chen, W. (2016). The effect of parenting styles on adolescents'cyberbullying: The mediating role of covert narcissism. Chinese Mental Health Journal, 24(1), 41–44.

[251]Heatherton, T. F. (2011). Neuroscience of self and self-regulation. Annual Review of Psychology, 62, 363–390.

[252]Heatherton, T. F., Macrae, C. N., & Kelley, W. M. (2004). What the social brain sciences can tell us about the self. Psychological Science, 13(5), 190–193.

[253]Heilig, M. (1960). U.S. Patent No. 3050870. Washington, DC: US Patent and Trademark Office.

[254]Heim, M. (1995). The design of virtual reality. In M. Featherstone & R. Burrows (Eds.), Cyberspace/cyberbodies/cyberpunk: Cultures of technological embodiment (pp. 65–77). London, UK: Sage Publications.

[255]Herwig, U., Kaffenberger, T., Schell, C., Jancke, L., & Bruhl, A. B. (2012). Neural activity associated with self-reflection. BMC Neuroscience, 13. doi:10.1186/1471–2202–13–52.

[256]Heyes, C. (1995). Self-recognition in mirrors: Further reflections create a hall of mirrors. Animal Behavior, 50, 1533–1542.

[257]Hick, J. (1976). Death and eternal life. New York, NY: Harper & Row.

[258]Hill, M. D., Jouppi, N. P., & Sohi, G. S. (Eds.). (2000). Readings in computer architecture. San Diego, CA: Academic Press.

[259]Hoeft, F., Watson, C. L., Kesler, S. R., Bettinger, K. E., and Reiss, A. L. (2008). Gender differences in the mesocorticolimbic system during computer game-play. Journal of Psychiatric Research, 42, 253–258.

[260]Hoffman, D. M., Girshick, A. R., Akeley, K., & Banks, M. S. (2008). Vergence-accommodation conflicts hinder visual performance and cause visual fatigue. Journal of Vision, 8(3). doi:10.1167/8.3.33.

[261]Hoffman, H. G., Doctor, J. N., Patterson, D. R., Carrougher, G. J., & Furness, T. A., III. (2000). Virtual reality as an adjunctive pain control during burn wound care in adolescent patients. Pain, 85(1–2), 305–309.

[262]Hofstadter, D. (2007). I am a strange loop. New York, NY: Basic Books.

[263]Hong, S. B., Kim, J. W., Choi, E. J., Kim, H. H., Suh, J. E., Kim, C. D., ··· & Yi, S. H. (2013). Reduced orbitofrontal cortical thickness in male adolescents with internet addiction. Behavioral and Brain Functions, 9(11), 9081–9089.

[264]Hood, B. (2012). The self illusion: How the social brain creates identity. New York, NY: Oxford University Press.

[265]Howell, R. (2006). Self-knowledge and self-reference. Philosophy and Phenomenological Research, 72, 44–70.

[266]Howell, E. (2010). Dissociation and dissociative disorders: Commentary and context. In

E. Petrucelli (Ed.), Knowing, not-knowing and sort-of-knowing: psychoanalysis and the experience of uncertainty (pp. 83–98). London, UK: Karnac Books.

[267]Huang, E., & Yu-Ting, H. (2013). Interactivity and identification influences on virtual shopping. International Journal of Electronic Commerce Studies, 4, 305–312.

[268]Hudson, H. (2001). A materialist metaphysics of the human person. Ithaca, NY: Cornell University Press.

[269]Huffman, K., & Dowdell, K. (2015). Psychology in action. West Sussex, UK: Wiley-Blackwell.

[270]Hunt, H. T. (1995). On the nature of consciousness. New Haven, CT: Yale University Press.

[271]Huntjens, R. J. C., Peters, M. I., Postma, A., Woertman, L., Effting, M., & van der Hart, O. (2005). Transfer of newly acquired stimulus valence between identities in dissociative identity disorder (DID). Behaviour Research and Therapy, 43, 243–255.

[272]Ichbiah, D. (2005). Robots: From sciencefiction to technological revolution. New York, NY: Abrams.

[273]Impey, C. (2010). How it ends: From you to the universe. New York, NY: Norton.

[274]Indian, M., & Grieve, R. (2014). When Facebook is easier than face-to-face: Social support derived from Facebook in socially anxious individuals. Personality and Individual Differences, 59(2), 102–106.

[275]Ipsos MediaCT. (2015). The 2015 essentialfacts about the computer and video game industry. Entertainment Software Association. Retrieved from https://templatearchive.com/esa-essential-facts/.

[276]Ishiguro, H. (2007). Scientific issues concerning androids. International Journal of Robotics Research, 26(1), 105–117.

[277]Jakobsson, M., & Taylor, T. L. (2003). The Sopranos meets EverQuest: Social networking in massively multiplayer online games. FineArt Forum 17(8), 81–90. Retrieved from http://mjson.se/doc/sopranos_meets_eq_faf_v3.pdf.

[278]James, W. (1892). Principles of psychology. New York, NY: Henry Holt.

[279]Jansari, A. S., Froggatt, D., Edginton, T., & Dawkins, L. (2013). Investigating the impact of nicotine on executive functions using a novel virtual reality assessment. Addiction, 108, 977–984.

[280]Jansz, J. (2005). The emotional appeal of violent video games for adolescent males. Communication Theory, 15(3), 219–241.

[281]Jansz, J., & Martis, R. G. (2007). The Lara phenomenon: Powerful female characters in video games. Sex Roles, 56(3–4), 141–148.

[282]Jeffery, M. (1999). The human computer. London, UK: Warner Books.

[283]Jenkins, A. C., & Mitchell, J. P. (2011). Medial prefrontal cortex subserves diverse forms

of self-reflection. Social Neuroscience, 6, 211–218.

[284]Johannson, R. S., & Westling, G. (1987). Signals in tactile afferents from the fingers eliciting adaptive motor responses during precision grip. Experimental Brain Research, 66, 141–154.

[285]Johnson, G. M., & Johnson, J. A. (2008). Internet use and complex cognitive processes. In P. Kommers and P. Isaías (Eds.), Proceedings of the IADIS International Conference e-Society (pp. 83–90). N.p.: IADIS.

[286]Johnson, M. K., Nolen-Hoeksema, S., Mitchell, K. J., & Levin, Y. (2009). Medial cortex activity, self-reflection and depression. Social, Cognitive and Affective Neuroscience, 4, 313–327.

[287]Johnson, M. K., Raye, C. L., Mitchell, K. J., Touryan, S. R., Greene, E. J., & Nolen-Hoeksema, S. (2006). Dissociating medial frontal and posterior cingulate activity during self-reflection. Social, Cognitive and Affective Neuroscience, 1, 56–64.

[288]Joinson, A. N. (2004). Self-esteem, interpersonal risk, and preference for email to face-to-face communication. Cyberpsychology, Behavior and Social Networking, 7(4), 472–478.

[289]Jones, C. M., Scholes, L., Johnson, D., Katsikitis, M., & Carras, M. C. (2014). Gaming well: Links between videogames and flourishing mental health. Frontiers in Psychology, 5. doi:10.3389/fpsyg.2014.00260.

[290]Jovanovski, D., Zakzanis, K., Campbell, Z., Erb, S., & Nussbaum, D. (2012). Development of a novel, ecologically oriented virtual reality measure of executive function: The Multitasking in the City Test. Applied Neuropsychology: Adult, 19, 171–182.

[291]Jovanovski, D., Zakzanis, K., Ruttan, L., Campbell, Z., Erb, S., & Nussbaum, D. (2012). Ecologically valid assessment of executive dysfunction using a novel virtual reality task in patients with acquired brain injury. Applied Neuropsychology, 19, 207–220.

[292]Junco, R. (2012). Too much face and not enough books: The relationship between multiple indices of Facebook use and academic performance. Computers in Human Behavior, 28(1).doi:10.1016/j.chb.2011.08.026.

[293]Kanai, R., Bahrami, B., Roylance, R., & Rees, G. (2011). Online social network size is reflected in human brain structure. Proceedings of the Royal Society B. Biological Sciences, 279(1732),1327–1334. doi:10.1098/rspb.2011.1959.

[294]Kane, R. (2005). A contemporary introduction tofree will. New York, NY: Oxford University Press.

[295]Karoub, J. (2002, December 29). Micro-electro-mechanical systems prosthetic helped save amputee on September 11. Small Times. Retrieved June 26, 2005, from www.smalltimes.com/Articles/Article_Display.cfm? ARTICLE_ID=267684&p=109 [no longer accessible].

[296]Kätsyri, J., Hari, R., Ravaja, N., & Nummenmaa, L. (2013). The opponent matters: Elevated fMRI reward responses to winning against a human versus a computer opponent during interactive video game playing. Cerebral Cortex, 23(12), 2829–2839.

[297]Kaufman-Osborn, T. (1997). Creatures of Prometheus. Lanham, MD: Rowman and Littlefield.

[298]Kawamura, K., Rogers, T., Hambuchen, A., & Erol, D. (2003). Toward a human-robot symbiotic system. Robotics and Computer Integrated Manufacturing, 19, 555–565.

[299]Keenan, J. P., Freund, S., Hamilton, R. H., Ganis, G., & Pascual-Leone, A. (2000). Hand response differences in a self-face identification task. Neuropsychologia, 38, 1047–1053.

[300]Keenan, J. P., McCutcheon, B., Freund, S., Gallup, G. G., Sanders, G., & Pascual-Leone, A. (1999). Left hand advantage in a self-face recognition task. Neuropsychologia, 37, 1421–1425.

[301]Keenan, J. P., & Wheeler, M. (2003). Self-face processing in a callosotomy patient, European Journal of Neuroscience, 18(8), 2391–2395.

[302]Kendall, L. (2002). Hanging out in the virtual pub: Masculinities and relationships online. Berkeley: University of California Press.

[303]Kennedy, H. (2002, December). Lara Croft: Feminist icon or cyberbimbo? On the limits of textual analysis. Game Studies, 2(2). Retrieved from www.gamestudios.org

[304]Kent, S. L. (2001). The ultimate history of video games. Roseville, CA: Prima.

[305]Khan, A. F. U. (1995). The ethics of autonomous learning systems. In K. Ford, C. Glymour, and P. Hayes (Eds.), Android epistemology (pp. 253–265). Cambridge, MA: MIT Press.

[306]Kilroe, P. (2000). The dream as text, the dream as narrative. Dreaming, 10 (3), 125–137.

[307]Kim, J., & Lee, J. R. (2011). The Facebook paths to happiness: Effects of the number of Facebook friends and self-presentation on subjective well-being. Cyberpsychology, Behavior, and Social Networking, 14(6), 359–364.

[308]Kim, K., & Johnson, M. K. (2010). Extended self: Medial prefrontal activity during transient association of self and objects. Social, Cognitive and Affective Neuroscience, 7, 199–207.

[309]Kim, Y., & Sundar, S. S. (2012). Visualizing ideal self vs. actual self through avatars: Impact on preventive health outcomes. Computers in Human Behavior, 28(4), 1356–1364.

[310]Kircher, T. T. J., Senior, C., Phillips, M. L., Benson, P. J., Bullmore, E. T., Brammer, M., ... & David, A. S. (2000). Towards a functional neuroanatomy of self processing: Effects of faces and words. Cognitive Brain Research, 10, 133–144.

[311]Kirschner, P. A., & Karpinski, A. C. (2010). Facebook and academic performance. Computers in Human Behavior, 26(6), 1237–1245.

[312]Klein, S. B. (2010). The self: As a construct in psychology and neuropsychological

evidence for its multiplicity. WIREs Cognitive Science, 1, 172–183.

[313]Klein, S. B. (2013). Images and constructs: Can the neural correlates of self be revealed through radiological analysis? International Journal of Psychological Research, 6, 117–132.

[314]Klein, S. B., & Gangi, C. E. (2010). The multiplicity of self: Neuropsychological evidence and its implications for the self as a construct in psychological research. Annals of the New York Academy of Sciences, 1191, 1–15.

[315]Klein, S. B., & Nichols, S. (2012). Memory and the sense of personal identity. Mind, 121, 677–702.

[316]Knobe, J., & Nichols, S. (2008). Experimental philosophy. Oxford, UK: Oxford University Press.

[317]Knobe, J., & Nichols, S. (2011). Free will and the bounds of the self. In R. Kane (Ed.), The Oxford handbook offree will (pp. 87–101). New York, NY: Oxford University Press.

[318]Koch, C. (2004). The questfor consciousness: A neurobiological approach. Englewood, CO: Roberts.

[319]Koepp, M. J., Gunn, R. N., Lawrence, A. D., Cunningham, V. J., Dagher, A., Jones, T., ⋯ & Grasby, P. M. (1998). Evidence for striatal dopamine release during a video game. Nature, 393(6682), 266–268.

[320]Kohut, H. (1977). The restoration of the self. Madison, WI: International Universities Press.

[321]Kollock, P., & Smith, M. A. (1999). Communities in cyberspace. In M. A. Smith & P. Kollock (Eds.), Communities in cyberspace (pp. 3–25). London, UK: Routledge.

[322]Kotler, S. (2014, July 28). The innovation turbo-charge: How to train the brain to be more creative. Forbes. Retrieved from https://www.forbes.com/sites/stevenkotler/2014/07/28/the- innovation-turbo-charge-heightened-creativity-with-flow/#693c2f2d238a.

[323]Kozinets, R., Gretzel, U., & Dinhopl, A. (2017). Self in art/self as art: Museum selfies as identity work. Frontiers in Psychology, 8, 731.

[324]Kruger, J., Caruana, F., Dalla Volta, R., & Rizzolatti, G. (2010). Seven years of recording from monkey cortex with a chronically implanted multiple microelectrode. Frontiers in Neuroengineering, 3, 1–9.

[325]Kühn, S., & Gallinat, J. (2014). Amount of lifetime video gaming is positively associated with entorhinal, hippocampal and occipital volume. Molecular Psychiatry, 19(7), 842–847.

[326]Kühn, S., Gleich, T., Lorenz, R. C., Lindenberger, U., & Gallinat, J. (2014). Playing Super Mario induces structural brain plasticity: Gray matter changes resulting from training with a commercial video game. Molecular Psychiatry, 19(2), 265–271.

[327]Kurzweil, R. (1996/2005). The singularity is near. New York, NY: Viking.

[328]Lambert, A. (2013). Intimacy and friendship on Facebook. New York, NY: Macmillan.

[329]Lane, R. D., Fink, G. R., Chau, P. M.-L., & Dolan, R. J. (1997). Neural activation during selective attention to subjective emotional responses. NeuroReport, 8, 3969–3972.

[330]Langley, P., Simon, H., Bradshaw, G., & Zytkow, J. (1987). Scientific discovery: Computational explorations of the creative processes. Cambridge, MA: MIT Press.

[331]Leary, M. R., & Allen, A. B. (2011). Personality and persona: Personality processes in self-presentation. Journal of Personality, 79(6), 889–916.

[332]Leary, M. R., & Buttermore, N. E. (2003). Evolution of the human self: Tracing the natural history of self-awareness. Journal for the Theory of Social Behaviour, 33, 365–404.

[333]Leary, M. R., & Tangney, J. P. (2012). The self as an organizing construct in the behavioral and social sciences. In M. R. Leary & J. P. Tangney (Eds.), Handbook of self and identity (2nd ed., pp. 1–20). New York, NY: Guilford Press.

[334]Lee, S., Quigley, B. M., Nesler, M. S., Corbett, A. B., & Tedeschi, J. T. (1999). Development of a self-presentation tactics scale. Personality and Individual Differences, 26, 701–722.

[335]Legrand, D., & Ruby, P. (2009). What is self-specific? Theoretical investigation and critical review of neuroimaging results. Psychological Review, 116, 252–282.

[336]Lenat, D. B. (1976). AM: An artificial intelligence approach to discovery in mathematics as heuristic search (Unpublished doctoral dissertation). Stanford University, CA.

[337]Leshikar, E. D., & Duarte, A. (2013). Medial prefrontal cortex supports source memory for self-referenced material in young and older adults. Cognitive, Affective and Behavioral Neuroscience, 14(1), 236–252. doi: 10.3758/s13415–013–0198-y.

[338]Levy, D. (2007). Love + sex with robots. New York, NY: Harper.

[339]Levy, S. (1992). Artificial life: The questfor a new creation. New York, NY: Pantheon.

[340]Li, C., Shi, S., & Dang, J. (2014). Online communication and subjective well-being in Chinese college students: The mediating role of shyness and social self-efficacy. Computers in Human Behavior, 34(5), 89–95.

[341]Li, R., Polat, U., Makous, W., & Bavelier, D. (2009). Enhancing the contrast sensitivity function through action video game training. Nature Neuroscience, 12, 549–551.

[342]Li, R., Polat, U., Scalzo, F., Bavelier, D. (2010). Reducing backward masking through action game training. Journal of Vision, 10, 1–13.

[343]Libet, B. (2004). Mind time. Cambridge, MA: Harvard University Press.

[344]Lieblich, A. E., and Josselson, R. E. (2013). Identity and narrative as root metaphors of personhood. In J. Martin and M. Bickhard (Eds.). The psychology of personhood (pp. 203–222). New York, NY: Cambridge University Press.

[345]Lindsay, R. K., Buchanan, B. G., Feigenbaum, E. A., & Lederberg, J. (1993). DENDRAL: A case study of the first expert system for scientific hypothesis formation. Artificial

Intelligence, 61, 209–261.

[346]Ling, R., Baron, N. S., Lenhart, A., & Campbell, S. W. (2014)."Girls text really weird": Gender, texting and identity among teens. Journal of Children and Media, 8(4), 423–439.

[347]Lipson, H., & Pollack, & J. B. (2000). Automatic design and manufacture of robotic lifeforms. Nature, 406, 974–978.

[348]Liu, Q. Q., Sun, X. J., Zhou, Z. K., & Niu, G. F. (2015). Self-presentation on social network sites and ego identity: Mediation of online positive feedback. Chinese Journal of Clinical Psychology, 23(6), 1094–1097.

[349]Liu, Q. X., Chen, W., & Zhou, Z. K. (2015). Internet use and online altruistic behavior in college students: The role of internet use self-efficacy and gender. Psychological Development and Education, 6, 685–693.

[350]Locke, J. (1847/1979). An essay concerning human understanding. New York, NY: Oxford University Press.

[351]Lou, H. C., Luber, B., Crupain, M., Keenan, J. P., Nowak, M., Kjaer, T. W., ⋯ & S. H. Lisanby. (2004). Parietal cortex and representation of the mental self. Proceedings of the National Academy of Sciences, USA, 101, 6827–6832.

[352]Lynch, K. M., & Mason, M. T. (1995). Stable pushing: Mechanics, controllability, and planning. International Journal of Robotics Research, 15(6), 533–556.

[353]Lynn, S. J., Berg, J., Lilienfeld, S. O., Merckelbach, H., Giesbrecht, T., Accardi, M., & Cleere, C. (2012). 14 dissociative disorders. In M. Hersen & D. C. Beidel (Eds.), Adult psychopathology and diagnosis (7th ed., pp. 497–538). New York, NY: Wiley.

[354]Ma, N., Baetens, K., Vanderkerckhove, M., Kestemont, J., Fias, W., & Van Overwalle, F. (2013). Traits are represented in the medial prefrontal cortex: An fMRI adaptation study. Social, Cognitive, and Affective Neuroscience, 9(8). doi:0.093/scan/nst098.

[355]Mackie, D. (1999). Personal identity and dead people. Philosophical Studies, 95(3), 219–242.

[356]Maillot, P., Perrot, A., & Hartley, A. (2012). Effects of interactive physical activity videogame training on physical and cognitive function in older adults. Psychology and Aging, 27(3), 589–600.

[357]Malloy, K. M., & Milling, L. S. (2010). The effectiveness of virtual reality distraction for pain reduction: A systematic review. Clinical Psychology Review, 30(8), 1011–1018.

[358]Manson, J., & Wrangham, R. W. (1991). Intergroup aggression in chimpanzees and humans. Current Anthropology, 32, 369–390.

[359]Mar, R. A., & Oatley, K. (2008). The function of fiction is the abstraction and simulation of social experience. Perspectives on Psychological Science, 3(3), 173–192.

[360]Mark, G., Gudith, D., & Klocke, U. (2008). The cost of interrupted work: more speed and stress. Proceedings of the SIGCHI Conference on Human Factors in Computing Systems

8(11), 107–110. Retrieved from http://dl.acm.org/citation.cfm? id=135072.

[361]Marks, I. M. (1987). Fears, phobias, and rituals. New York, NY: Oxford University Press.

[362]Markus, H. R., & Kitayama, S. (1991). Culture and the self: Implications for cognition, emotion, and motivation. Psychological Review, 98(2), 224–253.

[363]Martin, J., & Bickhard, M. H. (Eds.). (2013). The psychology of personhood: Philosophical, historical, social-developmental, and narrative perspectives. Cambridge, UK: Cambridge University Press.

[364]Martinelli, P., Sperduti, M., & Piolino, P. (2013). Neural substrates of the self-memory system: New insights from a meta-analysis. Human Brain Mapping, 34, 1515–1529.

[365]Maslow, A. H. (1970). Motivation and personality. New York, NY: Harper & Row.

[366]Mason, M. F., Norton, M. I., Van Horn, J. D., Wegner, D. M., Grafton, S. T., & Macrae, C. N. (2007). Wandering minds: The default network and stimulus-independent thought. Science, 315, 393–395.

[367]Matsuba, M. K. (2006). Searching for self and relationships online. Cyber Psychology and Behavior, 9(9), 275–284.

[368]McCain, J. L., Borg, Z. G., Rothenberg, A. H., Churillo, K. M., Weiler, P., & Campbell, W. K. (2016). Personality and selfies: Narcissism and the Dark Triad. Computers in Human Behavior, 64, 126–133. doi:10.1016/j.chb.2016.06.050.

[369]McCormick, B. H., & Mayerich, D. M. (2004). Three-dimensional imaging using knife-edge scanning microsocopy. Microscopy and Microanalysis, 10 (2), 1466–1467.

[370]McCrae, R. R., & Costa, P. T., Jr. (2013). Introduction to the empirical and theoretical status of the five-factor model of personality traits. In T. A. Widiger & P. T. Costa Jr. (Eds.), Personality disorders and thefive-factor model of personality (3rd ed., pp. 15–27). Washington, DC: American Psychological Association.

[371]McGee, M. J. (2014). Is texting ruining intimacy? Exploring perceptions among sexuality students in higher education. American Journal of Sexuality Education, 9(4), 404–427.

[372]McGinn, C. (1987). Could a machine be conscious? In C. Blakemore and S. Greenfield (Eds.), Mindwaves (pp. 279–288). Oxford, UK: Blackwell.

[373]McGonigal, J. (2011). Reality is broken: Why games make us better and how they can change the world. New York, NY: Penguin Books.

[374]McGuire, P. K., Silbersweig, D. A., & Frith, C. D. (1996). Functional neuroanatomy of verbal self-monitoring. Brain, 119, 907–917.

[375]McKenna, K. Y. A., Green, A. S., & Gleeson, M. J. (2002). Relationship formation on the internet: What's the big attraction? Journal of Social Issus, 58, 9–32.

[376]McMahan, A. (2003). Immersion, engagement, and presence: A method for analyzing 3-D video games. In M. J. P. Wolf & P. Bernard (Eds.), The video game theory reader (pp.

67–86). New York, NY: Routledge.

[377]McPherson, T. (2000). I'll take my stand in Dixie-net: White guys, the South, and cyberspace. In B. E. Kolko, L. Nakamura, & G. B. Rodman (Eds.), Race and cyberspace (pp. 117–131). New York, NY: Routledge.

[378]McWilliams, N. (2011). Psychoanalytic diagnosis: Understanding personality structure in the clinical process. New York, NY: Guilford Press.

[379]Mehdizadeh, S. (2010). Self-presentation 2.0: Narcissism and self-esteem on Facebook. Cyberpsy-chology, Behavior and Social Networking, 13, 357–364.

[380]Melhuish, C. R. (2001). Strategiesfor collective minimalist mobile robots. Suffolk, UK: St. Edmunds-bury Press.

[381]Melucci, A. (1997). Identity and difference in a globalized world. In P. Werbner & T. Modood (Eds.), Debating cultural hybridity: Multi-cultural identities and the politics of anti-racism (pp. 58–69). London, UK: Zed Books.

[382]Mengel, F. (2014). Computer games and prosocial behavior. PLoS One, 9(4). doi:10.1371/journal.pone.0094099.

[383]Merricks, T. (1998). There are no criteria of identity over time. Noûs, 32, 106–124.

[384]Miller, B. L., Seeley, W. W., Mychack, P., Rosen, H. J., Mena, I., & Boone, K. (2001). Neuroanatomy of the self: Evidence from patients with frontotemporal dementia. Neurology, 57, 817–821.

[385]Minsky, M. (1985). The society of mind. New York, NY: Touchstone.

[386]Mischel, W. (1968). Personality and assessment. New York, NY: Wiley.

[387]Mishra, B., & Silver, N. (1989). Some discussion of static gripping and its stability. IEEE Systems, Man, and Cybernetics, 19(4), 783–796.

[388]Modecki, K. L., Minchin, J., Harbaugh, A. G., Guerra, N. G., & Runions, K. C. (2014). Bullying prevalence across contexts: A meta-analysis measuring cyber and traditional bullying. Journal of Adolescent Health, 55(5), 602–611.

[389]Moore, C., & Lemmon, K. (Eds.). (2001). The self in time: Development perspectives. Hillsdale, NJ: Erlbaum.

[390]Moran, J. A., Kelley, W. M., & Heatherton, T. F. (2013). What can the organization of the brain's default mode network tell us about self-knowledge? Frontiers in Human Neuroscience, 7. doi:10.3389/fnhum.2013.00391.

[391]Moravec, H. (1990). Mind children: Thefuture of robot and human intelligence. Cambridge, MA: Harvard University Press.

[392]Morf, C., & Mischel, W. (2012). The self as a psycho-social dynamic processing system: Toward a converging science of selfhood. In M. R. Leary & J. P. Tangney (Eds.), Handbook of self and identity (2nd ed., pp. 21–49). New York, NY: Guilford Press.

[393]Morf, C. C., & Rhodewalt, F. (2001). Unraveling the paradoxes of narcissism: A dynamic

self-regulatory processing model. Psychological Inquiry, 12, 177–196.

[394]Morf, C. C., Torchetti, L., & Schürch, E. (2011). Narcissism from the perspective of the dynamic self-regulatory processing model. In W. K. Campbell & J. D. Miller (Eds.), The handbook of narcissism and narcissistic personality disorder: Theoretical approaches, empiricalfindings, and treatment (pp. 56–70). Hoboken, NJ: Wiley.

[395]Mori, M. (2012). The uncanny valley. Translated by K. F. MacDorman & N. Kageki. In. IEEE Robotics and Automation, 19(2): 98–100. doi:10.1109/MRA.2012.2192811.

[396]Mosig, Y. D. (2006). Conceptions of self in Western and Eastern psychology. Journal of Theoretical and Philosophical Psychology, 26, 39–50.

[397]Murray, J. H. (1997). Hamlet on the holodeck: Thefuture of narrative in cyberspace. New York, NY: Simon & Schuster.

[398]Muusses, L. D., Finkenauer, C., Kerkhof, P., & Righetti, F. (2013). Partner effects of compulsive internet use: A self-control account. Communication Research, 42(3), 365–386.

[399]Myers, D. G. (2001). Psychology. New York, NY: Worth.

[400]Nadkarni, A., & Hofmann, S. G. (2012). Why do people use Facebook? Personality and Individual Differences, 52(3), 243–249.

[401]Nahmias, E. (2006). Folk fears about freedom and responsibility: Determinism vs. reductionism. Journal of Cognition and Culture, 6(1–2), 215–237.

[402]Nakamura, L. (1995). Race in/for cyberspace: Identity tourism and racial passing on the internet. Works and Days, 25(26), 181–93. Retrieved from https://pdfs.semanticscholar. org/3531   /da9329d2b7158bd697e1aa8ef073f78de6fb.pdf.

[403]Nakamura, L. (2002). Cybertypes: Race, ethnicity, and identity on the internet. New York, NY: Routledge.

[404]Napier, J. (1980). Hands. Princeton, NJ: Princeton University Press.

[405]Nardi, B., Ly, S., & Harris, J. (2007, January). Learning conversations in World of Warcraft. Paper presented at Proceedings of Hawaii International Conference on Systems Science, Big Island, HI.

[406]Navarrete, C. D., McDonald, M. M., Mott, M. L., & Asher, B. (2012). Virtual morality: Emotion and action in a simulated three-dimensional "trolley problem." Emotion, 12 (2), 364–70.

[407]Neuhouser, F. (1990). Fichte's theory of subjectivity. New York, NY: Cambridge University Press.

[408]Nesse, R. (1999). Proximate and evolutionary studies of anxiety, stress and depression: Synergy at the interface. Neuroscience and Biobehavioral Reviews, 23(7), 895–903.

[409]Nicolelis, M. A. L., Dimitrov, D., Carmena, J. M., Crist, G., Kralik, J. D., & Wise, S. P. (2003). Chronic, multisite, multielectrode recordings in macaque monkeys. Proceedings

of the National Academy of Sciences, 100 (19), 11041–11046.

[410]Nietzsche, F. (1883/1999). Also sprach Zarathustra I-IV. G. Colli & M. Montinari (Eds.). Munich, Germany: Deutscher Taschenbuch.

[411]Nitsche, M. (2008). Video game spaces: Image, play, and structure in 3D game worlds. Cambridge, MA: MIT Press.

[412]Niu, G. F., Sun, X. J., Zhou, Z. K., Kong, F. C., & Tian, Y. (2016). The impact of social network site (Qzone) on adolescents'depression: The serial mediation of upward social comparison and self-esteem. Acta Psychologica Sinica, 48(10), 1282–1291.

[413]Niu, G. F., Sun, X. J., Zhou, Z. K., Tian, Y., Liu, Q .Q., & Lian, S. L. (2016). The effect of adolescents' social networking site use on self-concept clarity: The mediating role of social compari-son. Journal of Psychological Science, 39(1), 97–102.

[414]Noe, A. (2017, August 4). Technology gets under the skin. Cosmos and Culture, NPR. Retrieved from www.npr.org/sections/13.7/2017/08/04/541106998/technology-gets-under-the-skin.

[415]Nolfi, S., & Floreano, D. (2000). Evolutionary robotics: The biology, intelligence, and technology of self-organizing machines. Cambridge, MA: MIT Press.

[416]Noonan, H. (2003). Personal identity (2nd ed.). London: Routledge.

[417]Noonan, M. P., Kolling, N., Walton, M. E., & Rushworth, M. F. S. (2012). Re-evaluating the role of the orbitofrontal cortex in reward and reinforcement. European Journal of Neuroscience, 35(7), 997–1010.

[418]Nordhausen, C. T., Maynard, E. M., & Normann, R. A. (1996). Single unit recording capabilities of a 100 microelectrode array. Brain Research, 726, 129–140.

[419]Northoff, G., Heinzel, A., de Greck, M., Bermpohl, F., Dobrowolny, H., & Panksepp, J. (2006). Self-referential processing in our brain: A meta-analysis of imaging studies on the self. NeuroImage, 31(1), 440–457.

[420]Ochsner, K. N., Beer, J. S., Robertson, E. R., Cooper, J. C., Kihlstrom, J. F., D'Esposito, M., & Gabrieli, J. D. E. (2005). The neural correlates of direct and reflected self-knowledge. NeuroImage, 28, 797–814.

[421]O'Doherty, J. E., Ifft, P. J., Zhuang, K. Z., Lebedev, M. A., & Nicolelis, M. A. L. (2010, November). Brain-machine-brain interface using simultaneous recording and intracortical microstim- ulation feedback. Talk presented at the Annual Meeting of the Society for Neuroscience, San Diego, CA, conference poster no. 899.15.

[422]Olson, E. (1997). The human animal: Personal identity without psychology. New York, NY: Oxford University Press.

[423]Olson, E. (2007). What are we? A study in personal ontology. New York, NY: Oxford University Press.

[424]Olson, E. (2015). Personal identity. In Edward N. Zalta (Ed.), Stanford encyclopedia of

philosophy (Winter 2012 ed.). Retrieved from https://plato.stanford.edu/archives/win2012/ entries /davidson/.

[425]Omohundro, S. M. (2007, October 7). The nature of self-improving artificial intelligence. Paper presented at 2007 Singularity Summit, San Francisco, CA, transcript. Medium. Retrieved from https://medium.com/@emergingtechnology/the-nature-of-self-improving-artificial-intelligence-2a4b69bdd160.

[426]Ortiz de Gortari, A. B., & Griffiths, M. D. (2016). Prevalence and characteristics of game transfer phenomena: A descriptive survey study. International Journal of Human-Computer Interaction, 32(6), 470–480.

[427]Ortiz de Gortari, A. B., & Griffiths, M. D. (2017). Beyond the boundaries of the game: The interplay between in-game phenomena, structural characteristics of video games, and game transfer phenomena. In J. Gackenbach & J. Bown (Eds.), Boundaries of self and reality online: Implications of digitally constructed realities (pp. 97–122). London, UK: Academic Press.

[428]Ortiz de Gortari, A. B., Oldfield, B., & Griffiths, M. D. (2016). An empirical examination of factors associated with game transfer phenomenon severity. Computers in Human Behavior, 64, 274–284.

[429]Ou, C. X. J., & Davison, R. M. (2011). Interactive or interruptive? Instant Messaging at work. Decision Support Systems, 52(1), 61–72.

[430]Pagel, J. F. (2017). Internet dreaming: Is the web conscious? In J. Gackenbach & J. Bown (Eds.), Boundaries of self and reality online: Implications of digitally constructed realities (pp. 279–296). London, UK: Academic Press.

[431]Panksepp, J. (2005). Affective consciousness: Core emotional feelings in animals and humans. Consciousness and Cognition, 14(1), 30–80.

[432]Parfit, D. (1986). Reasons and persons. New York, NY: Oxford University Press.

[433]Paris, J. (2014). Modernity and narcissistic personality disorder. Personality Disorders: Theory, Research, and Treatment, 5(2): 220–226.

[434]Park, N., Lee, S., & Chung, J. E. (2016). Uses of cellphone texting: An integration of motivations, usage patterns, and psychological outcomes. Computers in Human Behavior, 62, 712–719.

[435]Parsons, T. D. (2017). Cyberpsychology and the brain: The interaction of neuroscience and affective computing. New York, NY: Cambridge University Press.

[436]Pennebaker, J. W. (2004). Writing to heal: A guidedjournalfor recoveringfrom trauma and emotional upheaval. Oakland, CA: New Harbinger.

[437]Peperkorn, H. M., Diemer, J., & Mühlberger, A. (2015). Temporal dynamics in the relation between presence and fear in virtual reality. Computers in Human Behavior, 48, 542–547.

[438]Perry, B. D., Pollard, R. A., Blakley, T. L., Baker, W. L., & Vigilante, D. (1995).

Childhood trauma, the neurobiology of adaption and "use-dependent" development of the brain: How "states" become "traits." Infant Mental Health Journal, 16, 271–291.

[439]Perry, J. (1979/1993). The problem of the essential indexical. In J. Perry, The problem of the essential indexical (pp. 33–53). New York, NY: Oxford University Press.

[440]Perry, J. (1986/1993). Thought without representation. Supplementary Proceedings of the Aristotelian Society, 205–255.

[441]Phillips, M. L., Medord, N., Senior, C., Bullmore, E. T., Suckling, J., Brammer, M. J., ⋯ & David, A. S. (2001). Depersonalization disorder: Thinking without feeling. Psychiatry Research: Neuroimaging, 108(3), 145–160.

[442]Picard, L., Mayor-Dubois, C., Maeder, P., Kalenzaga, S., Abram, M., Duval, C., ⋯ & Piolino, P. (2013). Functional independence within the self-memory system: Insight from two cases of developmental amnesia. Cortex, 49, 1463–1481.

[443]Pinker, S. (2003). The blank slate: The modern denial of human nature. New York, NY: Penguin Books.

[444]Platek, S. M., & Gallup, G. G. (2002). Self-face recognition is affected by schizotypal personality traits. Schizophrenia Research, 57, 81–85.

[445]Platek, S. M., Myers, T. E., Critton, S. R., & Gallup, G. G. (2003). A left-hand advantage for self-description: The impact of schizotypal personality traits. Schizophrenia Research, 65, 147–151.

[446]Ponce, J. (1999). Manipulation and grasping. In F. C. Keil and R. A. Wilson (Eds.), The MIT encyclopedia of cognitive sciences (pp. 508–511). Cambridge, MA: MIT Press.

[447]Posner, M. I., & Peterson, S. E. (1990). The attention system of the human brain. Annual Review of Neuroscience, 13, 25–42.

[448]Posner, M., & Rothbart, M. K. (2000). Developing mechanisms of self-regulation. Development and Psychopathology, 12, 427–441.

[449]Postrel, V. (2011). The future and its enemies: The growing conflict over creativity, enterprise and progress. New York, NY: Touchstone.

[450]Poundstone, W. (1985). The recursive universe. New York, NY: Morrow.

[451]Powers, M. B., & Emmelkamp, P. M. (2008). Virtual reality exposure therapy for anxiety disorders: A meta-analysis. Journal of Anxiety Disorders, 22(3), 561–569.

[452]Preston, J. M. (2017). Games, dreams and consciousness: Absorption and perception, cognition, emotion. In J. Gackenbach & J. Bown (Eds.), Boundaries of self and reality online: Implications of digitally constructed realities (pp. 205–238). London, UK: Academic Press.

[453]Preston, J. M., & Cull, A. (1998). Virtual environments: Influences on apparent motion aftereffects. Paper presented at the annual meeting of the Canadian Psychological Association, Edmonton, AB.

[454]Przybylski, A. K., Weinstein, N., & Murayama, K. (2017). Internet gaming disorder: Investigating the clinical relevance of a new phenomenon. American Journal of Psychiatry, 174(3), 230–236.

[455]Rahula, W. (1974). What the Buddha taught. New York, NY: Grove.

[456]Raichle, M. E. (2015). The brain's default mode network. Annual Review of Neuroscience, 38, 443–447.

[457]Rand, A. (1961). The virtue of selfishness. New York, NY: Signet Classics.

[458]Ray, T. S. (1991). An approach to the synthesis of life. In C. Langton, C. Taylor, J. Farmer, & S. Rasmussen (Eds.), Artificial life II (pp. 371–408). Redwood City, CA: Addison-Wesley.

[459]Re, D. E., Wang, S. A., He, J. C., & Rule, N. O. (2016). Selfie indulgence: Self-favoring biases in perceptions of selfies. Social Psychological and Personality Science, 7(6), 588–596.

[460]Rebato, C. (2015, March 4). HTC Vive: Virtual reality that's so damn real I can't even handle it. Gizmodo [blog]. Retrieved from http://gizmodo.com/htc-vive-virtual-reality-so-damn-real-that-i-cant-even-1689396093.

[461]Reed, C. L., & Farah, M. J. (1995). The psychological reality of the body schema: A test with normal participants. Journal of Experimental Psychology: Human Perception and Performance, 21, 334–343.

[462]Reid, E. (1999). Hierarchy and power: Social control in cyberspace. In M. A. Smith & P. Kollock (Eds.), Communities in cyberspace (pp. 107–133). London, UK: Routledge.

[463]Reid, E. M. (1996). Text-based virtual realities: Identity and the cyborg body. In P. Ludlow (Ed.), High noon on the electronicfrontier: Conceptual issues in cyberspace (pp. 327–345). Cambridge, MA: MIT Press.

[464]Reid, T. (1785/1969). Essays on the intellectual powers of man. B. Brody (Ed.). Cambridge, MA: MIT Press.

[465]Reinders, A. A. (2008). Cross-examining dissociative identity disorder: Neuroimaging and etiology on trial. Neurocase, 14(1): 44–53.

[466]Reissman, C. K. (2004). Narrative analysis. In M. S. Lewis-Beck, A. Bryman, & T. Futing Liao (Eds.), The Sage encyclopedia of social services research methods (pp. 705–709). Thousand Oaks, CA: Sage Publications.

[467]Renison, B., Ponsford, J., Testa, R. Richardson, B., & Brownfield, K. (2012). The ecological and construct validity of a newly developed measure of executive function: The virtual library task. Journal of the International Neuropsychological Society, 18, 440–450.

[468]Renoult, L., Davidson, P. S. R., Palombo, D. J., Moscovitch, M., & Levine, B. (2012). Personal semantics: At the crossroads of semantic and episodic memory. Trends in Cognitive Sciences, 16, 550–558.

[469]Reynolds, C. W. (1987). Flocks, herds, and schools: A distributed behavioral model. In SIGGRAPH '87: Proceedings of the 14th Annual Conference on Computer Graphics and Interactive Techniques (pp. 25–34). New York, NY: ACM.

[470]Rid, T. (2016) Rise of the machine: A cybernetic history. New York, NY: Norton.

[471]Rivero, T. S., Nunez, L. M. A., Pires, E. U., & Francisco, O. (2015). ADHD rehabilitation through video gaming: A systemic review using PRISMA guidelines of the current findings and the associated risk of bias. Frontiers in Psychiatry, 6. doi:10.3389/fpsyt.2015.00151.

[472]Roberts, S. (2018). Tim Schafer talks Psychonauts 2 and more remasters of Lucasarts adventure games. PCGamer. https://www.pcgamer.com/tim-schafer-talks-psychonauts-2-and-more-remasters-of-lucasarts-adventure-games/.

[473]Robertson, B. (2001). Immersed in art. Computer Graphics World, 24(11). Retrieved from www.cgw.com/Publications/CGW/2001/Volume-24-Issue-11-November-2001-/immersed-in-art.aspx.

[474]Rogers, C. R. (1961). On becoming a person: A psychotherapist's view of psychotherapy. New York, NY: Houghton Mifflin.

[475]Ronchi, A. M. (2009). Eculture: Cultural content in the digital age. New York, NY: Springer.

[476]Rorty, R. (1980). Philosophy and the mirror of nature. Princeton, NJ: Princeton University Press.

[477]Rosen, L. (2012). iDisorder: Understanding our obsessions with technology and overcoming its hold on us. New York, NY: Palgrave Macmillan.

[478]Ross, C. A., Miller, S. D., Bjornson, L., Reagor, P., & Fraser, G. A. (1991). Abuse histories in 102 cases of multiple personality disorder. Canadian Journal of Psychiatry, 36, 97–101.

[479]Rothbaum, B. O., & Schwartz, A. C. (2002). Exposure therapy for posttraumatic stress disorder. American Journal of Psychotherapy, 56(1), 59–75.

[480]Rothblatt, M. (2014). Virtually human: The promise—and the peril—of digital immortality. New York, NY: St. Martin's Press.

[481]Rotter, J. B. (1990). Internal versus external control of reinforcement: A case history of a variable. American Psychologist, 45, 489–493.

[482]Rubenstein, M., Cornejo, A., & Nagpal, R. (2014). Programmable self-assembly in a thousand-robot swarm. Science, 345(6198), 795–799. doi:10.1126/science.1254295.

[483]Ruby, P., & Decety, J. (2001). Effect of subjective perspective taking during simulation of action: A PET investigation of agency. Nature Neuroscience, 4, 546–550.

[484]Rudder, C. (2014). Dataclysm: Who we are (When we think no one's looking). New York, NY: Crown.

[485]Russell, S., & Norvig, P. (2003). Artificial intelligence: A modern approach. Englewood

Cliffs, NJ: Prentice Hall.

[486]Ryan, R. M., Rigby, C. S., & Przybylski, A. (2006). The motivational pull of video games: A self-determination theory approach. Motivation and Emotion, 30, 344–360. doi:1007/s11031-006-9051-8.

[487]Sadler, M. E., Hunger, J. M., & Miller, C. J. (2010). Personality and impression management: Mapping the Multidimensional Personality Questionnaire onto 12 self-presentation tactics. Personality and Individual Differences, 48(5), 623–628.

[488]Sainsbury, M. (2011). English speakers should use"I"to refer to themselves. In A. Hatzimoysis (Ed.), Self-knowledge (pp. 246–260). Oxford, UK: Oxford University Press.

[489]Sampasa-Kanyinga, H., & Lewis, R. F. (2015). Frequent use of social networking sites is associated with poor psychological functioning among children and adolescents. Cyberpsychology, Behavior, and Social Networking, 18(7), 380–385.

[490]Samsonovich, A. V., & Nadel, L. (2005). Fundamental principles and mechanisms of the conscious self. Cortex, 41, 669–689.

[491]Sarkis, S. (2014, July 18). Internet gaming disorder in DSM-5. Psychology Today. Retrieved from https://www.psychologytoday.com/blog/here-there-and-everywhere/201407/internet-gaming-disorder-in-dsm-5.

[492]Schaefer, M., Flor, H., Heinze, H., & Rotte, M. (2007). Morphing the body: Illusory feeling of an elongated arm affects somatosensory homunculus. NeuroImage, 36, 700–705.

[493]Schaefer, M., Heinze, H., & Rotte, M. (2009). My third arm: Shifts in topography of the somato-sensory homunculus predict feeling of an artificial supernumerary arm. Human Brain Mapping, 30(5), 1413–1420.

[494]Scharkow, M., Festl, R., & Quandt, T. (2014). Longitudinal patterns of problematic computer game use among adolescents and adults: A 2 year panel study. Addiction, 109(11), 1910–1917.

[495]Schechner, R. (1988, January). Playing. Play and Culture, 1, 3–20.

[496]Schilbach, L., Eickhoff, S. B., Rotarska-Jagiela, A., Fink, G. R., & Vogeley, K. (2008). Minds at rest? Social cognition as the default mode of cognizing and its putative relationship to the "default system"of the brain. Consciousness and Cognition, 17(2), 457–467.

[497]Schroeder, B. L., & Sims, V. K. (2017). Texting as a multidimensional behavior: Individual differences and measurement of texting behaviors. Psychology of Popular Media Culture. doi:10.1037/ppm0000148.

[498]Schwartz, H. (1996). The culture of the copy: Striking likenesses, unreasonable facsimiles. New York, NY: Zone Books.

[499]Schwerin, A. (2012). Hume's labyrinth: A searchfor the self. Newcastle upon Tyne, UK:

Cambridge Scholars.

[500]Searle, J. R. (1980). Minds, brains, and programs. Behavioral and Brain Sciences, 3, 417–457.

[501]Sedikides, C., & Skowronski, J. J. (2003). Evolution of the symbolic self: Issues and prospects. In M. R. Leary & J. P. Tangney (Eds.), Handbook of self and identity (pp. 594–609). New York, NY: Guilford Press.

[502]Seeley, W. W., Menon, V., Schatzberg, A. F., Keller, J., Glover, G. H., Kenna, H., ··· & Greicius, M. D. (2007). Dissociable intrinsic connectivity networks of salience processing and executive control. Journal of Neuroscience, 27, 2349–2356.

[503]Serruya, M. D., Hatsopoulos, N. G., Paninski, L., Fellows, M. R., & Donoghue, J. P. (2002). Instant neural control of a movement signal. Nature, 416, 141–142.

[504]Sextus Empiricus. (1949/2000). Against the professors (R. Bury, Trans.). Cambridge, MA: Harvard University Press.

[505]Shiban, Y., Schelhorn, I., Pauli, P., & Mühlberger, A. (2015). Effect of combined multiple contexts and multiple stimuli exposure in spider phobia: A randomized clinical trial in virtual reality. Behaviour Research and Therapy, 71, 45–53.

[506]Shoemaker, S. (1970). Persons and their pasts. American Philosophical Quarterly, 7, 269–285.

[507]Shu, Y., Pi, F., Sharma, A., Rajabi, M., Haque, F., Shu, D., Leggas, M., ··· , & Guo, P. (2014). Advances in Drug Delivery Review, 66, 74–89.

[508]Siderits, M., Thompson, E., & Zahavi, D. (2011). Self, no self: Perspectivesfrom analytical phenome-nological and Indian traditions. Oxford, UK: Oxford University Press.

[509]Simola, J., Kuisma, J., Oörni, A., Uusitalo, L., & Hyönä, J. (2011). The impact of salient advertise-ments on reading and attention on web pages. Journal of Experimental Psychology: Applied,17(2), 174–190.

[510]Singer, W. (1996). Neuronal synchronization: A solution the binding problem? In R. Llinas & P. S. Churchland (Eds.), The mind-brain continuum: Sensory processes (pp. 100–130). Cambridge, MA: MIT Press.

[511]Skulmowski, A., Bunge, A., Kaspar, K., & Pipa, G. (2014). Forced-choice decision-making in modified trolley dilemma situations: A virtual reality and eye tracking study. Frontiers in Behavioral Neuroscience, 8. doi:10.3389/fnbeh.2014.00426.

[512]Slater, D. (2013). Love in the time of algorithms: What technology does to meeting and mating. New York, NY: Current Books.

[513]Slater, M., Perez-Marcos, D., Ehrsson, H. H., & Sanchez-Vives, M. V. (2009). Inducing illusory ownership of a virtual body. Frontiers in Neuroscience, 3(2), 214–220. doi:10.3389/neuro.01.029.2009.

[514]Slater, M., Spanlang, B., Sanchez-Vives, M. V., & Blanke, O. (2010). First person

experience of body transfer in virtual reality. PloS One, 5(5). doi:10.1371/journal.pone.0010564.

[515]Small, G. W., Moody, T. D., Siddarth, P., & Bookheimer, S. Y. (2009). Your brain on Google: Patterns of cerebral activation during internet searching. American Journal of Geriatric Psychiatry, 17, 116–126.

[516]Small, G. W., & Vorgan, G. (2008). iBrain: Surviving the technological alteration of the modern mind. New York, NY: HarperCollins.

[517]Smith, P. K., Mahdavi, J., Carvalho, M. Fisher, S., Russell, S., & Tippett, N. (2008). Cyberbullying: Its nature and impact on secondary school pupils. Journal of Child Psychology and Psychiatry, 49(4), 376–385.

[518]Snowdon, P. (1990). Persons, animals, and ourselves. In C. Gill (Ed.), The person and the human mind. Oxford, UK: Clarendon Press.

[519]Sofka, S. (2015, November 28). Watch this guy walk across the Fallout 4 wasteland using the Virtuix Omni treadmill. Nerdist [blog]. Retrieved from https://archive.nerdist.com/watch-this-guy-walk-across-the-fallout-4-wasteland-using-the-virtuix-omni-treadmill/.

[520]Someya, T., Sekitani, T., Iba, S., Kato, Y., Kawaguchi, H., & Sakurai, T. (2004). A large-area, flexible pressure sensor matrix with organic field-effect transistors for artificial skin applications. Proceedings of the National Academy of Sciences U.S.A., 101(27), 9966–9970.

[521]Sorokowska, A., Oleszkiewicz, A., Frackowiak, T., Pisanski, K., Chmiel, A., & Sorokowski, P. (2016). Selfies and personality: Who posts self-portrait photographs? Personality and Individual Differences, 90, 119–123.

[522]Sparrow, B., Liu, J., & Wegner, D. M. (2011). Google effects on memory: Cognitive consequences of having information at our fingertips. Science, 333(6043), 776–778.

[523]Spence, S. A., Brooks, D. J., Hirsch, S. R., Liddle, P. F., Meehan, J., & Grasby, P. M. (1997). A PET study of voluntary movement in schizophrenic patients experiencing passivity phenomena (delusions of alien control). Brain, 120, 1997–2011.

[524]Sperry, R. W., Zaidel, E., & Zaidel, D. (1979). Self recognition and social awareness in the disconnected minor hemisphere. Neuropsychologia, 17, 153–166.

[525]Spreng, R. N., Mar, R. A., & Kim, A. S. (2009). The common neural basis of autobiographical memory, prospection, navigation, theory of mind, and the default mode: A quantitative meta-analysis. Journal of Cognitive Neuroscience, 21(3), 63–74.

[526]Sridharan, D., Levitin, D. J., & Menon, V. (2008). A critical role for the right fronto-insular cortex in switching between central-executive and default-mode networks. Proceedings of the National Academy of Sciences, 105(34), 12569–12574.

[527]Staniloiu, A., & Markowitsch, H. (2014). Dissociative amnesia. Lancet: Psychiatry, 1(3), 226–241.

[528]Steele, J. D., Lawrie, S. M. (2004). Segregation of cognitive and emotional function in the prefron- tal cortex: A stereotactic meta-analysis. NeuroImage, 21(3), 868–875.

[529]Steers, M. L. N., Wickham, R. E., & Acitelli, L. K. (2014). Seeing everyone else's highlight reels: How Facebook usage is linked to depressive symptoms. Journal of Social and Clinical Psychology, 33(8), 701–731.

[530]Steffgen, G., Silva, M. D., & Recchia, S. (2007). Self-concept clarity style (SCSS): Psychometric properties and aggression correlates of a German version. Individual Differences Research, 5, 230–245.

[531]Steffner, D., & Schenkman, B. (2012). Change blindness when viewing web pages. Work, 41, 6098–6102.

[532]Steinberg, M. (1994). Interviewer's guide to the structured clinical interviewfor DSM-IV. Dissociative disorders. Rev. ed. Washington, DC: American Psychiatric Press.

[533]Steiner, D. (1996). IMAGINE: An integrated environment for constructing distributed intelligence systems. In G. M. P. O'Hare and N. R. Jennings (Eds.), Foundations of distributed artificial intelligence (pp. 345–364). New York, NY: Wiley.

[534]Steinhart, E. C. (2014). Your digital afterlives: Computational theories of life after death. New York, NY: Palgrave Macmillan.

[535]Steinkuehler, C., & Williams, D. (2006). Where everybody knows your (screen) name: Online games as"third places." Journal of Computer-Mediated Communication, 11(4), 885–909.

[536]Sterling, B. (1992). The hacker crackdown: Law and disorder on the electronic frontier. New York, NY: Bantam Books.

[537]Steuer, J. (1992). Defining virtual reality: Dimensions determining telepresence. Journal of Communication, 42(4), 73–93.

[538]Stieler-Hunt, C., Jones, C. M., Rolfe, B., & Pozzebon, K. (2014). Examining key decisions involved in developing a serious game for child sexual abuse prevention. Frontiers in Psychology, 5(73). doi:10.3389/fpsyg.2014.00073.

[539]Stockburger, A. (2007). Playing the third place: Spatial modalities in contemporary game environments. International Journal of Performance Arts and Digital Media, 3(2–3), 223–236.

[540]Stone, L. (2009). Continuous partial attention. Retrieved from www.lindastone.net/qa/continuous-partial-attention.

[541]Strack, F., & Deutsch, R. (2004). Reflective and impulsive determinants of social behavior. Personality and Social Psychology Review, 8, 220–247.

[542]Strawson, G. (2009). Selves: An essay in revisionary metaphysics. New York, NY: Oxford University Press.

[543]Strobach, T., & Schubert, T. (2015). Experience in action games and the effects on

executive control. Inquisitive Mind, 8. Retrieved from https://www.in-mind.org/article/experience-in-action-games-and-the-effects-on-executive-control

[544]Sturman, D. J., & Zeltzer, D. (1994). A survey of glove-based inputs. IEEE Computer Graphics and Applications, 14(1), 30–39.

[545]Sugiura, M., Kawashima, R., Nakamura, K., Okada, K., Kato, T., Nakamura, A., ⋯ & Fukuda, H. (2000). Passive and active recognition of one's own face. NeuroImage, 11(1), 36–48.

[546]Suler, J. R. (1980). Primary process thinking and creativity. Psychological Bulletin, 88(1), 144–165.

[547]Suler, J. R. (2004). The online disinhibition effect. CyberPsychology and Behavior, 7, 321–326.

[548]Suler, J. R. (2016). Psychology of the digital age: Humans become electric. New York, NY: Cambridge University Press.

[549]Suler, J. R. (2017). The dimensions of cyberpsychology architecture. In J. Gackenbach & J. Bown (Eds.), Boundaries of self and reality online: Implications of digitally constructed realities (pp. 1–26). London, UK: Academic Press.

[550]Sung, Y., Lee, J., Kim, E., & Choi, S. M. (2016). Why we post selfies: Understanding motivations for posting pictures of oneself. Personality and Individual Differences, 97, 260–265.

[551]Sutherland, I. E. (1968). A head-mounted three dimensional display. In Proceedings of the 1968 Fall Joint Computer Conference, Part I (pp. 757–764). Washington, DC: Thomson Book.

[552]Swann, W. B., Jr., & Bosson, J. K. (2010). Self and identity. In S. T. Fiske, D. T. Gilbert, & G. Lindzey (Eds.), Handbook of social psychology (pp. 589–628). New York, NY: Wiley.

[553]Swinburne, R. (2013). Mind, brain, andfree will. Oxford, UK: Oxford University Press.

[554]Symons, C. S., & Johnson, B. T. (1997). The self-reference effect in memory: A meta-analysis. Psychological Bulletin, 121, 371–394.

[555]Tamir, D. I., & Mitchell, J. P. (2012). Disclosing information about the self is intrinsically reward-ing. Proceedings of the National Academy of Sciences, 109(21), 8038–8043.

[556]Taylor, C. (1977). What is human agency? In T. Mischel (Ed.), The self: Psychological and philosophi- cal issues (pp. 103–135). Oxford, UK: Blackwell.

[557]Taylor, D. M., Tillery, S. I., & Schwartz, A. B. (2002). Direct cortical control of 3D neuroprosthetic devices. Science, 296, 1829–1832.

[558]Taylor, T. L. (2002). Living digitally: Embodiment in virtual world. In R. Schroeder (Ed.), The social life of avatars: Presence and interaction in shared virtual environments (pp. 40–62). London, UK: Springer-Verlag.

[559]Teilhard de Chardin, P. (1955). The phenomenon of man. New York, NY: Harper & Row.

[560]Teriman, D. (2006, April 12). Phony kids, virtual sex. CNet. Retrieved from http://news. com.com/Phony+kids,+virtual+sex/2100–1043_3–6060132.html.

[561]Tesser, A. (2002). Constructing a niche for the self: A bio-social, PDP approach to understanding lives. Self and Identity, 1, 185–190.

[562]Tesser, A., Millar, M., & Moore, J. (1988). Some affective consequences of social comparison and reflection processes: The pain and pleasure of being close. Journal of Personality and Social Psychology, 54(1), 49–61.

[563]Thompson, A. (1998). On the automatic design of robust electronics through artificial evolution. In M. Sipper, D. Mange, & A. Prez-Uribe (Eds.), Proceedings of the 2nd International Conference on Evolvable Systems: From Biology to Hardware (LNCS, 1478) (pp. 13–24). London, UK: Springer-Verlag.

[564]Tononi, G., & Koch, C. (2008). The neural correlates of consciousness. Annals of the New York Academy of Sciences, 1124, 239–261.

[565]Torchia, J. (2008). Exploring personhood: An introduction to the philosophy of human nature. Plymouth, UK: Rowman and Littlefield.

[566]Torley, V. J. (2015, August 14). Physicist Paul Davies'killer argument against the multiverse. Uncommon Descent. Retrieved from https://uncommondescent.com/ intelligent-design /physicist-paul-davies-killer-argument-against-the-multiverse/.

[567]Tracy, J. L., Robins, R. W., & Tangney, J. P. (Eds.). (2007). The self-conscious emotions: Theory and research. New York, NY: Guilford Press.

[568]Turk, D. J., & Heatherton, T. F. (2003). Out of contact, out of mind: The distributed nature of the self. Annals of the New York Academy of Sciences, 1001, 65–78.

[569]Turk, D. J., Heatherton, T. F., Kelley, W. M., Funnell, M. G., Gazzaniga, M. S., & Macrae, C. N. (2002). Mike or me？ Self recognition in a split-brain patient. Nature Neuroscience, 5(9), 841–842.

[570]Turkle, S. (1995). Life on the screen: Identity in the age of the internet. Cambridge, MA: MIT Press.

[571]Turkle, S. (1997). Constructions and reconstructions of self in virtual reality: Playing in the MUDs. In S. Kiesler (Ed.), Culture of the internet (pp. 143–155). Mahwah, NJ: Lawrence Erlbaum Associates.

[572]Turkle, S. (2011). Alone together: Why we expect more from technology and less from each other. New York, NY: Basic Books.

[573]Twenge, J. M., & Campbell, W. K. (2003)."Isn't it fun to get the respect that we're going to deserve？"Narcissism, social rejection, and aggression. Personality and Social Psychology Bulletin, 29, 261–272.

[574]Ullman, S., & Richards, W. (1984). Image understanding. Norwood, NJ: Ablex.

参考文献

[575]Valkenburg, P. M., & Peter, J. (2011). Online communication among adolescents: An integrated model of its attraction, opportunities, and risks. Journal of Adolescent Health, 48(4), 121–127.

[576]Valkenburg, P. M., Schouten, A. P., & Peter, J. (2005). Adolescents'identity experiments on the internet. New Media and Society, 7(3), 383–402.

[577]Van Kerkoerle, T., Self, M. W., Dagnino, B., Gariel-Mathis, M., Poort, J., van der Togt, C., & Roelfsema, P. R. (2014). Alpha and gamma oscillations characterize feedback and feedforward processing in monkey visual cortex. PNAS, 111(40), 14332–14341.

[578]Varakin, D. A., Levin, D. T., & Fidler, R. (2004). Unseen and unaware: Implications of recent research on failures of visual awareness for human-computer interface design. Human-Computer Interaction, 19(4), 389–422.

[579]Velliste, M., Perel, S., Spalding, M. C., Whitford, A. S., & Schwartz, A. B. (2008). Cortical control of a prosthetic arm for self-feeding. Nature, 453, 1098–1101.

[580]Virtuix. (2014, December 16). Virtuix omni. Retrieved from www.virtuix.com/.

[581]Vogeley, K., Bussfeld, P., Newen, A., Hermann, S., Happé, F., Falkai, P., ⋯ & Zilles, K. (2001). Mind reading: Neural mechanisms of theory of mind and self-perspective. NeuroImage, 14, 170–181.

[582]Vogeley, K., & Fink, G. R. (2003). Neural correlates of the first-person perspective. Trends in Cognitive Neuroscience, 7, 38–42.

[583]Vogeley, K., & May, M. (2004). Neural correlates of first-person perspective as one constituent of human self-consciousness. Journal of Cognitive Neuroscience, 16(5), 817–827.

[584]Vohs, K. D., & Baumeister, R. F. (Eds.). (2011). Handbook of self-regulation: Research, theory, and applications (2nd ed.). New York, NY: Guilford Press.

[585]Voiskounsky, A. (2008). Flow experience in cyberspace: Current studies and perspectives. In A. Barak (Ed.), Psychological aspects of cyberspace: Theory, research, and applications (pp. 70–101). New York, NY: Cambridge University Press.

[586]Waggoner, Z. (2009). My avatar, my self. Jefferson, NC: McFarland.

[587]Walker, J. (2003, August). Performing fictions: Interaction and depiction. Fine Art Forum, 17(8). Retrieved from www.fineartforum.org/Backissues/Vol_17/index.html.

[588]Walther, J. (1996). Computer-mediated communication: Impersonal, interpersonal, and hyperper- sonal interaction. Communication Research, 23(3), 3–43.

[589]Wang, S. S., & Stefanone, M. A. (2013). Showing off? Human mobility and the interplay of traits, self-disclosure and Facebook check-ins. Social Science Computer Review, 31(4), 437–457.

[590]Warwick, K. I. (2004). I, cyborg. Urbana: University of Illinois Press.

[591]Watts, D. J., & Strogatz, S. H. (1998). Collective dynamics of "small-world" networks.

Nature, 393, 440–442.

[592]Wegner, D. (2002). The illusion of conscious will. Cambridge, MA: MIT Press.

[593]Weiss, G. (2000). Multiagent systems: A modern approach to distributed artificial intelligence. Cambridge, MA: MIT Press.

[594]Wertheim, M. (1999). The pearly gates of cyberspace: A history of spacefrom Dante to the internet. New York, NY: Norton.

[595]Wiley, J. (2012). Theory and practice in the philosophy of David Hume. New York, NY: Palgrave Macmillan.

[596]Wilson, L. (2003, August). Interactivity or interpassivity: A question of agency in digital play. Fine Art Forum, 17(8). Retrieved from www.fineartforum.org/Backissues/Vol_17/index.html.

[597]Wittgenstein, L. (1963). Philosophical investigations. Oxford, UK: Blackwell.

[598]Woeste, H. (2009). A history of panoramic image creation. Retrieved from www.graphics.com/article-old/history-panoramic-image-creation.

[599]Wolf, M. (Ed.). (2001). The medium of the video game. Austin: University of Texas Press.

[600]Ybarra, O., & Winkielman, P. (2012). On-line social interactions and executive functions. Frontiers in Human Neuroscience, 6. doi:10.3389/fnhum.2012.00075.

[601]Yee, N. (2006). Motivations for play in online games. Cyber Psychology and Behavior, 9(6), 772–775.

[602]Yee, N., & Bailenson, J. (2007). The Proteus effect: The effect of transformed self-representation on behavior. Human Communication Research, 33(3), 271–290.

[603]Yuan, K., Qin, W., Wang, G., Zeng, F., Zhao, L., Yang, X., ⋯ & Gong, Q. (2011). Microstructure abnormalities in adolescents with internet addiction disorder. PloS One, 6(6). doi:10.1371/journal.pone.0020708.

[604]Yuan, K., Qin, W., Yu, D., Bi, Y., Xing, L., Jin, C., & Tian, J. (2015). Core brain networks interactions and cognitive control in internet gaming disorder individuals in late adolescence/early adulthood. Brain Structure and Function, 221(3): 1427–1442. doi:10.1007/s00429–014–0982–7.

[605]Yudkowsky, Eliezer. (2001, June 15). Creating friendly AI 1.0: The analysis and design of benevolent goal architectures. Singularity Institute, San Francisco, CA. Retrieved from https://intelligence.org/files/CFAI.pdf.

[606]Zadro, L., Williams, K. D., & Richardson, R. (2004). How low can you go? Ostracism by a computer is sufficient to lower self-reported levels of belonging, control, self-esteem, and meaningful existence. Journal of Experimental Social Psychology, 40(4), 560–567.

[607]Zanon, M., Novembre, G., Zangrando, N., Chittaro, L., & Silani, G. (2014). Brain activity and prosocial behavior in a simulated life-threatening situation. NeuroImage, 98, 134–146.

[608]Zheng, X. L. (2012). A structural equation model for the relationship between optimism,

anxiety, online social support and internet altruistic behavior. Chinese Journal of Special Education, 11, 84–89.

[609]Zheng, X., & Gu, H. (2012). Personality traits and internet altruistic behavior: The mediating effect of self-esteem. Chinese Journal of Special Education, 2, 69–74.

[610]Zhou, Z., Tang, H., Tian, Y., Wei, H., Zhang, F., & Morrison, C. (2013). Cyberbullying and its risk factors among Chinese high school students. School Psychology International, 34,630–647.

[611]Zywica, J., & Danowski, J. (2008). The faces of Facebookers: Investigating social enhancement and social compensation hypotheses; predicting Facebook and offline popularity from sociability and self-esteem, and mapping the meanings of popularity with sematic networks. Journal of Computer Mediated Communication, 14(1), 1–34.

自
我
、
科
技
与
未
来

原著致谢

感谢克里斯托弗·弗格森 (Christopher Ferguson)、杰克布·泰勒 (Jacqui Taylor)、延斯·宾德 (Jens Binder)、利奥·詹姆斯 (Leon James)、纳伦德拉·尼尔·克奇 (Narendra Neel Khichi)、小肯特·诺曼 (Jr. Kent Norman)、托马斯·D·帕森 (Thomas D. Parsons)、提图斯·阿斯伯里 (Titus Asbury) 以及尼可拉斯·伯曼 (Nicholas Bowman) 等评审人，他们付出了大量的精力审读本书初稿，并提出了许多宝贵的意见。同时，由衷感谢加利福尼亚大学出版社的工作人员提姆·苏利文 (Tim Sullivan)、恩里克·奥乔亚-考普 (Enrique Ochoa-Kaup) 以及林恩·尤尔 (Lyn Uhl) 在多个编辑环节给予的耐心和帮助，感谢伊丽莎白·马格努斯 (Elisabeth Magnus)，她在文字编辑工作上的眼光非常敏锐。

译 后 记

完成本书全文译稿，关掉电脑，"掩卷"冥想许久，然后回顾起开展此项工作一年多的结缘与体验旅程。

本书原著出版的时间恰逢全世界人工智能发展迎来第三波浪潮的高峰之时，是我国移动互联网业态全面拓展之时，是《新一代人工智能发展规划》深入推进之时，是《提升全民数字素养与技能行动纲要》和《"十四五"数字经济发展规划》正在酝酿蓄势待发之时，是国家自然科学基金委员会成立交叉科学部官宣破晓之时，是虚拟模态（虚拟经济、虚拟现实技术、虚拟仿真实验室，等等）和智能人机交互方兴未艾之时，是自然科学与社会科学各领域关于通用人工智能(AGI)和科技伦理（科技发展对人类文明演进和社会进步的影响）的讨论与探索如火如荼之时，也是学术界与产业界关于元宇宙的未来还处在"雾里看花"的状态之时。可以看出，本书正是在数智时代刚刚拉开帷幕的时候问世的，站在了时代的前哨，普及了科技前沿，走在了同类科学人文作品的前面。本书涉及的话题与这些时代形势、战略规划和各界争鸣全都密切相关。

正如原著作者为本书所写中文版前言中提到的，此书涉及学科门类众多，涵盖主题广泛，横跨哲学、心理学、脑科学、临床医学、认知科学、智能科学、机器人技术等多个学科。不仅是一部高端科学普及作品，还是上述学科领域的学者和研究人员开展研究工作的参考书。本书结构分明、逻辑清晰、素材丰富、案例鲜活、语言通俗，即使是普通大众也能从中读到不少让自己脑洞大开而豁然开朗的细节，对于自身如何适应并游刃于数智时代从而在精神层面上幸福且健康地生活和发展定有裨益。简言之，这是一部有料、有趣、有价值、有意义的作品。鉴于此，本人通过中国科普作家协会联系上了湖南科学技术出版社的邹莉编辑，她对此书的时代性、知识性和社会价值与我产生了强烈共鸣，翻译出版计划一拍即合，随后于2021年3月正式开启了本书的翻译进程。

放眼当下，全球笼罩在新冠病毒疫情下已经两年多了，这不仅让全世界深刻意识到了人类命运共同体的现实性，也革新了人类的生存理念，居家办公、居家健身等"宅"样生活和工作方式逐渐盛行。以人工智能、物联网、大数据、5G、区块链等核心技术为支撑的数智科技产品和服务拓展了人类的躯体和脑，让人类与周围世界和社会的联结进入了普适计算时代。哲学上的三个终极之问——我是谁？我从哪里来？要到哪里去？从一千多年前直到现在，还没有人真正能给出一个定论。农业经济时代，人类强健了体魄，却荒废了脑；工业经济时代，人类解放了手脚，但需要驱动脑；数字经济时代，人类缓解了脑，但需要增强心智。数智时代的产物就像一面魔镜，虚拟了现实，但照亮了心智。当前，人类开始步入AI4S（人工智能驱动的科学研究）时代。从历史演化的角度来看，数智时代的到来和发展能否引导人类在探求这三个终极之问的道路上到达理想彼岸呢？译者认为，只要人类坚守负责任的创新理念，依照向善致美的价值旨归，一定会实现物理、信息、认知和心智四元空间融合共生的人类伟大愿景。本书提供的丰富案例和解析脉络也一定会给读者带来多样化的线索，从中探秘三个终极之问的星火燎原。

在本书翻译过程中，得到了各界人士的关注、帮助和支持。特别感谢中国工程院张尧学院士和中国科学院心理研究所张建新研究员倾情为本书撰写推荐序，中国社会科学院哲学研究所段伟文研究员、北京邮电大学刘伟研究员、中科数字大脑研究院院长刘锋教授和复旦大学徐英瑾教授热情为本书撰写推荐语。感谢于东燕、刘姝君、李猛、续金金、武军扬、童瑜和王亚楠等同学投入了大量时间和精力，协助本人推进这项翻译系统工程。感谢西安理工大学谭祎哲老师、西安外国语大学郝学敏老师和上海海事大学薄华老师在翻译过程中提供的帮助。感谢原著作者美国曼哈顿大学心理学教授杰伊·弗里登伯格热情应允撰写中文版前言，他通过电子邮件来信与我多次沟通前言的结构和内容，作为一名学者的严谨性值得我学习和钦佩。此外，十分感谢湖南科学技术出版社的邹莉编辑在整个翻译过程中给予了充分的信任和耐心，她对本书出版价值的敏锐把控和职业素养展现的激情非常值得我学习。需要提及的是，本书是在本人教学科研之余完成的，爱人和孩子的理解与支持有力地推进了本书的翻译进程。最后，还要感谢来自科技、科普、科幻和科哲等各界相识和不相识但神交相合的多位朋友的关注和鼓励。"以书为媒"，让我结交了不少跨界新朋友，使我在翻译此书的过程中度过了一段快乐而充实的旅程。这些都应该属于开头我所说的结缘吧！

翻译是一门技术，更是一门艺术。在坚守"信、达、雅"翻译标准三原则的路上，没有最好，只有更好。本人非翻译专业出身，翻译水平有限，虽已尽力，但译文难免有错误或有待商榷之处，请各位专家学者和广大读者批评指正。

2022 年 9 月 16 日　于西安赛蒙阁